책 구입 시 드리는 혜택

❶ 필기 핵심 이론 동영상 강의 평생 무료 제공
❷ CBT 시험 복원 기출문제 수록
❸ 우수회원 인증 후 2016년 ~ 2018년 3개년 추가
　기출문제(해설 포함) 제공

2026 개정 3판

단기완성
이산화탄소가스아크 용접기능사 필기
이론 + 7개년기출문제 + 필기무료강의

최갑규 저

2025년 1회·2회 3회·4회 복원 기출문제 수록

전 과목 핵심 이론 동영상 강의 평생 제공
우수회원 인증 후 2016년, 2017년, 2018년 3개년 기출문제 추가 제공
최근 기출문제 수록 및 완벽 해설 / 문제 해설을 이해하기 쉽도록 자세히 설명

무료 동영상 강의

D∙m 용접무료동영상강의 🔍 http://cafe.daum.net/kh02260117(용접무료동영상강의)

SEJIN Books
세진북스
www.sejinbooks.kr

머리말

용접은 산업현장에서 반드시 필요한 기술이며, 용접의 사용처는 무수히 많으나 그 중에서도 조선, 자동차, 플랜트 설비, 원자력, 가스 시공, 석유화학, 건축 등 아주 다양한 분야에서 사용되어지고 있습니다.

최근에는 용접을 배우려고 하는 사람들이 늘어나는 추세이며 용접기술을 배워 산업현장에 취업이나 자격증을 취득하려고 하는 인원 또한 늘어나고 있는 추세입니다.

오랜 강의 경험과 노하우를 이용하여 단원마다 핵심 요약정리를 충분히 하여 수험생들에게 상세하게 설명함으로써 독학으로 충분히 이산화탄소가스아크용접기능사 필기에 합격할 수 있도록 서술하였습니다.

기존의 수험서보다 핵심 내용과 문제를 쉽게 접할 수 있도록 노력하였고, 수험생 여러분들이 자격증을 손쉽게 취득할 수 있도록 본 교재를 서술하였습니다.

단기간에 핵심내용과 문제 해설을 공부할 수 있도록 하여 이산화탄소가스아크용접기능사 시험에 대비할 수 있도록 하였으니 이 교재로 공부하시는 모든 수험생 여러분의 합격을 기원하며, 추후 부족한 부분이 있으면 보강할 것을 약속하며 여러분의 건승을 빕니다.

끝으로 본 교재를 집필하는 데 물심양면으로 도움을 주신 세진북스 홍세진 대표와 임직원 여러분께 감사의 말씀을 전하며 이 책으로 공부하시는 여러분에게 합격의 영광이 함께 하시길 기원합니다.

저자 드림

출제기준

1. 필 기

| 직무분야 | 재료 | 중직무분야 | 용접 | 자격종목 | 이산화탄소가스아크용접기능사 | 적용기간 | 2023.01.01 ~ 2026.12.31 |

- **직무내용** : 용접 도면을 해독하여 용접절차 사양서를 이해하고 용접재료를 준비하여 작업환경 확인, 안전보호구 준비, 용접장치와 특성 이해, 용접기 설치 및 점검관리하기, 용접 준비 및 본 용접하기, 용접부 검사, 작업장 정리하기 등의 이산화탄소가스아크용접(CO_2) 관련 직무이다.

| 필기검정방법 | 객관식 | 문제수 | 60 | 시험시간 | 1시간 |

필기과목명	문제수	주요항목	세부항목	세세항목
아크용접, 용접안전, 용접재료, 도면해독, 가스절단, 기타용접	60	1. 아크용접 장비준비 및 정리정돈	1. 용접장비 설치, 용접설비 점검, 환기장치 설치	1. 용접 및 산업용 전류, 전압 2. 용접기 설치 주의사항 3. 용접기 운전 및 유지보수 주의사항 4. 용접기 안전 및 안전수칙 5. 용접기 각 부 명칭과 기능 6. 전격방지기 7. 용접봉 건조기 8. 용접 포지셔너 9. 환기장치, 용접용 유해가스 10. 피복아크용접설비 11. 피복아크용접봉, 용접와이어 12. 피복아크용접기법
		2. 아크용접 가용접작업	1. 용접개요 및 가용접작업	1. 용접의 원리 2. 용접의 장·단점 3. 용접의 종류 및 용도 4. 측정기의 측정원리 및 측정방법 5. 가용접 주의사항
		3. 아크용접 작업	1. 용접조건 설정, 직선비드 및 위빙 용접	1. 용접기 및 피복아크용접기기 2. 아래보기, 수직, 수평, 위보기 용접 3. T형 필릿 및 모서리용접
		4. 수동·반자동 가스절단	1. 수동·반자동 절단 및 용접	1. 가스 및 불꽃 2. 가스용접 설비 및 기구 3. 산소, 아세틸렌용접 및 절단기법 4. 가스절단 장치 및 방법 5. 플라스마, 레이저 절단 6. 특수가스절단 및 아크절단 7. 스카핑 및 가우징
		5. 아크용접 및 기타용접	1. 맞대기(아래보기, 수직, 수평, 위보기)용접, T형 필릿 및 모서리용접	1. 서브머지드아크용접 2. 가스텅스텐아크용접, 가스금속아크용접 3. 이산화탄소가스 아크용접 4. 플럭스코어드아크용접 5. 플라스마아크용접 6. 일렉트로슬래그용접, 테르밋용접 7. 전자빔용접 8. 레이저용접 9. 저항용접 10. 기타용접
		6. 용접부 검사	1. 파괴, 비파괴 및 기타검사(시험)	1. 인장시험 2. 굽힘시험 3. 충격시험 4. 경도시험 5. 방사선투과시험 6. 초음파탐상시험 7. 자분탐상시험 및 침투탐상시험 8. 현미경조직시험 및 기타시험
		7. 용접 결함부 보수용접 작업	1. 용접 시공 및 보수	1. 용접 시공 계획 2. 용접 준비 3. 본 용접 4. 열영향부 조직의 특징과 기계적 성질 5. 용접 전·후처리(예열, 후열 등) 6. 용접결함, 변형 등 방지대책
		8. 안전관리 및 정리정돈	1. 작업 및 용접안전	1. 작업안전, 용접 안전관리 및 위생 2. 용접 화재방지 3. 산업안전보건법령 4. 작업안전 수행 및 응급처치 기술 5. 물질안전보건자료

필기과목명	문제수	주요항목	세부항목	세세항목
		9. 용접재료 준비	1. 금속의 특성과 상태도	1. 금속의 특성과 결정 구조 2. 금속의 변태와 상태도 및 기계적 성질
			2. 금속재료의 성질과 시험	1. 금속의 소성 변형과 가공 2. 금속재료의 일반적 성질 3. 금속재료의 시험과 검사
			3. 철강재료	1. 순철과 탄소강 2. 열처리 종류 3. 합금강 4. 주철과 주강 5. 기타재료
			4. 비철 금속재료	1. 구리와 그 합금 2. 알루미늄과 경금속 합금 3. 니켈, 코발트, 고용융점 금속과 그 합금 4. 아연, 납, 주석, 저용융점 금속과 그 합금 5. 귀금속, 희토류 금속과 그 밖의 금속
			5. 신소재 및 그 밖의 합금	1. 고강도 재료 2. 기능성 재료 3. 신에너지 재료
		10. 용접도면 해독	1. 용접절차사양서 및 도면해독(제도 통칙 등)	1. 일반사항 (양식, 척도, 문자 등) 2. 선의 종류 및 도형의 표시법 3. 투상법 및 도형의 표시방법 4. 치수의 표시방법 5. 부품번호, 도면의 변경 등 6. 체결용 기계요소 표시방법 7. 재료기호 8. 용접기호 9. 투상도면해독 10. 용접도면 11. 용접기호 관련 한국산업규격(KS)

2. 실 기

직무분야	재료	중직무분야	용접	자격종목	이산화탄소가스아크용접기능사	적용기간	2023.01.01 ~ 2026.12.31

- **직무내용** : 용접 도면을 해독하여 용접절차 사양서를 이해하고 용접재료를 준비하여 작업환경 확인, 안전보호구 준비, 용접장치와 특성 이해, 용접기 설치 및 점검관리하기, 용접 준비 및 본 용접하기, 용접부 검사, 작업장 정리하기 등의 이산화탄소가스아크용접(CO_2) 관련 직무이다.
- **수행준거** : 1. 용접관련 안전사고방지를 위해 보호구, 전기, 화재, 폭발요인 등을 점검하여 작업할 수 있다.
  2. 용접절차사양서(용접도면, 작업지시서)에 따라 용접작업을 할 수 있다.
  3. 용접봉, 모재, 용접에 필요한 치공구 등을 준비할 수 있고 재료준비를 위한 가스절단을 할 수 있다.
  4. 이산화탄소가스아크 용접작업에 사용할 용접장비와 설비, 환기장치의 특성을 이해하고 용접작업에 적합하게 설치하여 이상 유무를 점검할 수 있다.
  5. 모재 재질 및 치수를 확인하고 가용접을 할 수 있다.
  6. 용접 작업 전·후 및 작업간 용접부 상태를 확인하고 검사할 수 있다.
  7. 용접작업 완료 후 작업장에 대한 정리정돈을 할 수 있다.

실기검정방법	작업형	시험시간	2시간 정도

실기과목명	주요항목	세부항목	세세항목
이산화탄소 가스 아크용접 실무	1. CO_2 용접 도면해독	1. 용접기호 확인하기	1. 용접자세를 지시하는 용접 기본기호를 구별할 수 있다. 2. 홈의 형상을 지시하는 용접 기본기호를 구별할 수 있다. 3. 가공 상태를 지시하는 용접 보조기호의 의미를 구별할 수 있다.
		2. 도면 파악하기	1. 제작도면을 해독하여 도면에 표기된 용접자세, 용접이음, 그루브의 형상 등을 파악할 수 있다. 2. 제작도면에 표기된 용접에 필요한 기본 요구사항 등을 파악할 수 있다. 3. 제작도면을 해독하여 용접구조물 형상을 파악할 수 있다.

실기과목명	주요항목	세부항목	세세항목
		3. 용접절차사양서 파악하기	1. 용접절차사양서(용접도면, 작업지시서)에서 용접 일반에 관한 특정사항 등을 파악할 수 있다. 2. 용접절차사양서(용접도면, 작업지시서)에서 요구하는 이음의 형상을 파악할 수 있다. 3. 용접절차사양서(용접도면, 작업지시서)에서 요구하는 용접방법에 대하여 파악할 수 있다. 4. 용접절차사양서(용접도면, 작업지시서)에서 요구하는 용접조건을 파악할 수 있다. 5. 용접절차사양서(용접도면, 작업지시서)에서 요구하는 용접 후처리 방법에 대하여 파악할 수 있다.
	2. CO_2 용접 재료준비	1. 모재 준비하기	1. 용접구조물의 사용성능(기계적성질, 화학성분, 열처리 특성)에 맞는 모재를 선택할 수 있다. 2. 요구하는 용접강도 및 모재 두께에 알맞은 이음형상에 맞게 가공할 수 있다. 3. 작업에 사용할 모재를 청결하게 유지할 수 있다.
		2. 용접와이어 준비하기	1. 모재의 재질 및 작업성에 맞는 와이어를 선정할 수 있다. 2. 용접부 이음 형상에 맞는 와이어를 선택할 수 있다. 3. 용접재료 및 두께에 맞는 와이어 지름을 선택할 수 있다. 4. 솔리드와이어, 플럭스코어드와이어 특성을 이해하고 선택할 수 있다.
		3. 보호가스 준비하기	1. CO_2용접작업에 적합한 보호가스 종류와 사용방법을 선택할 수 있다. 2. 용접절차사양서에 따라 보호가스로 CO_2나 혼합가스를 선택할 수 있다. 3. 보호가스가 토치부로 적정 유량이 나오는지 확인할 수 있다.
		4. 백킹재 준비하기	1. 용접절차사양서에 따라 적합한 백킹재를 준비할 수 있다. 2. 모재의 두께와 이음형상에 알맞은 백킹재를 선택할 수 있다. 3. 백킹재를 모재의 홈에 맞게 부착할 수 있다.
	3. CO_2 용접 작업안전관리	1. 용접작업 안전수칙 파악하기	1. 안전보호구를 준비하고 착용할 수 있다. 2. 용접작업의 안전수칙을 준수할 수 있다. 3. 안전사고 행동 요령에 따라 사고 시 행동에 대비할 수 있다. 4. 안전수칙을 숙지하여 아크광선에 의한 사고를 대비할 수 있다. 5. 원활한 작업을 위해 절단 및 가공 안전수칙을 준용할 수 있다.
		2. 용접작업장 주변정리 상태점검하기	1. 화재방지를 위해 용접작업장 주변에 인화물질이 있는지 점검하고 소화기를 비치할 수 있다. 2. 위험방지를 위해 용접 작업장 주변에 낙하물이 있는지 점검할 수 있다. 3. 청결을 위해 용접 작업장 주변을 깨끗이 청소할 수 있다. 4. 용접 작업장의 환기를 위해 환기시설을 확인하고 조작할 수 있다.
		3. 용접 안전보호구 점검하기	1. 안전을 위하여 보호구 선택 시 유의사항을 파악할 수 있다. 2. 안전수칙에 규정된 보호구 구비조건을 알고 사용할 수 있다. 3. 안전모의 특징을 알고 이를 착용할 수 있다. 4. 안전화의 특징을 알고 이를 착용할 수 있다. 5. 보호복의 특징을 알고 이를 착용할 수 있다.
		4. 안전 점검하기	1. 용접 작업 전 전원장치 및 부속설비 등의 상태를 점검할 수 있다. 2. 용접 작업 전 용접기 전원스위치(on, off) 상태를 점검할 수 있다. 3. 용접 작업 전 용접기 접지상태를 점검할 수 있다. 4. 용접 작업 전 CO_2 가스용기 연결부위의 누설을 점검할 수 있다.
		5. 물질안전보건 자료 점검하기	1. 모재의 특징을 점검하고 적합한 조치를 할 수 있다. 2. 용접봉 와이어의 특징을 점검하고 적합한 조치를 할 수 있다.
	4. 수동·반자동 가스절단	1. 수동·반자동 절단기 조작 준비하기	1. 메뉴얼에 따라 절단기 이상 유무를 확인할 수 있다. 2. 제작사 작업안전절차에 따라 가스 및 전기 등 유틸리티 상태를 점검하고, 이상 유무를 확인할 수 있다. 3. 도면 확인 후, 절단 형상을 확인하고, 용접가능성 및 방법에 있어 작업자가 어려움이 없는지 확인할 수 있다. 4. 절단 작업지시서에 따라 재질(연강) 및 두께(t6, t9)에 맞는 절단공구를 선정할 수 있다.

실기과목명	주요항목	세부항목	세세항목
		2. 수동·반자동 절단기 조작하기	1. 사용 매뉴얼을 숙지하여 절단기를 조작할 수 있다. 2. 작업 안전절차에 따라 절단작업을 수행할 수 있다. 3. 절단기 이상 발견 시, 제작사 절차에 따라 작업 수리를 의뢰할 수 있다. 4. 표준작업지도서에 의거 강판 두께에 따라 불꽃 세기를 조정하고, 육안으로 확인할 수 있다. 5. 표준작업지도서에 의거 강판 두께에 따라 예열시간, 절단속도를 확인·조정할 수 있다.
		3. 수동·반자동 가스절단 측정 및 검사하기	1. 절단기 부속품을 검사·측정하여 불량 시 제작사 절차에 따라 교체·수리할 수 있다. 2. 결과물의 절단부위에 대한 작업표준 준수여부를 검사할 수 있다. 3. 제작사 절차에 따른 절단부위 검사항목을 측정하여 기록할 수 있다.
		4. 수동·반자동 절단기 유지·관리하기	1. 제작사 관리 기준에 의하여 일일점검, 정기점검 등을 수행할 수 있다. 2. 소모품 및 사용기한이 만료된 부속품을 교체할 수 있다. 3. 조작 및 동작상태 점검으로 이상 유무를 판단하여 적절한 조치를 취할 수 있다. 4. 사용매뉴얼을 숙지하여 분해, 조립 및 고장에 대하여 처리할 수 있다.
	5. CO_2 용접 장비준비	1. 용접장비 설치하기	1. 작업 전 CO_2 용접기 설치장소를 확인하여 정리정돈할 수 있다. 2. 작업에 사용할 용접기에 1차 입력 케이블과 접지 케이블을 연결할 수 있다. 3. 작업에 사용할 용접기의 부속장치를 조립할 수 있다.
		2. 용접용 재료 설치하기	1. 설치한 용접기의 후면 접속부에 CO_2 용기의 레귤레이터 연결 가스호스를 연결할 수 있다. 2. 와이어 송급장치를 용접기 전면에 연결하고, 와이어를 설치할 수 있다. 3. CO_2 용기의 압력조정기와 유량계를 설치할 수 있다. 4. 가스압력조정기의 히터전원을 연결할 수 있다.
		3. 용접장비 점검하기	1. CO_2 용접기의 각부 명칭을 알고 조작할 수 있다. 2. 가스 공급장치의 가스누설 점검 및 유량을 조절할 수 있다. 3. 용접기 패널의 크레이터 유/무 전환 스위치와 일원/개별 전환 스위치를 선택할 수 있다. 4. 아크를 발생시켜 용접기 이상 유/무를 확인할 수 있다.
	6. CO_2 용접 가용접작업	1. 모재 치수 확인하기	1. 용접절차사양서(용접도면, 작업지시서)에 따라 용접조건에 맞는 모재의 재질을 파악할 수 있다. 2. 용접절차사양서(용접도면, 작업지시서)에 따라 용접조건에 맞는 모재의 치수를 파악할 수 있다. 3. 용접절차사양서(용접도면, 작업지시서)에 따라 길이 및 각도 측정용 공구 등을 사용하여 치수를 측정할 수 있다.
		2. 홈가공하기	1. 용접절차사양서(용접도면, 작업지시서)에 따라 홈 가공에 사용되는 공구 및 기계를 선택하여 사용할 수 있다. 2. 용접절차사양서(용접도면, 작업지시서)에 따라 홈 각도, 루트 면 등 용접이음부를 가공할 수 있다 3. 용접절차사양서(용접도면, 작업지시서)에 따라 홈 가공 시 안전 수칙을 준수할 수 있다.
		3. 가용접하기	1. 용접절차사양서(용접도면, 작업지시서)에 따라 용접 구조물 조립을 위한 순서를 파악할 수 있다 2. 용접절차사양서(용접도면, 작업지시서)에 따라 용접 구조물의 이음 형상에 적합한 가용접 위치 및 길이를 파악할 수 있다.. 3. 용접절차사양서(용접도면, 작업지시서)에 따라 용접 구조물의 응력집중부를 피하여 가용접 작업을 수행할 수 있다. 4. 용접절차사양서(용접도면, 작업지시서)에 따라 용접 구조물이 변형되지 않도록 가용접 작업을 수행할 수 있다.
	7. 솔리드와이어 용접 비드쌓기	1. 솔리드와이어 용접 비드쌓기 조건 설정하기	1. 용접절차사양서에 따라 솔리드와이어용접 비드쌓기작업을 실시할 모재의 특성, 두께, 이음의 형상을 파악할 수 있다. 2. 용접절차사양서에 따라 용접전류, 아크전압 등을 설정할 수 있다.

출제기준

실기과목명	주요항목	세부항목	세세항목
			3. 용접절차사양서(용접도면, 작업지시서)에 따라 적합한 용접기의 작업기준을 설정할 수 있다. 4. 용접절차사양서(용접도면, 작업지시서)에 따라 용접작업표준을 설정할 수 있다.
		2. 솔리드와이어 선택하기	1. 용접절차사양서(용접도면, 작업지시서)에 따라 모재의 화학성분, 기계적 성질에 적합한 솔리드와이어를 선택할 수 있다. 2. 용접절차사양서(용접도면, 작업지시서)에 따라 모재의 두께, 이음 형상에 적합한 솔리드와이어를 선택할 수 있다. 3. 용접절차사양서(용접도면, 작업지시서)에 따라 용접성, 작업성에 적합한 솔리드와이어를 선정할 수 있다.
		3. 솔리드와이어 용접 보호가스 선택하기	1. 용접절차사양서(용접도면, 작업지시서)에 따라 솔리드와이어용접 작업에 적합한 보호가스를 선정할 수 있다. 2. 용접절차사양서(용접도면, 작업지시서)에 따라 솔리드와이어용접 작업에 적합한 보호가스 사용조건을 설정할 수 있다. 3. 선정한 보호가스 공급장비를 안전하게 운용할 수 있다.
		4. 솔리드와이어 용접 비드 용접하기	1. 용접절차사양서에 따라 비드 쌓기를 할 수 있는 용접 조건을 설정할 수 있다. 2. 용접절차사양서에 따라 좁은 비드 쌓기를 할 수 있다. 3. 용접절차사양서에 따라 넓은 비드 쌓기를 할 수 있다.
	8. 솔리드와이어 맞대기용접	1. 용접부 온도관리하기	1. 용접부 형상과 모재의 종류에 따른 예열 기구를 이해하고 적용할 수 있다. 2. 용접절차사양서에 규정된 예열 온도를 준수하여 용접부를 예열할 수 있다. 3. 다층용접인 경우에는 용접절차사양서에 규정된 층간 온도를 준수하여 용접작업을 할 수 있다.
		2. 아래보기 자세 용접하기	1. 용접절차사양서(용접도면, 작업지시서)에 따라 용접기의 종류를 선정하고 용접조건을 설정할 수 있다. 2. 용접절차사양서(용접도면, 작업지시서)에 따라 아래보기 자세 용접작업을 수행할 수 있다. 3. 용접절차사양서(용접도면, 작업지시서)에 따라 용접 전후 처리를 할 수 있다.
		3. 수직 자세 용접하기	1. 용접절차사양서(용접도면, 작업지시서)에 따라 용접기의 종류를 선정하고 용접조건을 설정할 수 있다. 2. 용접절차사양서(용접도면, 작업지시서)에 따라 수직 자세 용접작업을 수행할 수 있다. 3. 용접절차사양서(용접도면, 작업지시서)에 따라 용접 전후 처리를 할 수 있다.
		4. 수평 자세 용접하기	1. 용접절차사양서(용접도면, 작업지시서)에 따라 용접기의 종류를 선정하고 용접조건을 설정할 수 있다. 2. 용접절차사양서(용접도면, 작업지시서)에 따라 수평 자세 용접작업을 수행할 수 있다. 3. 용접절차사양서(용접도면, 작업지시서)에 따라 용접 전후 처리를 할 수 있다.
		5. 위보기 자세 용접하기	1. 용접절차사양서(용접도면, 작업지시서)에 따라 용접기의 종류를 선정하고 용접조건을 설정할 수 있다. 2. 용접절차사양서(용접도면, 작업지시서)에 따라 위보기 자세 용접작업을 수행할 수 있다. 3. 용접절차사양서(용접도면, 작업지시서)에 따라 용접 전후 처리를 할 수 있다.
	9. CO_2 용접 필릿용접	1. T형 필릿 용접하기	1. 용접절차사양서(용접도면, 작업지시서)에 따라 용접기의 종류를 선정하고 용접조건을 설정할 수 있다. 2. 용접절차사양서(용접도면, 작업지시서)에 따라 T형 필릿 용접작업을 수행할 수 있다.

실기과목명	주요항목	세부항목	세세항목
			3. 용접절차사양서(용접도면, 작업지시서)에 따라 용접 전후 처리를 할 수 있다.
		2. 모서리 용접하기	1. 용접절차사양서(용접도면, 작업지시서)에 따라 용접기의 종류를 선정하고 용접조건을 설정할 수 있다. 2. 용접절차사양서(용접도면, 작업지시서)에 따라 용접 전후 처리를 할 수 있다. 3. 용접절차사양서(용접도면, 작업지시서)에 따라 모서리 용접작업을 수행할 수 있다.
	10. 플럭스코드 와이어 맞대기 용접	1. 용접부 온도관리하기	1. 용접부 형상과 모재의 종류에 따른 예열 기구를 이해하고 적용할 수 있다. 2. 용접절차사양서에 규정된 예열 온도를 준수하여 용접부를 예열할 수 있다. 3. 다층용접인 경우에는 용접절차사양서에 규정된 층간 온도를 준수하여 용접작업을 할 수 있다.
		2. 아래보기 자세 용접하기	1. 용접절차사양서에 따라 용접기의 종류를 선정하고 용접조건을 설정할 수 있다. 2. 용접절차사양서에 따라 아래보기 자세 용접작업을 수행할 수 있다. 3. 용접절차사양서에 따라 용접 전, 후 처리를 할 수 있다.
		3. 수직 자세 용접하기	1. 용접절차사양서에 따라 용접기의 종류를 선정하고 용접조건을 설정할 수 있다. 2. 용접절차사양서에 따라 수평 자세 용접작업을 수행할 수 있다. 3. 용접절차사양서에 따라 용접 전, 후 처리를 할 수 있다.
		4. 수평 자세 용접하기	1. 용접절차사양서에 따라 용접기의 종류를 선정하고 용접조건을 설정할 수 있다. 2. 용접절차사양서에 따라 수평 자세 용접작업을 수행할 수 있다. 3. 용접절차사양서에 따라 용접 전, 후 처리를 할 수 있다.
	11. CO_2 용접 용접부 검사	1. 용접 전 검사하기	1. 모재의 재질 및 용접조건을 확인할 수 있다. 2. 용접이음과 개선 홈 상태를 확인할 수 있다. 3. 용접부 모재의 청결 상태를 확인할 수 있다. 4. 용접구조물의 가용접 상태를 확인할 수 있다.
		2. 용접 중 검사하기	1. 용접부의 수축 변형 상태를 확인할 수 있다. 2. 용접부의 균열, 슬래그 섞임 등 결함여부를 확인할 수 있다. 3. 용접부 용착 상태를 확인할 수 있다.
		3. 용접 후 검사하기	1. 용접부 외관검사를 할 수 있다. 2. 용접부 재질에 따른 변형 교정 및 후열처리를 할 수 있다. 3. 용접부 잔류응력, 내부응력을 확인할 수 있다. 4. 용접부 파괴 및 비파괴 검사를 실시할 수 있다.
	12. CO_2 용접 작업 후 정리정돈	1. 보호가스 차단하기	1. 용접용 보호가스 밸브를 차단할 수 있다. 2. 보호가스 누설을 확인 및 검사할 수 있다. 3. 검사 실시 후 이상 발견 시 상황에 맞는 조치를 취할 수 있다.
		2. 전원 차단하기	1. 용접기 본체의 스위치를 차단할 수 있다. 2. 용접부스에 공급되는 메인전원을 차단할 수 있다. 3. 배기 및 환기시설 전원을 차단할 수 있다.
		3. 작업장 정리·정돈하기	1. 용접모재 및 잔여 재료를 정리 정돈할 수 있다. 2. 용접용 보호구 및 작업 공구를 정돈할 수 있다. 3. 용접작업 후 화재의 위험요소 잔존여부를 확인할 수 있다. 4. 용접작업 후 안전점검을 시행하고 안전일지를 작성할 수 있다. 5. 작업장 주변을 청결하게 청소할 수 있다. 6. 용접작업 시 사용한 전기기기를 안전하게 정리정돈할 수 있다. 7. 용접케이블을 안전하게 정리정돈할 수 있다.

핵심 요점정리

제 1 장 용접공학 ··· 15
제 2 장 용접구조설계 ··· 63
★ 편하게 보세요 ··· 74

특수용접기능사 기출문제

2019년도

2019년 2월 CBT 시행 ················ 93
2019년 4월 CBT 시행 ················ 108
2019년 7월 CBT 시행 ················ 123
2019년 10월 CBT 시행 ················ 139

2020년도

2020년 2월 CBT 시행 ················ 157
2020년 4월 CBT 시행 ················ 173
2020년 7월 CBT 시행 ················ 190
2020년 10월 CBT 시행 ················ 207

CONTENTS

2021년도
- 2021년 1월 CBT 시행 ······ 227
- 2021년 4월 CBT 시행 ······ 243
- 2021년 7월 CBT 시행 ······ 257
- 2021년 10월 CBT 시행 ······ 272

2022년도
- 2022년 1월 CBT 시행 ······ 291
- 2022년 3월 CBT 시행 ······ 308
- 2022년 7월 CBT 시행 ······ 323
- 2022년 10월 CBT 시행 ······ 338

2023년도
이산화탄소가스아크용접기능사 기출문제
- 2023년 1월 CBT 시행 ······ 355
- 2023년 4월 CBT 시행 ······ 371
- 2023년 6월 CBT 시행 ······ 386
- 2023년 9월 CBT 시행 ······ 401

2024년도
이산화탄소가스아크용접기능사 기출문제
- 2024년 1월 CBT 시행 ······ 419
- 2024년 4월 CBT 시행 ······ 434
- 2024년 6월 CBT 시행 ······ 449
- 2024년 9월 CBT 시행 ······ 465

2025년도
이산화탄소가스아크용접기능사 기출문제
- 2025년 1월 CBT 시행 ······ 483
- 2025년 4월 CBT 시행 ······ 499
- 2025년 6월 CBT 시행 ······ 514
- 2025년 9월 CBT 시행 ······ 529

단기완성
이산화탄소가스아크
용접기능사 필기

핵심
요점정리

제 1 장 용접공학

1. 용접의 특징

① 장점
  ㉠ 이음효율이 높다.
  ㉡ 중량이 가벼워진다.
  ㉢ 재료의 두께에 제한이 없다.
  ㉣ 이종재료도 접합 가능
  ㉤ 보수와 수리가 용이
  ㉥ 작업공정이 단축되며 경제적이다.
  ㉦ 제품의 성능과 수명이 향상된다.
  ㉧ 용접의 자동화가 용이하며 복잡한 구조
  ㉨ 수밀 및 기밀성이 좋다.

② 단점
  ㉠ 취성이 생길 우려가 있다.
  ㉡ 용접사의 기량에 따라 품질 좌우
  ㉢ 변형 및 수축 잔류응력이 발생
  ㉣ 품질검사가 곤란

2. 용접기의 특성

① 수하 특성 : 부하전류가 증가하면 단자전압이 낮아지는 특성
② 정전압 특성 : 부하전류가 변하여도 단자전압은 거의 변화하지 않는 특성
③ 정전류 특성 : 부하전압이 변하여도 단자전류는 거의 변화하지 않는 특성
④ 상승 특성 : 전류의 증가에 따라서 전압이 약간 높아지는 특성

3. 용접기의 효율, 역률, 허용사용률 공식

① 효율(%) = $\dfrac{\text{아크전력(kw)}}{\text{소비전력(kw)}} \times 100$

② 역률(%) = $\dfrac{\text{소비전력(kw)}}{\text{전원입력(kw)}} \times 100$

• 아크전력 = 아크전압 × 정격 2차 전류
• 전원입력 = 무부하전압 × 정격 2차 전류

- 소비전력 = 아크전력 + 내부손실

③ 허용사용률 = $\dfrac{(정격\ 2차\ 전류)^2}{(실제\ 용접전류)^2} \times 정격사용률$

④ 사용률 = $\dfrac{아크시간}{아크시간 + 휴식시간} \times 100$

4. 피복제의 역할

① 탈산정련작용 ② 합금원소 첨가
③ 전기절연작용 ④ 스패터의 발생을 적게 한다.
⑤ 슬래그 제거가 쉽다. ⑥ 아크 안정
⑦ 용착효율을 높인다. ⑧ 공기로 인한 산화, 질화 방지
⑨ 용착금속의 냉각속도를 느리게 하여 급랭 방지

5. 연강용 피복아크 용접봉의 특징

① E 4301(일미나이트계) : TiO_2, FeO를 약 30% 이상 함유한 용접봉으로, 광석, 사철 등을 주성분으로 한 것으로 기계적 성질이 우수하고 용접성 우수
② E 4303(라임티탄계) : 산하티탄을 약 30% 이상 함유한 용접봉으로, 비드의 외관이 아름답고 언더컷이 발생되지 않는다.
③ E 4311(고셀룰로오스계) : 셀룰로오스를 20~30% 정도 포함한 용접봉으로, 좁은 홈의 용접 보관 시 습기가 흡수되기 쉬우므로 건조 필요
④ E 4313(고산화티탄계) : 비드 표면이 고우며 작업성이 우수. 고온크랙을 일으키기 쉬운 결점이 있다.
⑤ E 4316(저수소계) : 석회석, 형석을 주성분으로 한 것으로 기계적 성질, 내균열성이 우수. 용착금속 중에 수소 함유량이 다른 피복봉에 비해 $\dfrac{1}{10}$ 정도로 매우 낮음.
 - 용접봉 건조 시 300~350℃에서 1~2시간 건조
⑥ E 4324(철분산화티탄계)
⑦ E 4326(철분저수소계)
⑧ E 4327(철분산화철계)
⑨ E 4340(특수계)

6. 퓨즈 용량 = $\dfrac{전력(KVA)}{전압(V)}$

7. 아크 쏠림(자기불림)

직류에서 나타나는 현상으로 용접중에 아크가 용접봉 방향에서 한쪽으로 쏠리는 현상
[아크 쏠림 방지 대책]
① 용접부가 긴 경우 후퇴법을 사용할 것.
② 짧은 아크를 사용할 것.
③ 직류 용접을 하지 말고 교류 용접을 사용할 것.
④ 접지점을 용접부보다 멀리 할 것.
⑤ 접지점을 2개 연결할 것.

8. 교류 아크 용접기의 종류와 특징

① 가동 철심형
  ㉠ 현재 가장 많이 사용
  ㉡ 미세한 전류 조정이 가능
  ㉢ 가동 철심으로 누설자속을 가감하여 전류 조정
② 가포화 리액터형
  ㉠ 원격제어가 되고 가변저항의 변화로 용접전류를 조정
  ㉡ 조작이 간단
③ 가동 코일형
  ㉠ 가격이 비싸다.
  ㉡ 1차, 2차 코일 중의 하나를 이동하여 누설자속을 변화하여 전류 조정
④ 탭 전환용
  ㉠ 주로 소형에 사용
  ㉡ 미세전류 조정이 어렵다.

9. 용접 입열

$$H = \frac{60EI}{V}$$

여기서, $H(\text{J/cm})$ $E(\text{V})$: 아크전압
$I(\text{A})$: 아크전류 $V(\text{cm/min})$: 용접속도

10. 피복 배합제의 종류

① 탈산제 *(바실러크망알)*
  ㉠ 페로망간(Fe-Mn)   ㉡ 페로티탄(Fe-Ti)
  ㉢ 페로바나듐(Fe-V)   ㉣ 페로크롬(Fe-Cr)
  ㉤ 페로실리콘(Fe-Si)   ㉥ Al
  ㉦ Mg

② 아크 안정제 *(산석규자적)*
- ㉠ 석회석($CaCO_3$)
- ㉡ 규산칼륨(K_2SiO_3)
- ㉢ 규산나트륨(Na_2SiO_3)
- ㉣ 산화티탄(TiO_2)
- ㉤ 적철광
- ㉥ 자철광

③ 합금첨가제 *(바실크망산구)*
- ㉠ 페로망간
- ㉡ 페로실리콘
- ㉢ 페로크롬
- ㉣ 산화니켈
- ㉤ 페로바나듐
- ㉥ 산화몰리브덴
- ㉦ 구리

④ 가스발생제 *(석탄톱녹)*
- ㉠ 석회석
- ㉡ 탄산바륨
- ㉢ 톱밥
- ㉣ 녹말
- ㉤ 셀룰로오스

⑤ 슬래그 생성제 *(이산형석일알장규)*
- ㉠ 이산화망간
- ㉡ 산화철
- ㉢ 산화티탄
- ㉣ 형석
- ㉤ 석회석
- ㉥ 알루미나
- ㉦ 규사
- ㉨ 장석

⑥ 고착제 *(해당아카큐)*
- ㉠ 해초
- ㉡ 당밀
- ㉢ 아교
- ㉣ 카세인
- ㉤ 규산칼륨

11. 교류 아크 용접기의 부속장치

① 전격방지장치 : 무부하전압이 85~95V로 비교적 높은 교류 아크 용접기는 감전재해의 위험이 있기 때문에 무부하전압을 20~30V 이하로 유지하여 용접사 보호

② 핫 스타트 장치 : 아크 발생을 쉽게 하고 비드 모양을 개선하고 아크가 발생하는 초기에 용접봉과 모재가 냉각되어 있어 입열이 부족하여 아크가 불안정하기 때문에 아크 초기만 용접전류를 특별히 크게 하기 위해

③ 고주파 발생장치 : 전류가 순간적으로 변할 때마다 아크가 불안정하기 때문에 교류 아크 용접에 고주파를 병용시키면 아크가 안정되므로 작은 전류로 얇은 판이나 비철금속을 용접 시 사용

12. 용접봉 홀더

① A형 : 손잡이 부분을 포함한 전체가 절연된 것
② B형 : 손잡이 부분만 절연된 것

13. 용착현상

① 스프레이형
  ㉠ 일미나이트계 피복 아크 용접봉

ⓛ 미세한 용적이 스프레이와 같이 날려 보내어 옮겨가서 용착
② 글로불러형
ⓘ 서브머지드 용접과 같이 대전류 사용 시
ⓛ 일명 핀치효과라고도 하며 비교적 큰 용적이 단락되지 않고 옮겨가는 이행형식
③ 단락형
ⓘ 저수소계
ⓛ 표면장력의 작용으로 모재로 옮겨가서 용착

14. 용접의 종류

① 융접
ⓘ 아크 용접 : 보호아크 ─ 서브머지드 아크 용접(TIG, MIG)
  (서스탄)   ├ 스터드 용접
                └ 탄산가스 아크 용접
ⓛ 가스 용접 ─ 산소-아세틸렌
  (산공산)   ├ 공기-아세틸렌
            └ 산소-수소
ⓒ 특수 용접 ─ 일렉트로 슬래그 용접
  (일테전)   ├ 테르밋 용접
            └ 전자빔 용접
② 압접 *(유단초가마냉저)*
ⓘ 단접   ⓛ 유도 가열 용접   ⓒ 초음파 용접
ⓔ 마찰 용접   ⓜ 가압 테르밋 용접   ⓗ 냉간압접
ⓢ 저항 용접 ─ 겹치기 용접-점 용접, 심 용접, 프로젝션 용접
           └ 맞대기 용접-업셋 맞대기 용접, 방전 충격 용접, 플래시 맞대기 용접

15. 차광유리

① 납땜작업 (NO.2~4번 사용)

NO.2	연납땜
NO.3~NO.4	경납땜

② 가스 용접 (NO.4~6번 사용)

NO.4~NO.5	두께 3.2mm 이하
NO.5~NO.6	두께 3.2~12.7mm
NO.6~NO.8	두께 12.7mm 이상

③ 피복 아크 용접 (NO.10~12번 사용)

NO.10	용접전류 100~200A 용접봉 지름 2.6~3.2
NO.11	용접전류 150~200A 용접봉 지름 3.2~4.0
NO.10~NO.11	100A 이상 300A 미만의 아크 용접 및 절단용

16. 연강용 피복 아크 용접봉의 기호

$$E\ 43\ \triangle\ \square$$

① E : 전기 용접봉
② 43 : 용착금속의 최소 인장강도
③ △ : 용접 자세 - 0 : 규정치 않음　　　1 : 전 자세
　　　　　　　　　2 : 아래보기, 수평 필릿　3 : 아래보기
　　　　　　　　　4 : 전 자세
④ □ : 피복제의 종류

17. 가스 용접의 장·단점

① 장점
　㉠ 박판 용접에 적당하다.　　　　㉡ 가열 조절이 비교적 자유롭다.
　㉢ 응용범위가 넓다.　　　　　　㉣ 전원 설비가 필요 없다.
　㉤ 아크 용접에 비해 유해광선의 발생이 적다.
　㉥ 열량 조절이 자유롭다.　　　　㉦ 전기 용접에 비해 싸다.

② 단점
　㉠ 폭발 및 화재의 위험이 크다.　　㉡ 가열시간이 오래 걸린다.
　㉢ 용접 후의 변형이 심하게 된다.　㉣ 아크에 비해 불꽃온도가 낮다.
　㉤ 열의 집중성이 나빠 효율적인 용접이 어렵다.
　㉥ 금속이 산화, 탄화될 우려가 있다.

18. 수소가스의 성질

① 고온, 고압에서 수소취성(탈탄작용)이 일어난다. ($Fe_3C + 2H_2 \rightarrow CH_4 + 3Fe$)
② 가연성 가스이며 연소범위는 공기중 4~75%, 산소중에서는 4~95%
③ 폭명기를 생성한다.
④ 무색, 무미, 무취이며 인체에 해가 없다.
⑤ 수소는 산소와 화합되기 쉽고 연소 시 2,000℃ 이상의 온도가 되면 물이 생성.

⑥ 확산속도가 빨라 실내에서 빨리 퍼진다.
⑦ 비중은 0.0695이며 0℃ 1기압 하에서 1l의 무게는 0.0899g이다.
⑧ 수중에서 절단작업 시 사용

19. 카바이드 취급 시 주의사항

① 인화성 물질을 가까이 두어서는 안 된다.
② 카바이드 운반 시 충격, 마찰, 타격 등을 주지 말 것.
③ 아세틸렌 발생기 주변에 물이나 습기가 없어야 한다.
④ 카바이드 통에서 카바이드를 들어낼 때 목재 공구 또는 모넬메탈을 사용한다.
⑤ 카바이드 통 개봉 시는 충격을 주지 말고 가위를 사용한다.

20. 산소(oxygen)

① 공기중에 약 21% 함유
② 1l의 중량은 0℃ 1기압에서 1.429g이다.
③ 가연성 물질과 혼합 시 점화 시 폭발적으로 연소한다.
④ 무색, 무미, 무취의 기체로 비중이 1.105로서 공기보다 약간 무겁다.
⑤ 액체산소는 연한 청색을 띠고 있다.
⑥ 모든 원소와 화합 시 산화물을 만든다.(단, 금, 백금, 수은 제외)
⑦ 유지류, 용제 등이 부착되면 산화폭발의 위험이 있다.
⑧ 액체가 기화되면 800배 체적의 기체가 된다.
⑨ 금속에 산화작용이 강하다.

21. 산소 취급 시 주의사항

① 압력계는 금유라는 표시가 있는 산소 전용 압력계 사용
② 산소가스 용기나 계기류는 윤활유, 그리스 등이 부착되지 않도록 한다.
③ 산소가스 용기는 가연성 가스 용기와 구분하여 저장한다.
④ 액화산소를 이·충전 시 불연재료를 상면에 깐 뒤 행한다.
⑤ 용기 밸브를 열 때는 천천히 열도록 한다.
⑥ 산소 용기 공업용 도색은 녹색(의료용은 백색)
⑦ 산소압축기 윤활유는 물이나 10% 이하의 묽은 글리세린수
⑧ 용기 재질은 Mn강, Cr강, 18-8 스테인리스강
⑨ 최고 충전압력은 150kg/cm^2
⑩ 산소 용기는 화기로부터 5m 이상 유지
⑪ 산소 누설 시험에는 비눗물 사용

22. 산소-아세틸렌 불꽃

① 탄화불꽃 : ㉠ 아세틸렌 과잉 불꽃　㉡ 스테인리스, 모넬메탈, 스텔라이트
　　　　　　㉢ 아세틸렌 페더가 있는 불꽃
② 산화불꽃 : ㉠ 산소 과잉 불꽃　㉡ 구리, 황동 용접에 사용
③ 중성불꽃 : ㉠ 표준불꽃이라고 한다.
　　　　　　㉡ 산소와 아세틸렌의 비는 1 : 1이다.

23. 프로판 가스의 성질

① 증발잠열이 크다.(101.8kcal/kg)
② 쉽게 기화하며 발열량이 높다.
③ 연소 시 필요산소량은 1 : 5이다.
　　$C_3H_8 + 5O_2 \rightarrow 3CO_2 + 4H_2O$
　　$C_2H_2 + 2.5O_2 \rightarrow 2CO_2 + H_2O$
④ 비중은 0.52이다.
⑤ 공기보다 무겁다.($\frac{58g}{29g} = 1.52$배)
⑥ 연소한계(폭발한계)가 좁다.
⑦ 연소 시 다량의 공기가 필요하다.
⑧ 쉽게 기화하여 발열량이 높다.
⑨ 물에 녹지 않는다.
⑩ 기화하면 체적이 250배 정도 늘어난다.
⑪ 용해성이 있다.(천연고무를 녹이므로 합성고무 사용)
⑫ 발화온도가 높다.(460~520℃)

24. 가스의 발열량과 온도

가스의 종류	발열량(kcal/m³)	최고 불꽃온도
부　　탄	26,691	2,926℃
프 로 판	20,780	2,820℃
아세틸렌	12,690	3,430℃
메　　탄	8,080	2,700℃
일산화탄소	2,865	2,820℃
수　　소	2,420	2,900℃

∴ 발열량이 가장 큰 것 : 부탄,　불꽃온도가 가장 높은 것 : 아세틸렌

25. 팁의 능력

① 프랑스식 : 1시간 동안 표준불꽃으로 용접하는 경우 아세틸렌 소비량을 리터로 나타냄.

　　[예] 팁 100 : 1시간의 표준불꽃으로 용접 시 아세틸렌 소비량이 100l이다.

② 독일식 : 팁이 용접하는 판 두께

　　[예] 2번의 팁 : 2mm 두께의 연강판

26. 아세틸렌 가스

① 여러 가지 액체에 잘 용해된다.(석유 2배, 벤젠 4배, 알코올 6배, 아세톤 25배)
② 비중은 0.906이며, 15℃ 1kg/cm^{2}에서의 아세틸렌 1l의 무게는 1.176g이다.
③ 액체 아세틸렌보다 고체 아세틸렌이 안전하다.
④ 무색의 기체로 약간 에테르 향기가 있고 불순물로 인하여 특이한 냄새가 난다. (H_2S, PH_3, NH_3, SiH_4)
⑤ 융점이 −81℃, 비점이 −84℃로 비슷하고 고체 아세틸렌은 융해하지 않고 승화한다.
⑥ 흡열화합물이므로 압축하면 분해 폭발의 위험이 있다.

$$C_2H_2 \rightarrow 2C + H_2 + 54.2kcal$$

⑦ Cu, Ag, Hg 등의 금속과 화합 시 폭발성 물질인 아세틸리드 생성

$$C_2H_2 + 2Cu \rightarrow Cu_2C_2 + H_2$$
$$C_2H_2 + 2Ag \rightarrow Ag_2C_2 + H_2$$
$$C_2H_2 + 2Hg \rightarrow Hg_2C_2 + H_2$$

⑧ 온도가 406~408℃에서 자연발화, 505~515℃에서 폭발
⑨ 15℃에서 2기압 이상 시 압축하면 분해 폭발 위험, 1.5기압 이상으로 압축하면 충격이나 가열에 의해 분해 폭발 위험

27. 산소 용기의 각인

① V : 용기 내용적(l)　　② W : 용기 중량(kg)　　③ TP : 내압시험압력
④ FP : 최고 충전압력　　⑤ AP : 기밀시험압력

28. 아세틸렌 가스 발생기

① 투입식 발생기　　② 주수식 발생기　　③ 침지식 발생기

29. 아세틸렌 용기

① 습식 아세틸렌 발생기 표면온도는 70℃ 이하
② 아세틸렌은 충전 중에는 온도에 불구하고 25kg/cm^2 이상 올리지 말 것.

③ 역화방지기, 역류방지밸브 설치.
④ 청정제 : 에퓨렌, 리카솔, 카타리솔
⑤ 용제 : 아세톤 DMF
⑥ 15℃ 1kg/cm² 에서 아세톤 1*l* 에 25*l* 의 아세틸렌 가스가 용해된다.
⑦ 15℃ 15kg/cm² 에서 아세톤 1*l* 에 아세틸렌 가스 375*l* 가 용해된다.
  　　　　15 × 25 = 375*l*
⑧ 용해 아세틸렌의 양 = 905(A − B)
  　　　　　　　여기서, A : 충전된 용기 무게　　B : 빈병의 무게
⑨ 아세톤을 흡수시킨 다공질물(석회, 석면, 규조토, 목탄, 탄산마그네슘, 산화철, 다공성 플라스틱)을 넣고 흡수압축시킨다.

30. 역류, 역화의 원인

① 아세틸렌 공급가스가 부족 시
② 토치의 성능 불량 시
③ 팁 과열 시
④ 팁에 석회가루, 먼지, 기타 잡물이 막혔을 때
⑤ 토치의 체결나사가 풀렸을 때

31. 용기 도색 (공업용)

> 청탄산 산록에서 황아체 안주삼아 수주잔 높이들고 백암산 바라보니
> 　①　②　　　　③　　　　　　　　　④　　　　　　⑤
> 염소는 갈색으로 보이고 쥐들은 기타를 치더라.
> 　⑥　　　　　　　　　⑦

① 탄산가스 : 청색　② 산소 : 녹색　③ 아세틸렌 : 황색
④ 수소 : 주황　　　⑤ 암모니아 : 백색　⑥ 염소 : 갈색
⑦ 기타 : 쥐색(회색)

32. 가스 용접봉

① 종류 : GA46, GA43, GA35, GB32 등 7종으로 구성
② GA46 : 용착금속의 최소 인장강도가 46kg/mm² 이상
③ NSR : 용접한 그대로의 응력을 제거하지 않을 경우

33. 용제

금 속	용 제
연 강	사용하지 않는다.
반 연 강	중탄산나트륨 + 탄산나트륨 (반중탄)
주 철	붕사 15% + 중탄산나트륨 70% + 탄산나트륨 15% (주중봉탄)
구리합금	붕사 75% + 염화리튬 25% (구봉염)
알루미늄	염화칼륨 45% + 염화나트륨 30% + 염화리튬 15% 플루오르화칼륨 7% + 황산칼륨 3% (칼나리플황)

34. 절단 조건

① 슬래그의 이탈이 양호할 것.
② 절단면의 표면의 각이 예리할 것.
③ 드래그의 홈이 작고 노치 등이 없을 것.
④ 드래그가 가능한 한 작은 것

35. 드래그(drag) : 입구점과 출구점 간의 수평거리

① 표준 드래그 길이는 보통판 두께의 $\frac{1}{5}$ 정도

② 드래그 = $\frac{\text{드래그 길이}}{\text{판 두께}}$

36. 특수 절단

① 수중절단 : 물에 잠겨 있는 침몰선의 해체나 교량의 교각 개조, 댐, 항만, 방파제 등의 공사에 사용되며, 수중작업 시 예열가스의 양은 공기 중에서 4~8배, 절단산소의 압력은 1.5~2배이다.
② 분말절단 : 스테인리스강, 비철금속, 주철 등은 가스 절단이 용이하지 않으므로 철분 또는 연속적으로 절단용 산소에 혼합 공급함으로써 그 산화열 또는 용제의 화학작용을 이용하여 절단한다.

37. 아크 에어 가우징

① 원리 : 탄소아크절단장치에다 압축공기($5\sim7kg/cm^2$)를 병용하여서 아크열로 용융시킨 부분을 압축공기로 불어 날려서 홈을 파내는 작업
② 장점
  ㉠ 용접결함부의 발견이 쉽다.
  ㉡ 작업능률이 2~3배 높다.

ⓒ 용융금속을 순간적으로 불어내어 모재에 악영향을 주지 않음.
ⓔ 응용범위가 넓고 경비가 저렴
ⓜ 조작 방법이 간단

38. 스카핑

강괴, 강편, 슬래그, 주름, 탈탄층, 표면균열 등의 표면결함을 불꽃가공에 의해 제거하는 방법으로 얕은 홈 가공 시 사용

39. 가스 가우징

용접부분의 뒷면을 따내든지 H형, U형의 용접 홈을 가공하기 위해서 깊은 홈을 파내는 가공법
① 사용가스의 압력 : 산소의 경우 $3 \sim 7 kg/cm^2$, 아세틸렌의 경우 $0.2 \sim 0.3 kg/cm^2$
② 팁 작업의 각도 : $30 \sim 45°$

40. 미그 와이어 송급장치

① 풀(pull)　　② 푸시(push)　　③ 푸시-풀

41. 번백 시간

크레이터 처리 기능에 의해 낮아진 전류가 서서히 줄어들면서 아크가 끊어지는 기능(용접부 녹음 방치)

42. 스타트 시간

아크가 발생되는 순간 용접전류와 전압을 크게 하여 아크 발생과 모재 융합을 돕는 제어

43. 탄산가스 솔리드 와이어 혼합가스법

① CO_2-O_2법　　② CO_2-Ar법　　③ CO_2-Ar-O_2법

44. 탄산가스 플럭스 와이어 CO_2법

① 아크스 아크법　② 퓨즈 아크법
③ NCG 아크법　　④ 유니언 아크법

45. 불활성 가스 텅스텐 아크 용접(TIG 용접)

① 원리 : 모재와 텅스텐 전극 사이에 용접전원과 아크를 쉽게 발생시키기 위한 고주파 발생장치가 접속되어 있으며 모재 표면과 텅스텐 전극 선단과의 사이에서 접촉하지 않아도 아크가 발생시켜 용접하는 방법

② 장점
  ㉠ 거의 모든 금속을 용접할 수 있으므로 응용범위가 넓다.
  ㉡ 다른 용접의 용착부에 비해 연성, 강도, 내식성 기밀성이 우수하다.
  ㉢ 모든 용접자세가 가능하며 특히 박판 용접에서 능률이 좋다.
  ㉣ 박판(얇은판)에는 용가재(용접봉)를 사용하지 않아도 양호한 용접부가 얻어진다.
  ㉤ 불활성 가스 분위기 속에서는 저전압이라도 아크는 매우 안정되어 열의 집중효과가 양호하다.
  ㉥ 용제를 사용하지 않으므로 슬래그 제거가 불필요하다.
  ㉦ 산화, 질화 등을 방지할 수 있어 우수한 이음, 깨끗하고 아름다운 비드를 얻을 수 있다.

③ 단점
  ㉠ 불활성 가스와 용접기의 가격이 비싸다.
  ㉡ 운영비와 설치비가 많이 소요된다.
  ㉢ 후판 용접에서는 능률이 떨어진다.
  ㉣ 바람의 영향을 크게 받으므로 방풍대책이 필요하다.

> ✪ **불활성(不活性) 가스**
> 화학 주기율표 0족(18족)에 속하는 He, Ne, Ar을 말한다. 즉 이들은 화학결합을 할 수 없다.
> • 종류 : TIG 용접
> • 용극 : 비용극식, 비소모식
> • 상품명 : 아르곤 아크, 헬륨(헬리) 아크, 헬리 웰드

46. 일렉트로 슬래그 용접

① 원리 : 용융 슬래그와 용융금속이 용접부로부터 유출되지 않게 모재의 양측에 수랭식 동판을 대어주고 용융 슬래그 속에서 전극 와이어를 연속적으로 공급하여 주로 용융 슬래그의 저항열에 의하여 와이어와 모재를 용융시키면서 단층 수직 상진 용접을 하는 방법

② 장점
  ㉠ 아크가 눈에 보이지 않고 아크 불꽃이 없다.
  ㉡ 최소한의 변형과 최단시간의 용접법이다.
  ㉢ 한번에 장비를 설치하여 후판을 단일층으로 한번에 용접할 수 있다.
  ㉣ 압력용기, 조선 및 대형 주물의 후판 용접 등에 바람직한 용접이다.

ⓜ 용접시간을 단축할 수 있어 용접능률과 용접품질이 우수하다.
ⓗ 용접 홈의 가공준비가 간단하고 각(角) 변형이 적다.
ⓢ 대형 물체의 용접에 있어서는 아래보기 자세 서브머지드 용접에 비하여 용접시간, 홈의 가공비, 용접봉비, 준비시간 등을 $\frac{1}{3} \sim \frac{1}{5}$ 정도로 감소시킬 수 있다.
ⓞ 전극 와이어의 지름은 보통 2.5~3.2mm를 주로 사용한다.

③ 단점
㉠ 박판 용접에는 적용할 수 없다.
㉡ 장비가 비싸다.
㉢ 장비 설치가 복잡하며, 냉각장치가 필요하다.
㉣ 용접시간에 비하여 용접 준비시간이 더 길다.
㉤ 용접 진행 시 용접부를 직접 관찰할 수 없다.
㉥ 높은 입열로 기계적 성질이 저하될 수 있다.

47. 서브머지드 아크 용접

① 원리 : 자동 금속 아크 용접법으로 모재의 이음표면에 미세한 입상의 용제를 공급하고, 용제 속에 연속적으로 전극 와이어를 송급하여 모재 및 전극 와이어를 용융시켜 용접부를 대기로부터 보호하면서 용접하는 방법으로 일명 잠호 용접이라고 한다. 상품명으로는 링컨 용접, 유니언 멜트 용접이라고 불린다.

② 장점
㉠ 콘택트 팁에서 통전되므로 와이어 중에 저항열이 적게 발생되어 고전류 사용이 가능하다.
㉡ 용융속도 및 용착속도가 빠르다.
㉢ 용입이 깊다.
㉣ 작업능률이 수동에 비하여 판 두께 12mm에서 2~3배, 25mm에서 5~6배, 50mm에서 8~12배 정도가 높다.
㉤ 개선각을 적게 하여 용접 패스(pass)수를 줄일 수 있다.
㉥ 기계적 성질이 우수하다.
㉦ 유해광선이나 퓸(fume) 등이 적게 발생되어 작업환경이 깨끗하다.
㉧ 비드 외관이 매우 아름답다.

③ 단점
㉠ 장비의 가격이 고가이다.
㉡ 용접 적용 자세에 제약을 받는다.
㉢ 용접 재료에 제약을 받는다.
㉣ 개선 홈의 정밀을 요한다.(패킹재 미사용 시 루트 간격 0.8mm 이하)

ⓜ 용접 진행상태의 양·부를 육안식별이 불가능하다.
ⓗ 용접선이 짧거나 복잡한 경우 수동에 비하여 비능률적이다.

48. 일렉트로 가스 아크 용접

① 원리 : 이산화탄소(CO_2) 가스를 보호가스로 사용하여 CO_2 가스 분위기 속에서 아크를 발생시키고 그 아크열로 모재를 용융시켜 접합한다. 이 용접법은 수랭식 동판을 사용하고 있으므로 이산화탄소 엔크로즈 아크 용접이라고도 한다.

② 특징
  ㉠ 수동용접에 비하여 약 4~5배의 용융속도를 가지며, 용착금속량은 10배 이상 된다.
  ㉡ 판 두께가 두꺼울수록 경제적이다.
  ㉢ 판 두께에 관계없이 단층으로 상진 용접한다.
  ㉣ 용접장치가 간단하며, 취급이 쉽고 고도의 숙련을 요하지 않는다.
  ㉤ 용접속도는 자동으로 조절된다.
  ㉥ 용접 홈의 기계가공이 필요하다.
  ㉦ 가스 절단 그대로 용접할 수도 있다.
  ㉧ 이동용 냉각동판에 급수장치가 필요하다.
  ㉨ 용접작업 시 바람의 영향을 많이 받는다.
  ㉩ 수직상태에서 횡 경사 60~90° 용접이 가능하며, 수평면에 45~90° 경사 용접이 가능하다.

49. 스터드(stud) 용접

① 원리 : 볼트나 환봉 핀을 피스톤형의 홀더에 끼우고 모재와 볼트 사이에 순간적으로 아크(플래시)를 발생시켜 용접하는 방법

② 특징
  ㉠ 대체로 급열, 급랭을 받기 때문에 저탄소강에 좋음.
  ㉡ 용제를 채워 탈산 및 아크를 안정화함.
  ㉢ 스터드 주변에 페룰(ferrule, 가이드)을 사용함.
  ㉣ 페룰은 아크를 보호하고 아크 집중력을 높인다.

50. 플라스마 아크 용접

① 원리 : 아크 열로 가스를 가열하여 플라스마 상으로 토치의 노즐에서 분출되는 고속의 플라스마젯을 이용한 용접법이다.

> ✪ 플라스마
> 기체를 수천 도의 높은 온도로 가열하면 그 속의 가스 원자가 원자핵과 전자로 분리되며, 양(+), 음(−)의 이온상태를 말함.
>
> ✪ 열적 핀치 효과
> 아크 단면은 수축하고 전류밀도는 증가하여 아크 전압이 높아지므로 대단히 높은 온도의 아크 플라스마가 얻어지는 성질.

② 장점
  ㉠ 전류밀도가 크므로 용입이 깊고, 비드 폭이 좁으며 용접속도가 빠르다.
  ㉡ 용접부의 기계적, 금속학적 성질이 좋으며 변형도 적다.
  ㉢ 각종 재료의 용접이 가능하다.
  ㉣ 1층으로 용접할 수 있으므로 능률적이다.
  ㉤ 수동용접도 쉽게 할 수 있다.
  ㉥ 토치 조작에 숙련을 요하지 않는다.

③ 단점
  ㉠ 무부하 전압이 높다.
  ㉡ 설비비가 많이 든다.
  ㉢ 용접속도가 크므로 가스의 보호가 불충분하다.

51. 불활성 가스 금속 아크 용접 (MIG 용접)

① 원리 : 연속적으로 공급되는 용가재(금속)와 모재 사이에서 발생되는 아크열을 이용하여 용접하는 방식으로 용극식, 소모식 불활성 가스 금속 아크 용접이라고 한다.

② 장점
  ㉠ 각종 금속용접에 다양하게 적용할 수 있어 응용범위가 넓다.
  ㉡ CO_2 용접에 비해 스패터 발생이 적다.
  ㉢ TIG 용접에 비해 전류밀도가 높으므로 용융속도가 빠르다.
  ㉣ 후판 용접에 적합하다.
  ㉤ 수동 피복 아크 용접에 비해 용착효율이 높아 고능률적이다.
  ㉥ 전 자세 용접이 가능
  ㉦ 모든 금속의 용접이 가능

③ 단점
  ㉠ 보호가스의 가격이 비싸서 연강용접에는 다소 부적당하다.
  ㉡ 박판 용접(3mm 이하)에는 적용이 곤란하다.
  ㉢ 바람의 영향을 크게 받으므로 방풍대책이 필요하다.

- **종류** : MIG 용접
- **용극** : 용극식, 소모식
- **상품명** : 에어 코매틱(air comatic), 시그마(sigma), 필러 아크(filler arc), 아르곤 아웃(argon aut)

52. 탄산가스 아크 용접 (CO_2 용접)

① 원리 : 불활성 가스 대신에 탄산가스(CO_2)를 이용한 용극식 용접 방법이고, 가시 아크이므로 아크 및 용융지의 상태를 보면서 용접하는 방법

② 장점
 ㉠ 전류밀도가 높다.
 ㉡ 용입이 깊고 용접속도가 빠르게 할 수 있다.
 ㉢ 용착금속의 기계적 성질 및 금속학적 성질이 우수하다.
 ㉣ 박판 용접(0.8mm까지)은 단락이행 용접법에 의해 가능하며, 전 자세 용접도 가능하다.
 ㉤ 가시(可視) 아크이므로 시공이 편리하다.
 ㉥ 용제를 사용하지 않아 슬래그 혼입이 없고 용접 후의 처리가 간단하다.
 ㉦ 아크시간(용접 작업시간)을 길게 할 수 있다.

③ 단점
 ㉠ 바람의 영향을 크게 받으므로 2m/sec 이상이면 방풍장치가 필요하다.
 ㉡ 적용 재질이 철(Fe) 계통으로 한정되어 있다.
 ㉢ 비드 외관은 피복 아크 용접이나 서브머지드 아크 용접에 비해 약간 거칠다.

53. 납땜의 종류

① **연납땜** : 450℃ 이하인 용가재 사용
② **경납땜** : 450℃ 이상인 용가재 사용(은납, 황동납)

54. 용제

① **연납땜** : 염산, 염화아연, 염화암모니아, 인산 (인몀아앚)
② **경납땜** : 붕사, 붕산, 염화나트륨, 염화리튬, 산화 제1구리, 빙정석 (붕붕나리산빙)

55. 연납땜의 종류

① 주석-납 (Pb 60%-Sn 40%)
 ㉠ 연납의 대표적임.   ㉡ 주석이 100%일 때 가장 유효
② 카드뮴-아연납 : 저융점 납땜

56. 납땜법의 종류 (노유인저가)

① 노내납땜   ② 유도가열납땜   ③ 인두납땜
④ 가스납땜   ⑤ 저항납땜   ⑥ 담금납땜

57. 납땜의 구비조건

① 모재와 친화력이 있고 접합이 튼튼해야 한다.
② 유동성이 좋아서 틈이 잘 메워질 수 있어야 한다.
③ 표면장력이 적어 모재 표면에 잘 퍼져야 한다.
④ 모재보다 용융점이 낮아야 한다.

58. 저항용접의 3요소

① 통전시간   ② 통전전류   ③ 가압력

59. 저항용접의 종류

① 겹치기 용접 : ㉠ 점 용접   ㉡ 심 용접
 (점시프)   ㉢ 프로젝션 용접
② 맞대기 용접 : ㉠ 퍼커션 용접   ㉡ 포일 심 용접
   ㉢ 버트 심 용접   ㉣ 플래시 용접

60. 저항용접

용접부에 대전류를 직접 흐르게 하여 전기 저항열을 이용하여 국부적으로 가열시킨 후 압력을 가해 접합

① $H(발열량) = 0.24I^2RT$

여기서, $I(A)$: 전류, $R(\Omega)$: 저항, $t(sec)$: 통전시간

② 장점
 ㉠ 용접부가 깨끗하다.   ㉡ 산화 및 변질 부분이 적다.
 ㉢ 용접사의 숙련을 요하지 않는다.   ㉣ 가압효과로 조직이 치밀
 ㉤ 용접시간이 짧고 대량생산 적합
 ㉥ 열손실이 적고 용접부에 집중열을 가할 수 있다.

③ 단점
 ㉠ 적당한 비파괴검사가 어렵다.   ㉡ 다른 금속간 용접이 곤란
 ㉢ 설비 복잡, 가격이 비싸다.

61. 자분탐상검사 분류

① 축통전법 ② 직각통전법 ③ 관통법 ④ 극간법 ⑤ 코일법

62. 초음파 검사 종류

① 투과법 ② 공진법 ③ 펄스 반사법

63. 기계적 시험

① 충격시험(샤르피식, 아이조드식) : V형, U형의 노치를 만들어 충격적인 하중을 주어서 시험편을 파괴시키는 시험
② 피로시험 : 작은 힘을 수없이 반복하여 작용하면 파괴를 일으키는 방법
③ 굽힘시험 : 용접부의 연성결함을 조사하기 위하여 사용하는 시험법
④ 인장시험 : 인장강도, 항복점, 단면수축률, 연신율 등을 측정

㉠ 단면수축률 = $\dfrac{A - A_o}{A} \times 100$ ㉡ 변형률 = $\dfrac{l - l_o}{l_o} \times 100$

64. 경도 시험

① 쇼어 경도 : 소형의 추를 일정 높이에서 낙하시켜 튀어 오르는 높이에 의하여 경도를 측정

$$HS = \dfrac{10,000}{65} \times \dfrac{h}{h_o}$$

여기서, h_o : 낙하 물체의 높이(25cm)
h : 낙하 물체의 튀어 오른 높이

② 비커스 경도 : 꼭지각이 136°인 다이아몬드 4각추의 입자를 1~120kgf의 하중으로 시험편에 압입한 후 생긴 오목자국의 대각선을 측정

$$Hv = \dfrac{1.8544P}{D^2}$$

③ 브리넬 경도 : 특수강구를 일정한 하중(500, 750, 1,000, 3,000kgf)으로 시험편의 표면적을 압입한 후 이때 생긴 오목자국의 표면적을 측정하여 나타낸 값

$$HB = \dfrac{P}{\pi D t}$$

④ 로크웰 경도 : 지름 $\dfrac{1}{16}''$인 강구(B 스케일), 꼭지각이 120°인 원뿔형(C 스케일)의 다이아몬드 압입자를 사용하여 기본하중 10kgf를 주면서 경로계의 지시계를 0점에 맞춘 다음 B스케일일 때 100kgf의 하중을 가하고 C스케일일 때 150kgf의 하중을 가한 다음 하중을 제거하면 오목자국의 깊이가 지시계에 나타나서 경도 표시

65. 결함의 보수

① 언더컷의 보수 : 지름이 작은 용접봉을 이용하여 보수한다.
② 오버랩의 보수 : 일부분을 깎아내고 재용접한다.
③ 슬래그의 보수 : 깎아내고 재용접한다.
④ 균열의 보수 : 정지구멍을 뚫어 균열부분에 홈을 판 후 재용접한다.

66. 용접용 기구

① 포지셔너 : 용접물을 용접하기 쉬운 상태로 놓기 위한 지그
② 스트롱백 : 용접제품의 치수를 정확하게 하기 위하여 변형을 억제하는 용접 고정구

67. 용접 지그

① 아래보기 자세로 용접할 수 있다. ② 용접부의 신뢰성을 높인다.
③ 동일 제품을 다량 생산할 수 있다. ④ 제품의 정도가 균일하다.
⑤ 작업을 쉽게 할 수 있다. ⑥ 공정수를 절약하므로 능률이 좋다.

68. 용접 준비

① 조립 순서는 수축이 큰 맞대기 이음을 먼저 용접하고 다음에 필릿 용접을 한다.
② 큰 구조물에서는 구조물의 중앙에서 끝으로 향하여 용접 실시
③ 대칭으로 용접을 실시
④ 가용접 시는 본용접 때보다 지름이 약간 가는 용접봉 사용
⑤ 본용접사와 동등한 기량을 갖는 용접사가 가접 시행
⑥ 응력이 집중될 우려가 있는 곳은 피한다.

69. 저온균열의 유형

① 라멜라티어 균열 : T이음, 모서리 이음 등에서 강의 내부에 평행하게 층상으로 발생되는 균열
② 마이크로피셔 균열 : 용착금속의 다수의 현미경적 균열이 저온에서 발생하며 용착금속의 굽힘 연성이 현저하게 감소
③ 루트 균열 : 맞대기 용접의 가접, 첫층용접의 루트 근방의 열영향부에 발생하는 균열
④ 힐 균열 : 필릿 시 루트부분에 발생하는 저온균열이며 모재의 수축, 팽창에 의한 뒤틀림이 주요 원인
⑤ 토 균열 : 맞대기 이음, 필릿 이음 등의 경우에 비드 표면과 모재의 경계부에 발생

70. 고온균열의 유형

① **유황 균열(설퍼 크랙)** : 강 중의 황이 층상으로 존재하는 유황밴드가 심한 모재를 서브머지드 아크 용접 시 나타나는 균열
② **라미네이션 균열** : 모재의 결함에 기인되는 것으로 모재 내에 기포가 압연되어 발생하는 유황밴드와 같이 층상으로 편재해 강재의 내부적 노취 형성

71. 용접부의 결함 *(오용내슬언선운균)*

① **구조상 결함** : 오버랩, 용입 불량, 내부 기공, 슬래그 혼입, 언더컷, 은점, 균열, 선상조직
② **치수상 결함** : 치수 불량, 변형, 형상 불량 *(변치형)*

72. 가열하는 방법 *(박형후가소외)*

① 박판에 대한 점 수축법
② 형재에 대한 직선가열 수축법
③ 가열 후 해머로 두드리는 방법
④ 후판에 대하여는 가열 후 압력을 걸고 수냉하는 방법
⑤ 소성변형시켜서 교정하는 방법
⑥ 외력을 이용한 소성변형법
⑦ 가열할 때 발생하는 열응력 이용한 소성변형법

73. 용접 후 처리 *(노국기저피)*

① **피닝법** : 해머로써 용접부를 연속적으로 때려 용접 표면에 소성변형을 주는 방법
② **기계적 응력 완화법** : 잔류응력이 있는 제품에 하중을 주어 용접부에 약간의 소성변형을 일으킨 다음, 하중을 제거하는 방법
③ **저온 응력 완화법** : 용접선 양측을 가스 불꽃에 의하여 너비 약 150mm를 150~200℃ 정도의 비교적 낮은 온도로 가열한 다음 곧 수냉하는 방법
④ **국부풀림법** : 제품이 커서 노 내에 넣을 수 없을 때 또는 설비, 용량 등으로 노내풀림을 바라지 못할 경우에 용접부 근처만을 풀림하는 방법
⑤ **노내풀림법** : 제품 전체를 가열로 안에 넣고 적당한 온도에서 일정 시간 유지한 다음 노 내에서 서냉하는 방법

74. 이음 종류

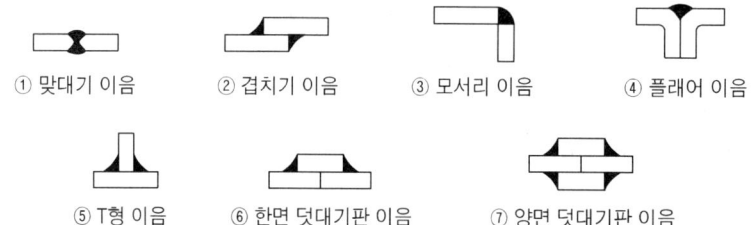

① 맞대기 이음　② 겹치기 이음　③ 모서리 이음　④ 플래어 이음

⑤ T형 이음　⑥ 한면 덧대기판 이음　⑦ 양면 덧대기판 이음

75. 용접부 시험의 종류

① 비파괴 시험 : 방사선투과법, 초음파검사법, 침투검사법, 음향검사법, 외관검사법, 누설검사법, 형광검사법
② 파괴 시험 : 피로시험, 굽힘시험, 인장시험, 경도시험, 충격시험, 낙하시험, 내압시험

76. 용접부의 결함

① 기공 및 피트의 원인 *(이용아과수)*
　㉠ 수소, 산소, 일산화탄소가 너무 많을 때
　㉡ 과대전류 사용 시
　㉢ 이음부에 기름, 페인트, 녹 등이 부착해 있을 경우
　㉣ 용접봉 또는 용접부에 습기가 많을 경우
　㉤ 아크길이 및 운봉법이 부적당 시
　㉥ 용접부가 급랭 시
② 언더컷의 원인 *(전부용아)*
　㉠ 용접속도가 너무 빠를 때　㉡ 전류가 너무 높을 때
　㉢ 부적당한 용접봉 사용 시　㉣ 아크길이가 길 때
③ 오버랩의 원인
　㉠ 용접속도가 너무 느릴 때　㉡ 전류가 너무 낮을 때
　㉢ 용접봉 유지각도 불량, 부적합한 용접봉 사용 시 용접봉 운봉속도 불량
④ 균열의 원인 *(이황고용아냉)*
　㉠ 황이 많은 용접봉 사용 시　㉡ 고탄소강 사용 시
　㉢ 용접속도가 너무 빠를 때　㉣ 냉각속도가 너무 빠를 때
　㉤ 아크 분위기에 수소가 많을 때　㉥ 이음각도가 너무 좁을 때
⑤ 슬래그 섞임의 원인 *(전운봉슬)*
　㉠ 운봉속도가 너무 느릴 때　㉡ 전류가 너무 낮을 때
　㉢ 봉의 각도 부적당 시　㉣ 슬래그가 용융지보다 앞설 때

77. 합금

① 일렉트론 : Al + Zn + Mg (알아마)
② 도우메탈 : Al + Mg (알마)
③ 하이드로날륨 : Al + Mg (알마) • 선박용 부품, 조리용 기구, 화학용 부품
④ 알드레이 : Al + Mg + Si (알마소)
⑤ 두랄루민 : Al + Cu + Mg + Mn (알구마망)
⑥ Y합금 : Al + Cu + Mg + Ni (알구마니) • 실린더 헤드, 피스톤 등에 사용
⑦ 로엑스 : Al + Cu + Mg + Ni + Si (알구마니소)
⑧ 실루민 : Al + Si (알소)
⑨ 라우탈 : Al + Cu + Si (알구소)
⑩ 켈밋 : Cu + Pb(30~40%) • 베어링에 사용
⑪ 양은 : 7 : 3 황동 + Ni(10~20%)
⑫ 델타메탈 : 6 : 4 황동 + Fe(1~2%) • 모조금, 판 및 선에 사용
⑬ 에드미럴티 : 7 : 3 황동 + Sn(1~2%) • 탈아연 부식 억제, 내수성 및 내해수성 증대
⑭ 네이벌 : 6 : 4 황동 + Sn(1~2%)
⑮ 먼츠메탈 : Cu(60%) + Zn(40%) • 열교환기, 열간단조품, 탄피 등에 사용
⑯ 톰백 : Cu(80%) + Zn(20%) • 화폐, 메탈 등에 사용
⑰ 레드브레스 : Cu(85%) + Zn(15%)
⑱ 모넬메탈 : Ni(65~70%) + Fe(1~3%)
⑲ 인코넬 : Ni(70~80%) + Cr(12~14%)
⑳ 콘스탄탄 : 구리(55%) + 니켈(45%)
㉑ 플래티나이트 : Ni(40~50%) + Fe • 진공관이나 전구의 도입선으로 사용
㉒ 코로손합금 : Cu + Ni + Fe • 전화선, 통신선에 사용

78. 특수 원소의 영향

① Mo : ㉠ 뜨임취성 방지
② Mn : ㉠ 적열취성 방지   ㉡ 황의 해를 제거
          ㉢ 고온에서 결정립 성장 억제
③ Ni : ㉠ 인성 증가   ㉡ 저온충격저항 증가   ㉢ 질화 촉진
④ Cr : ㉠ 내식성, 내마모성 증가   ㉡ 흑연화 안정   ㉢ 탄화물 안정
⑤ Si : ㉠ 탈산   ㉡ 전자기적 특성 개선
⑥ Ti : ㉠ 결정입자의 미세화   ㉡ 탄성물 생성 용이

79. 주철 용접이 어렵고 곤란한 이유

① 모재 전체를 500~600℃의 고온에서 예열, 후열 할 수 있는 설비가 필요
② 일산화탄소 가스가 발생하여 용착금속에 기공이 생기기 쉽다.
③ 수축이 많아 균열이 생기기 쉽다.
④ 연강에 비하여 여리다.
⑤ 주철의 급랭에 의한 백선화로 기계 가공이 곤란
⑥ 장시간 가열로 조직이 조대화된 경우 기름, 흙, 모래 등이 있는 경우 용착불량하거나 모재와의 친화력이 나쁘다.

80. 주철의 성장

고온에서 장시간 유지 또는 가열, 냉각을 반복하면 주철의 부피가 팽창하여 균열이 발생하는 현상
① 불균일한 가열로 인한 팽창
② 페라이트 조직 중의 규소의 산화
③ Fe_3C의 흑연화에 의한 성장
④ A_1변태에 따른 체적의 변화에 기인하는 미세한 균열의 발생

81. 탄소공구강의 구비 조건

① 내마모성이 클 것.
② 상온 및 고온 경도가 클 것.
③ 가격이 저렴할 것.
④ 가공 및 열처리성이 양호할 것.
⑤ 강인성 및 내충격성이 우수할 것.

82. 탄소강에서 생기는 취성

① 상온취성 : 원인은 P(인)이며 충격, 피로 등에 대하여 깨지는 성질
② 청열취성 : 원인은 P(인)이며 강이 200~300℃로 가열하면 강도가 최대로 되고 연신율, 단면수축률 등은 줄어들게 되어 메지는 것
③ 적열취성 : 원인은 S(황)이며 고온 900℃ 이상에서 물체가 빨갛게 되어 메지는 것
④ 저온취성 : 천이 온도에 도달하면 급격히 감소하여 −70℃ 부근에서 충격치가 0에 도달

83. 자기변태

원자배열은 변화가 없고 자성만 변하는 것
① 자기변태 금속 : Ni(358℃), Fe(775℃), Co(1160℃)

84. 금속의 공통적 성질

① 상온에서 고체이다.(단, 수은은 제외)
② 열과 전기의 양도체이다.
③ 비중이 크고 금속적 광택을 갖는다.
④ 이온화하면 양이온(+)이 된다.
⑤ 소성변형이 있어 가공하기 쉽다.

85. 금속의 비중

비중이 5 이하 경금속, 비중이 5 이상 중금속

① 마그네슘 : 1.74 (마일칠사)   ② 알루미늄 : 2.7 (알이칠)
③ 티탄 : 4.5 (티사오)   ④ 바나듐 : 6.16 (바육일구)
⑤ 크롬 : 7.19 (크칠일구)   ⑥ 망간 : 7.43 (망칠사삼)
⑦ 철 : 7.87 (철칠팔칠)   ⑧ 니켈 : 8.9 (니팔구)
⑨ 구리 : 8.96 (구팔구육)   ⑩ 납 : 11.36
⑪ 텅스텐 : 19.1 (텅일구)   ⑫ 백금 : 21.45 (백이일사오)

86. 전기전도율

Ag > Cu > Au > Al > Mg > Zn > Ni > Fe > Pb
은   구   금   알   마   아   니   철   납

87. 강의 조직

① 공석강 : 펄라이트 (공펄)
② 공정주철 : 레데뷰라이트 (공레)
③ 아공석강 : 페라이트 + 펄라이트 (아페펄)
④ 과공석강 : 펄라이트 + 시멘타이트 (과펄시)
⑤ 과공정주철 : 레데뷰라이트 + 시멘타이트 (주시레)

88. 주철의 보수용접 작업

① 비녀장법 : 균열부 수리 및 가늘고 긴 용접을 할 때 용접선에 직각이 되게 지름 6~10mm 정도의 ㄷ자형의 강봉을 박고 용접
② 버터링법 : 처음에는 모재와 잘 융합되는 용접봉으로 적당한 두께까지 용착시키고 난 후 다른 용접봉으로 용접
③ 로킹법 : 스터드 볼트 대신 용접부 바닥에 홈을 파고 이 부분을 걸쳐 힘을 받도록 하는 방법

89. 주철 용접 시 주의사항

① 균열의 보수는 양 끝에 정지구멍을 뚫는다.
② 용접봉은 가는 용접봉을 사용한다.
③ 피닝 작업을 하여 변형을 줄이는 것이 좋다.
④ 비드 배치는 짧게 하여 여러 번 조작으로 완료한다.
⑤ 보수용접 시 본바닥이 나타날 때까지 잘 깎아낸 후 용접한다.
⑥ 용접전류는 필요 이상 높이지 말 것. 용입은 지나치게 깊게 하지 않는다.

90. 오스테나이트계 스테인리스강

① 비자성체이며, 18-8 스테인리스강이 대표적이다.
② 염산, 황산, 염소가스 등에 약하고 결정입계 부식 발생
③ 입계부식이 발생하는 것을 예민화라 하며, 용접 후 내식성 감소
④ 선팽창계수가 강의 1.5배이다.
⑤ 내식성, 내충격성, 기계가공성 우수
⑥ 보통강에 비해 전기전도도가 $\frac{1}{4}$ 정도

91. 각 조직의 경도 순서 (마트솔퍼오페)

마텐자이트 > 트루스타이트 > 소르바이트 > 펄라이트 > 오스테나이트 > 페라이트

92. 오스테나이트계 스테인리스강 용접 시 냉각되면서 고온균열이 발생하는 원인 (구모아크)

① 구속력이 가해진 상태에서 용접할 때
② 모재가 오염되었을 때
③ 아크 길이가 너무 길 때
④ 크레이터 처리를 하지 않았을 때

93. 금속원자의 단위결정 격자의 종류

① 체심입방격자(원자수 2개)
   V, Mo, W, Cr, K, Na, Ba, Ta, α-Fe, δ-Fe (바몰령크칼나바탈)
② 면심입방격자(원자수 4개)
   Ag, Cu, Au, Al, Pb, Ni, Pt, Ce, Ca, γ-Fe (은구금알납니백세)
③ 조밀육방격자(원자수 4개) : Ti, Mg, Zn, Co, Zr, Be (티마아크지베)

✪ [참고] Zr(지르코늄), Be(베릴륨)

94. 합금원소의 영향

① 탄소 ㉠ 인장강도, 경도, 항복점 증가
         ㉡ 연신율, 비중, 열전도도, 충격값 감소
② 황   ㉠ 적열취성 원인   ㉡ 용접성 저하, 인성, 충격치 저하
③ 인   ㉠ 상온취성, 청열취성 원인 ㉡ 인장강도 증가, 연신율 감소
④ 수소 ㉠ 헤어 크랙 및 은점의 원인
⑤ 망간 ㉠ 황의 해를 제거   ㉡ 결정립의 성장 방해
         ㉢ 탈산제   ㉣ 연성 감소
⑥ 규소 ㉠ 유동성 증가   ㉡ 결정립 조대화
         ㉢ 가공성 및 용접성 저하 ㉣ 연신율
         ㉤ 충격값 감소

95. 열처리

① **담금질** : 강을 A_3 변태 및 A_1 선 이상 30~50℃로 가열한 후 물 또는 기름으로 급랭하는 방법으로 경도 및 강도 증가
② **뜨임** : 담금질된 강을 A_1 변태점 이하의 일정 온도로 가열하는 작업. 인성 증가
③ **풀림** : 재질의 연화를 목적으로 일정 시간 가열 후 노 내에서 서냉, 내부응력 및 잔류응력 제거
④ **불림** : 강을 표준상태로 하기 위하여 가공조직의 균일화, 결정립의 미세화, 기계적 성질의 향상을 목적으로 실시
⑤ **심랭 처리(서브제로 처리)** : 담금질된 강의 경도를 증가시키고 시효변형을 방지하기 위한 목적으로 0℃ 이하의 온도에서 처리
⑥ **질량효과** : 재료의 내·외부에 열처리 효과의 차이가 나는 현상

96. 알루미늄의 성질

① 비중 2.7, 용융점 650℃, 변태점이 없고 열 및 전기의 양도체이다.
② 무기산염류에 침식된다. 특히 염산중에서는 빠르게 침식된다.
③ 전·연성이 풍부하여 400~500℃에서 연신율이 최대이다.
④ 알루미늄의 전기전도도는 구리의 약 65%이다.
⑤ 알루미늄은 광석 보크사이트로부터 제련한다.

97. 표면경화법

① **금속침투법** : 내식, 내산, 내마멸을 목적으로 금속을 침투시키는 열처리
   ㉠ Al : 칼로라이징   ㉡ Cr : 크로마이징
   ㉢ Zn : 세라다이징   ㉣ Si : 실리코나이징

ⓜ B : 브로나이징
② **질화법** : 강 표면에 질소를 침투시켜 경화하는 방법으로 가스질화법, 연질화법, 액체질화법 등이 있다.
③ **침탄법**
  ㉠ 가스침탄법 : 메탄가스와 같은 탄화수소가스를 사용하여 침탄하는 방법
  ㉡ 액체침탄법 : 시안화나트륨(NaCN), 시안화칼리(KCN)를 주성분으로 한 염을 사용하여 침탄온도 750~950℃에서 30~60분 침탄시키는 방법
  ㉢ 고체침탄법 : 고체침탄제를 사용하여 강 표면에 침탄탄소를 확산 침투시켜 표면을 경화시키는 방법

98. 구리의 성질

① 황산, 염산에 용해되며 해수, 탄소가스, 습기에 녹이 생긴다.
② 건조한 공기 중에는 산화하지 않는다.
③ 전기와 열의 양도체이다.
④ 비중은 8.96, 용융점은 1,083℃이다.
⑤ 전기전도율은 은 다음으로 우수
⑥ 전연성이 좋아 가공 용이

99. 황동 및 청동

① **황동** : 구리+아연
② **청동** : 구리+주석
③ **경년변화** : 상온 가공한 황동 스프링이 사용할 때 시간의 경과와 더불어 스프링 여러 성질이 악화되는 현상
④ **저융점합금** : 융점이 낮고 녹기 쉬운 것을 말하며 주석(Sn) 232℃보다 낮은 융점을 가진 합금

100. 도면의 크기

용지	세로	가로
A0	841	1189
A1	594	841
A2	420	594
A3	297	420
A4	210	297

✪ [참고] 210×1.414=297   594×1.414=841
       297×1.414=420   841×1.414=1189
       420×1.414=594

101. 도면의 분류

① 용도에 따른 분류 *(제주승계설)*
  ㉠ 제작도(공정도, 상세도, 시공도) ㉡ 주문도 ㉢ 승인도 ㉣ 계획도 ㉤ 설명도
② 내용에 따른 분류 *(장기조부배)*
  ㉠ 부품도 ㉡ 조립도 ㉢ 기초도 ㉣ 배치도 ㉤ 장치도

102. KS 규격

① KSA : 기본
② KSB : 기계
③ KSC : 전기
④ KSD : 금속
⑤ KSE : 광산
⑥ KSF : 토건
⑦ KSG : 식료
⑧ KSH : 일용
⑨ KSV : 조선 등

103. 표제란 및 부품란에 기입할 사항

① 표제란에 기입할 사항 *(소작투척도)*
  ㉠ 도면 번호   ㉡ 도면 명칭   ㉢ 작성 년. 월. 일
  ㉣ 척도   ㉤ 투상법   ㉥ 소속 단체명
  ㉦ 책임자 서명
② 부품란에 기입할 사항 *(재수무품)*
  ㉠ 재질   ㉡ 수량   ㉢ 무게
  ㉣ 품명   ㉤ 품번

104. 척도의 종류

① 현척 : 도형을 실물과 같게 제도 (1 : 1)
② 축척 : 도형을 실물보다 작게 제도 (1 : 2, 1 : 5 …)
③ 배척 : 도형을 실물보다 크게 제도 (2 : 1, 5 : 1 …)
④ N.S(Non Scale) : 비례척이 아님.

105. 용도에 따른 선의 종류

명 칭	선의 용도	선의 종류
파단선	대상물의 일부를 파단한 경계	가는실선
해칭선	도형의 한정된 특정부분을 다른 부분과 구별	
치수선	치수 기입하기 위해	
치수보조선	치수 기입하기 위해 도형으로부터 끌어내는 선	
기준선	위치결정의 근거가 된다는 것을 명시	가는일점쇄선
절단선	절단위치를 대응하는 그림에 표시	

명 칭	선의 용도	선의 종류
중심선	도면의 중심을 표시	
피치선	되풀이하는 도형의 피치를 취하는 기호	
외형선	대상물이 보이는 부분의 모양을 표시	굵은실선
특수지정선	특수한 가공을 하는 부분	굵은일점쇄선
가상선	가공 전·후 표시, 인접부분 참고 표시, 공구위치 참고 표시	가는이점쇄선

⊙ [참고] 해치 : 가는실선
중절기피 : 가는일점쇄선

106. 정투상도

① 제1각법 : 눈 → 물체 → 투상   ② 제3각법 : 눈 → 투상 → 물체

⊙ 제1각법

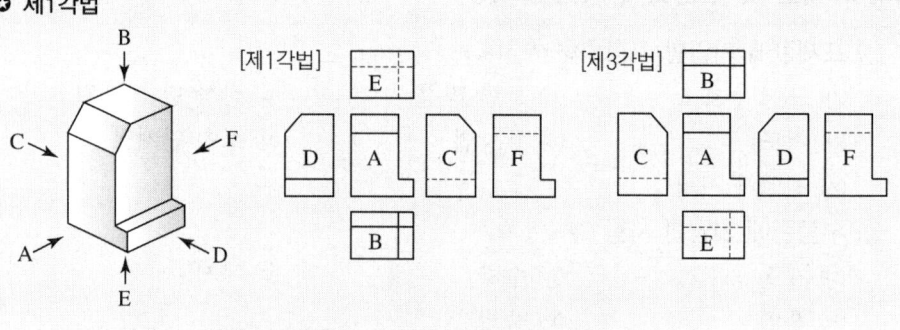

구분	정면도	평면도	좌측면도	우측면도	저면도	배면도
	A	B	C	D	E	F

⊙ 제3각법

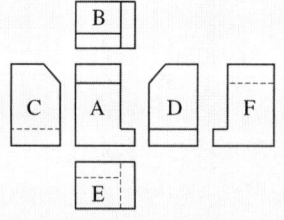

107. 보조기호

① 평면 : 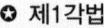   ② 볼록형 : ⌢

③ 오목형 : ⌣   ④ 끝단부를 매끄럽게 함 : ⌄

⑤ 영구적인 덮개판을 사용 : M   ⑥ 제거 가능한 덮개판을 사용 : MR

108. 비파괴시험 기호

① 방사선투과검사(Radiographic Testing) : RT
② 자분탐상검사(Magnetic Particle Testing) : MT
③ 침투탐상검사(Penetrant Testing) : PT
④ 초음파탐상검사(Ultrasonic Testing) : UT
⑤ 와류탐상검사(Eddy Current Testing) : ET
⑥ 누설검사(Leak Testing) : LT
⑦ 육안시험(View Testing) : VT

109. 투상도

① **등각투상도** : 서로 120°를 이루는 3개의 기본축에 정면, 평면, 측면을 하나의 투상면 위에서 동시에 볼 수 있도록 나타낸 입체도
② **보조투상도** : 경사면부가 있는 대상물에서 그 경사면의 실험을 나타낼 필요가 있는 경우에 그리는 투상도
③ **국부투상도** : 대상물의 구멍, 홈 등과 같이 한 부분의 모양을 도시한다.
④ **부분투상도** : 필요한 부분만을 투상하여 도시한다.

110. 중심마크

도면을 마이크로필름에 촬영하거나 복사할 때에 편의를 위하여 윤곽선 중앙으로부터 용지의 가장자리에 이르는 굵기 0.5mm의 수직으로 그은 선

111. 단면도

① **회전단면도** : 핸들, 벨트풀리, 바퀴의 암, 후크의 절단한 단면모양을 90° 회전시킨다.
② **부분단면도** : 일부분을 잘라내고 필요한 내부 모양을 그리기 위한 방법
③ **전(온)단면도** : 대칭형 물체의 $\frac{1}{2}$을 잘라낸다.
④ **반(한쪽)단면도** : 대칭형 물체의 $\frac{1}{4}$을 잘라낸다.
⑤ **전개도**
　㉠ 입체의 표면을 하나의 평면 위에 놓은 도형
　㉡ 상관선은 상관체에서 입체가 만난 경계선을 말한다.
　㉢ 용도 : 자동차 부품상자, 책꽂이, 덕트 등

112. 일반적인 판금전개도를 그릴 때 전개방법

① 삼각형 전개법   ② 평행선 전개법   ③ 방사선 전개법

113. 치수의 표시 방법

① 지름 : ϕ
② 반지름 : R
③ 구의 지름 : Sϕ
④ 구의 반지름 : SR
⑤ 정사각형변 : □
⑥ 판의 두께 : t
⑦ 45° 모따기 : C
⑧ 원호의 길이 : ⌒
⑨ 이론적으로 정확한 치수 : $\boxed{123}$
⑩ 참고 치수 : ( )

114. 스케치

동일 부품의 제작 시, 파손된 부품을 교체하고자 할 때, 개선된 부품으로 고안하고자 할 때 모눈종이 또는 제도용지에 척도 상관없이 프리핸드(free hand)로 그리는 것

[방법]
① 프리핸드법 : 모눈종이 이용
② 프린트법 : 광명단 등을 발라 스케치 용지에 찍는 법
③ 본뜨기법 : 구리선, 납선 이용
④ 사진촬영법

115. 용접이음의 종류

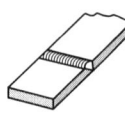 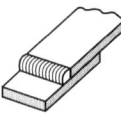 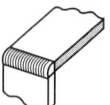

① 맞대기 이음   ② 겹치기 이음   ③ 모서리 이음

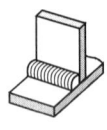 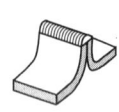 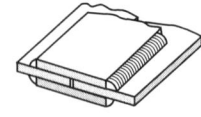

④ T 이음   ⑤ 끝단 이음   ⑥ 양면 덮개판 이음

116. 용접부 시험의 종류

① 파괴시험 : 인장시험, 굽힘시험, 경도시험, 충격시험, 피로시험, 화학적 시험, 야금학적 시험, 낙하시험, 내압시험
② 비파괴시험 : 외관검사, 누설검사, 침투시험, 방사선투과시험, 음향검사, 형광시험

117. 용접기의 극성

① 직류 정극성 (DCSP)
  ㉠ 모재(+) 70%, 용접봉(−) 30%   ㉡ 용입이 깊다.
  ㉢ 후판 용접 가능   ㉣ 비드 폭이 좁다.
  ㉤ 용접봉의 녹음이 느리다.

② 직류 역극성 (DCRP)
  ㉠ 용접봉(+) 70%, 모재(−) 30%   ㉡ 용입이 얕다.
  ㉢ 박판 용접 가능   ㉣ 비드 폭이 넓다.
  ㉤ 용접봉의 녹음이 빠르다.

118. 피상입력 = 1차측 전압 × 1차측 전류

119. 산소 용기의 각인

① 용기 내용적(V)   ② 용기 중량(W)
③ 내압시험압력(TP)   ④ 최고 충전압력(FP)
⑤ 제조번호

120. 금속의 용융점

① 텅스텐 : 3,410℃ (텅삼사일공)   ② 백금 : 1,769℃ (백일칠육구)
③ 철 : 1,539℃ (철일오삼구)   ④ 코발트 : 1,495℃ (코일사구오)
⑤ 니켈 : 1,453℃ (니일사오삼)   ⑥ 납 : 327.4℃ (납삼이칠)
⑦ 비스무트 : 271℃ (비이칠일)   ⑧ 주석 : 232℃ (주이삼이)

121. 철과 탄소강

① 저탄소강 : 탄소량 0.3% 이하 (연강)
② 중탄소강 : 탄소량 0.3~0.5% (반경강)
③ 고탄소강 : 탄소량 0.5~2.0% (경강)

122. 자기 변태 금속

① Fe(768℃)   ② Ni(358℃)   ③ Co(1,160℃)

123. 초음파 검사 종류

① 투과법   ② 공진법   ③ 펄스 반사법

124. 교류 아크 용접기와 비교한 직류 아크 용접기의 특징

비 교	직 류	교 류
아크 안정	안 정	불안정
극성 변화	가 능	불가능
무부하전압	40~60V	70~80V
구 조	복 잡	간 단
고 장	많 다	적 다
역 률	우 수	떨어짐
가 격	고 가	저 가
판 이용	박 판	후 판

125. 굽힘 시험

용접부의 연성 결함을 조사하기 위하여 사용되는 시험법

126. 경도 시험

① 브리넬 경도 : 특수 강구를 일정한 하중(500, 750, 1000, 3000kg)으로 시험편의 표면적을 압입한 후 이때 생긴 오목자국의 표면적을 측정

$$HB = \frac{P}{\pi D t}$$

여기서, D(mm) : 강구의 지름
t(mm) : 눌린 부분의 깊이
d(mm) : 눌린 부분의 지름
P(kg) : 하중

② 로크웰 경도 : B스케일과 C스케일을 이용하여 측정

③ 비커스 경도 : 꼭지각이 136°인 다이아몬드 4각추의 입자를 1~120kgf의 하중으로 시험편에 압입한 후 생긴 오목자국의 대각선을 측정

$$HV = \frac{1.8544P}{D^2}$$

④ 쇼어 경도 : 소형의 추를 일정 높이에서 낙하시켜 튀어 오르는 높이에 의하여 경도 측정

$$HS = \frac{10000}{65} \times \frac{h}{h_o}$$

여기서, h_o : 낙하물체의 높이
h : 낙하물체의 튀어 오른 높이

127. 주철의 성장

① 흡수된 가스의 팽창에 따른 부피 증가
② 불균일한 가열로 인한 팽창
③ 페라이트 조직 중의 규소의 산화
④ A_1변태에 따른 체적의 변화에 기인되는 미세한 균열의 발생
⑤ Fe_3C의 흑연화에 의한 성장

128. 특수 원소의 영향

① Ni(니켈) : 인성 증가, 저온충격 저항 증가, 주철의 흑연화 촉진
② Cr(크롬) : 내식성, 내마모성 향상, 흑연화를 안정, 탄화물 안정
③ Mo(몰리브덴) : 뜨임취성 방지
④ Mn(망간) : 적열취성 방지
⑤ Ti(티탄) : 결정입자의 미세화

129. 충격 시험

V형, U형의 노치를 만들어 충격적인 하중을 주어서 시험편을 파괴시키는 시험(샤르피식, 아이조드식)

130. 용접부의 시험에서 수소 시험

응고 직후부터 일정 시간 사이에 발생하는 수소의 양

131. 용착법

① 스킵법 : 이음전 길이에 대해서 뛰어 넘어서 용접하는 방법
② 대칭법 : 이음의 수축에 따른 변형이 서로 대칭이 되게 할 경우에 사용된다.
③ 후진법 : 용접진행 방향과 용착 방향이 서로 반대가 되는 방법
④ 전진법 : 용접진행 방향과 용착 방향이 서로 동일한 방법
⑤ 캐스케이드법 : 한 부분에 대해 몇 층을 용접하다가 다음 부분으로 연속시켜 용접
⑥ 빌드업법 : 다층 용접에서 각 층마다 전체의 길이를 용접하면서 쌓아 올리는 용접 방법

132. 용접 용어

① 용착 : 용접봉이 용융지에 녹아들어가는 것
② 용입 : 모재가 녹은 깊이

③ 용융지 : 모재 일부가 녹은 쇳물 부분
④ 은점 : 용착금속의 파단면에 나타나는 은백색을 한 고기눈 모양의 결합부
⑤ 스패터 : 아크 용접이나 가스 용접 시 비산하는 슬래그
⑥ 노치취성 : 홈이 없을 때는 연성을 나타내는 재료라도 홈이 있으면 파괴되는 것
⑦ 용제 : 용접 시 산화물, 기타 해로운 물질을 용융금속에서 제거
⑧ 용가제 : 용착부를 만들기 위하여 녹여서 첨가하는 것

133. 용접봉의 지름 = $\frac{t}{2} + 1$

134. 특수청동

① 연청동 : 주석청동 중에 납을 3~26% 첨가한 것으로 베어링, 패킹 재료 등에 널리 사용
② 인청동 : 탈산제인 P를 첨가하여 내마멸성 냉간가공으로 인장강도 탄성한계 증가하여 스프링제, 베어링 밸브, 시트에 사용
③ 베어링용 청동 : (Cu)구리+(Sn)주석(10~14%). 차축, 베어링 등의 마모가 심한 곳 사용
④ 납청동 : Pb은 구리와 합금을 만들지 않고 윤활작용을 하므로 베어링용으로 적합

135. 계통도

물, 기름, 가스 등의 배관의 접속과 유동상태를 나타내는 도면의 명칭

136. 오스테나이트계 스테인리스강 용접 시 주의사항

① 예열을 하지 말아야 한다.
② 층간온도가 320℃ 이상을 넘어서는 안 된다.
③ 짧은 아크 길이를 유지한다.
④ 아크를 중단하기 전에 크레이터 처리를 한다.
⑤ 용접봉은 모재와 동일한 재료를 쓰며, 가는 용접봉으로 사용한다.
⑥ 낮은 전류 값으로 용접하여 용접 입열을 억제한다.

137. 플라스마 아크 절단

10,000~30,000℃의 높은 열에너지를 열원으로 아르곤과 수소, 질소와 수소, 공기 등을 작동가스로 사용하여 경금속, 주철, 구리합금 등의 금속재료와 콘크리트 내화물 등의 비금속재료 절단

138. 용접부의 파괴시험

① 현미경 조작시험 ② 인장시험 ③ 굽힘시험
④ 경도시험 ⑤ 충격시험 ⑥ 피로시험
⑦ 화학적 시험 ⑧ 낙하시험 ⑨ 내압시험

139. 하드페이싱

소재의 표면에 스텔라이트나 경금속을 융착시켜 표면을 경화시키는 방법

140. 용접할 부위에 황의 분포 여부를 알아보기 위해 설퍼 프린트 시 시약

H_2SO_4(황산)

141. 납

① 열팽창계수가 높다. ② 케이블의 피복
③ 활자합금용 ④ 방사선 물질의 보호재

142. 주철의 성장을 방지하는 방법

① 탄소 및 규소의 양을 적게 한다.
② 편상흑연을 구상흑연화한다.
③ 흑연의 미세화로서 조직을 치밀하게 한다.

143. 황동에서 탈아연 부식의 방지책

① 아연 30% 이하의 α황동을 사용한다.
② 0.1~0.5%의 안티몬(Sb)을 첨가한다.
③ 1% 정도의 주석을 첨가한다.

144. 후진법의 특징

① 용접변형이 적다. ② 홈의 각도가 적다.
③ 용접속도가 빠르다. ④ 두꺼운 판의 용접에 적합하다.
⑤ 열 이용률이 좋다.

145. 마찰용접의 장점

① 치수의 정밀도가 높고, 재료가 절약된다.
② 이종금속의 접합이 가능하다.
③ 용접작업시간이 짧아 작업능률이 높다.

146. 6 O 5 (100)

① 화살표 쪽 스폿 용접　　② 스폿부의 지름 6mm
③ 용접부의 개수 5개　　　④ 스폿 용접 할 간격 100mm

147. TIG 용접의 전극봉에서 전극의 조건

① 전기저항률이 낮은 금속　② 전자 방출이 잘 되는 금속
③ 고용융점의 금속　　　　　④ 열 전도성이 좋은 금속

148. 용접법

① **납땜** : 모재를 용융하지 않고 모재보다 낮은 용융점을 가진 금속의 첨가제를 용융시켜 접합
② **심 용접** : 기밀, 수밀을 필요로 하는 탱크의 용접이나 배관용 탄소강관의 관이음 용접

149. 예열의 목적

① 용접금속 및 열영향부의 연성 또는 인성을 향상
② 용접부의 수축변형 및 잔류응력을 경감
③ 금속중의 수소를 방출시켜 균열을 방지
④ 용접의 작업성 개선
⑤ 열영향부의 균열을 방지
⑥ 용접부의 냉각속도를 느리게 하여 결함 방지

150. 아크 길이

① 양호한 용접을 하려고 가능한 한 짧은 아크를 사용하여야 한다.
② 아크 길이가 너무 길면 아크가 불안전하고 용입 불량의 원인이 된다.
③ 아크 전압은 아크 길이에 비례한다.

151. 미하나이트 주철

펄라이트 바탕에 흑연이 미세하고 고르게 분포되어 있으며 내마멸성이 요구되는 피스톤링 등 자동차 부품에 많이 사용

152. 하중방향에 따른 필릿 용접 이음의 구분

① 전면 필릿 용접　　② 측면 필릿 용접　　③ 경사 필릿 용접

153. 논가스 아크 용접의 장점

① 용접장치가 간단하여 운반이 편리하다.
② 바람이 있는 옥외에서도 작업이 가능하다.
③ 피복 가스 용접봉의 저수소계와 같이 수소의 발생이 적다.
④ 용접 비드가 아름답고 슬래그의 박리성이 좋다.
⑤ 전원으로 직류 또는 교류를 모두 사용할 수 있으며 전 자세 용접이 가능하다.
⑥ 보호가스나 용제를 필요로 하지 않는다.
⑦ 일반 피복 아크 용접보다 용착속도가 약 4배 빠름.

154. 화학적 시험

① 화학시험
② 부식시험 : 습부식, 건부식, 응력부식시험
③ 수소시험 : 응고 직후부터 일정 시간 사이에 발생하는 수소의 양

155. TIG 용접 토치

① T형 토치   ② 직선형 토치   ③ 플렉시블형 토치

156. 아크 길이가 길 때 나타나는 현상

① 비드의 외관이 불량해진다.
② 스패터의 발생이 많다.
③ 용착금속의 재질이 불량해진다.

157. 점 용접의 종류

① 직렬식 점 용접   ② 인터랙 점 용접   ③ 맥동 점 용접

158. 서브머지드 아크 용접에서 다전극 방식에 의한 분류

① 탠덤식   ② 횡 직렬식   ③ 횡 병렬식

159. 용착법

① 전진법 : ⟶
② 후퇴법 : 5 → 4 → 3 → 2 → 1
③ 대칭법 : 4 ← 2 ↔ 1 → 3
④ 스킵법(비석법) : 1 → 4 → 3 → 5 → 2

160. 스터드 용접에서 페룰의 역할

① 용착부의 오염을 방지한다.
② 용융금속의 유출을 막아준다.
③ 용융금속의 산화를 방지한다.

161. 방사선 투과시험 필름 판독

① 제1종 결함 : 기공 및 이와 유사한 둥근 결함
② 제2종 결함 : 가는 슬래그 및 이와 유사한 결함
③ 제3종 결함 : 터짐 및 이와 유사한 결함
④ 제4종 결함 : 텅스텐 혼입

162. 노내풀림 및 국부풀림의 유지온도와 시간

① 일반구조용 압연강재, 보일러용 압연강재 : 625 ± 25℃, 판두께 25mm에 대해 1h
② 고온, 고압배관용 강관 : 725 ± 25, 판두께 25mm에 대해 2h

163. 조직도

① 시멘타이트 조직 : Fe와 C의 화합물
② 마우러의 조직도 : 탄소와 규소량에 따른 주철의 조직관계 표시

164. 기계적 시험

① 굽힘시험 : 용접부의 연성결함을 조사하기 위하여 사용하는 시험법
② 충격시험(샤르피식, 아이조드식) : V형, U형의 노치를 만들어 충격적인 하중을 주어서 시험편을 파괴시키는 방법
③ 피로시험 : 작은 힘을 수없이 반복하여 작용하면 파괴를 일으키는 방법
④ 인장시험 : 인장강도, 경도, 단면수축률, 연신율 등을 측정

165. 역류, 역화의 원인

① 토치를 부주의하게 취급하였을 때
② 팁 구멍이 막혔을 때
③ 팁이 과열되었을 때
④ 토치 성능이 불량할 때
⑤ 토치의 체결나사가 풀렸을 때
⑥ 아세틸렌 공급가스가 부족 시
⑦ 아세틸렌의 압력 과소 시
⑧ 팁에 먼지 기타 잡물이 막혔을 때

166. 홈의 형상

① H형 : X형 홈과 같이 양면용접이 가능한 경우에 용착금속의 양과 패스수를 줄일 목적으로 사용되며 모재가 두꺼울수록 유리한 홈의 형상
② I형 : 맞대기 용접에서 가장 얇은 박판에 사용
③ V형 : 맞대기 용접에서 한쪽 방향의 완전한 용입을 얻고자 할 때
④ X형 : 이음홈 형상 중에서 동일한 판두께에 대하여 가장 변형이 적게 설계된 것

167. 산소 아크 절단

① 중공의 피복 용접봉과 모재 사이에 아크를 발생시키고 중심에서 산소를 분출시키며 절단
② 절단속도가 빨라 철강 구조물 해체, 수중 해체 작업에 이용
③ 가스 절단에 비해 절단면이 거칠다.
④ 직류 정극성이나 교류를 사용

168. 점 용접의 종류

① 인터랙 용접   ② 직렬식 점 용접   ③ 맥동 점 용접

169. 플라스틱 용접 방법

① 열풍 용접   ② 고주파 용접

170. 로봇 용접 시 특징

① 생산성 향상   ② 단순작업에서 벗어날 수 있다.
③ 제품의 정밀도가 향상된다.   ④ 용접 결과가 일정하다.

171. 스패터가 발생하는 원인

① 아크 블로 홀이 너무 클 때   ② 아크길이가 너무 길 때
③ 건조되지 않은 용접봉 사용 시   ④ 전류가 너무 높을 때

172. 테르밋 용접

① 금속산화물이 알루미늄에 의하여 산소를 빼앗기는 반응에 의해 생성되는 열을 이용하여 금속을 접합
② 산화철 분말과 알루미늄 분말을 (1 : 3)의 중량비로 혼합한 테르밋제에 과산화바륨

과 마그네슘 분말을 혼합한 점화촉진제를 넣어 연소시켜 용접. 주로 철도 레일, 차축, 선박 프레임의 용접에 사용

③ 특징 : ㉠ 전력이 불필요하다.
㉡ 작업장소의 이동이 용이
㉢ 용접작업이 단순하고 용접결과의 재현성이 높다.
㉣ 용접하는 시간이 비교적 짧다.
㉤ 용접작업 후 변형이 적다.

173. 보통 주철의 인장강도

$12 \sim 20 kg/mm^2 (98 \sim 196 MPa)$

174. 티탄계 합금

① 물리적으로 융점(1670℃)과 전기저항이 높다.
② 항공기, 로켓, 가스 터빈 등에 주로 사용
③ 고온산화가 거의 없다.
④ 스테인리스강보다 내식성이 좋다.
⑤ 열팽창계수와 열전도율이 적다.
⑥ 기계적으로는 고온에서 비강도와 크리프 강도가 높다.

175. 역류 및 역화

① 역화 : 팁 끝이 모재에 닿는 순간 순간적으로 팁 끝이 막혀 팁 속에서 폭발음이 나면서 불꽃이 꺼졌다가 다시 나타나는 현상
② 인화 : 팁 끝이 순간적으로 막히게 되면 가스 분출이 나빠지고 혼합실까지 불꽃이 들어가는 현상
③ 역류 : 토치 내부의 청소상태가 불량하면 토치 내부의 기관의 막힘이 일어나 고압의 산소가 밖으로 나가지 못하게 되므로 산소보다 낮은 아세틸렌을 밀어내면서 아세틸렌 호스 쪽으로 거꾸로 흐르는 현상

176. 반자동 용접에서 용접전류와 전압을 높일 때 측정

① 아크전압이 지나치게 높아지면 기포가 발생한다.
② 용접전류가 높아지면 와이어의 용융속도가 빨라진다.
③ 아크전압이 높아지면 비드가 넓어진다.
④ 용접전류가 높아지면 용착률과 용입이 감소한다.

177. 이산화탄소 아크 용접의 저전류(약 200A 미만)에서 팁과 모재와의 거리

① 10~15mm 규격이 Aw300인 교류 아크 용접기의 정격 2차 전류 : 60~330A
② TIG 용접에서 직류 정극성으로 용접 시 전극선단의 각도 : 30~50°
③ TIG 용접에서 텅스텐 전극봉은 가스 노즐의 끝에서부터 3~6mm 돌출

178. 납

① 방사선 물질의 보호제
② 케이블의 피복, 활자, 합금용
③ 열팽창계수가 높다.

179. 토륨 텅스텐 전극봉

① 주로 강, 스테인리스강, 동합금 용접에 사용
② 아크 발생이 용이하다.
③ 직류 정극성에는 좋으나 교류에는 좋지 않음.
④ 전자방사 능력이 현저하게 뛰어나다.
⑤ 전극의 소모가 적다.
⑥ 불순물 부착이 적다.

> ✪ **레이저 용접**
> 파장이 같은 빛을 렌즈로 집광하면 매우 작은 점으로 집광이 가능하고 높은 에너지로 접속하면 높은 열을 얻어 용접

180. CO_2 농도에 따른 인체 영향

2%	불쾌감이 있다.
4%	두통, 현기증, 귀울림, 눈의 자극, 혈압 상승
8%	호흡 곤란
9%	구토, 감정 둔화
10%	시력 장애, 1분 이내 의식 상실, 장기간 노출 시 사망
20%	중추신경 마비, 단시간 내 사망
30%	인체치사량

181. 용접의 정의

① 서브머지드 아크 용접 : 용제와 와이어가 분리되어 공급되고 아크가 용제 속에서 일어나며 잠호 용접이라고도 함. 용접봉을 용제 속에 넣고 아크를 일으켜 용접
② 일렉트로 슬래그 용접 : 아크열이 아닌 와이어와 용융슬래그 사이에 통전된 전류의

저항열을 이용하여 용접

③ 스터드 용접 : 볼트나 환봉 등을 피스톤형 홀더에 끼우고 모재와 환봉 사이에서 순간적으로 아크를 발생시켜 용접

182. 아크 용접봉의 채색

① G_B35 : 자색　② G_A43 : 청색　③ G_A46 : 적색　④ G_A35 : 황색
⑤ G_B46 : 백색　⑥ G_B43 : 흑색　⑦ G_A32 : 녹색

183. 티그 절단

텅스텐 전극과 모재 사이에 아크를 발생시켜 모재를 용융하여 절단하는 방법으로 알루미늄, 마그네슘, 구리 및 구리합금, 스테인리스강 등의 금속재료 절단

184. 탄소강 용접 시 탄소량에 따른 예열온도

① 탄소량이 0.2% 이하는 예열온도가 90℃ 이하
② 탄소량이 0.2~0.3% 이하는 예열온도가 90~150℃
③ 탄소량이 0.3~0.45% 이하는 예열온도가 150~260℃
④ 탄소량이 0.45~0.80% 이하는 예열온도가 260~430℃

185. 마그네슘

① 조밀육방격자이다.
② 구상흑연주철의 첨가제로 사용
③ 비강도가 알루미늄 합금보다 우수하다.
④ 비중은 1.74이다.

186. 서브머지드 아크 용접에서 다전극 방식에 의한 분류

① 횡 병렬식　② 탠덤식　③ 횡 직렬식

187. 야금학적 접합법

① 융접　② 압접　③ 납땜

188. 용접기 특성

① 수동 아크 용접기가 갖추어야 할 용접기 특성 : 수하 특성, 정전류 특성, 저융점합금은 주석보다 낮은 융점의 합금이다.
② 용접 시 층간온도를 반드시 지켜야 할 용접 재료 : 고탄소강

189. 합금주강

① 크롬주강 ② 망간주강 ③ 니켈주강

190. TIG 용접의 전극봉에서 전극의 조건

① 전기저항률이 낮은 금속 ② 열전도성이 좋은 금속
③ 전자 방출이 잘 되는 금속 ④ 고용융점의 금속

191. 자연발화 방지법

① 공기와의 접촉면을 적게 할 것. ② 저장실의 온도를 낮출 것.
③ 열의 축적이 없도록 할 것. ④ 공기의 유통이 잘 되게 할 것.

192. 용접 전 예열하는 목적

① 용접금속 및 열영향부의 연성 또는 인성을 향상
② 용접부의 수축변형 및 잔류응력을 경감
③ 금속중의 수소를 방출시켜 균열을 방지

193. 방사선 전개법

$$Q = 360 \times \frac{r}{l}$$

194. 아크 길이가 길 때 발생하는 현상

① 언더컷이 생긴다. ② 스패터의 발생이 많다.
③ 비드의 외관이 불량해진다. ④ 용착금속의 재질이 불량해진다.

195. 티그 용접 토치

① T형 토치 ② 직선형 토치 ③ 플렉시블형 토치

196. 번백 시간과 예비가스 유출시간

① 예비가스 유출시간 : 미그 용접 제어장치의 기능으로 아크가 처음 발생되기 전 보호가스를 흐르게 하여 아크를 안정되게 하고 결함 발생 방지
② 번백 시간 : 불활성 가스 금속아크용접(MIG)의 제어장치로서 크레이터 처리 기능에 의해 낮아진 전류가 서서히 줄어들면서 아크가 끊어지는 기능으로 이면용접부 위가 녹아내리는 것을 방지

197. 안전색채

① 적색 : 방화 금지, 정지, 고도의 위험
② 녹색 : 진행 유도, 안전, 구급, 위생, 비상구
③ 청색 : 주의, 수리 중
④ 백색 : 정리정돈, 통로
⑤ 황적색 : 위험, 항공의 보안시설
⑥ 노랑 : 전도, 추락, 충돌
⑦ 파란색 : 지시 및 사실의 고지

198. 논가스 아크 용접의 장점

① 피복 가스 용접봉의 저수소계와 같이 수소의 발생이 적다.
② 바람이 있는 옥외에서도 작업이 가능
③ 용접장치가 간단하여 운반이 편리
④ 용접 비드가 아름답고 슬래그의 박리성이 좋다.
⑤ 전원으로 직류 또는 교류를 모두 사용할 수 있고, 전 자세 용접이 가능
⑥ 일반 피복 아크 용접보다 4배 빠르므로 용착비용이 50~75% 정도 절감된다.

199. 비파괴검사법의 특징

① 침투검사(PT) : 철, 비철금속, 비자성체 어느 재료에도 사용이 가능하며 표면에 나타난 미소한 균열, 작은 구멍, 슬러그 등을 검출
　[장점] ㉠ 표면에 나타난 미소결함 검출
　　　　㉡ 전원이 없는 곳에서도 검출 가능
　　　　㉢ 비자성체 등 재료에 별 영향을 받지 않는다.
　　　　㉣ 국부적 시험이 가능
　　　　㉤ 철, 비철, 플라스틱, 세라믹 등의 거의 모든 제품에 사용
　[단점] ㉠ 내부결함 검출 불가능
　　　　㉡ 현상과 건조가 있어 결과가 빨리 나타나지 않는다.
② 방사선 투과검사(RT) : 대상물에 X선이나 γ선을 투과하여 필름에 나타나는 현상으로 결함을 판별하는 비파괴검사법
　[장점] ㉠ 필름에 의해 내부의 결함, 모양, 크기 등을 관찰할 수 있다.
　　　　㉡ 결과의 기록이 가능하다.
　[단점] ㉠ 장치가 크므로 가격이 비싸다.
　　　　㉡ 취급상 신체의 방호가 필요하다.
　　　　㉢ 두께가 두꺼운 개소에는 검출이 곤란하다.

ㄹ 선에 평행한 크랙은 찾기 힘들다.
③ **초음파 검사(UT)** : 0.5~15μ의 초음파를 피검사물의 내부에 침투시켜 반사파를 이용하여 내부의 결함과 불균일층의 존재 여부를 검사
[장점]　㉠ 균열을 검출하기 쉽다.
　　　　㉡ 고압장치의 판두께 측정
　　　　㉢ 검사비용이 싸고 결과가 신속
[단점]　㉠ 결함의 형태가 부적당하다.
　　　　㉡ 결과의 보존성이 없다.

200. 와전류 탐상검사의 장점

① 표면부 결함의 탐상강도가 우수하며 고온에서의 검사 및 얇고 가는 소재와 구멍의 내부 등을 검사
② 결함의 지시가 모니터에 전기적 신호로 나타나므로 기록 보존과 재생이 용이하다.
③ 결함의 크기 두께 및 재질의 변화 등을 동시에 검사할 수 있다.

201. 연강의 안전율

① 정하중 : 3　　　　　　② 동하중(단진응력) : 5
③ 동하중(교번응력) : 8　　④ 충격하중 : 12

202. 응급처치 구명 4단계

① 기도 유지　② 지혈　③ 상처 보호　④ 쇼크 방지

203. 해칭

단면임을 나타내기 위하여 단면부분의 주된 중심선에 대해 45° 경사지게 나타내는 선

204. 도시 기호

① G : 연삭　　　　② C : 치핑
③ M : 절삭　　　　④ F : 용접부의 다듬질 방법을 특별히 지정하지 않는 경우

205. 차광번호

용접봉 지름이 1.0~1.6mm, 용접전류 30~45A : 차광번호 7번

206. 마우러 조직도

탄소와 규소량에 따른 주철의 조직관계를 표시

207. 납땜법의 종류

① 가스납땜 ② 인두납땜 ③ 담금납땜
④ 저항납땜 ⑤ 노내납땜 ⑥ 유도가열납땜

208. 너깃

용접 중 접합면의 일부가 녹아 바둑알 모양의 단면으로 용접이 되는 것

제 2 장 용접구조설계

1. 이음효율 = $\dfrac{\text{용접시험편의 인장강도}}{\text{모재의 인장강도}} \times 100$

2. 허용응력 = $\dfrac{p}{tl}$

여기서, $p(\text{kgf})$: 인장력, $t(\text{mm})$: 두께, $l(\text{mm})$: 폭

3. 일반적인 용접 순서 결정 시 주의사항

① 리벳과 용접을 병용하는 경우에는 용접이음을 먼저 하여 용접 열에 의한 리벳의 풀림을 피한다.
② 수축이 큰 맞대기 이음을 용접하고 다음에 필릿 용접을 함.
③ 동일 평면 내에 이음이 많을 경우 수축은 가능한 자유단으로 보낸다.
④ 중심선에 대해 대칭을 벗어나면 수축이 발생하여 변형된다.
⑤ 용접이 불가능한 곳이 없도록 한다.
⑥ 큰 구조물은 구조물의 중앙에서 끝으로 향하여 용접한다.

4. 오스테나이트계 스테인리스강의 용접 시 주의사항

① 용접봉은 모재와 같은 것을 사용하며 될수록 가는 것을 사용한다.
② 용접 후 급랭하여 입계부식을 방지한다.
③ 크레이터 처리를 한다.
④ 짧은 아크 길이를 유지한다.
⑤ 층간온도가 320℃ 이상 넘어서는 안 된다.
⑥ 예열을 하지 않는다.

5. 직류 정극성 및 역극성

① 직류 역극성 : 용입이 얇고 비드 폭이 넓다.
② 직류 정극성 : 용입이 깊고 비드 폭이 좁다.

6. 수축량에 미치는 용접 시공 조건

① 용접봉이 클수록 수축량이 작아진다.
② 루트 간격이 클수록 수축이 크다.
③ 구속도가 클수록 수축이 작다.
④ 위빙을 하는 쪽이 수축이 작다.

7. 피닝(peening)법

용접부를 구면상의 특수한 해머로 비드를 두드려 용접금속부의 용접에 의한 수축변형을 감소시키고 잔류응력을 완화하는 방법

8. 가접 시 주의해야 할 사항

① 본용접자와 동등한 기량을 갖는 용접자가 가용접을 시행한다.
② 본용접과 같은 온도에서 예열을 한다.
③ 개선홈 내의 가접부는 백치핑으로 완전히 제거한다.
④ 응력이 집중하는 곳은 피한다.
⑤ 전류는 본용접보다 높게 하며 용접봉의 지름은 가는 것을 사용하며 본용접이 용이하게 하며 너무 짧게 하지 않는다.
⑥ 시·종단에 엔드 탭을 설치하기도 한다.
⑦ 홈 안에 가접을 피하고 불가피한 경우 본용접 전에 갈아낸다.

> ✪ **가접** : 본용접을 실시하기 전에 좌·우의 홈부분을 잠정적으로 고정하기 위한 짧은 용접

9. 자분탐상법의 특징

① 시험편의 크기, 형상 등에 구애를 받지 않는다.
② 내부결함의 검사 불가능
③ 작업이 신속 간단하다.
④ 정밀한 전처리가 요구되지 않는다.
⑤ 비자성체에는 적용 불가능

> ✪ **종류** : ① 통전법   ② 관통법   ③ 극간법   ④ 코일법

10. 목두께 = 다리길이 × cos45°

11. 인장응력 = $\dfrac{P}{(h_1 + h_2)l}$

12. 은점

용착금속의 인장 또는 굽힘시험했을 경우 파단면에 생기며 은백색 파면을 갖는 결함

13. 엔드 탭

용접부의 시작점과 끝점에 충분한 용입을 얻기 위해 사용

14. 롤러에 거는 법

용접 후 처리에서 외력만으로 소성변형을 일으켜 변형을 교정하는 방법

15. 변형방지법

① **도열법(냉각법)** : 용접부 주위에 물을 적신 석면, 동판을 대어 열을 흡수시키는 방법
② **억제법** : 모재를 가접 또는 구속지그를 사용하여 변형 억제
③ **용착법** : 대칭법, 스킵법, 후퇴법
④ **역변형법** : 용접 전에 변형의 크기 및 방향을 예측하여 미리 반대로 예측하는 방법

16. I형 맞대기 용접이음

판 두께가 3mm 정도의 박판 용접에 많이 이용

17. 비드 만들기 순서

① 직직법 : ───────▶
② 후진법 : 5 → 4 → 3 → 2 → 1
③ 스킵법(비석법) : 1 → 4 → 2 → 5 → 3
④ 교호법 : 1 → 4 → 3 → 5 → 2
⑤ 대칭법 : 4 ← 2 ↔ 1 → 3

18. KS 규격에서 피복제 계통

① E4301 : 일미나이트계
② E4303 : 라임티탄계
③ E4311 : 고셀룰로오스계
④ E4313 : 고산화티탄계
⑤ E4316 : 저수소계
⑥ E4324 : 철분산화티탄계
⑦ E4326 : 철분저수소계
⑧ E4327 : 철분산화철계
⑨ E4340 : 특수계

19. 용접이음의 설계 시 주의사항

① 가능한 한 아래보기 용접을 많이 하도록 한다.
② 용접선은 될 수 있는 한 교차하지 않도록 한다.
③ 용접작업에 지장을 주지 않도록 공간을 둔다.
④ 용접이음을 한쪽으로 집중되게 접근하여 설계하지 않도록 한다.

20. 용접봉 선택의 기준

① 용접 자세   ② 모재의 재질   ③ 제품의 형상

21. 일반적인 용접 변형 교정 방법의 종류

① 피닝법
② 롤러에 거는법
③ 절단하여 정형 후 재용접하는 방법
④ 박판에 대한 점수축법
⑤ 형재에 대한 직선 수축법
⑥ 가열 후 해머링하는 방법
⑦ 후판에 대해 가열 후 압력을 가하고 수냉하는 방법

22. 덧붙이

계산 또는 필릿 용접의 치수 이상으로 표면 위에 용착된 금속

23. 변형률 $(\varepsilon) = \dfrac{나중길이 - 처음길이}{처음길이} \times 100$

24. 기계적 응력 완화법

잔류응력이 존재하는 용접구조물에 어떤 하중을 걸어 용접부를 약간 소성변형시킨 다음 하중을 제거하면 잔류응력이 감소하는 현상

25. 회전변형 (비틀림변형)

주로 열원이동에 있어 용융지 부근 모재의 용접선 방향에의 열팽창에 기인하여 생기는 용접변형

26. 용접작업 시 지그 사용 시 얻어지는 효과

① 용접조립작업을 단순화 또는 자동화를 할 수 있게 하여 작업능률이 향상된다.
② 대량생산의 경우 용접조립작업을 단순화시킨다.

③ 제품의 마무리 정밀도를 향상시킨다.
④ 용접변형을 억제하고 적당한 역변형을 주어 정밀도를 높인다.

27. 노치인성

강이 저온, 충격하중 또는 노치의 응력집중 등에 대하여 견디는 성질

28. 플레어 용접

두 부재 사이의 휜 부분을 용접하는 것으로 용접부 형상이 V형, X형, K형 등이 있다.

29. 일반적인 용접 순서를 결정하는 유의사항

① 수축이 큰 맞대기이음을 먼저 용접하고 수축이 작은 이음을 나중에 용접
② 용접구조물이 중립축에 대하여 용접수축력의 모멘트의 합이 0이 된다.
③ 용접 불가능한 곳이 없도록 한다.
④ 큰 구조물은 구조물 중앙에서 끝으로 향하여 용접
⑤ 리벳과 같이 쓸 때는 용접을 먼저 한다.

30. 피트의 원인

① 용착금속의 냉각속도가 빠를 때
② 습기, 녹, 페인트가 있을 때
③ 모재에 탄소, 망간, 황 등의 함유량이 많을 때

31. 레이저 용접장치의 기본형

① 반도체형   ② 가스방전형   ③ 고체금속형

32. 가열방법의 종류와 특징

① **선상가열법** : 맞대기 용접 및 필릿 용접 이음 시 각 변형을 고정할 때 이음하는 이면 담금질 방법으로 주로 가로굽힘변형에 이용
② **격자형 가열법** : 큰 변형 교정에 사용되나 표면이 타서 상하기 쉽기 때문에 주의를 요한다.
③ **고리형 가열** : 마무리가 우수한 방법으로 효과적인 가열방법
④ **점형 가열** : 수축력이 큰 6mm 이하의 박판 교정에 사용

33. 기공의 원인

① 용접속도가 너무 빠를 때 ② 수소 또는 일산화탄소의 과잉
③ 아크 길이, 전류 조작의 부적당 ④ 기름, 페인트 등이 모재에 묻어 있을 때
⑤ 용접부의 급속한 응고 ⑥ 모재 가운데 황 함유량 과대

34. 환산용접길이 = 계수 × 용접길이

35. 토 균열

맞대기나 필릿 용접부의 비드 표면과 모재와의 경계부에 발생하는 용접 균열

36. 펄스 반사법

초음파탐상법 중 가장 많이 사용되는 검사법

37. 용접이음의 강도 계산

① 굽힘모멘트 ② 비틀림모멘트 ③ 수직력

38. 효율과 역률

① 역률 = $\dfrac{\text{소비전력(kw)}}{\text{전원입력(KVA)}} \times 100$

② 효율 = $\dfrac{\text{아크출력}}{\text{소비전력(kw)}} \times 100$

③ 전원입력 = 무부하전압 × 정격 2차 전류
④ 소비전력 = 아크 출력(아크 전압 × 정격 2차 전류) + 내부 손실

39. 캐스케이드법

다층 용접 시 한 부분의 몇 층을 용접하다가 이것을 다음 부분의 층으로 연속시켜 전체가 단계를 이루도록 용착시켜 나가는 방법

40. 각종 금속의 예열

① 열전도가 좋은 구리합금, 알루미늄합금은 예열이 필요하다.
② 고급 내열 합금에서도 용접 균열 방지를 위해 예열을 한다.
③ 고장력강, 저합금강, 주철의 경우 용접홈을 50~350℃로 예열한다.

④ 연강을 0℃ 이하에 용접할 경우 이음의 폭 100mm 정도를 40~75℃ 정도로 예열한다.

41. 잔류응력의 측정법

① 정량적 방법 : 드릴링법, 분할법, 절취법
② 정성적 방법 : 부식법, 바니시법, 자기적 방법

42. 용접 시 발생하는 잔류응력의 영향

① 부식   ② 취성 파괴   ③ 좌굴 변형

43. 전진법

아크 용접에서 한쪽 끝에서 다른 쪽 끝을 향해 연속적으로 진행하는 용접방법으로서 용접이음이 짧은 경우나 변형과 잔류응력이 그다지 문제가 되지 않을 때 이용되는 용착법

44. 용접봉의 소요량 계산

$$\frac{용착금속의 중량}{용접봉의 사용중량} \times 100$$

45. 용접결함 중 구조상 결함

① 오버랩   ② 용입 불량   ③ 내부 기공
④ 슬래그 혼입   ⑤ 언더컷

46. 용접 변형방지법 중 냉각법

① 석면포 사용법   ② 수냉동판 사용법   ③ 살수법

47. 저항용접의 3대 요소

① 가압력   ② 용접전류의 세기   ③ 시간

48. 저온 응력 완화법

용접선의 양측을 일정 속도로 이동하는 가스불꽃에 따라 너비 약 150mm를 150~200℃로 가열한 후 바로 수냉하는 응력 제거법

49. 각변형(가로방향의 굽힘변형) 방지 대책

① 판 두께가 얇을수록 첫 패스 측의 개선깊이를 크게 한다.
② 역변형의 시공법을 사용한다.
③ 용접속도가 빠른 용접법을 사용한다.

50. 로크웰 경도 : B스케일과 C스케일 두 가지가 있는 경도 시험법

51. 용융속도 : 단위시간당 소비되는 용접봉의 길이 또는 중량

52. 용접의 내부 결함 : ① 기공 ② 슬래그 혼입 ③ 선상조직

53. 이음의 정의

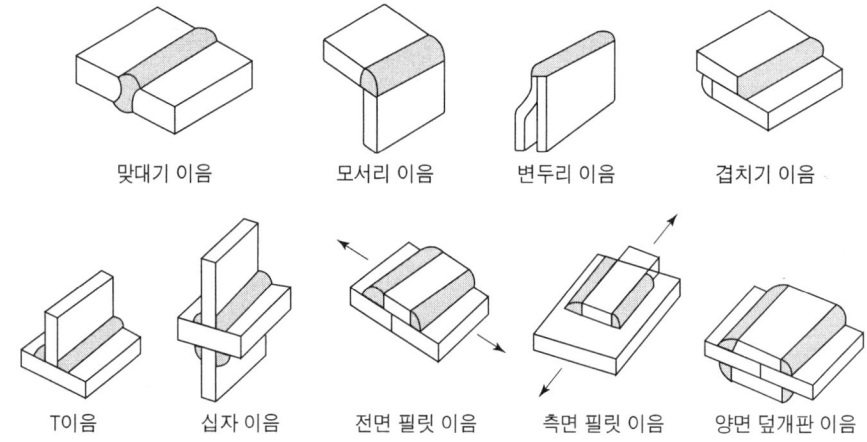

맞대기 이음   모서리 이음   변두리 이음   겹치기 이음

T이음   십자 이음   전면 필릿 이음   측면 필릿 이음   양면 덮개판 이음

54. 레이저 용접의 특징

① 좁고 깊은 용접부를 얻을 수 있다.
② 고속용접과 용접 공정의 융통성을 부여할 수 있다.
③ 접합하여야 할 부품의 조건에 따라서 한 방향 용접으로 접합이 가능
④ 정밀용접도 가능하다.
⑤ 헬륨, 질소, 아르곤으로 냉각하여 레이저 효율을 높일 수 있다.
⑥ 에너지 밀도가 크고 고융점을 가진 금속에 이용된다.
⑦ 불량도체 및 접근하기 곤란한 물체도 용접이 가능
⑧ 용접장치는 고체금속형, 반도체형, 가스방전형이 있다.

55. 비파괴검사법 중 자기검사 적용 불가능

오스테나이트계 스테인리스강

56. 각변형(횡굴곡)

필릿 용접 이음의 수축변형에서 모재가 용접손에 각을 이루는 경우

57. 선상조직

용착부의 파단면이 나타나며 아주 미세한 기둥 모양 결정이 서리 모양으로 나란히 있고 그 사이에 현미경적인 비금속개재물과 기공이 있는 것

58. 용접의 장·단점

① 장점
    ㉠ 중량 경감, 재료 및 시간이 절약   ㉡ 이종재료의 접합이 가능
    ㉢ 작업공정 단축   ㉣ 이음효율 향상
    ㉤ 보수, 수리 용이   ㉥ 형상의 자유화 추구

② 단점
    ㉠ 잔류응력 및 변형에 민감   ㉡ 품질검사 곤란
    ㉢ 유해광선 및 가스폭발 위험이 있다.

59. 일반구조용 압연강재의 노내 및 국부풀림의 유지온도와 시간

① 유지온도 : $725 \pm 25\,℃$
② 시간 : 판 두께 25mm에 대해 유지시간 1시간

60. 자기검사(MT)법의 종류

① 코일법   ② 관통법   ③ 극간법
④ 직각통전법   ⑤ 축통전법

61. 굽힘응력 = $\dfrac{6M}{t^2 l}$

여기서, t(mm) : 두께, l(mm) : 길이, M(kgf.cm) : 굽힘모멘트

62. 맞대기 용접에서 변형이 가장 적은 홈의 형상

X형 홈

63. 잔류응력 경감법

① 피닝법　　② 기계적 응력 완화법　　③ 저온 응력 완화법
④ 노내풀림법　　⑤ 국부풀림법

64. 굽힘시험

① 표면굽힘시험　　② 측면굽힘시험　　③ 이면굽힘시험

65. 다층 용접에 따른 분류

① 덧살 올림법(빌드업법) : 열 영향이 크고 슬래그 섞임의 우려가 있다. 한랭 시, 구속이 클 때 후판에서 첫 층에 균열 발생 우려가 있다. 하지만 가장 일반적인 방법이다.

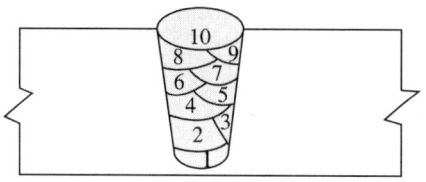

빌드업법

② 캐스케이드법 : 한 부분의 몇 층을 용접하다가 이것을 다음 부분의 층으로 연속시켜 용접하는 방법으로 후진법과 같이 사용하며, 용접 결함 발생이 적으나 잘 사용되지 않는다.

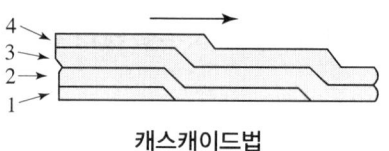

캐스케이드법

③ 전진 블록법 : 한 개의 용접봉으로 살을 붙일 만한 길이로 구분해서 홈을 한 부분에 여러 층으로 완전히 쌓아 올린 다음, 다음 부분으로 진행하는 방법으로, 첫 층에 균열 발생 우려가 있는 곳에 사용된다.

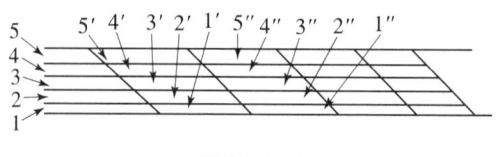

전진 블록법

66. 수소시험 (파괴시험)

① 진공가열법　　② 확산성 수소량 측정법
③ 45℃ 글리세린 치환법　　④ 수은에 의한 방법

67. 박판에 대한 점수축법

용접작업 시 발생한 변형을 교정할 때 가열하여 열응력을 이용하고 소성변형을 일으키는 방법

68. 역변형법

용착금속 및 모재의 수축에 대하여 용접 전에 반대방향으로 굽혀 놓고 용접작업하는 법

69. 전진법

용접길이가 짧아서 변형 및 잔류응력이 그다지 문제가 되지 않을 때 이용되며 수축과 잔류응력이 용접의 시작부분보다 끝부분에 더 크게 되는 것

70. 비파괴시험

① RT : 방사선검사　　② MT : 자분검사
③ UT : 초음파검사　　④ PT : 침투검사

71. 맞대기 이음에서 초층의 용입 불충분 등의 결함 방지 및 제거를 위해 사용되는 방법

① 백 가우징　　② 뒷받침(back plate)　　③ 밑면 따내기(back chipping)

72. 아크 열효율

용접입열 몇 %가 모재에 흡수되는가 하는 비율

73. 용접구조물에서 잔류응력의 영향

① 용접구조물에서 취성파괴의 원인이 된다.
② 용접구조물에서 응력부식의 원인이 된다.
③ 구속하여 용접하면 잔류응력이 증가한다.
④ 기계부품에서는 사용중에 변형이 생긴다.

74. 저온취성 파괴에 미치는 요인

① 예리한 노치　　② 온도의 저하　　③ 인장 잔류응력

75. 용접부의 기공 검사 : X선 시험

편하게 보세요 ★★★★

1. 용접부 고온균열 원인
  모재에 유황성분 과다 함유

2. 탈인반응
  용융 슬래그 중에 FeO와 CaO이 존재하는 경우에 용융강의 반응이 일어남.

3. 탄소공구강의 구비조건
  ① 내마모성이 클 것.   ② 가격이 저렴할 것.
  ③ 상온 및 고온강도가 클 것.   ④ 강인성 및 내충격성이 우수할 것.

4. 풀림
  강의 연화 및 내부응력, 가공응력 제거

5. 망간
  적열취성 방지(유황에 의한 해를 줄임.)

6. 먼츠 메탈
  ① 6 : 4 황동(구리+아연)을 먼츠 메탈이라고도 한다.
  ② 복수기용판, 열간단조품에 사용.
  ③ 볼트, 너트 등의 제조에 사용.

7. 선상조직
  용접금속의 파면에 극히 미세한 주상정이 서리 모양으로 나타난 것으로 수소가 원인이다.

8. 레데뷰라이트
  γ고용체와의 Fe_3C와의 공정주철

9. 금속원자의 단위결정격자의 종류
  ① 체심입방격자(원자수 2개) : V, Mo, W, Cr, K, Na, Ba, Ta, $\alpha-Fe$, $\delta-Fe$
    (바몰텅크칼나바탈)
  ② 면심입방격자(원자수 4개) : Ag, Cu, Au, Al, Pb, Ni, Pt, Ce, Ca, $\gamma-Fe$
    (은구금알납니백세칼)
  ③ 조밀육방격자(원자수 4개) : Ti, Mg, Zn, Co, Zr, Be (티마아코지베)

10. 자기변태
  원자배열은 변화가 없고 자성만 변하는 것으로 순철의 자기변태온도는 768℃이다.
  자기변태금속 : Fe, Ni, CO

11. **잔류응력을 제거하는 방법**
    ① 저온 응력 완화법 : 용접선 양측을 가스 불꽃에 의해 너비 약 150mm를 150~200℃ 정도의 비교적 낮은 온도로 가열한 다음 곧 수냉하는 방법
    ② 기계적 응력 완화법 : 잔류응력이 있는 제품에 하중을 주어 용접부에 약간의 소성변형을 일으킨 다음 하중을 제거
    ③ 피닝법 : 특수한 구면상의 선단을 해머로 용접부를 연속적으로 타격해 줌으로써 용접 표면에 소성변형을 생기게 하는 것
    ④ 노내풀림법 : 응력제거 열처리법에서 가장 널리 이용. 제품 전체를 가열로 안에 넣고 적당한 온도에서 일정 시간 유지한 다음 노 내에서 서냉
    ⑤ 국부풀림법 : 제품이 커서 노 내에 넣을 수 없을 때 또는 설비, 용량 등으로 노내풀림을 바라지 못할 경우

12. **피복제의 역할**
    ① 용착금속의 탈산정련작용　　② 용착금속을 보호
    ③ 용착금속의 급랭 방지　　　　④ 아크의 안정
    ⑤ 용적을 미세화하여 용착효율 상승　⑥ 합금원소 첨가
    ⑦ 산화, 질화 방지
    [냉각속도에 영향을 미치는 용접 조건]
    ① 용접속도　　② 용접전류　　③ 아크전압

13. **고온균열의 영향** : S(황)
    [알루미늄의 성질]
    ① 염산, 인산, 황산, 질산에 약하다.
    ② 산화피막의 보호작용으로 내식성이 좋다.
    ③ 전기 및 열의 전도율이 좋다.
    ④ 비중이 가벼워 경금속에 속한다.

14. **덧붙이**
    계산 또는 필릿 용접의 치수 이상으로 표면 위에 용착된 금속

15. **용접작업**
    ① 캐스케이드법 : 다층 용접 시 한 부분의 몇 층을 용접하다가 이것을 다음 부분의 층으로 연속시켜 전체가 단계를 이루도록 용착시켜 나가는 방법
    ② 빌드업법 : 용접전 길이에 대해서 각 층을 연속하여 용접하는 방법
    ③ 블록법 : 짧은 용접길이로 표면까지 용착하는 방법
    ④ 전진법 : 용접길이가 짧아서 변형 및 잔류응력이 그다지 문제가 되지 않을 때 이용

16. **퓨즈 용량** $= \dfrac{22 \times 1,000}{220} = 100\text{A}$

17. 초음파탐상법 중 가장 많이 사용되는 검사법 : 펄스 반사법

18. 용접이음의 강도 계산
    ① 굽힘모멘트　　② 비틀림모멘트　　③ 수직력

19. Fe-C 평형상태도에서 γ철의 결정구조 : 면심입방격자

20. 주철 용접 시 주의사항
    ① 용접봉은 가급적 지름이 작은 것을 사용한다.
    ② 용접부를 필요 이상 크게 하지 않는다.
    ③ 비드 배치는 짧게 해서 여러 번의 조작으로 완료한다.
    ④ 용접전류는 필요 이상 높이지 말고 지나치게 용입을 깊게 하지 않는다.

21. 금속의 일반적인 특징
    ① 모든 금속은 고체이나, 수은만은 액체이다.
    ② 소성변형이 있어 가공하기 쉽다.
    ③ 열과 전기의 좋은 양도체이다.
    ④ 전성 및 연성이 풍부하다.
    ⑤ 금속적 광택을 가지고 있다.
    ⑥ 이온화하면 양이온(+)이 된다.

22. 고장력 강의 용접 시 일반적인 주의사항
    ① 아크 길이는 짧게 유지한다.
    ② 위빙 폭을 크게 하지 말아야 한다.
    ③ 용접 개시 전 이음부 내부를 청소한다.
    ④ 용접봉은 저수소계를 사용한다.

23. 연강을 0℃ 이하에서 용접할 경우 예열하는 요령
    용접이음의 양쪽 폭 100mm 정도를 40~70℃로 예열한다.

24. 용접부 보조기호
    ① 평면 : ──　　② 볼록형 : ⌒
    ③ 오목형 : ∪　　④ 끝단부를 매끄럽게 함 : ⌄
    ⑤ 영구적인 덮개판 사용 : M　　⑥ 제거 가능한 덮개판 사용 : MR

25. 용접부 기호
    ① 뒷면 용접 공정이 없는 경우 : \/　　② 가장자리 용접 : |||
    ③ 서피싱 이음 : ══　　④ 서피싱 : ⌒

26. **물체의 모양을 가장 잘 나타낼 수 있는 투상면** : 정면도

27. **용접 기호**
    ① C : 슬롯부의 폭 ② l : 용접부의 길이 ③ n : 용접부 개수

28. **도면의 크기**

용지	가로(mm)	세로(mm)
A0	1,189	841
A1	841	594
A2	594	420
A3	420	297
A4	297	210

29. **규소가 탄소강에 미치는 일반적 영향**
    ① 인장강도, 탄성한도, 경도를 상승시킨다.
    ② 연신율과 충격값을 감소시킨다.
    ③ 결정립을 조대화시키고 가공성을 해친다.
    ④ 용접성을 저하시킨다.

30. **적열취성 원인** : 황
    상온취성 원인(청열취성) : 인

31. **특수 원소의 영향**
    ① Ni : 인성 증가, 저온충격저항 증가 ② Cr : 내식성, 내마모성 향상
    ③ Mn : 적열취성 방지, 고온강도 ④ Mo : 뜨임취성 방지
    ⑤ Al, W : 결정입자 조절 ⑥ Si : 전자기적 특성 개선, 탈산
    ⑦ Ti : 내식성 향상

32. **AET (Acoustic Emission Test)**
    재료의 내부에서 파괴가 발생하여 새로운 파단면적이 발생하는 순간에 방출하는 음향파

33. **보조투상도** : 경사면부가 있는 대상물에서 그 경사면의 실험을 나타낼 필요가 있는 경우에 그리는 투상도
    부분투상도 : 필요한 부분만을 투상하여 도시한다.
    국부투상도 : 대상물의 구멍, 홈 등과 같이 한 부분의 모양을 도시한다.
    등각투상도 : 서로 120°를 이루는 3개의 기본축에 정면, 평면, 측면을 하나의 투상면 위에서 동시에 볼 수 있도록 나타낸 입체도

34. 일반적인 도면을 보관하는 방법
① 복사도를 접을 때는 A4 크기로 접는다.
② 마이크로필름은 영구보존의 정확성을 기한다.
③ 트레이싱도는 접어서는 안 되므로 펼친 그대로 수평, 수직 또는 말아서 원통으로 보관한다.

35. 경금속 : 비중이 4.5 이하인 것
① 마그네슘 : 1.7　　　　② 알루미늄 : 2.7
③ 티탄 : 4.5　　　　　　④ 백금 : 21.45

36. 열처리 목적
① 수소량 감소　　② 균열 방지　　③ 급랭 방지

37. 열처리
① 뜨임 : 담금질된 강을 A1변태점 이하의 일정 온도로 가열하여 인성을 증가시킨다.
② 불림 : 강을 표준상태로 하기 위하여 가공조직의 균일화, 결정립의 미세화, 기계적 성질의 향상을 목적
③ 풀림 : 재질의 연화를 목적으로 일정 시간 가열 후 노 내에서 서냉
④ 담금질 : 강을 A3변태 및 A1선 이상 30~50℃로 가열한 후 물 또는 기름으로 급랭하는 방법

38. 변형시효균열
내열합금 용접 후 냉각중이나 열처리 등에서 발생하는 용접구속 균열

39. 맞대기 이음 용접기호
① K형　② V형　③ U형　④ Y형　⑤ I형

40. 필릿 용접부의 목두께는 6mm다.

41. 편석
용착금속이 응고할 때 불순물이 한 곳으로 모이는 현상

42. 열전도율
$Ag > Cu > Au > Al > Mg > Ni > Fe > Pb$ (은구금알마니철납)

43. 저온균열 : 300℃ 이하
고온균열 : 500℃ 이상

44. 표면경화법
① 가스침탄법
　㉠ 침탄부분을 기밀의 가열로 속에 넣고 적당한 침탄가스를 보내면서 900~950℃

에서 침탄하는 방법

ⓒ 메탄가스와 같은 탄화수소가스를 사용하여 침탄하는 방법. 침탄가스는 Ni를 촉매로 하여 변성로에서 변성

② 액체침탄법 : 시안화나트륨(NaCN), 시안화칼리(KCN)를 주성분으로 한 열을 사용하여 침탄온도 750~950℃에서 30~60분 침탄시키는 방법

③ 고체침탄법 : 고체침탄제를 사용하여 강 표면에 침탄탄소를 확산 침투시켜 표면 경화

④ 질화법 : 강 표면에 질소를 침투시켜 경화하는 방법

45. 탄소강에서 탄소함유량이 증가 시
① 강도, 경도 증가, 취성 증가
② 연성, 전성 감소, 연신율 감소

46. 체심입방격자 원자수 : 2개
면심입방격자 원자수 : 4개

47. 가는파선
대상물의 보이지 않은 부분의 모양을 표시하는 데 쓰이는 선

48. 판금제관의 전개방식
① 방사선법   ② 삼각형법   ③ 평행선법
도면에서 비례척이 아님을 표시 : NS(Not to Scale)

49. KS규격에서 도면을 철하는 부분의 경우 A3용지의 가장자리에서부터의 최소 간격
25mm

50. 재결정온도
① Pb(납) : −3℃
② Sn(주석) : 상온(20℃)
③ Al(알루미늄) : 150℃
④ Au(금) : 200℃
⑤ Cu(구리) : 150~240℃
⑥ Fe(철) : 350~450℃

51. 보조기호

용접부 표면의 형상	기 호
평면	—
블록형	⌒
오목형	⌣
끝단부를 매끄럽게 함	⌣⌣
영구적인 덮개판을 사용	M
제거 가능한 덮개판을 사용	MR

52. 가는실선으로 사용하는 것
① 치수 기입하기 위해 도형으로부터 끌어내는 데 쓰인다.
② 기수 기입하기 위해
③ 대상물의 일부를 파단한 경계 표시
④ 도형의 한정된 특정부분을 다른 부분과 구별

53. 가상선(가는이점쇄선)
① 인접부분 참고 표시
② 공구위치 참고 표시
③ 가공 전·후 표시
④ 이동하는 부분의 이동위치 표시

54. **외형선(굵은실선)** : 대상물이 보이는 부분의 모양 표시
절단선(가는일점쇄선) : 절단위치를 대응하는 그림에 표시
해칭선(가는실선) : 도형의 한정된 특정부분을 다른 부분과 구별
파단선(가는실선) : 대상물의 일부를 파단한 경계 표시

55. 등각투상도
① 물체의 3개의 세 모서리는 각각 120°
② 물체의 정면, 평면, 측면을 하나의 투상도에서 볼 수 있도록 그린 도법
③ 용도 : 기계의 조립분해를 설명하는 장비 지침서 제품의 디자인도

56. 금속의 조직 중 경도가 가장 높은 것 : 시멘타이트

57. **부분단면도** : 일부분을 잘라내고 필요한 내부 모양을 그리기 위한 방법
회전단면도 : 핸들, 벨트 풀리, 바퀴의 암, 후크의 절단한 단면모양을 90°회전시킨다.
전개도 : ① 입체의 표면을 하나의 평면 위에 놓은 도형
② 상관선은 상관체에서 입체가 만난 경계선을 말한다.
③ 용도 : 자동차부품, 상자, 책꽂이, 덕트 등

● 상관선 : 두 물체가 만나는 경계의 선

58. 치수의 표시방법
① 지름 : ϕ
② 반지름 : R
③ 구의 지름 : Sϕ
④ 구의 반지름 : SR
⑤ 정사각형의 변 : □
⑥ 판의 두께 : t
⑦ 45° 모따기 : C
⑧ 원호의 길이 : ⌒
⑨ 이론적으로 정확한 치수 : 123
⑩ 참고치수 : ( )

59. 기계구조용 탄소강관(SM)
① SM12C ② SM15C ③ SM17C ④ SM20C
⑤ SM22C ⑥ SM25C ⑦ SM28C 등

60. 중심마크
도면을 마이크로필름에 촬영하거나 복사할 때에 편의를 위하여 윤곽선 중앙으로부터 용지의 가장자리에 이르는 굵기 0.5mm의 수직선으로 그은 선

61. 일반적인 판금전개도를 그릴 때 전개방법
① 평행선 전개법   ② 삼각형 전개법   ③ 방사선 전개법

62. 수소의 근원
① 플럭스에 흡수된 수분   ② 대기중의 수분   ③ 고착제가 포함한 수분
잔류응력 제거(용접 후 처리)

63. 주상정의 발달을 억제하는 방법
① 용접 직후에 롤러 가공을 적용하는 방법
② 용접중에 공기 충격을 적용하는 방법
③ 용접중에 초음파 진동을 적용하는 방법

64. 금속침투법 종류
① 아연(Zn) : 세라다이징   ② 알루미늄(Al) : 칼로라이징
③ 규소(Si) : 실리코나이징   ④ 크롬(Cr) : 크로마이징

65. 어닐링
내부응력의 제거 또는 열처리 가공 등으로 인하여 경화된 재료의 연화 및 균일화를 위해 강재를 적당한 온도로 가열하여 일정 시간 유지 후 노 안에서 서냉하는 열처리

66. **전위** : 불완전한 것 또는 결함이 있을 때 외력이 작용하면 불완전한 곳 및 결함이 있는 곳에서부터 이동이 생기는 현상
슬립 : 금속결정형이 원자 간격이 가장 작은 방향으로 층상 이동하는 현상
쌍정(트윈) : 변형 전과 변형 후의 위치가 어떤 면을 경계로 대칭되는 현상

67. 덴드라이트
금속의 결정구조에서 결정의 성장 중 수지상 결정(나뭇가지 모양 결정)

68. 연납의 성분 : 주석 + 납

69. 크리프 현상
금속에 고온으로(350℃ 이상) 장시간 동안 일정한 인장하중을 가하면 시간의 경과와 더불어 변형이 증대하는 현상

70. 오스테나이트계 스테인리스강 용접 시 고온균열 발생 원인
① 크레이터 처리를 하지 않았을 때
② 아크 길이가 너무 길 때
③ 모재가 오염되었을 때

71. 편정형
2성분계의 평형상태도에서 액체, 기체 어느 상태에서도 일부분밖에 녹지 않는 형

72. 강의 표면경화 열처리 방법
① 고주파경화법 ② 화염경화법 ③ 시안화법
④ 질화법 ⑤ 금속침탄법 ⑥ 침탄법(액체, 가스, 고체)

73. 용융슬래그의 염기도를 나타내는 식
$$염기도 = \frac{\sum 염기성\ 성분}{\sum 산성\ 성분}$$

74. 어닐링
용접부를 어떤 온도 이상으로 가열하면 재질이 연화되어 연성이 증가하고 내부응력을 제거하며 정상적인 재료의 성질로 회복되는 열처리법

75. 스테인리스강 중에서 용접성 가장 우수한 강 : 오스테나이트계 스테인리스강

76. 저용융점 합금이란 주석보다 용융점이 낮은 것

77. 자기변태
원자배열은 변화가 없고 자성만 변하는 것
[자기변태온도]
① Ni : 358℃ ② Fe : 768℃ ③ Co : 1,160℃

78. 용융금속의 결정을 미세화시키는 방법
① 합금원소를 첨가하는 방법
② 초음파 진동에 의한 방법
③ 자기교반에 의한 방법

79. 용접부 비파괴 시험 기호
① 방사선투과검사 : RT(Radiographic Testing)
② 자분탐상검사 : MT(Magnetic Particle Testing)
③ 침투탐상검사 : PT(Penetrant Testing)
④ 초음파탐상검사 : UT(Ultrasonic Testing)
⑤ 와류탐상검사 : ET(Eddy Current Testing)
⑥ 누설검사 : LT(Leak Testing)
⑦ 육안검사 : VT(View Testing)

80. 가상선은 가는이점쇄선 사용
① 가공 전 또는 가공 후의 모양을 표시하는 선
② 이동하는 부분의 이동위치를 표시하는 선

③ 공구, 지그 등의 위치를 참고로 표시하는 선
④ 도시된 물체의 앞면을 표시하는 선
해칭을 하는 경우 : 절단 단면부분을 나타내고자 할 때
∴ 회주철(GC : Gray Cast)

81. **레데뷰라이트**
    철·탄소계 합금의 응고 시 1,130℃에서 4.3%의 공정

82. **금속 중에서 비중이 가장 가벼운 것** : 리듐(0.53)
    금속 중에서 비중이 가장 무거운 것 : 이리듐(22.5)

83. **강괴의 종류**
    ① 킬드강(용접성이 가장 좋음) ② 림드강 ③ 세미킬드강
    백심가단주철의 인장강도 : 34kg/mm² 이상
    선상조직 : 용접금속의 파면에 매우 미세한 주상정이 서릿발 모양으로 병립하는 것으로서 주원인은 수소이다.

84. **슬래그 생성제**
    용융점이 낮은 가벼운 슬래그를 만들어 용융금속의 표면을 덮어서 산화나 질화를 방지하고 용착금속의 냉각속도를 느리게 한다.
    종류 : ① 이산화망간   ② 산화철   ③ 산화티탄
          ④ 형석   ⑤ 탄산나트륨   ⑥ 일미나이트
          ⑦ 석회석   ⑧ 규산칼륨

85. **공정반응(eutectic)**
    A와 B 금속을 합금하여 이 두 금속보다 자율성을 갖는 합금을 만드는 반응

86. **탄소당량**
    금속의 용접성을 나타낸 것으로 이 값이 크면 용접성이 저하된다.

87. **임계냉각 온도범위**
    가열변태점과 냉각변태점의 온도범위

88. **아공석강** : 탄소가 0.77% 이하로 페라이트 + 펄라이트
    공석강 : 탄소가 0.77% 이하로 펄라이트로 이루어짐.
    과공석강 : 탄소가 0.77% 이상으로 펄라이트 + 시멘타이트

89. **고온크랙의 발생 원소** : 유황, 규소, 니켈
    저온크랙의 발생 원소 : 수소

90. **구리 및 동합금의 일반적인 MIG 용접 조건**
    ① 후판 용접에 쓰인다.

② 전극은 직류 정극성을 쓴다.
③ 심선은 탈산된 것을 쓴다.
④ 아르곤은 99.8% 이상의 순도 높은 것을 쓴다.

91. 금속간 화합물
2종 이상의 금속원자가 간단한 원자비로 결합되어 본래의 물질과는 전혀 다른 결정 격자를 형성하는 것

[스패터의 발생 원인]
① 아크 길이가 너무 길 때
② 전류가 높을 때
③ 습기가 있는 용접봉 사용 시

92. 연납의 주성분 : 주석+납(Sn+Pb)

93. 변형시효
상온에서 가공한 금속이 그 후의 시효에 의해 경화되는 현상이며 질소가 원인

94. 은점(fish eye)
① 발생 원인은 수소이다.
② 용접결함의 일종
③ 속이 비고 둘레에 취화부가 있는 원형의 결함이다.

95. TIG 용접으로 알루미늄을 직류역극성으로 용접 시 표면의 산화피막을 제거하는 방법
용접중 청정작용에 의해 피막을 제거

96. 마텐자이트 조직
① 마텐자이트는 확산에 의해 생기는 변태가 아니다.
② 마텐자이트의 생성경향은 합금 원소량과 관계가 있다.
③ 마텐자이트는 모재의 탄소함량이 높을수록 생성되기 쉽다.
④ 마텐자이트는 용접열 사이클의 냉각속도가 클수록 생성되기 쉽다.

97. 변형시효
질소가 그 원인이며 상온에서 가공한 금속이 그 후의 시효에 의해 경화하는 현상

98. 탈황 및 탈인 반응에 의한 내용
① 탈황반응은 염기도가 클수록 진행이 쉽다.
② 탈황률은 산화철륨에 비례한다.
③ 탈인율은 용융슬래그가 산성일수록 크다.

99. 용접부의 응력부식균열을 최소화할 수 있는 방법
① 인장강도가 낮은 모재를 선정한다.
② 응력 제거 열처리를 한다.

③ 오스테나이트계 스테인리스강의 경우 페라이트 조직과 공존하는 조직을 가지면 효과가 있다.

100. 오스테나이트계 스테인리스강의 용접부에 발생하는 부식결함을 방지하기 위하여 첨가하는 화학성분
① Ti(티탄)   ② Ta(탈륨)   ③ Nb(네오데늄)

101. 예열에 관한 내용
① 연강으로 기온이 0℃ 이하에서는 용접할 경우 이음의 양쪽 폭 100mm 정도를 40~75℃로 가열한다.
② 연강으로 두께 25mm 이상인 경우 50~350℃로 예열한다.
③ 고장력강, 저합금강은 50~350℃로 예열한다.
④ 냉각속도를 느리게 하여 모재의 취성을 방지한다.
⑤ 용착금속의 수소 성분이 나갈 수 있는 여유를 주어 비드 및 균열 방지

102. 철·탄화철계 공석조직 : 펄라이트

103. 오스테나이트 상태에서 냉각속도가 가장 빠를 때 나타나는 조직
마텐자이트(강을 A3변태 및 A1선 이상 30~50℃로 가열 후 수랭 또는 유랭으로 급랭)

104. 합금과 성분
① 청동 : Cu + Sn
② 황동 : Cu + Zn
③ 스테인리스강 : C + Fe + Ni + Cr
④ 탄소강 : C, Mn, S, P, Si(5대 원소)

105. 아세틸렌의 용제
① 아세톤(25배)   ② DMF(디메틸포름아미드)

106. 오스테나이트계 스테인리스강
① 용접 후 급랭하여 입계부식 방지
② 크레이터 처리를 한다.
③ 예열을 하지 않는다.
④ 층간온도가 320℃ 이상을 넘어서는 안 된다.
⑤ 짧은 아크길이 유지하고, 용접봉은 가는 것을 사용.

107. 결정
물질을 구성하고 있는 원자가 규칙적으로 배열을 이루고 있는 것

108. 천이온도
재료가 연성파괴에서 취성파괴로 변하는 온도 범위

109. 용접부의 풀림처리 효과 : 잔류응력의 감소

110. 공적강의 항온변태 중 723℃ 이상의 조직 : 오스테나이트

111. 용접부에 수소가 미치는 영향
① 은점 발생　② 언더비드크랙 발생　③ 저온균열 원인

112. 스테인리스강은 900~1,100℃의 고온에서 급랭할 때의 현미경 조직에 따른 3종류
① 오스테나이트계 스테인리스강(18-8 스테인리스강)
　㉠ 용접성이 SUS 중 가장 우수　㉡ 비자성체
② 페라이트계(Cr 130%)
　㉠ 용접은 가능하나 자성체이다.　㉡ 강인성 및 내식성이 있다.
③ 마텐자이트계
　㉠ 용접성 불량　㉡ Cr18보다 강도가 좋다.

113. 알루미늄의 물리적 성질
① 황산, 인산, 묽은질산, 염산에는 침식된다.
② Al_2O_3가 생겨 내식성이 좋다.
③ 비중이 가벼워 경금속에 속한다.
④ 전기 및 열의 전도율이 좋다.

114. 저온균열
300℃ 이하에서 발생하고 수축응력이나 열변형에 의한 응력집중 등의 원인으로 인하여 발생하며 수소가 원인이다.
① 구속도가 커지면 균열발생률은 커진다.
② 탄소당량이 큰 모재는 균열발생 위험성이 커진다.
③ 수소의 혼입이 많아지면 균열발생률이 커진다.

115. 금속재료를 냉간가공 시 강도 및 경도 및 증가 원인
① 내부응력　② 전위　③ 쌍정

◎ 냉간가공 : 재결정온도 이하에서 가공하는 것

116. 스테인리스강은 900~1,100℃의 고온에서 급랭 시 현미경 조직에 따른 3종류
① 오스테나이트계 스테인리스강　② 페라이트계 스테인리스강
③ 마텐자이트계 스테인리스강

117. 일반구조용 강의 탄소 함유량 : 0.3% 정도

118. 편정반응
성분계의 평형 상태도에서 액체, 고체 어느 상태에서도 일부분밖에 녹지 않는 반응

119. 용융금속의 결정을 미세화시키는 방법
① 합금원소를 첨가하는 방법　　② 초음파 진동에 의한 방법
③ 자기교반에 의한 방법

120. 탄소당량
금속의 용접성을 나타낸 것으로 이 값이 크면 용접성이 저하된다.

121. 스테인리스강 중 입계부식 현상이 특히 많이 생기는 강은 18-8 스테인리스강

122. 강용접이음부의 피로강도를 증가시키는 대책
① 용접부를 적당히 열처리한다.
② 맞대기 용접 시 비드 접촉각을 작게 한다.
③ 용접 토(toe)부를 연마하여 평활하게 한다.

123. 용접금속이 주상조직을 나타내는 경우
① 기계적 성질이 떨어진다.　　② 충격치가 낮다.
③ 방향성을 나타낸다.　　　　 ④ 보통단층용접의 경우 나타난다.

124. 피복 아크 용접 시 아크열온도 : 5,000℃

125. 냉각속도 : 단위 시간당 온도변화
① 철강 용접 : 500~800℃　　② 탄소강, 저합금강 : 300℃
③ 18-8 스테인리스강 : 540℃, 700℃

126. 고온 측정용 열전대 : 콘스탄탄(Cu : 55%, Ni : 45%)

127. 림드강
연강봉 피복아크 용접봉의 심선은 용융금속의 이행을 촉진시키기 위하여 규소의 양을 적게 한 강

128. 숏피닝의 목적
소재 표면에 강이나 주철로 된 작은 입자들을 고속으로 분사시켜 가공경화에 의해 표면의 경도를 높이는 경화법

129. 고셀룰로오스계(E4311)
① 강력한 스프레이형 아크를 발생하며 아연도금 철판의 용접에 가장 효과 있음.
② 셀룰로오스를 20~30% 정도 포함한 용접봉으로 좁은 홈의 용접, 수직상진, 수직하진 및 위보기 용접에서 우수한 용접
③ 피복제에 다량의 유기물이 함유되어 보관 시 습기가 흡수되기 쉬우므로 기공 발생

130. 금속결정의 결함
① 기공 및 공공(vacancy)　　② 결정입계(grain boundary)

③ 전위(dislocation)

131. 용접 비드 부근이 부식하기 가장 쉬운 이유
잔류응력의 증가로 변질부가 되므로

132. 청열취성
저탄소강을 저온에서 인장시험을 하면 200~300℃의 온도범위에서 인장강도는 매우 증가하고 또한 연성의 저하를 나타내는 경우

133. 선상조직
필릿 용접 파면에 나타나는 서리조직으로 그 원인은 수소이다.

134. 주철의 보수 용접 시 사용하는 방법
① 버터링법 : 처음에 모재와 잘 융합하는 용접봉을 사용하여 적당한 두께까지 융착시키고 난 후 다른 용접봉으로 용접하는 방법
② 스터드법 : 용접경계부 바로 밑부분의 모재까지 갈라지는 결점을 보강하기 위하여 스터드 볼트를 사용하여 조이는 방법
③ 비녀장법 : 균열의 수리 및 가늘고 긴 용접을 할 때 용접선에 직각이 되게 6~10mm 정도의 ㄷ자형 강봉을 박고 용접
④ 로킹법 : 용접부 바닥면에 둥근 홈을 파고 이 부분에 걸쳐 힘을 받도록 하는 방법

135. 알루미늄과 알루미늄합금의 용접성이 불량한 이유
산화알루미늄의 용융온도가(2,050℃, 비중 4), 알루미늄의 용융온도보다(660℃, 2.7) 높기 때문에

136. 탄소량 증가 시 미치는 영향
① 용접성이 떨어진다.　　　　② 연성, 전성 감소
③ 인성 감소　　　　　　　　④ 인장강도, 경도 증가

137. 용접 분위기 중에서 발생하는 수소의 원인
① 대기중의 수분　　　　　　② 고착제 포함한 수분
③ 플럭스에 흡착된 수분

138. 힐(heel) 균열
필릿 용접 이음부의 루트 부분에 생기는 저온균열로 모재의 열팽창 및 수축에 의한 비틀림의 주 원인

139. 냉각법 중 가장 천천히 냉각시키는 방법 : 노냉
[크롬(Cr)]
① 인장강도, 경도 증가　　　② 내식성, 내열성 커지게 함.
③ 자경성과 탄화물을 쉽게 만듦.　④ 내마멸성을 커지게 함.

140. 아세틸렌 용제
① 아세톤   ② DMF(디메틸포름아미드)

141. 금속이 열전도도나 전기전도도가 높은 이유
자유전자의 이동이 있기 때문에

142. 노치취성 : 용접이음의 안전성에 가장 큰 영향을 미침.

143. 연강용 피복아크용접봉의 심선재료 : 저탄소강

144. 금속 현미경에 의한 시편의 조직검사 검사순서
시료 채취 → 연마 → 부식 → 검사 → 세척

145. 주철의 탄소량 : 2.1~6.67

146. 고속도강
① W(18) : Cr(4) : V(1)   ② 예열 800~900℃
③ 표준형 고속도강으로 일명 H.S.S   ④ 600℃ 정도 경도 유지

147. 금속조직의 경도
① 시멘타이트 : 1,050~1,200   ② 오스테나이트 : 100~200
③ 펄라이트 : 240   ④ 페라이트 : 70~100

148. 고장력강이나 극후강판의 용접에서 후열을 하는 목적
저온균열 방지

149. 금속간화합물
① 2종 이상의 금속원소가 단순한 원자비로 결합되어 본래의 성질과 전혀 다른 별개의 물질이 형성되며 그 원자도 규칙적으로 결정 격자점을 갖는 것
② 친화력이 큰 성분금속이 화학적으로 결합되면 각 성분금속과는 성질이 현저하게 다른 독립된 화합물을 만드는 것(Fe_3C, Cu_3Sn, Cu_4Sn, Mg_2Si, $MgZn_2$)

150. 니켈구리계 합금의 종류
① 콘스탄탄 : 구리(50~60%) + Ni(40~50%)
② 모넬메탈 : 구리(30~35%) + Ni(65~70%)
③ 큐프로니켈 : 구리(70%) + Ni(30%)

151. 공정조직
2개 성분 금속이 용해된 상태에서는 균일한 용액으로 되나 응고 후에는 성분 금속이 각각 결정이 되어 분리되며 2개 성분 금속이 고용체를 만들지 않고 기계적으로 혼합된 조직

152. **수소** : 헤어크랙과 은점의 원인

153. **수지상정**
금속이 응고할 때 핵에서 성장하는 결정이 나뭇가지와 같은 모양을 하는 것

154. **TTT 곡선(Time Temperature Transformation) : 항온변태곡선**

155. **저면도(하면도)** : 물체의 아래쪽에서 바라본 모양

156. **보조투상도**
경사면 부가 있는 물체에서 그 경사면의 실제 모양을 전체 또는 일부분으로 표시하는 투상도

단기완성
이산화탄소가스아크용접기능사
필기

특수용접기능사 기출문제

2019

2019년 2월 CBT 시행

문제 01 수하 특성에 관한 설명 중 가장 적당한 것은?

① 부하전류가 증가하면 단자전압이 저하하는 특성
② 부하전압이 증가하면 단자전압이 상승하는 특성
③ 아크전류가 증가하여도 단자전압이 변하지 않는 특성
④ 부하전압이 변화하여도 전압이 변화하지 않는 특성

해설 **수하 특성** : 부하전류가 증가하면 단자전압이 저하하는 특성

문제 02 용접작업 시 사용하는 보호기구의 종류로만 나열된 것은?

① 앞치마, 핸드 실드, 차광유리, 팔덮개
② 용접 헬멧, 핸드 그라인더, 용접 케이블, 앞치마
③ 치핑 해머, 용접집게, 전류계, 앞치마
④ 용접기, 용접 케이블, 퓨즈, 팔덮개

해설 **용접작업 시 사용하는 보호기구의 종류**
① 앞치마 ② 핸드 실드 ③ 차광유리 ④ 팔덮개

문제 03 AW300인 교류 아크 용접기로 쉬지 않고 계속적으로 용접작업을 진행할 수 있는 용접전류는 약 몇 암페어[A] 이하인가? (단, 이때 허용사용률은 100%이며, 이 용접기의 정격사용률은 40[%]이다.)

① 138[A] 이하　　　② 154[A] 이하
③ 189[A] 이하　　　④ 226[A] 이하

해설 허용사용률 $= \dfrac{(정격2차전류)^2}{(실제용접전류)^2} \times 정격사용률$

$x = \sqrt{\dfrac{300^2 \times 40}{100}} = 189.73 A$

문제 04 직류 아크 용접에서 용접봉을 용접기의 음극에, 모재를 양극에 연결하여 사용할 경우의 극성은?

① 정극성　　　② 역극성
③ 혼합성　　　④ 아크성

　01. ① 02. ① 03. ③ 04. ①

해설 **직류 정극성**
① 후판 용접 적합   ② 비드 폭이 좁다.
③ 용입이 깊다.   ④ 용접봉의 용융속도 느리다.
⑤ 모재(+) 70%, 용접봉(-) 30%

문제 05 아크 에어 가우징 작업에서 탄소강과 스테인리스강에 가장 우수한 작업효과를 나타내는 전원은?
① 교류(AC)   ② 직류 정극성(DCSP)
③ 직류 역극성(DCRP)   ④ 교류, 직류 모두 동일

해설 **직류 역극성** : 아크 에어 가우징 작업에서 탄소강과 스테인리스강에 가장 우수한 작업효과를 나타내는 전원

문제 06 다음 그림은 가스 절단의 종류 중 어떤 작업을 하는 모양을 나타낸 것인가?
① 산소창 절단
② 포갬 절단
③ 가스 가우징
④ 분말 절단

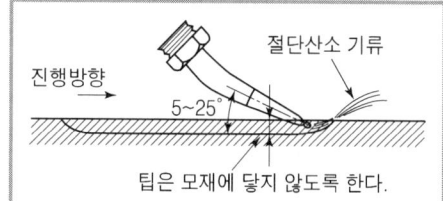

문제 07 가스 용접봉을 선택할 때 조건으로 틀린 것은?
① 모재와 같은 재질일 것.
② 불순물이 포함되어 있지 않을 것.
③ 용융온도가 모재보다 낮을 것.
④ 기계적 성질에 나쁜 영향을 주지 않을 것.

해설 **가스 용접봉 선택 시 조건**
① 용융온도가 모재보다 높을 것.
② 기계적 성질에 나쁜 영향을 주지 않을 것.
③ 불순물이 포함되어 있지 않을 것.
④ 모재와 같은 재질일 것.

문제 08 가스 용접 작업 시 후진법의 설명으로 맞는 것은?
① 용접속도가 빠르다.   ② 열 이용률이 나쁘다.
③ 얇은 판의 용접에 적합하다.   ④ 용접변형이 크다.

해답

05. ③ 06. ③ 07. ③ 08. ①

해설 후진법의 특징
① 용접속도가 빠르다.
② 열 이용률이 좋다.
③ 박판(얇은 판) 용접에 적합하다.
④ 용접변형이 적다.

문제 09
가스 용접에서 팁의 재료로 가장 적당한 것은?
① 고탄소강
② 고속도강
③ 스테인리스강
④ 동합금

해설 가스 용접에서 팁의 재료 : 동합금

문제 10
교류 아크 용접기 종류 중 AW-500의 정격부하 전압은 몇 V인가?
① 28V
② 32V
③ 36V
④ 40V

문제 11
피복 아크 용접봉에서 피복제의 역할로 틀린 것은?
① 아크를 안정시킴.
② 전기절연작용을 함.
③ 슬래그 제거가 쉬움.
④ 냉각속도를 빠르게 함.

해설 피복제의 역할
① 아크 안정
② 전기절연작용
③ 탈산정련작용
④ 합금원소 첨가
⑤ 스패터 발생을 적게 한다.
⑥ 용착금속의 냉각속도를 느리게 한다.
⑦ 공기 중 산화, 질화 방지
⑧ 슬래그 제거가 쉬움.

문제 12
가스 절단에서 절단용 산소에 불순물이 증가되면 발생되는 결과가 아닌 것은?
① 절단면이 거칠어진다.
② 절단속도가 빨라진다.
③ 슬래그 이탈성이 나빠진다.
④ 산소의 소비량이 많아진다.

해설 가스 절단에서 절단용 산소에 불순물이 증가되면 발생되는 결과
① 절단속도가 느려진다.
② 절단면이 거칠어진다.
③ 슬래그 이탈성이 나빠진다.
④ 산소의 소비량이 많아진다.

09. ④ 10. ④ 11. ④ 12. ②

문제 13 가스 용기의 취급상 주의사항으로 잘못된 것은?

① 가스 용기의 이동시는 밸브를 잠근다.
② 가스 용기를 난폭하게 취급하지 않는다.
③ 가스 용기의 저장은 환기가 되는 장소에 둔다.
④ 가연성 가스 용기는 눕혀서 보관한다.

해설 가연성 가스는 세워서 보관한다.

문제 14 청색의 겉불꽃에 둘러싸인 무광의 불꽃이므로 육안으로는 불꽃조절이 어렵고, 납땜이나 수중 절단의 예열불꽃으로 사용되는 것은?

① 천연가스 불꽃
② 산소-수소 불꽃
③ 도시가스 불꽃
④ 산소-아세틸렌 불꽃

해설 **산소-수소 불꽃** : 청색의 겉불꽃에 둘러싸인 무광의 불꽃이므로 육안으로는 불꽃조절이 어렵고, 납땜이나 수중 절단의 예열불꽃으로 사용

문제 15 피복 아크 용접봉에서 모재로 용융금속이 옮겨가는 상태에서 비교적 큰 용적이 단락되지 않고 옮겨가는 형식은?

① 단락형
② 스프레이형
③ 글로뷸러형
④ 슬래그형

해설 **글로뷸러형** : 피복 아크 용접에서 모재로 용융금속이 옮겨가는 형태에서 비교적 큰 용적이 단락되지 않고 옮겨가는 형식

문제 16 지름이 3.0mm의 용접봉에서 아크의 길이는 몇 mm로 하는 것이 가장 적당한가?

① 3.0
② 6.0
③ 9.0
④ 12.0

문제 17 용접 용어 중 "중단되지 않은 용접의 시발점 및 크레이터를 제외한 부분의 길이"를 뜻하는 것은?

① 용접선
② 용접 길이
③ 용접축
④ 다리 길이

해설 **용접 길이** : 중단되지 않은 용접의 시발점 및 크레이터를 제외한 부분의 길이

해답 13. ④ 14. ② 15. ③ 16. ① 17. ②

문제 18 다음 중 니켈(Ni)의 성질에 관한 설명으로 틀린 것은?

① 내식성이 크다.
② 상온에서 강자성체이다.
③ 면심입방(FCC)격자의 구조를 갖는다.
④ 아황산가스를 품은 공기에도 부식이 되지 않는다.

해설 니켈의 성질
① 아황산가스를 품은 공기에도 부식된다.
② 면심입방격자의 구조를 갖는다.
③ 상온에서 강자성체이다.
④ 내식성이 크다.
⑤ 비중 8.9, 용융점은 1453℃이다.

문제 19 다음 중 어느 부분이나 균일하고 불연속적이며, 경계된 부분으로 되어 있는 분자와 원자의 집합 상태인 것을 무엇이라 하는가?

① 계(system)
② 상(phase)
③ 상률(phase rule)
④ 농도(concentration)

해설 상(phase) : 어느 부분이나 균일하고 불연속적이며, 경계된 부분으로 되어 있는 분자와 원자의 집합 상태인 것

문제 20 다음 중 주철의 보수 용접방법이 아닌 것은?

① 스터드법
② 비녀장법
③ 버터링법
④ 피닝법

해설 주철의 보수 방법
① 로킹법 ② 비녀장법 ③ 스터드법 ④ 버터링법

문제 21 다음 중 순철의 동소체가 아닌 것은?

① α철
② β철
③ γ철
④ δ철

해설 순철의 동소체
① α철 ② γ철 ③ δ철

18. ④ 19. ② 20. ④ 21. ②

문제 22 강에 함유된 원소 중 인(P)이 미치는 영향을 올바르게 설명한 것은?

① 연신율과 충격치를 증가시킨다. ② 결정립을 미세화시킨다.
③ 실온에서 충격치를 높게 한다. ④ 강도와 경도를 증가시킨다.

해설 인(P)이 미치는 영향
① 연신율과 충격치를 저하시킨다. ② 결정립을 조대화시킨다.
③ 실온에서 충격치를 낮게 한다. ④ 강도와 경도를 증가시킨다.

문제 23 다음 중 8~12% Sn에 1~2% Zn을 함유한 구리합금을 무엇이라 하는가?

① 포금(gun metal) ② 톰백(tombac)
③ 켈밋 합금(kelmet alloy) ④ 델타 메탈(delta metal)

해설 합금
① 포금 : 주석(8~12%) + 아연(1~2%)
② 톰백 : 구리(80%) + 아연(20%)
③ 켈밋 : 구리 + 납(30~40%)
④ 델타메탈 : 6 : 4황동 + 철(1~2%)
⑤ 네이버 : 6 : 4황동 + 주석(1~2%)
⑥ 모넬메탈 : 니켈(65~70%) + 철(1~2%)
⑦ 콘스탄탄 : 구리(55%) + 니켈(45%)

문제 24 다음 중 재료의 내·외부에 열처리 효과의 차이가 생기는 현상으로 강의 담금질 성에 의해 영향을 받는 것은?

① 심랭처리 ② 질량효과
③ 금속간 화합물 ④ 소성변형

해설 질량효과 : 재료의 내·외부에 열처리 효과의 차이가 생기는 현상

문제 25 다음 중 7 : 3 황동에 2%의 Fe과 소량의 주석과 알루미늄을 넣은 것을 무엇이라 하는가?

① 듀라나 메탈(durana metal) ② 델타 메탈(delta metal)
③ 알브랙(albrac) ④ 라우탈(lautal)

해설 합금
① 듀라나 메탈 : 7 : 3황동 + 철(2%)
② 델타메탈 : 6 : 4황동 + 철(1~2%)
③ 라우탈 : 알루미늄 + 구리 + 규소
④ Y합금 : 알루미늄 + 구리 + 마그네슘 + 니켈
⑤ 실루민 : 알루미늄 + 규소
⑥ 두랄루민 : 알루미늄 + 구리 + 마그네슘 + 망간

22. ④ 23. ① 24. ② 25. ①

문제 26 다음 중 침탄법이 질화법보다 좋은 점을 설명한 것으로 옳은 것은?

① 경화에 의한 변형이 없다.
② 경화 후 수정이 가능하다.
③ 후처리로 열처리가 필요 없다.
④ 매우 높은 경도를 가질 수 있다.

해설 침탄법이 질화법보다 좋은 점
경화 후 수정이 가능하다.

문제 27 다음 중 강괴를 용강의 탈산 정도에 따라 분류할 때 해당되지 않는 것은?

① 킬드강
② 석출강
③ 림드강
④ 세미킬드강

해설 강괴를 용강의 탈산 정도에 따라 분류
① 림드강 ② 킬드강 ③ 세미킬드강

문제 28 다음 중 페라이트계 스테인리스강에 관한 설명으로 틀린 것은?

① 유기산과 질산에는 침식하지 않는다.
② 염산, 황산 등에도 내식성을 잃지 않는다.
③ 오스테나이트계에 비하여 내산성이 낮다.
④ 표면이 잘 연마된 것은 공기나 물 중에 부식되지 않는다.

해설 페라이트계 스테인리스강
① 염산, 황산 등에 부식이 된다.
② 표면이 잘 연마된 것은 공기나 물 중에 부식되지 않는다.
③ 유기산과 질산에 침식된다.
④ 오스테나이트계에 비하여 내산성이 낮다.

문제 29 다음 중 용접금속에 기공을 형성하는 가스에 대한 설명으로 적절하지 않은 것은?

① 응고 온도에서의 액체와 고체의 용해도 차에 의한 가스 방출
② 용접금속 중에서의 화학반응에 의한 가스 방출
③ 아크 분위기에서의 기체의 물리적 혼입
④ 용접 중 가스압력의 부적당

해설 용접금속에 기공을 형성하는 가스에 대한 설명
① 아크 분위기에서의 기체의 물리적 혼입
② 용접금속 중에서의 화학반응에 의한 가스 방출
③ 응고 온도에서의 액체와 고체의 용해도 차에 의한 가스 방출

26. ② 27. ② 28. ② 29. ④

문제 30

다음 중 CO_2 가스 아크 용접에서 기공 발생의 원인과 가장 거리가 먼 것은?

① CO_2 가스 유량이 부족하다.
② 노즐과 모재간 거리가 지나치게 길다.
③ 바람에 의해 CO_2 가스가 날린다.
④ 엔드 탭(end tab)을 부착하여 고전류를 사용한다.

해설 CO_2 가스 아크 용접에서 기공 발생
① 바람에 의해 CO_2 가스가 날린다.
② 노즐과 모재간 거리가 지나치게 길다.
③ CO_2 가스 유량이 부족하다.

문제 31

다음 중 이산화탄소 가스 아크 용접의 특징으로 적당하지 않은 것은?

① 모든 재질에 적용이 가능하다.
② 용착금속의 기계적 및 금속학적 성질이 우수하다.
③ 전류밀도가 높아 용입이 깊고, 용접속도를 빠르게 할 수 있다.
④ 피복 아크 용접처럼 피복 아크 용접봉을 갈아 끼우는 시간이 필요 없으므로 용접 작업시간을 길게 할 수 있다.

해설 이산화탄소 가스 아크 용접의 특징
① 철(Fe) 계통의 재질에 한정되어 있다.
② 용착금속의 기계적 성질 및 금속학적 성질이 우수하다.
③ 전류밀도가 높아 용입이 깊다.
④ 용접속도를 빠르게 할 수 있다.
⑤ 용접작업시간을 길게 할 수 있다.
⑥ 가시아크이므로 시공이 편리하다.

문제 32

각각의 단독 용접 공정(each welding process)보다 훨씬 우수한 기능과 특성을 얻을 수 있도록 두 종류 이상의 용접 공정을 복합적으로 활용하여 서로의 장점을 살리고 단점을 보완하여 시너지 효과를 얻기 위한 용접법을 무엇이라 하는가?

① 하이브리드 용접   ② 마찰교반 용접
③ 천이액상확산 용접   ④ 저온용 무연 솔더링 용접

해설 하이브리드 용접 : 각각의 단독 공정보다 훨씬 우수한 기능과 특성을 얻을 수 있도록 두 종류 이상의 용접 공정을 복합적으로 활용하여 서로의 장점을 살리고 단점을 보완하여 시너지 효과를 얻기 위한 용접법

30. ④ 31. ① 32. ①

문제 33 플라스마 아크 용접에서 아크의 종류가 아닌 것은?

① 관통형 아크
② 반이행형 아크
③ 이행형 아크
④ 비이행형 아크

해설 플라스마 아크 용접에서 아크의 종류
① 이행형 아크 ② 반이행형 아크 ③ 비이행형 아크

문제 34 다음 중 용접재료의 인장시험에서 구할 수 없는 것은?

① 항복점
② 단면수축률
③ 비틀림강도
④ 연신율

해설 용접재료의 인장시험에서 구할 수 있는 것
① 인장강도 ② 항복점 ③ 연신율 ④ 단면수축률

문제 35 주로 레일의 접합, 차축, 선반의 프레임 등 비교적 큰 단면을 가진 주조나 단조품의 맞대기 용접과 보수용접에 주로 사용되며, 용접작업이 단순하고 용접 결과의 재현성이 높지만 용접비용이 비싼 용접법은?

① 가스 용접
② 테르밋 용접
③ 플래시 버트 용접
④ 프로젝션 용접

해설 테르밋 용접 : 주로 레일의 접합, 차축, 선반의 프레임 등 비교적 큰 단면을 가진 주조나 단조품의 맞대기 용접과 보수용접에 주로 사용되며, 용접작업이 단순하고 용접 결과의 재현성이 높고 용접비용이 비싼 용접법

문제 36 다음 중 아세틸렌 가스의 성질에 대한 설명으로 틀린 것은?

① 비중은 0.906으로 공기보다 가볍다.
② 순수한 아세틸렌 가스는 무색, 무취의 기체이다.
③ 물에는 4배, 아세톤에는 6배가 용해된다.
④ 산소와 적당히 혼합하여 연소시키면 높은 열을 낸다.

해설 아세틸렌 가스의 성질
① 비중은 0.906으로 공기보다 가볍다.
② 순수한 아세틸렌 가스는 무색, 무취의 기체이다.
③ 물에는 동배, 석유에는 2배, 벤젠에는 4배, 알코올에는 6배, 아세톤에는 25배가 용해
④ 산소와 적당히 혼합하여 연소시키면 높은 열을 낸다.
⑤ 15℃ 1kg/cm^{2}에서의 아세틸렌 1l의 무게는 1.176g이다.
⑥ 액체 아세틸렌보다 고체 아세틸렌이 안전하다.
⑦ 융점이 −81℃, 비점이 −84℃로 비슷하고 고체 아세틸렌은 융해하지 않고 승

해답 33. ① 34. ③ 35. ② 36. ③

화한다.
⑧ 은, 구리, 수은 등의 금속과 화합 시 폭발성 물질인 아세틸리드 생성
⑨ 온도가 406~408℃에서 자연발화, 505~515℃에서 폭발

문제 37 다음 중 안전·보건표지의 색채에 따른 용도에 있어 지시를 나타내는 색채로 옳은 것은?

① 빨간색 ② 녹색
③ 노란색 ④ 파란색

해설 안전보건 색채
① 적색 : 방화 금지, 정지, 고도의 위험
② 녹색 : 진행 유도, 안전, 구급, 위생, 비상구
③ 파란색 : 지시, 사실의 고지, 안전, 보건, 표지색책
④ 청색 : 주의, 수리중
⑤ 백색 : 정리·정돈 통로
⑥ 황적색 : 위험, 항공의 보안시설
⑦ 노랑 : 전도, 추락, 충돌

문제 38 다음 중 표면 피복 용접을 올바르게 설명한 것은?

① 연강과 고장력강의 맞대기 용접을 말한다.
② 연강과 스테인리스강의 맞대기 용접을 말한다.
③ 금속 표면에 다른 종류의 금속을 용착시키는 것을 말한다.
④ 스테인리스강판과 연강판재를 접합 시 스테인리스강판에 구멍을 뚫어 용접하는 것을 말한다.

해설 표면 피복 용접 : 금속 표면에 다른 종류의 금속을 용착시키는 것

문제 39 다음 중 가스 용접 작업을 할 때 주의하여야 할 안전사항으로 틀린 것은?

① 가스 용접을 할 때는 면장갑을 낀다.
② 작업자의 눈을 보호하기 위하여 차광유리가 부착된 보안경을 착용한다.
③ 납이나 아연합금 또는 도금재료를 가스 용접 시 중독될 우려가 있으므로 주의하여야 한다.
④ 가스 용접 작업은 가연성 물질이 없는 안전한 장소를 선택한다.

해설 가스 용접 작업 시 주의사항
① 가스 용접 작업은 가연성 물질이 없는 안전한 장소를 선택한다.
② 납이나 아연합금 또는 도금재료를 가스 용접 시 중독될 우려가 있으므로 주의하여야 한다.
③ 작업자의 눈을 보호하기 위하여 차광유리가 부착된 보안경을 착용
④ 가스 용접 시는 면장갑을 착용하지 않는다.

37. ④ 38. ③ 39. ①

문제 40
용접에 있어 모든 열적 요인 중 가장 영향을 많이 주는 요소는?

① 용접입열 ② 용접재료
③ 주위온도 ④ 용접복사열

해설 용접에 있어 모든 열적 요인 중 가장 영향을 많이 주는 요소 : 용접입열

문제 41
변형 방지용 지그의 종류 중 다음 그림과 같이 사용된 지그는?

① 바이스 지그
② 스트롱 백
③ 탄성 역변형 지그
④ 판넬용 탄성 역변형 지그

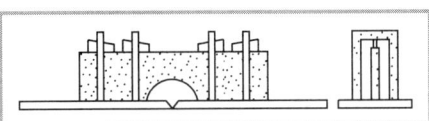

문제 42
다음 중 TIG 용접에 사용되는 전극봉의 재료로 가장 적합한 금속은?

① 알루미늄 ② 텅스텐
③ 스테인리스 ④ 강철

해설 TIG 용접에 사용되는 전극봉의 재료 : 1~2% 토륨 텅스텐 전극봉

문제 43
용접부의 비파괴 시험 방법의 기본기호 중 "PT"에 해당하는 것은?

① 방사선 투과시험 ② 초음파 탐상시험
③ 자기분말 탐상시험 ④ 침투 탐상시험

해설 비파괴 시험 방법
① RT : 방사선 투과법 ② uT : 초음파 탐상법
③ PT : 침투검사법 ④ MT : 자분검사법
⑤ VT : 육안검사법 ⑥ LT : 누설검사법
⑦ ET : 와류검사법

문제 44
다음 중 일명 유니언 멜트 용접법이라고 불리며 아크가 용제 속에 잠겨 있어 밖에서는 보이지 않는 용접법은?

① 이산화탄소 아크 용접 ② 일렉트로 슬래그 용접
③ 서브머지드 아크 용접 ④ 불활성 가스 텅스텐 아크 용접

해설 서브머지드 아크 용접 : 일명 유니언 멜트 용접법이라고 불리며 아크가 용제 속에 잠겨 있어 밖에서는 보이지 않는 용접법
일렉트로 슬래그 용접 : 아크열이 아닌 와이어와 용융슬래그 사이에 충전된 전류의

40. ① 41. ② 42. ② 43. ④ 44. ③

저항열을 이용하여 용접
스터드 용접 : 볼트나 환봉 등을 피스톤형 홀더에 끼우고, 모재와 환봉 사이에서 순간적으로 아크를 발생시켜 용접

문제 45
다음 중 펄스 TIG 용접기의 특징에 관한 설명으로 틀린 것은?

① 저주파 펄스용접기와 고주파 펄스용접기가 있다.
② 직류 용접기에 펄스 발생 회로를 추가한다.
③ 전극봉의 소모가 많아 수명이 짧다.
④ 20A 이하의 저전류에서 아크의 발생이 안정하다.

해설 펄스 TIG 용접기의 특징
① 전극봉의 소모가 적어 수명이 길다.
② 20A 이하의 저전류에서 아크의 발생이 안정하다.
③ 직류 용접기에 펄스 발생 회로를 추가한다.
④ 저주파 펄스 용접기와 고주파 펄스 용접기가 있다.

문제 46
다음 중 아크 용접 결함의 종류에 대한 발생 원인을 설명한 것으로 틀린 것은?

① 균열 : 모재에 탄소, 망간 등 합금원소 함량이 많을 때
② 기공 : 용접 분위기 가운데 수소 또는 일산화탄소가 과잉될 때
③ 용입 불량 : 이음 설계에 결함이 있을 때
④ 스패터 : 건조된 용접봉을 사용했을 때

해설 스패터 : 습기가 있는 용접봉 사용 시

문제 47
다음 중 보안경을 필요로 하는 작업과 거리가 먼 것은?

① 탁상 그라인더 작업　　② 디스크 그라인더 작업
③ 수동가스 절단 작업　　④ 금긋기 작업

해설 보안경 필요 작업
① 탁상 그라인더 작업　② 디스크 그라인더 작업　③ 수동가스 절단 작업

문제 48
다음 중 용접 공사를 수주한 후 최적의 공정계획을 세우기 위해서 작성하여야 하는 사항과 가장 거리가 먼 것은?

① 가공표　　　　　　　② 공정표
③ 강재중량표　　　　　④ 인원배치표

해설 용접 공사 수주 후 최적의 공정계획을 세우기 위해 작성하는 사항
① 가공표　② 인원배치표　③ 공정표

45. ③　46. ④　47. ④　48. ③

문제 49 다음 중 전기저항 용접의 종류가 아닌 것은?
① TIG 용접
② 점 용접
③ 프로젝션 용접
④ 플래시 용접

해설 전기저항 용접의 종류
① 겹치기 용접 : ㉠ 점 용접 ㉡ 심 용접 ㉢ 프로젝션 용접
② 맞대기 용접 : ㉠ 포일 심 용접 ㉡ 퍼커션 용접 ㉢ 플래시 용접 ㉣ 방전충격용접

문제 50 미그(MIG) 용접 제어장치의 기능으로 아크가 처음 발생되기 전 보호가스를 흐르게 하여 아크를 안정되게 하여 결함 발생을 방지하기 위한 것은?
① 스타트 시간
② 가스지연 유출시간
③ 번백 시간
④ 예비가스 유출시간

해설 예비가스 유출시간 : 미그 용접장치의 기능으로 아크가 처음 발생되기 전 보호가스를 흐르게 하여 아크를 안정되게 하여 결함 발생을 방지하기 위한 것

문제 51 배관 도면에서 그림과 같은 기호의 의미로 가장 적합한 것은?
① 콕 일반
② 볼 밸브
③ 체크 밸브
④ 안전밸브

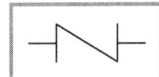

해설 배관 기호
① 체크 밸브 :
② 게이트 밸브(슬루스 밸브) :
③ 안전밸브 :
④ 글로브 밸브 :
⑤ 앵글 밸브 :
⑥ 볼 밸브 :

문제 52 그림과 같이 대상물의 구멍, 홈 등 한 국부만의 모양을 도시하는 것으로 충분한 경우에는 그 필요 부분만을 나타내는 투상도는?
① 국부 투상도
② 부분 투상도
③ 보조 투상도
④ 회전 투상도

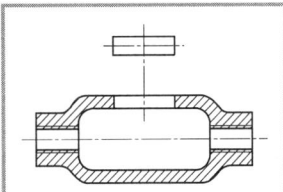

49. ① 50. ④ 51. ③ 52. ①

해설 투상도
① 국부투상도 : 대상물의 구멍, 홈 등과 같이 한 부분만의 모양을 도시
② 보조투상도 : 경사면부가 있는 대상물에서 그 경사면의 실험을 나타낼 필요가 없는 경우
③ 등각투상도 : 서로 120°를 이루는 3개의 기본 축에 정면, 평면, 측면을 하나의 투상면 위에서 동시에 볼 수 있도록 나타낸 입체도

문제 53 일반 구조용 압연강재 SS400에서 400이 나타내는 것은?
① 최대 압축강도
② 최저 압축강도
③ 최저 인장강도
④ 최대 인장강도

해설 SS400 : 일반 구조용 압연강재로서 최저 인장강도는 400

문제 54 리벳의 호칭 방법으로 적합한 것은?
① 규격번호, 종류, 호칭지름×길이, 재료
② 종류, 호칭지름×길이, 재료, 규격번호
③ 재료, 종류, 호칭지름×길이, 규격번호
④ 호칭지름×길이, 종류, 재료, 규격번호

해설 리벳의 호칭 방법 : 규격번호, 종류, 호칭지름×길이, 재료

문제 55 도면을 축소 또는 확대했을 경우 그 정도를 알기 위해서 설정하는 것은?
① 중심 마크
② 비교 눈금
③ 도면의 구역
④ 재단 마크

해설 비교 눈금 : 도면을 축소 또는 확대했을 경우 그 정도를 알기 위해서 설정

문제 56 물체의 보이지 않는 부분의 형상을 나타내는 선은?
① 파단선
② 지시선
③ 숨은선
④ 외형선

해설 숨은선 : 물체의 보이지 않는 부분의 형상을 나타내는 선

해답 53. ③ 54. ① 55. ② 56. ③

문제 57 그림과 같이 제3각법으로 그린 투상도에 적합한 입체도는?

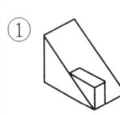
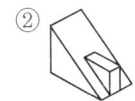
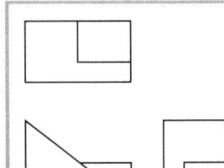

문제 58 동일한 물체를 제3각법으로 정투상한 도면 중 누락이나 틀린 부분이 없는 올바른 투상도는?

문제 59 아래 그림은 원뿔을 경사지게 자른 경우이다. 잘린 원뿔의 전개 형태로 가장 올바른 것은?

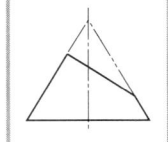

문제 60 도면에서의 지시한 용접법으로 바르게 짝지어진 것은?

① 평형 맞대기 용접, 필릿 용접
② 겹치기 용접, 플러그 용접
③ 심 용접, 점 용접
④ 이면 용접, V형 맞대기 용접

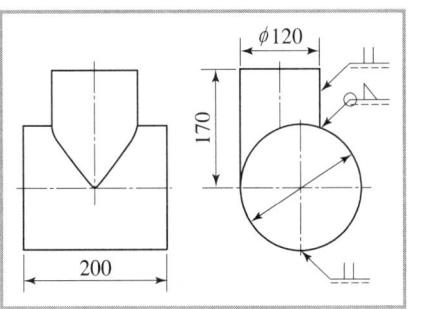

57. ③ 58. ② 59. ④ 60. ①

2019년 4월 CBT 시행

문제 01 다음 중 표준불꽃(산소와 아세틸렌 1:1 혼합)의 구성요소를 표현한 것으로 틀린 것은?

① 불꽃심   ② 속불꽃
③ 겉불꽃   ④ 환원불꽃

해설 표준불꽃의 구성요소
① 속불꽃   ② 겉불꽃   ③ 불꽃심

문제 02 산소·아세틸렌가스 용접할 때 가스 용접봉 지름을 결정을 하려고 하는데, 일반적으로 모재의 두께가 1mm 이상일 때 다음 중 가스 용접봉의 지름을 결정하는 식은? (단, D는 가스 용접봉의 지름[mm], T는 판 두께[mm]를 의미한다.)

① $D = \dfrac{T}{5} + 4$ ② $D = \dfrac{T}{4} + 3$
③ $D = \dfrac{T}{3} + 2$ ④ $D = \dfrac{T}{2} + 1$

해설 가스 용접봉의 지름 $D = \dfrac{T}{2} + 1$

문제 03 다음 중 직류 아크 용접에서 직류 정극성의 특징을 올바르게 설명한 것은?

① 비드 폭이 넓어진다.   ② 모재의 용입이 얕다.
③ 모재의 용입이 깊다.   ④ 용접봉의 용융이 빠르다.

해설 직류 정극성의 특징
① 후판 용접 적합   ② 비드 폭이 좁다.
③ 용입이 깊다.   ④ 용접봉의 용융이 느리다.
⑤ 모재(+) 70%, 용접봉(-) 30%

문제 04 다음 중 아크 길이에 따라 전압이 변동하여도 아크 전류는 거의 변하지 않는 특성은?

① 정전류 특성   ② 아크의 부특성
③ 정격사용률 특성   ④ 개로전압 특성

해답

01. ④ 02. ④ 03. ③ 04. ①

해설 용접기 특성
① 정전류 특성 : 부하전압이 변화해도 단자전류(아크전류)는 거의 변화하지 않는 특성
② 정전압 특성 : 부하전류가 변화해도 단자전압은 거의 변화하지 않는 특성
③ 상승 특성 : 전류의 증가에 따라서 전압이 약간 높아지는 특성
④ 수하 특성 : 부하전류가 증가하면 단자전압이 낮아지는 특성

문제 05 다음 중 가스 용접기의 압력조정기가 갖추어야 할 점으로 틀린 것은?

① 조정압력과 사용압력의 차이가 작을 것.
② 동작이 예민하고 빙결(氷結)되지 않을 것.
③ 가스의 방출량이 많더라도 흐르는 양이 안정될 것.
④ 조정압력이 용기 내의 가스량 변화에 따라 유동성이 있을 것.

해설 압력조정기가 갖추어야 할 조건
① 조정압력이 용기 내의 가스량 변화에 따라 유동성이 없을 것.
② 가스의 방출량이 많더라도 흐르는 양이 안정될 것.
③ 동작이 예민하고 빙결되지 않을 것.
④ 조정압력과 사용압력의 차이가 작을 것.

문제 06 다음 중 용접작업 전 준비를 위한 점검사항과 가장 거리가 먼 것은?

① 보호구의 착용 여부　　② 용접봉의 건조 여부
③ 용접설비의 점검　　　④ 용접결함의 파악

해설 용접작업 전 점검사항
① 용접설비의 점검
② 용접봉의 건조 여부
③ 보호구의 착용 여부

문제 07 다음 중 산소 용기의 각인 사항에 포함되지 않는 것은?

① 내용적　　　　　　② 내압시험압력
③ 가스충전일시　　　④ 용기의 번호

해설 산소 용기의 각인 사항
① 내압시험압력(TP)　　② 내용적(V)
③ 최고 충전압력(FP)　　④ 용기의 번호
⑤ 용기 질량(W)

05. ④　06. ④　07. ③

문제 08 다음 중 가스 용접 및 절단용 아세틸렌 가스가 갖추어야 할 성질로 틀린 것은?

① 연소속도가 늦어야 한다.
② 연소 발열량이 커야 한다.
③ 불꽃의 온도가 높아야 한다.
④ 용융금속과 화학반응이 일어나지 않아야 한다.

해설 아세틸렌 가스가 갖추어야 할 성질
① 연소속도가 빨라야 한다.
② 연소 발열량이 커야 한다.
③ 불꽃의 온도가 높아야 한다.
④ 용융금속과 화학반응이 일어나지 않아야 한다.

문제 09 다음 중 기계적 이음과 비교한 용접 이음의 장점이 아닌 것은?

① 공정수가 절감된다.
② 재료를 절약할 수 있다.
③ 성능과 수명이 향상된다.
④ 모재의 재질변화에 대한 영향이 적다.

해설 용접 이음의 장점
① 공정수가 절감된다. ② 재료를 절약할 수 있다.
③ 성능과 수명이 향상된다. ④ 이음효율이 높다.
⑤ 중량이 가벼워진다. ⑥ 재료의 두께에 제한이 없다.
⑦ 이종재료 접합 가능 ⑧ 보수와 수리용이
⑨ 수밀 및 기밀성이 좋다. ⑩ 용접의 자동화가 용이하며 복잡한 구조

문제 10 피복 아크 용접봉은 염기도(basicity)가 높을수록 내균열성은 좋으나 작업성이 저하되는데 다음 중 염기도 크기를 순서대로 올바르게 나열한 것은?

① E4311 < E4301 < E4316
② E4316 < E4301 < E4311
③ E4301 < E4316 < E4311
④ E4316 < E4311 < E4301

해설 염기도 크기 순서 : E4316 > E4301 > E4311

문제 11 다음 중 핫 스타트(hot start) 장치의 사용 시 장점으로 볼 수 없는 것은?

① 기공(blow hole)을 방지한다.
② 비드 모양을 개선한다.
③ 아크 발생은 어렵지만 용착금속 성질은 양호해진다.
④ 아크 발생 초기의 용입을 양호하게 한다.

해답

08. ① 09. ④ 10. ① 11. ③

해설 핫 스타트(hot start) 장치의 사용 시 장점
① 아크 발생이 쉽고 용착금속 성질이 양호해진다.
② 아크 발생 초기의 용입을 양호하게 한다.
③ 비드 모양을 개선한다.
④ 기공을 방지한다.

문제 12 다음 중 용접 용어에서 경사 각도를 갖도록 절단하는 것을 무엇이라 하는가? (단, 판재에 맞대기 용접 흠을 만들기 위함이다.)

① 헬리컬(helical) 절단 ② 베벨(bevel) 절단
③ 수퍼(super) 절단 ④ 웜(재그) 절단

해설 베벨 절단 : 경사 각도를 갖도록 절단하는 것

문제 13 다음 중 피복 아크 용접봉의 피복제가 연소한 후 생성된 물질이 용접부를 보호하는 형식에 따라 분류한 것에 해당되지 않는 것은?

① 반가스 발생식 ② 스프레이 형식
③ 슬래그 생성식 ④ 가스 발생식

해설 용접부를 보호하는 형식에 따라 분류
① 가스 발생식
② 반가스 발생식
③ 슬래그 생성식

문제 14 다음 중 아크 에어 가우징 장치에 해당하지 않는 것은?

① 가우징 토치 ② 용접기(전원)
③ 텅스텐 전극 ④ 압축공기(컴프레서)

해설 아크 에어 가우징 장치
① 압축공기(컴프레서)
② 용접기(전원)
③ 가우징 토치

문제 15 다음 중 수중절단 시 고압에서 사용이 가능하고 수중절단 시 기포 발생이 적어 가장 널리 사용되는 연료가스는?

① 수소 ② 질소
③ 부탄 ④ 벤젠

해설 수중절단 시 사용하는 가스 : 수소

12. ② 13. ② 14. ③ 15. ①

문제 16 | 다음 중 산소·아세틸렌 용접에서 후진법과 비교한 전진법의 설명으로 틀린 것은?

① 열 이용률이 나쁘다. ② 용접변형이 작다.
③ 용접속도가 느리다. ④ 산화의 정도가 심하다.

해설 **전진법의 설명**
① 열 이용률이 나쁘다. ② 용접변형이 크다.
③ 용접속도가 느리다. ④ 산화의 정도가 심하다.

문제 17 | 다음 중 교류 아크 용접기의 네임 플레이트(name plate)에 사용률이 40% 나타나 있다면 그 의미로 가장 적절한 것은?

① 용접작업 준비시간이 전체시간의 40% 정도이다.
② 용접 시의 아크 발생시간이 전체의 40% 정도이다.
③ 용접기가 쉬는 시간이 전체의 40% 정도이다.
④ 용접 시의 아크를 발생시키지 않고 쉬는 시간이 전체의 40% 정도이다.

해설 **네임 플레이트 사용률이 40%** : 용접 시의 아크 발생시간이 전체의 40% 정도이다.

문제 18 | 다음 중 강은 온도가 높아지면 전연성이 커지나 200~300℃ 부근에서 메짐(취성)이 나타나는데 이를 무엇이라 하는가?

① 고온메짐 ② 청열메짐
③ 적열메짐 ④ 뜨임메짐

해설 **청열메짐** : 200~300℃
 적열메짐 : 800~900℃

문제 19 | 다음 중 구조용 합금강에 대하여 풀림 처리를 하는 이유와 가장 거리가 먼 것은?

① 가공 후의 잔류응력 제거
② 재질의 경화를 목적으로 할 때
③ 합금 원소 및 불순 원소의 확산에 의한 조직의 균일화
④ 압연, 단조에 의한 가공 경화로 냉간 소성 가공이 곤란한 경우

해설 **합금강에 대하여 풀림 처리를 하는 이유**
① 합금 원소 및 불순 원소의 확산에 의한 조직의 균일화
② 가공 후의 잔류응력 제거
③ 압연, 단조에 의한 가공 경화로 냉간 소성 가공이 곤란한 경우

해답 16. ② 17. ② 18. ② 19. ②

문제 20

SCr이나 SNC 강은 용접열로 인하여 뜨임취성이 발생되는데 다음 중 뜨임취성을 방지하기 위해 첨가하는 원소는?

① Mo
② Ni
③ Cr
④ Ti

해설 특수원소의 영향
① Mo(몰리브덴) : 뜨임취성 방지, 저온취성 방지, 고온강도 개선
② Ni(니켈) : 인성 증가, 저온충격저항 증가, 질화 촉진, 주철의 흑연화 촉진
③ Cr(크롬) : 담금질 효과 증대, 내식성·내마모성 증대, 흑연화를 안정, 탄화물 안정
④ Ti(티탄) : 탄화물 생성 용이, 결정입자의 미세화
⑤ Mn(망간) : 적열취성 방지, 황의 해를 제거
⑥ Si(규소) : 강의 고온가공성을 좋게 한다. 용융금속의 유동성을 좋게 한다.

문제 21

금속 침투법 중 세라다이징은 무슨 금속을 침투시킨 것을 말하는가?

① Zn
② Cr
③ Al
④ B

해설 금속의 침투법
① Zn(아연) : 세라다이징
② Cr(크롬) : 크로마이징
③ Al(알루미늄) : 칼로라이징
④ Si(규소) : 실리코나이징
⑤ B(붕소) : 브로나이징

문제 22

Cu 합금 중 7:3 황동의 주요 성분 비율을 올바르게 나타낸 것은?

① Cu : 30%, Al : 70%
② Cu : 30%, Zn : 70%
③ Cu : 70%, Al : 30%
④ Cu : 70%, Zn : 30%

해설 7:3 황동 : Cu : 70%, Zn : 30%
6:4 황동 : Cu : 60%, Zn : 40%

문제 23

다음 중 정련된 용강을 노 내에서 Fe-Mn, Fe-Si, Al 등으로 완전 탈산시킨 강은?

① 킬드강
② 세미킬드강
③ 림드강
④ 캡드강

해설 킬드강 : 정련된 용강을 노 내에서 Fe-Mn, Fe-Si, Al 등으로 완전 탈산시킨 강

20. ① 21. ① 22. ④ 23. ①

문제 24 다음 중 비철 금속에서 나타나는 시효경화(석출경화) 현상에 관한 설명으로 옳은 것은?

① 담금질된 재료를 160℃ 정도로 가열하여 시효경화를 촉진시키는 것을 자연시효라 한다.
② 공랭 실린더 헤드 및 피스톤 등에 사용되는 Y합금은 시효경화성이 없는 합금이다.
③ 시효경화의 원인은 고용체의 용해도가 온도의 변화에 따라 심하게 변화하는 것에 기인한다.
④ 석출경화가 일어나지 않는 합금의 대표적인 것은 구리-알루미늄계의 두랄루민이다.

해설 시효경화의 원인은 고용체의 용해도가 온도의 변화에 따라 심하게 변화하는 것에 기인한다.

문제 25 탄소강의 담금질 효과는 냉각액과 밀접한 관계가 있는데 정지상태의 물의 냉각속도를 1로 했을 때 다음 중 냉각속도가 가장 빠른 것은?

① 소금물   ② 공기
③ 합성유   ④ 광물유

해설 냉각속도가 가장 빠른 것 : 소금물

문제 26 다음 중 스테인리스강의 종류에 속하지 않는 것은?

① 페라이트계 스테인리스강   ② 마텐자이트계 스테인리스강
③ 석출경화형 스테인리스강   ④ 레데뷰라이트계 스테인리스강

해설 스테인리스강의 종류
① 오스테나이트계 스테인리스강   ② 마텐자이트계 스테인리스강
③ 페라이트계 스테인리스강   ④ 석출경화형 스테인리스강

문제 27 탄소강 주강품 종류 중 "SC 360" 이라는 기호에서 "360"이 나타내는 의미로 옳은 것은?

① 인장강도(N/mm^2)   ② 압축강도(N/mm^2)
③ 열팽창계수   ④ 탄소함유량(%)

해설 SC360 : 인장강도(N/mm^2)

24. ③ 25. ① 26. ④ 27. ①

문제 28
다음 중 주철의 종류가 아닌 것은?

① 보통주철　　　　② 고급주철
③ 합금주철　　　　④ 진백주철

해설 주철의 종류
① 고급주철　② 보통주철　③ 합금주철

문제 29
다음 중 CO_2 가스 아크 용접에 가장 적합한 금속은?

① 연강　　　　　　② 알루미늄
③ 스테인리스강　　④ 동과 그 합금

해설 CO_2 가스 아크 용접에 가장 적합한 금속 : 연강

문제 30
다음 중 용착금속의 인장강도 55kgf/mm²에 안전율이 6이라면 이음의 허용응력은 약 몇 kgf/mm²인가?

① 330　　　　　　② 92
③ 9.2　　　　　　④ 33

해설 허용응력 = $\dfrac{인장강도}{안전율} = \dfrac{55}{6} = 9.2 kgf/mm^2$

문제 31
다음 중 용접용 지그 선택의 기준으로 적절하지 않은 것은?

① 물체를 튼튼하게 고정시켜 줄 크기와 힘이 있을 것.
② 변형을 막아줄 만큼 견고하게 잡아줄 수 있을 것.
③ 물품의 고정과 분해가 어렵고 청소가 편리할 것.
④ 용접위치를 유리한 용접자세로 쉽게 움직일 수 있을 것.

해설 용접용 지그 선택의 기준
① 물품의 고정과 분해가 쉽고 청소가 편리할 것.
② 용접위치를 유리한 용접자세로 쉽게 움직일 수 있을 것.
③ 변형을 막아줄 만큼 견고하게 잡아줄 수 있을 것.
④ 물체를 튼튼하게 고정시켜 줄 크기와 힘이 있을 것.

문제 32
다음 중 서브머지드 아크 용접에서 용접 헤드에 속하지 않는 것은?

① 용제 호퍼　　　　　　② 와이어 송급장치
③ 불활성 가스 공급장치　④ 제어장치 콘택트 팁

해답 28. ④　29. ①　30. ③　31. ③　32. ③

해설 서브머지드 아크 용접에서 용접 헤드
① 용제 호퍼 ② 와이어 송급장치 ③ 제어장치 콘택트 팁

문제 33 다음 중 TIG 용접기로 알루미늄을 용접할 때 직류 역극성을 사용하는 가장 중요한 이유는?

① 전극이 심하게 가열되지 않으므로 전극의 소모가 적기 때문이다.
② 산화막을 제거하는 청정작용이 이루어지기 때문이다.
③ 비드 폭이 좁고, 모재의 용입이 깊어지기 때문이다.
④ 전자가 모재의 강하게 충돌하므로 깊은 용입을 얻을 수 있기 때문이다.

해설 TIG 용접기로 알루미늄 용접 시 직류 역극성을 사용하는 가장 중요한 이유 : 산화막을 제거하는 청정작용이 이루어지기 때문에

문제 34 다음 중 KS에서 규정한 방사선 투과시험 필름 판독에서 제1종 결함에 해당하는 것은?

① 노치 및 이와 유사한 결함
② 슬래그 혼입 및 이와 유사한 결함
③ 갈라짐 및 이와 유사한 결함
④ 둥근 블로홀 및 이와 유사한 결함

해설 제1종 결함 : 기공 또는 가스구멍의 존재
제2종 결함 : 비금속 또는 비금속물의 혼입
제3종 결함 : 균열 또는 용융. 용입 부족
제4종 결함 : 텅스텐 혼입

문제 35 다음 중 가스 절단 작업 시 주의하여야 할 사항으로 틀린 것은?

① 호스가 꼬여 있는지 확인한다.
② 가스 절단에 알맞은 보호구를 착용한다.
③ 절단 진행 중 시선은 주위의 먼 부분을 향한다.
④ 절단부는 예리하고 날카로우므로 주의해야 한다.

해설 절단 진행 중 시선은 주위 가까운 부분을 향한다.

문제 36 다음 중 TIG 용접에서 나타나는 용접부의 결함으로 볼 수 없는 것은?

① 균열(crack)
② 기공(porosity)
③ 슬래그 혼입(slag inclusion)
④ 비금속 개재물(nonmetallic inclusion)

해답
33. ② 34. ④ 35. ③ 36. ③

해설 TIG 용접에서 나타나는 용접부의 결함
① 비금속 개재물 ② 기공 ③ 균열

문제 37 산업용 로봇의 작업안전수칙 중 사용상 안전지침에 대한 설명으로 틀린 것은?
① 일시적으로 로봇이 움직이지 않는다고 속단하지 않는다.
② 한 동작을 반복한다고 해서 그 동작만 반복한다고 가정하지 않는다.
③ 안전장치의 작동상태는 작업시작 전 1회만 점검한다.
④ 방호울 또는 방책 등을 개방 시 로봇의 정지 상태를 확인하여야 한다.

문제 38 다음 중 용접 작업 시 감전재해의 예방대책으로 틀린 것은?
① 용접작업 중 용접봉 끝부분이 충전부에 접촉되지 않도록 한다.
② 파손된 용접 홀더는 신품으로 교체하여 사용한다.
③ 피복이 손상된 용접 홀더선은 절연 테이프로 수리한 후 사용한다.
④ 본체와 연결부는 비절연 테이프로 감아서 사용한다.

해설 본체와 연결부는 절연 테이프로 감아서 사용한다.

문제 39 다음 중 높은 진공 속에서 충격열을 이용하여 용융하는 용접법은?
① 펄스 용접   ② 퍼커션 용접
③ 전자빔 용접   ④ 고주파 용접

해설 전자빔 용접 : 높은 진공 속에서 충격열을 이용하여 용융하는 용접법

문제 40 다음 중 아크 용접에서 아크를 중단시켰을 때, 중단된 부분이 납작하게 파여진 모습으로 남는 부분을 무엇이라 하는가?
① 스패터   ② 오버랩
③ 슬래그 섞임   ④ 크레이터

해설 크레이터 : 아크를 중단시켰을 때, 중단된 부분이 납작하게 파여진 모습으로 남는 부분

문제 41 다음 중 불활성 가스 아크 용접의 장점이 아닌 것은?
① 아크가 안정되고 스패터가 적다.
② 열 집중성이 좋아 고능률적이다.
③ 피복제나 용제가 필요 없다.
④ 청정작용이 없어 산화막이 약한 금속의 용접이 가능하다.

해답 37. ③ 38. ④ 39. ③ 40. ④ 41. ④

해설 **불활성 가스 아크 용접의 장점**
① 청정작용이 있어 산화막이 약한 금속의 용접이 가능하다.
② 피복제나 용제가 필요 없다.
③ 열 집중성이 좋아 고능률적이다.
④ 아크가 안정되고 스패터가 적다.

문제 42 다음 중 각 층마다 전체 길이를 용접하면서 쌓아 올리는 방법으로써 능률이 좋지만 한랭 시나 구속이 클 때, 판 두께가 두꺼울 때 첫 층에서 균열이 생길 우려가 있는 용착법은?

① 대칭법
② 블록법
③ 덧살올림법
④ 캐스케이드법

해설 **융착법**
① 빌드업법(덧살올림법) : 다층용접에서 각 층마다 전체의 길이를 용접하면서 쌓아 올리는 방법으로서 능률이 좋지만 한랭 시나 구속이 클 때 판 두께가 두꺼울 때 첫 층에서 균열이 생길 우려가 있는 융착법
② 스킵법(비석법) : 이음전 길이에 대해서 뛰어넘어서 용접
③ 캐스케이드법 : 한 부분에 대해 몇 층을 용접하다가 다음 부분으로 연속시켜 용접
④ 전진블록법 : 한 개의 용접봉을 살을 붙일 만한 길이로 구분하여 홈을 한 부분씩 여러 층으로 쌓아 올린 다음, 다음 부분으로 진행하는 융착법

문제 43 다음 중 열영향부의 기계적 성질에 대한 설명으로 틀린 것은?

① 강의 열영향부는 본드로부터 원모재 쪽으로 멀어질수록 최고 가열온도가 높게 되고, 냉각속도는 빠르게 된다.
② 본드에 가까운 조립부는 담금질 경화 때문에 강도가 증가한다.
③ 최고 경도가 높을수록 열영향부가 취약하게 된다.
④ 담금질 경화성이 없는 오스테나이트계 스테인리스강에서는 최고 경도를 나타내지 않고, 오히려 조립부는 연약하게 된다.

해설 강의 열영향부는 본드로부터 원모재 쪽으로 멀어질수록 최고 가열온도는 낮게 되고, 냉각속도는 느리게 된다.

문제 44 다음 중 일렉트로 슬래그 용접에 관한 설명으로 틀린 것은?

① 수직 상진으로 단층 용접을 하는 방식이다.
② 용접 전원으로는 정전압형의 교류가 적합하다.
③ 용융 금속의 용착량이 100%가 되는 용접 방법이다.
④ 높은 아크열을 이용하여 효율적으로 용접하는 방식이다.

42. ③ 43. ① 44. ④

해설 일렉트로 슬래그 용접
① 용융 금속의 용착량이 100%가 되는 용접 방법이다.
② 용접 전원으로는 정전압형의 교류가 적합하다.
③ 수직 상진으로 단층 용접을 하는 방식이다.
④ 아크가 눈에 보이지 않고 아크불꽃이 없다.
⑤ 용접홈의 가공준비가 간단하고 각 변형이 적다.
⑥ 압력용기, 조선 및 대형 주물의 후판용접 등에 적합
⑦ 용접시간을 단축할 수 있어 용접능률과 용접품질이 우수

문제 45 다음 중 불활성 가스 금속 아크 용접 장치에 있어 제어장치의 기능과 가장 거리가 먼 것은?

① 예비가스 유출시간(preflow time)
② 크레이터 충전시간(crate fill time)
③ 가스지연 유출시간(post flow time)
④ 스파크 시간(spark time)

해설 불활성 가스 금속 아크 용접 장치에 있어 제어장치의 기능
① 예비가스 유출시간
② 크레이터 충전시간
③ 가스지연 유출시간

문제 46 다음 중 CO_2 용접 토치의 부속품에 해당하지 않는 것은?

① 오리피스(orifice) ② 디퓨즈(difuse)
③ 콜릿(collet) ④ 콘택트 팁(contact tip)

해설 CO_2 용접 토치의 부속품
① 콘택트 팁
② 디퓨즈
③ 오리피스

참고 TIG 용접 토치의 부속품
① 토치캡 ② 세라믹 ③ 바디 ④ 콜릿

문제 47 다음 중 플라스마(plasma) 아크 용접의 특징으로 볼 수 없는 것은?

① 용접속도가 빠르므로 가스의 보호가 불충분하다.
② 용접부의 금속학적, 기계적 성질이 좋으며 변형도 적다.
③ 무부하 전압이 일반 아크 용접기의 2~5배 정도 높다.
④ 핀치 효과에 의해 전류밀도가 작아지므로 용입이 얕고 비드 폭이 넓어진다.

45. ④ 46. ③ 47. ④

해설 **플라스마 아크 용접의 특징**
① 전류밀도가 크므로 용입이 깊고 비드 폭이 좁으며 용접속도가 빠르다.
② 무부하 전압이 일반 아크 용접기의 2~5배 정도 높다.
③ 용접부의 금속학적, 기계적 성질이 좋으며 변형도 적다.
④ 용접속도가 빠르므로 가스의 보호가 불충분하다.
⑤ 수동용접도 쉽게 할 수 있다.
⑥ 토치 조작에 숙련을 요하지 않는다.
⑦ 설비비가 많이 든다.
⑧ 사용가스는 수소, 아르곤, 헬륨이다.

문제 48 다음 중 용접 흄이나 가스의 중독을 방지하기 위한 방법과 가장 거리가 먼 것은?
① 작업 중 발생하는 흄이나 가스는 흡입되지 않도록 방독마스크나 방진마스크를 착용한다.
② 밀폐된 곳에서의 용접작업 시에는 강제순환기식 환기장치나 압축공기를 분출시키면서 작업한다.
③ 밀폐된 장소에서는 혼자서 작업하지 말고 반드시 관리자의 관리 하에 작업하여야 한다.
④ 작업 시 불편함을 느낄 경우 보호구는 착용하지 않아도 된다.

해설 보호구는 반드시 착용해야 한다.

문제 49 다음 중 용접방법과 시공방법을 개선하여 비용을 절감하는 방법에 대한 설명으로 틀린 것은?
① 적당한 아크길이와 용접전류를 유지한다.
② 피복 아크 용접을 할 경우 가능한 한 용접봉이 긴 것을 사용한다.
③ 사용 가능한 용접방법 중 용착속도가 최대인 것을 사용한다.
④ 모든 용접에 안전을 고려하여 과도한 덧살 용접을 한다.

문제 50 다음 중 연납의 특성에 관한 설명으로 틀린 것은?
① 연납땜에 사용하는 용가제를 말한다.
② 주석-납계 합금이 가장 많이 사용된다.
③ 기계적 강도가 낮으므로 강도를 필요로 하는 부분에는 적당하지 않다.
④ 은납, 황동납 등이 이에 속하고 물리적 강도가 크게 요구될 때 사용된다.

해설 **연납의 특성**
① 연납땜에 사용하는 용가제를 말한다.
② 주석-납계 합금이 가장 많이 사용된다.
③ 기계적 강도가 낮으므로 강도를 필요로 하는 부분에는 적당하지 않다.

 해답

48. ④ 49. ④ 50. ④

문제 51 도면의 긴 쪽 길이를 가로방향으로 한 X형 용지에서 표제란의 위치로 가장 적당한 것은?

① 오른쪽 중앙
② 왼쪽 위
③ 오른쪽 아래
④ 왼쪽 아래

문제 52 용접부의 보조기호에서 제거 가능한 이면 판재를 사용하는 경우의 표시 기호는?

① M
② P
③ MR
④ PR

해설 보조기호 ① 끝단부를 매끄럽게 함 : ⌣
② 제거 가능한 이면판재 : MR
③ 영구적인 이면판재 : M

문제 53 다음 도면에서 드릴 구멍의 위치에 관한 설명으로 맞는 것은?

① 90° 간격으로 배열되어 있다.
② 120° 간격으로 배열되어 있다.
③ 150° 간격으로 배열되어 있다.
④ 임의의 위치에 적당하게 배열되어 있다.

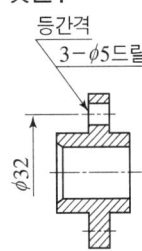

문제 54 그림과 같이 잘린 원뿔의 전개도가 가장 올바른 것은?

① 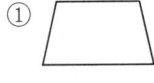 ②
③  ④

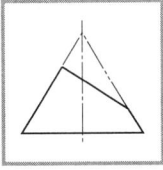

문제 55 제3각법에 대하여 설명한 것으로 틀린 것은?

① 평면도는 정면도의 상부에 도시한다.
② 좌측면도는 정면도의 좌측에 도시한다.
③ 우측면도는 평면도의 우측에 도시한다.
④ 저면도는 정면도 밑에 도시한다.

51. ③　52. ③　53. ②　54. ③　55. ③

문제 56 축에 반달 키가 조립되어 있는 단면도에 대해서 가장 올바르게 표현한 것은?

①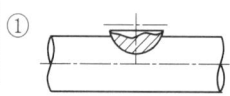
②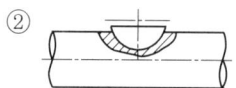
③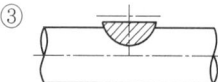
④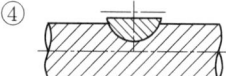

문제 57 선의 종류별 용도가 잘못 짝지어진 것은?

① 가는 실선 – 치수 보조선
② 굵은 1점 쇄선 – 특수 지정선
③ 가는 1점 쇄선 – 피치선
④ 가는 2점 쇄선 – 중심선

해설 가는 2점 쇄선 : 가상선

문제 58 보기와 같은 용접기호 도시방법에서 기호 설명이 잘못된 것은?

① C : 용접부의 반지름
② l : 용접부의 길이
③ n : 용접부의 개수
④ ⊖ : 심(seam) 용접을 의미

[보기] C ⊖ n × l (e)

해설 C : 용접부의 폭

문제 59 수나사 기호 "M52×2"에서 수나사의 바깥지름은 몇 mm인가?

① 2
② 50
③ 104
④ 52

문제 60 그림과 같은 제3각법 정투상도에 가장 적합한 입체도는?

①
②
③
④

[보기]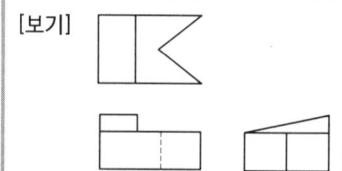

해답 56. ② 57. ④ 58. ① 59. ④ 60. ①

2019년 7월 CBT 시행

문제 01 다음 중 TIG 용접에 있어 직류 정극성에 관한 설명으로 틀린 것은?

① 용입이 깊고, 비드 폭은 좁다.
② 극성의 기호를 DCSP로 나타낸다.
③ 산화피막을 제거하는 청정·작용이 있다.
④ 모재에는 양(+)극을, 홀더(토치)에는 음(-)극을 연결한다.

해설 **직류 정극성의 특징**
① 후판용접에 적합   ② 비드 폭은 좁다.
③ 용입이 깊다.   ④ 용접봉의 용융속도가 느리다.
⑤ 모재(+) 70%, 용접봉(-) 30%

문제 02 다음 중 산소 용기에 표시된 기호 "TP"가 나타내는 뜻으로 옳은 것은?

① 용기의 내용적   ② 용기의 내압시험압력
③ 용기의 중량   ④ 용기의 최고 충전압력

해설 **산소 용기 표시 기호**
① TP : 내압시험압력   ② AP : 기밀시험압력
③ FP : 최고 충전압력   ④ V : 내용적
⑤ W : 용기 질량

문제 03 다음 중 가스 절단 결과에 영향을 미치는 예열 불꽃의 세기가 강할 때 현상으로 틀린 것은?

① 드래그가 증가한다.
② 절단면이 거칠어진다.
③ 모서리가 용융되어 둥글게 된다.
④ 슬래그 중의 철 성분의 박리가 어려워진다.

해설 **예열 불꽃의 세기가 강할 때 현상**
① 드래그가 감소한다.
② 절단면이 거칠어진다.
③ 모서리가 용융되어 둥글게 된다.
④ 슬래그 중의 철 성분의 박리가 어려워진다.

01. ③ 02. ② 03. ①

문제 04
다음 중 산소-아세틸렌 용접법에서 전진법과 비교한 후진법의 설명으로 틀린 것은?

① 용접속도가 느리다. ② 열 이용률이 좋다.
③ 용접변형이 작다. ④ 홈 각도가 작다.

해설 후진법의 특징
① 용접변형이 작다. ② 용접속도가 빠르다.
③ 홈 각도가 작다. ④ 열 이용률이 좋다.
⑤ 후판 용접 적합 ⑥ 비드 표면이 매끈하지 못하다.

문제 05
다음 중 가스 용접에서 역화의 원인과 가장 거리가 먼 것은?

① 팁이 과열되었을 때 ② 팁 구멍이 막혔을 때
③ 팁과 모재가 멀리 떨어졌을 때 ④ 팁 구멍이 확대 변형되었을 때

해설 역화의 원인
① 팁과 모재가 거리가 가까울 때 ② 팁 구멍이 확대 변경 시
③ 팁 구멍이 막혔을 때 ④ 팁이 과열되었을 때

문제 06
다음 중 피복 아크 용접봉에서 피복제의 역할이 아닌 것은?

① 아크의 안정 ② 용착금속에 산소 공급
③ 용착금속의 급랭 방지 ④ 용착금속의 탈산 정련작용

해설 피복제의 역할
① 아크 안정 ② 전기절연 작용
③ 합금원소 첨가 ④ 스패터 발생 방지
⑤ 용착금속의 냉각속도를 느리게 한다. ⑥ 용착금속의 효율을 높인다.
⑦ 공기 중 산화, 질화 방지 ⑧ 탈산 정련작용
⑨ 슬래그 제거가 쉽다.

문제 07
다음 중 산소-아세틸렌 가스 용접의 단점이 아닌 것은?

① 열효율이 낮다. ② 폭발할 위험이 있다.
③ 가열시간이 오래 걸린다. ④ 가열할 때 열량의 조절이 제한적이다.

해설 가스 용접의 단점
① 가열시간이 오래 걸린다.
② 용접 후의 변형이 심하게 된다.
③ 폭발 및 화재의 위험이 크다.
④ 금속이 산화, 탄화될 우려가 있다.
⑤ 열의 집중성이 나빠 효율적인 용접이 어렵다.
⑥ 아크에 비해 불꽃온도가 낮다.

04. ① 05. ③ 06. ② 07. ④

문제 08 다음 중 가동 철심형 교류 아크 용접기의 특성으로 틀린 것은?

① 광범위한 전류 조정이 쉽다.
② 미세한 전류 조정이 가능하다.
③ 가동 부분의 마멸로 철심의 진동이 생긴다.
④ 가동 철심으로 누설 자속을 가감하여 전류를 조정한다.

해설 가동 철심형 교류 아크 용접기의 특성
① 광범위한 전류 조정이 어렵다.
② 미세한 전류 조정이 가능
③ 가동 철심으로 누설 자속을 가감하여 전류 조정
④ 현재 가장 많이 사용

문제 09 다음 중 피복제가 습기를 흡습하기 쉽기 때문에 사용하기 전에 300~350℃로 1~2시간 정도 건조해서 사용해야 하는 용접봉은?

① E4301
② E4311
③ E4316
④ E4340

해설 저수소계(E4316)
① 피복제가 습기를 흡수하기 쉽기 때문에 사용하기 전에 300~350℃로 1~2시간 건조 후 사용
② 석회석 형석이 주성분
③ 기계적 성질 및 내균열성 우수
④ 용착금속 중에 수소함유량이 다른 피복봉에 비해 $\frac{1}{10}$ 정도로 매우 낮음.

문제 10 다음 중 용접법의 분류에 있어 금속전극을 사용한 아크 용접에서 보호아크를 사용하는 용접법이 아닌 것은?

① 와이어 아크 용접
② 피복 금속 아크 용접
③ 이산화탄소 아크 용접
④ 서브머지드 아크 용접

해설 금속전극을 사용한 아크 용접에서 보호아크를 사용하는 용접법
① 서브머지드 아크 용접 ② 이산화탄소 아크 용접 ③ 피복 금속 아크 용접

문제 11 15℃, 15기압에서 50L 아세틸렌 용기에 아세톤 21L가 포화, 흡수되어 있다. 이 용기에는 약 몇 L의 아세틸렌을 용해시킬 수 있는가?

① 5875
② 7375
③ 7875
④ 8385

08. ① 09. ③ 10. ① 11. ③

해설 15℃, 1기압 25배 용해
15기압 x배
$$x = \frac{15 \times 25}{1기압} = 375 \times 21 = 7875 l$$

문제 12

다음 중 스카핑(scarfing)에 관한 설명으로 옳은 것은?

① 용접 결함부의 제거, 용접 홈의 준비 및 절단, 구멍 뚫기 등을 통틀어 말한다.
② 침몰선의 해체나 교량의 개조, 항만과 방파제 공사 등에 주로 사용된다.
③ 용접 부분의 뒷면 또는 U형, H형의 용접 홈을 가공하기 위해 둥근 홈을 파는 데 사용되는 공구이다.
④ 강재 표면의 홈이나 개재물, 탈탄층 등을 제거하기 위하여 가능한 한 얇게 표면을 깎아 내는 가공법이다.

해설 **스카핑** : 강재 표면의 홈이나 개재물, 탈탄층 등을 제거하기 위하여 가능한 얇게 표면을 깎아 내는 가공법
가스 가우징 : 용접부분의 뒷면 또는 U형, H형의 용접 홈을 가공하기 위해 둥근 홈을 파는데 사용

문제 13

다음 중 연강용 가스 용접봉의 성분이 모재에 미치는 영향으로 틀린 것은?

① 인(P) : 강에 취성을 주며 가연성을 잃게 한다.
② 규소(Si) : 기공은 막을 수 있으나 강도가 떨어지게 된다.
③ 탄소(C) : 강의 강도를 증가시키지만 연신율, 굽힘성이 감소된다.
④ 유황(S) : 용접부의 저항력은 증가하지만 기공 발생의 원인이 된다.

해설 **연강용 가스 용접봉의 성분이 모재에 미치는 영향**
① 유황 : 적열취성의 원인(800~900℃)
② 탄소 : 강의 경도, 강도 증가, 연신율 충격값 감소
③ 규소 : 강의 고온 가공성을 좋게 한다. 기공은 막을 수 있으나 강도가 떨어짐
④ 인 : 상온취성, 청열취성(200~300℃)의 원인이 되면 제강 시 편석을 일으키기 쉽다. 가연성을 잃게 한다.

문제 14

다음 중 용접용 케이블을 접속하는 데 사용되는 것이 아닌 것은?

① 케이블 러그(cable lug)   ② 케이블 조인트(cable joint)
③ 용접 고정구(welding fixture)   ④ 케이블 커넥터(cable connector)

해설 **용접용 케이블을 접속하는 데 사용되는 것**
① 케이블 커넥터 ② 케이블 조인트 ③ 케이블 러그

해답

12. ④ 13. ④ 14. ③

문제 15 다음 중 아크 용접에서 아크 쏠림의 방지 대책으로 틀린 것은?

① 접지점 두 개를 연결할 것.
② 접지점을 용접부에서 멀리할 것.
③ 용접봉 끝을 아크 쏠림 방향으로 기울일 것.
④ 직류 아크 용접을 하지 말고 교류 용접을 할 것.

해설 아크 쏠림의 방지 대책
① 용접봉 끝을 아크 쏠림 반대 방향으로 기울일 것.
② 직류 아크 용접을 하지 말고 교류 용접을 할 것.
③ 접지점을 용접부에 멀리할 것.
④ 접지점을 2개 연결할 것.
⑤ 용접부가 긴 경우 후퇴법을 사용할 것.
⑥ 짧은 아크를 사용할 것.
⑦ 큰 가접부를 향하여 용접할 것.

문제 16 다음 중 KS상 용접봉 홀더의 종류가 200호일 때 정격 용접전류는 몇 A인가?

① 160 ② 200
③ 250 ④ 300

해설 용접봉 홀더의 종류가 200호 : 용접전류 200A

문제 17 판 두께가 20mm인 스테인리스강을 220A 전류와 2.5kgf/cm^{2}의 산소 압력으로 산소 아크 절단하고자 할 때 다음 중 가장 알맞은 절단속도는?

① 85mm/min   ② 120mm/min
③ 150mm/min ④ 200mm/min

문제 18 다음 중 용접 시 용접균열이 발생할 위험성이 가장 높은 재료는?

① 저탄소강 ② 중탄소강
③ 고탄소강 ④ 순철

해설 용접균열이 발생할 위험성이 높은 것(탄소함유량이 많을수록)
① 저탄소강 : 탄소함유량이 0.3% 이하
② 중탄소강 : 탄소함유량이 0.3~0.5% 이하
③ 고탄소강 : 탄소함유량이 0.5~2.0% 이하

해답 15. ③ 16. ② 17. ④ 18. ③

문제 19
다음 중 불변강(invariable steel)에 속하지 않는 것은?
① 인바(invar)
② 엘린바(elinvar)
③ 플래티나이트(platinite)
④ 선플래티넘(sun-platinum)

해설 불변강의 종류
① 플래티나이트 ② 엘린바 ③ 인바

문제 20
다음 중 고강도 황동으로 델타 메탈(delta metal)의 성분을 올바르게 나타낸 것은?
① 6:4 황동에 철을 1~2% 첨가
② 7:3 황동에 주석을 3% 내의 첨가
③ 6:4 황동에 망간을 1~2% 첨가
④ 7:3 황동에 니켈을 9% 내의 첨가

해설 합금
① 델타메탈 : 6:4황동+Fe(1~2%), 모조금, 판 및 선에 사용
② 에드미틸티 : 7:3황동+Sn(1~2%), 탈아연 부식 억제, 내수성 및 내해수성 증대
③ 네이벌 : 6:4황동+Sn(1~2%), 파이프 선박용 기계
④ 먼츠메탈 : 구리(60%)+아연(40%), 열교환기, 탄피 등에 사용
⑤ 톰백 : 구리(80%)+아연(20%), 화폐, 메달 등에 사용
⑥ 모넬메탈 : 니켈(65~70%)+Fe(1~2%), 터빈 날개, 펌프, 임펠러 등에 사용
⑦ 인코넬 : 니켈(70~80%)+크롬(12~14%)
⑧ 콘스탄탄 : 구리(55%)+니켈(45%)

문제 21
탄소강에 특정한 기계적 성질을 개선하기 위해 여러 가지 합금원소를 첨가하는데 다음 중 탈산제로의 사용 이외에 황의 나쁜 영향을 제거하는데도 중요한 역할을 하는 것은?
① 크롬(Cr)
② 니켈(Ni)
③ 망간(Mn)
④ 바나듐(V)

해설 특수원소의 영향
① 망간(Mn) : 황의 해를 제거, 적열취성 방지, 고온에서 결정립 성장 억제
② 몰리브텐(Mo) : 뜨임취성 방지, 고온강도 개선, 저온취성 방지
③ 크롬(Cr) : 내식성, 내마모성 향상, 흑연화를 안정, 담금질 효과 증대, 탄화물 안정
④ 니켈(Ni) : 인성증가, 저온충격저항 증가, 질화 촉진, 주철의 흑연화 촉진
⑤ 티탄(Ti) : 탄화물 생성 용이, 결정입자의 미세화
⑥ 붕소(B) : 담금질성 개선
⑦ 규소(Si) : 강의 고온 가공성을 좋게 한다. 단접성 및 냉간 가공성을 해침.

해답 19. ④ 20. ① 21. ③

문제 22 다음 중 60~70% 니켈(Ni) 합금으로 내식성, 내마모성이 우수하여 터빈 날개, 펌프 임펠러 등에 사용되는 것은?

① 콘스탄탄(Constantan) ② 모넬메탈(Monel metal)
③ 커프로 니켈(Cupro nickel) ④ 먼츠메탈(Muntz metal)

문제 23 다음 중 오스테나이트계 스테인리스강 용접 시 입계부식을 방지하기 위한 조치로 가장 적절한 것은?

① 예열과 후열을 한다.
② 탄소량을 증가시켜 Cr_4C 탄화물의 생성을 방지한다.
③ Cr_4C의 생성을 돕기 위해 Ti이나 Nb를 첨가한다.
④ 1050~1100℃ 정도로 가열하여 Cr_4C 탄화물을 분해 후 급랭한다.

해설 오스테나이트계 용접 시 입계부식을 방지하기 위한 조치
1050~1100℃ 정도로 가열하여 Cr_4C 탄화물을 분해 후 급랭

문제 24 다음 중 작업자가 연강판을 잘라 슬래그 해머(hammer)를 만들어 담금질을 하였으나, 경도가 높아지지 않았을 때 가장 큰 이유에 해당하는 것은?

① 단조를 하지 않았기 때문이다.
② 탄소함유량이 적었기 때문이다.
③ 망간의 함유량이 적었기 때문이다.
④ 가열온도가 맞지 않았기 때문이다.

해설 담금질을 하였으나, 경도가 높아지지 않는 원인 : 탄소함유량이 적기 때문에

문제 25 다음 중 재료의 온도 상승에 따라 강도는 저하되지 않고 내식성을 가지는 PH형 스테인리스강은?

① 석출경화형 스테인리스강 ② 오스테나이트계 스테인리스강
③ 마텐자이트계 스테인리스강 ④ 페라이트계 스테인리스강

해설 석출경화형 스테인리스강 : 재료의 온도 상승에 따라 강도는 저하되지 않고 내식성을 가지는 pH형 스테인리스강

문제 26 다음 중 탄소량의 증가에 따라 감소되는 것은?

① 비열 ② 열전도도
③ 전기저항 ④ 항자력

  22. ② 23. ④ 24. ② 25. ① 26. ②

해설 탄소량 증가 시 : 경도, 강도 증가, 비열, 전기저항, 항자력 증가
탄소량 증가 시 감소 : 열전도도, 충격값, 연신율, 단면수축률, 인성, 연성, 전성

문제 27 다음 중 공정 주철의 탄소함유량으로 가장 적합한 것은?
① 1.3%C
② 2.3%C
③ 4.3%C
④ 6.3%C

해설 공정 주철의 탄소함유량 : 4.3%

문제 28 다음 중 화염경화 처리의 특징과 가장 거리가 먼 것은?
① 설비비가 싸다.
② 담금질 변형이 적다.
③ 가열온도의 조절이 쉽다.
④ 부품의 크기나 형상에 제한이 없다.

해설 화염경화 처리의 특징
① 가열온도의 조절이 어렵다.
② 부품의 크기나 형상에 제한이 없다.
③ 담금질 변형이 적다.
④ 설비비가 싸다.

문제 29 다음 중 용접 결함의 보수 용접에 관한 사항으로 가장 적절하지 않은 것은?
① 재료의 표면에 있는 얕은 결함은 덧붙임 용접으로 보수한다.
② 언더컷이나 오버랩 등은 그대로 보수 용접을 하거나 정으로 따내기 작업을 한다.
③ 결함이 제거된 모재 두께가 필요한 치수보다 얇게 되었을 때에는 덧붙임 용접으로 보수한다.
④ 덧붙임 용접으로 보수할 수 있는 한도를 초과할 때에는 결함부분을 잘라내어 맞대기 용접으로 보수한다.

문제 30 다음 중 용접 작업에서 전류 밀도가 가장 높은 용접은?
① 피복금속 아크 용접
② 산소-아세틸렌 용접
③ 불활성 가스 금속 아크 용접
④ 불활성 가스 텅스텐 아크 용접

문제 31 다음 중 수평 필릿 용접 시 이론 목두께는 필릿 용접의 크기(다리길이)의 약 몇 % 정도인가?
① 50
② 70
③ 160
④ 180

해설 이론 목두께 $= l \times \cos 45$ $\cos 45 : 0.707$

해답
27. ③ 28. ③ 29. ① 30. ③ 31. ②

문제 32

다음 중 용제와 와이어가 분리되어 공급되고 아크가 용제 속에서 일어나며 잠호 용접이라 불리는 용접은?

① MIG 용접 ② 일렉트로 슬래그 용접
③ 심 용접 ④ 서브머지드 아크 용접

해설 서브머지드 아크 용접
① 용제와 와이어가 분리되어 공급되고 아크가 용제 속에서 일어나며 잠호 용접이라고도 한다.
② 용접봉을 용제 속에 넣고 아크를 일으켜 용접
일렉트로 슬래그 용접
아크열이 아닌 와이어와 용융슬래그 사이에 통전된 전류의 저항열을 이용하여 용접
스티드 용접
볼트나 환봉 등을 피스톤형 홀더에 끼우고 모재와 환봉 사이에서 순간적으로 아크를 발생시켜 용접

문제 33

다음 중 목재, 섬유류, 종이 등에 의한 화재의 급수에 해당하는 것은?

① A급 ② B급
③ C급 ④ D급

해설 화재의 분류
① A급 화재(일반화재) : 목재, 섬유류, 종이
② B급 화재(유류 및 가스)
③ C급 화재(전기)
④ D급 화재(금속화재) : Al분, Mg분

문제 34

용접 결함을 구조상 결함과 치수상 결함으로 분류할 때 다음 중 치수상 결함에 해 하는 것은?

① 융합 불량 ② 슬래그 섞임
③ 언더컷 ④ 형상 불량

해설 치수상 결함
① 변형 ② 치수불량 ③ 형상불량

문제 35

다음 중 한 부분의 몇 층을 용접하다가 다음 부분의 층으로 연속시켜 전체가 계단형으로 이루어지도록 용착시켜 나가는 용접법은?

① 덧살 올림법 ② 전진 블록법
③ 스킵법 ④ 캐스케이드법

32. ④ 33. ① 34. ④ 35. ④

해설 융착법
① 캐스케이드법 : 한 부분의 몇 층을 용접하다가 다음 부분의 층으로 연속시켜 전체가 계단형으로 이루어지도록 용착
② 빌드업법(덧살올림법) : 다층용접에서 각 층마다 전체의 길이를 용접하면서 쌓아 올리는 용접방법
③ 스킵법 : 이음전 길이에 대해서 뛰어 넘어서 용접하는 방법
④ 전진 블록법 : 한 개의 용접봉을 살을 붙일 만한 길이로 구분하여 홈을 한 부분씩 여러 층으로 쌓아올린 다음 다른 부분으로 진행하는 융착법

문제 36 15°C, 1kgf/cm² 하에서 사용 전 용해아세틸렌 병의 무게가 50kgf이고, 사용 후 무게가 45kgf일 때 사용한 아세틸렌의 양은 약 몇 L인가?

① 2715　　　　② 3178
③ 3620　　　　④ 4525

해설 아세틸렌의 양 $= 905(A-B) = 905(50-45) = 4525 l$

문제 37 TIG 용접 작업에서 아크 부근의 풍속이 일반적으로 몇 m/s 이상이면 보호가스 작용이 흩어지므로 방풍막을 설치하는가?

① 0.05　　　　② 0.1
③ 0.3　　　　　④ 0.5

해설 TIG 용접 작업 시 아크 부근의 풍속이 0.5m/sec 이상 시 방풍막 설치

문제 38 서브머지드 아크 용접에서 용제를 사용하는 경우 다음 중 용제의 작용으로 틀린 것은?

① 누전 방지　　　　② 능률적인 용접작업
③ 용입의 용이　　　④ 열에너지의 발산 방지

해설 서브머지드 아크 용접 시 용제의 작용
① 능률적인 용접작업
② 용입의 용이
③ 열에너지의 발산 방지

문제 39 다음 중 용접부 시험방법에 있어 충격시험의 방식에 해당하는 것은?

① 브리넬식　　　　② 로크웰식
③ 샤르피식　　　　④ 비커스식

해설 충격시험 : 샤르피식, 아이조드식

36. ④　37. ④　38. ①　39. ③

문제 40

다음 중 전자 빔 용접에 관한 설명으로 틀린 것은?

① 박판 용접을 주로 하며, 용입이 낮아 후판 용접에는 적용이 어렵다.
② 성분 변화에 의하여 용접부의 기계적 성질이나 내식성의 저하를 가져올 수 있다.
③ 가공재나 열처리에 대하여 소재의 성질을 저하시키지 않고 용접할 수 있다.
④ $10^{-4} \sim 10^{-6}$mmHg 정도의 높은 진공실 속에서 음극으로부터 방출된 전자를 고전압으로 가속시켜 용접을 한다.

해설 전자 빔 용접
① 후판용접에 적합
② 성분 변화에 의하여 용접부의 기계적 성질이나 내식성의 저하를 가져올 수 있다.
③ 가공재나 열처리에 대하여 소재의 성질을 저하시키지 않고 용접할 수 있다.
④ $10^{-4} \sim 10^{-6}$mmHg 정도의 높은 진공실 속에서 음극으로부터 방출된 전자를 고전압으로 가속시켜 용접
⑤ 용접을 정밀하고 정확하게 할 수 있다.
⑥ 에너지 집중이 가능하기 때문에 고속으로 용접이 된다.

문제 41

다음 중 MIG 용접 시 크레이터 처리 기능에 의해 낮아진 전류가 서서히 줄어들면서 아크가 끊어지는 기능으로 이면 용접부가 녹아내리는 것을 방지하는 기능과 가장 관련이 깊은 것은?

① 스타트 시간(start time)
② 번백 시간(burn back time)
③ 슬로다운 시간(slow down time)
④ 크레이터 충전시간(crate fill time)

해설 번백 시간 : MIG 용접 시 크레이터 처리 기능에 의해 낮아진 전류가 서서히 줄어들면서 아크가 끊어지는 기능으로 이면 용접부가 녹아내리는 것을 방지

문제 42

다음 중 테르밋 용접의 특징에 관한 설명으로 틀린 것은?

① 전기가 필요 없다.
② 용접작업이 단순하다.
③ 용접시간이 길고, 용접 후 변형이 크다.
④ 용접기구가 간단하고, 작업장소의 이동이 쉽다.

해설 테르밋 용접의 특징
① 전기가 필요 없다.
② 용접작업이 단순하다.
③ 용접기구가 간단하고, 작업장소의 이동이 쉽다.
④ 용접하는 시간이 비교적 짧다.
⑤ 용접작업 후 변형이 적다.

40. ① 41. ② 42. ③

문제 43
다음 중 연납용 용제가 아닌 것은?
① 붕산(H_3BO_3)
② 염화아연($ZnCl_2$)
③ 염산(HCl)
④ 염화암모늄(NH_4Cl)

해설 **연납용 용제** : ① 인산 ② 염산 ③ 염화아연 ④ 염화암모늄
경납용 용제 : ① 붕사 ② 붕산 ③ 염화나트륨 ④ 염화리튬
⑤ 산화제일구리 ⑥ 빙정석

문제 44
다음 중 감전에 의한 재해를 방지하기 위한 우리나라의 안전전압으로 옳은 것은?
① 12V
② 30V
③ 45V
④ 60V

해설 **우리나라의 안전전압** : 30V

문제 45
다음 중 CO_2 가스 아크 용접에서 복합 와이어에 관한 설명으로 틀린 것은?
① 비드 외관이 깨끗하고 아름답다.
② 양호한 용착금속을 얻을 수 있다.
③ 아크가 안정되어 스패터가 많이 발생한다.
④ 용제에 탈산제, 아크안정제 등 합금 원소가 첨가되어 있다.

해설 **복합 와이어**
① 아크가 안정되어 스패터가 적게 발생한다.
② 용제에 탈산제, 아크안정제 등 합금 원소가 첨가되어 있다.
③ 양호한 용착금속을 얻을 수 있다.
④ 비드 외관이 깨끗하고 아름답다.

문제 46
다음 중 스테인리스 클래드강 용접 등 이종재 용접 시 발생될 수 있는 문제점과 가장 거리가 먼 것은?
① 용접 경계부의 연성 저하
② 합금원소의 HAZ 입계 침투
③ 용입량에 의한 내식성 저하
④ 재열균열 등 용접균열이 발생

해설 **스테인리스 클래드강 용접 등 이종재 용접 시 발생될 수 있는 문제점**
① 재열균열 등 용접균열이 발생
② 용입량에 의한 내식성 저하
③ 용접 경계부의 연성 저하

해답
43. ① 44. ② 45. ③ 46. ②

문제 47

다음 중 전기저항 용접에서 모재를 맞대어 놓고 동일 재질의 박판을 대고 가압하여 심(seam)하는 용접방법은?

① 맞대기 심 용접
② 겹치기 심 용접
③ 포일 심 용접
④ 매시 심 용접

해설 **포일 심 용접** : 모재를 맞대어 놓고 동일 재질의 박판을 대고 가압하여 심하는 용접법

문제 48

다음 중 용접작업에 있어 언더컷이 발생하는 원인으로 가장 적절한 경우는?

① 전류가 너무 낮은 경우
② 아크 길이가 너무 짧은 경우
③ 용접속도가 너무 느린 경우
④ 부적당한 용접봉을 사용한 경우

해설 **언더컷이 발생하는 원인**
① 용접전류가 너무 높은 경우 ② 아크 길이가 너무 긴 경우
③ 용접속도가 너무 빠른 경우 ④ 부적당한 용접봉 사용 시

문제 49

산업안전보건법상 안전·보건표지에 사용되는 색채 중 안내를 나타내는 색채는?

① 빨강
② 녹색
③ 파랑
④ 노랑

해설 **안전색채**
① 적색 : 방화 금지, 정지, 고도의 위험
② 녹색 : 진행 유도, 안전, 구급, 위생, 비상구
③ 파란색 : 지시 및 사실의 고지
④ 청색 : 주의, 수리중
⑤ 노랑 : 전도, 추락, 충돌

문제 50

다음 중 용접이음에 대한 설명으로 틀린 것은?

① 필릿 용접에서는 형상이 일정하고, 미용착부가 없어 응력분포상태가 단순하다.
② 맞대기 용접이음에서 시점과 크레이터 부분에서는 비드가 급랭하여 결함을 가져오기 쉽다.
③ 전면 필릿 용접이란 용접선의 방향이 하중의 방향과 거의 직각인 필릿 용접을 말한다.
④ 겹치기 필릿 용접에서는 루트부에 응력이 집중되기 때문에 보통 맞대기 이음에 비하여 피로강도가 낮다.

해답 47. ③ 48. ④ 49. ② 50. ①

문제 51 그림과 같은 입체도에서 화살표 방향으로 본 투상도로 적합한 것은?

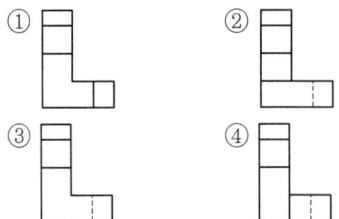
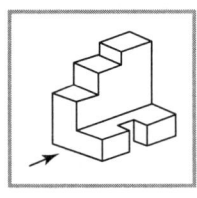

문제 52 그림에서 A부분의 대각선으로 그린 "X"(가는 실선)부분이 의미하는 것은?

① 사각뿔
② 평면
③ 원통면
④ 대칭면

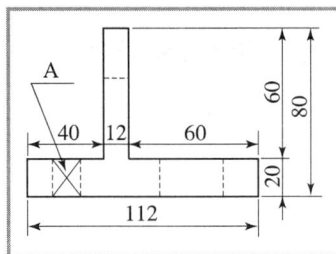

문제 53 위쪽이 보기와 같이 경사지게 절단된 원통의 전개방법으로 가장 적당한 것은?

① 삼각형 전개법
② 방사선 전개법
③ 평행선 전개법
④ 사변형 전개법

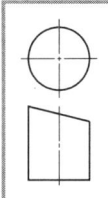

문제 54 기계제도에서 가상선의 용도에 해당하지 않는 것은?

① 인접부분을 참고로 표시하는 데 사용
② 도시된 단면의 앞쪽에 있는 부분을 표시하는 데 사용
③ 가동하는 부분을 이동한계의 위치로 표시하는 데 사용
④ 부분 단면도를 그릴 경우 절단위치를 표시하는 데 사용

해설 **가상선의 용도**
① 인접부분을 참고로 표시하는 데 사용
② 도시된 단면의 앞쪽에 있는 부분을 표시하는 데 사용
③ 가동하는 부분을 이동한계의 위치로 표시하는 데 사용

해답 51. ③ 52. ② 53. ③ 54. ④

문제 55

그림과 같은 배관 도시기호에서 계기표시가 압력계일 때 원 안에 사용하는 글자 기호는?

① A
② P
③ T
④ F

해설 배관 도시기호에서 계기표시
① P : 압력계
② T : 온도계
③ F : 유량계

문제 56

용접부 표면 또는 용접부 형상의 설명과 보조기호 연결이 틀린 것은?

① ——— : 평면
② ⌒ : 볼록형
③ ⌣ : 토를 매끄럽게 함
④ M : 제거 가능한 이면 판재 사용

해설 보조기호
① M : 영구적인 덮개판 사용
② MR : 제거 가능한 덮개판 사용
③ ⌣ : 끝단부를 매끄럽게 함

문제 57

단면도의 표시에 대한 설명으로 틀린 것은?

① 상하 또는 좌우 대칭인 물체는 외형과 단면을 동시에 나타낼 수 있다.
② 기본 중심선이 아닌 곳을 절단면으로 표시할 수는 없다.
③ 단면도를 나타낼 시 같은 절단면상에 나타나는 같은 부품의 단면에는 같은 해칭(또는 스머징)을 한다.
④ 원칙적으로 축, 볼트, 리브 등은 길이 방향으로 절단하지 아니한다.

해설 단면도의 표시
① 원칙적으로 축, 볼트, 리브 등은 길이 방향으로 절단하지 아니한다.
② 단면도를 나타낼 시 같은 절단면상에 나타나는 같은 부품의 단면에는 같은 해칭을 한다.
③ 상하 또는 좌우 대칭인 물체는 외형과 단면을 동시에 나타낼 수 있다.

55. ② 56. ④ 57. ②

문제 58 그림과 같은 제3각 투상도의 입체도로 가장 적합한 것은?

① 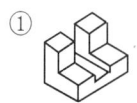   ②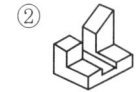

③ 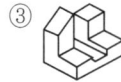   ④

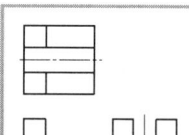

문제 59 기계제도에서 폭이 50mm, 두께가 7mm, 길이가 1000mm 인 등변 ㄱ형강의 표시를 바르게 나타낸 것은?

① L $7 \times 50 \times 50 - 1000$
② L$\times 7 \times 50 \times 50 - 1000$
③ L $50 \times 50 \times 7 - 1000$
④ L$-50 \times 50 \times 7 - 1000$

해설 등변 ㄱ형강 표시 : L $50 \times 50 \times 7 - 1000$

문제 60 핸들, 바퀴의 암과 림, 리브, 훅, 축 등은 주로 단면의 모양을 90° 회전하여 단면 전후를 끊어서 그 사이에 그리거나 하는데 이러한 단면도를 무엇이라고 하는가?

① 부분 단면도
② 온 단면도
③ 한쪽 단면도
④ 회전도시 단면도

해설 단면도
① 회전도시 단면도 : 핸들, 벨트 풀리, 바퀴의 암, 루크의 절단한 단면모양을 90° 회전시킨다.
② 부분 단면도 : 일부분을 잘라내고 필요한 내부 모양을 그리기 위한 방법

해답 58. ① 59. ③ 60. ④

2019년 10월 CBT 시행

문제 01 다음 중 저압식 토치의 아세틸렌 사용압력은 발생기식의 경우 몇 kgf/cm² 이하의 압력으로 사용하여야 하는가?

① 0.07
② 0.17
③ 0.3
④ 0.4

해설 저압식 토치 : 0.07kg/cm² 미만
중압식 토치 : 0.07kg/cm² ~1.3kg/cm² 미만
고압식 토치 : 1.3kg/cm² 이상

문제 02 다음 중 가스 용접용 용제(flux)에 대한 설명으로 옳은 것은?

① 용제는 용융온도가 높은 슬래그를 생성한다.
② 용제의 융점은 모재의 융점보다 높은 것이 좋다.
③ 용착금속의 표면에 떠올라 용착금속의 성질을 불량하게 한다.
④ 용제는 용접 중에 생기는 금속의 산화물 또는 비금속 개재물을 용해한다.

해설 **가스 용접용 용제** : 용제는 용접 중에 생기는 금속의 산화물 또는 비금속 개재물을 용해한다.

문제 03 다음 중 텅스텐 아크 절단이 곤란한 금속은?

① 경합금
② 동합금
③ 비철금속
④ 비금속

해설 **텅스텐 아크 절단 가능**
① 동합금 ② 비철금속 ③ 경합금

문제 04 다음 중 절단 작업과 관계가 가장 적은 것은?

① 산소창 절단
② 아크 에어 가우징
③ 크레이터
④ 분말 절단

해설 **절단 작업**
① 산소창 절단 : 두꺼운 판, 주강의 슬래그 덩어리, 암석의 천공 등의 절단에 이용
② 아크 에어 가우징 : 탄소아크절단장치에다 압축공기 5~7kg/cm²를 병용하여서 아크열로 용융시킨 부분을 압축공기로 불어 날려서 홈을 파내는 방법

해답 01. ① 02. ④ 03. ④ 04. ③

③ 분말 절단 : 스테인리스강, 비철금속 주철 등은 가스 절단이 용이하지 않으므로 철분 또는 연속적으로 절단용 산소에 혼합 공급함으로써 그 산화열 또는 용제의 화학작용을 이용 절단

문제 05 다음 중 용접의 단점과 가장 거리가 먼 것은?

① 잔류응력이 발생할 수 있다.
② 이종(異種)재료의 접합이 불가능하다.
③ 열에 의한 변형과 수축이 발생할 수 있다.
④ 작업자의 능력에 따라 품질이 좌우된다.

해설 **용접의 단점**
① 취성이 생길 우려가 있다.
② 잔류응력이 발생할 수 있다.
③ 작업자의 능력에 따라 품질이 좌우된다.
④ 열에 의한 변형과 수축이 발생할 수 있다.

문제 06 다음 중 용접봉을 용접기의 음극(−)에, 모재를 양(+)극에 연결한 경우를 무슨 극성이라고 하는가?

① 직류 역극성　　　　　　　　② 교류 정극성
③ 직류 정극성　　　　　　　　④ 교류 역극성

해설 **직류 정극성**(DCSP)
① 모재(+) 70%, 용접봉(−) 30% 열
② 비드 폭이 좁다.
③ 용접봉의 녹음이 느리다.
④ 용입이 깊다.
⑤ 후판용접 가능

문제 07 다음 중 포갬 절단(stack cutting)의 관한 설명으로 틀린 것은?

① 예열 불꽃으로 산소−아세틸렌 불꽃보다 산소−프로판 불꽃이 적합하다.
② 절단 시 판과 판 사이에는 산화물이나 불순물을 깨끗이 제거하여야 한다.
③ 판과 판 사이의 틈새는 0.1mm 이상으로 포개어 압착시킨 후 절단하여야 한다.
④ 6mm 이하의 비교적 얇은 판을 작업 능률을 높이기 위하여 여러 장 겹쳐 놓고 한 번에 절단하는 방법을 말한다.

해설 6mm 이상의 비교적 두꺼운 판을 작업 능률을 높이기 위하여 여러 장 겹쳐 놓고 한 번에 절단하는 방법

05. ②　06. ③　07. ④

문제 08
액화탄산가스 1kg이 완전히 기화되면 상온 1기압에서 약 몇 L가 되겠는가?

① 318L   ② 400L
③ 510L   ④ 650L

해설 CO_2(탄산가스)

$$44g = 22.4l$$
$$1000g/kg = x$$
$$x = \frac{1000g \times 22.4l}{44g} = 509.09l$$

문제 09
다음 중 아크가 발생하는 초기에만 용접 전류를 특별히 많게 할 목적으로 사용되는 아크 용접기의 부속기구는?

① 변압기(transformer)
② 핫 스타트(hot start) 장치
③ 전격방지장치(voltage reducing device)
④ 원격제어장치(remote control equipment)

해설 핫 스타트 장치 : 아크가 발생하는 초기에만 용접전류를 특별히 많게 할 목적으로 사용

문제 10
다음 중 가스 용접에서 전진법과 비교한 후진법(back hand method)의 특징으로 틀린 것은?

① 용접변형이 크다.   ② 용접속도가 빠르다.
③ 소요 홈의 각도가 작다.   ④ 두꺼운 판의 용접에 적합하다.

해설 후진법의 특징
① 용접변형이 적다.   ② 용접속도가 빠르다.
③ 소요 홈의 각도가 작다.   ④ 두꺼운 판의 용접에 적합하다.

문제 11
다음 중 연강용 피복 아크 용접봉의 종류에 있어 E4313에 해당하는 피복제 계통은?

① 저수소계   ② 일미나이트계
③ 고셀룰로오스계   ④ 고산화티탄계

해설 피복제 계통
① E4301 (일미나이트계)   ② E4303 (라임티탄계)
③ E4311 (고셀룰로오스계)   ④ E4313 (고산화티탄계)
⑤ E4316 (저수소계)   ⑥ E4324 (철분산화티탄계)
⑦ E4326 (철분저수소계)   ⑧ E4327 (철분산화철계)
⑨ E4340 (특수계)

해답 08. ③   09. ②   10. ①   11. ④

문제 12 다음 중 가스 절단에 있어 양호한 절단면을 얻기 위한 조건으로 옳은 것은?

① 드래그가 가능한 한 클 것.
② 절단면 표면의 각이 예리할 것.
③ 슬래그 이탈이 이루어지지 않을 것.
④ 절단면이 평활하며 드래그의 홈이 깊을 것.

해설 양호한 절단면을 얻기 위한 조건
① 드래그가 가능한 적을 것.
② 절단면 표면의 각이 예리할 것.
③ 슬래그의 이탈이 좋을 것.
④ 드래그의 홈이 얕을 것.

문제 13 AW-250, 무부하전압 80V, 아크전압 20V인 교류 용접기를 사용할 때 역률과 효율은 각각 약 얼마인가? (단, 내부손실은 4kW이다.)

① 역률 : 45%, 효율 : 56%
② 역률 : 48%, 효율 : 69%
③ 역률 : 54%, 효율 : 80%
④ 역률 : 69%, 효율 : 72%

해설 효율 $= \dfrac{\text{아크전력}}{\text{소비전력}} \times 100 = \dfrac{5}{9} \times 100 = 55.56\%$

아크전력 = 아크전압 × 정격2차전류
= 20 × 250 = 5000 = 5kW
소비전력 = 아크전력 + 내부손실 = 5 + 4 = 9kW

역률 $= \dfrac{\text{소비전력}}{\text{전원입력}} \times 100 = \dfrac{9\text{kW}}{20\text{kW}} \times 100 = 45\%$

전원입력 = 무부하전압 × 정격2차전류
= 80 × 250 = 20000 = 20kW

문제 14 다음 중 아크 용접봉 피복제의 역할로 옳은 것은?

① 스패터의 발생을 증가시킨다.
② 용착금속에 적당한 합금원소를 첨가한다.
③ 용착금속의 응고와 냉각속도를 빠르게 한다.
④ 대기 중으로부터 산화, 질화 등을 활성화시킨다.

해설 피복제의 역할
① 스패터의 발생 방지
② 합금원소 첨가
③ 공기중 산화, 질화 방지
④ 용착금속의 냉각속도를 느리게 한다.
⑤ 탈산정련작용
⑥ 아크 안정
⑦ 용착 효율을 높인다.
⑧ 전기절연작용
⑨ 슬래그 제거가 쉽다.

해답: 12. ② 13. ① 14. ②

문제 15 직류 아크 용접 시에 발생되는 아크 쏠림(arc-blow)이 일어날 때 볼 수 있는 현상으로 이음의 한쪽 부재만이 녹고 다른 부재가 녹지 않아 용입불량, 슬래그 혼입 등의 결함이 발생할 때 조치사항으로 가장 적절한 것은?

① 긴 아크를 사용한다.
② 용접전류를 하강시킨다.
③ 용접봉 끝을 아크 쏠림 방향으로 기울인다.
④ 접지지점을 바꾸고, 용접지점과의 거리를 멀리 한다.

문제 16 다음 중 가스 절단 시 예열 불꽃이 강할 때 생기는 현상이 아닌 것은?

① 드래그가 증가한다.
② 절단면이 거칠어진다.
③ 모서리가 용융되어 둥글게 된다.
④ 슬래그 중의 철 성분의 박리가 어려워진다.

해설 가스 절단 시 예열 불꽃이 강할 때 생기는 현상
① 드래그는 감소한다. ② 모서리가 용융되어 둥글게 된다.
③ 절단면이 거칠어진다. ④ 드래그가 증가한다.

문제 17 다음 중 용접기의 특성에 있어 수하 특성의 역할로 가장 적합한 것은?

① 열량의 증가   ② 아크의 안정
③ 아크전압의 상승   ④ 저항의 감소

해설 수하 특성의 역할 : 아크의 안정

문제 18 강괴의 종류 중 탄소 함유량이 0.3% 이상이고, 재질이 균일하며, 기계적 성질 및 방향성이 좋아 합금강, 단조용 강, 침탄강의 원재료로 사용되나 수축관이 생긴 부분이 산화되어 가공 시 압착되지 않아 잘라내야 하는 것은?

① 킬드 강괴   ② 세미킬드 강괴
③ 림드 강괴   ④ 캡드 강괴

해설 킬드 강괴
① 탄소 함유량이 0.3% 이상
② 재질이 균일하다.
③ 기계적 성질 및 방향성이 좋다.
④ 합금강, 단조용 강, 침탄강의 원재료로 사용
⑤ 수축관이 생긴 부분이 산화되어 가공 시 압착되지 않아 잘라내야 함.

해답 15. ④ 16. ① 17. ② 18. ①

문제 19 다음 중 알루미늄 합금에 있어 두랄루민의 첨가 성분으로 가장 많이 함유된 원소는?
① Mn
② Cu
③ Mg
④ Zn

해설 두랄루민 = Al + Cu4% + Mg0.5% + Mn0.5%

문제 20 다음 중 일명 포금(gun metel)이라고 불리는 청동의 주요 성분으로 옳은 것은?
① 8~12% Sn에 1~2% Zn 함유
② 2~5% Sn에 15~20% Zn 함유
③ 5~10% Sn에 10~15% Zn 함유
④ 15~20% Sn에 5~8% Zn 함유

해설 포금 = Sn8~12% + Zn1~2%

문제 21 다음 중 보통 주철의 일반적인 주요 성분에 속하지 않는 것은?
① 규소
② 아연
③ 망간
④ 탄소

해설 보통 주철의 일반적인 주요 성분
① C ② Mn ③ Si ④ P ⑤ S

문제 22 다음 중 항복점, 인장강도가 크고, 용접성이 우수하며, 조직은 펄라이트로, 듀콜(ducol)강이라고도 불리는 것은?
① 고망간강
② 저망간강
③ 코발트강
④ 텅스텐강

해설 저망간강 : 항복점, 인장강도가 크고, 용접성이 우수하며, 조직은 펄라이트로, 듀콜(ducol)강이라고도 함.

문제 23 담금질 강의 경도를 증가시키고 시효변형을 방지하기 위한 목적으로 하는 심랭처리(subzero treatment)는 몇 ℃의 온도에서 처리하는 것을 말하는가?
① 0℃ 이하
② 300℃ 이하
③ 600℃ 이하
④ 800℃ 이상

해설 심랭처리 : 경도를 증가시키고 시효변형을 방지하기 위한 목적으로 0℃ 이하의 온도에서 처리

19. ② 20. ① 21. ② 22. ② 23. ①

문제 24 다음 중 마그네슘에 관한 설명으로 틀린 것은?

① 실용금속 중 가장 가벼우며, 절삭성이 우수하다.
② 조밀육방격자를 가지며, 고온에서 발화하기 쉽다.
③ 냉간가공이 거의 불가능하여 일정 온도에서 가공한다.
④ 내식성이 우수하여 바닷물에 접촉하여도 침식되지 않는다.

해설 **마그네슘**
① 해수(바닷물)에 접촉 시 침식된다.
② 비중은 1.74, 용융점 650℃이다.
③ 실용금속 중 가장 가벼우며, 절삭성이 우수하다.
④ 조밀육방격자를 가지며, 고온에서 발화하기 쉽다.
⑤ 냉간가공이 거의 불가능하여 일정 온도에서 가공한다.

문제 25 다음 중 탄소강에서의 잔류응력 제거 방법으로 가장 적절한 것은?

① 재료를 앞뒤로 반복하여 굽힌다.
② 재료의 취약부분에 드릴로 구멍을 낸다.
③ 재료를 일정 온도에서 일정 시간 유지 후 서냉시킨다.
④ 일정한 온도로 금속을 가열한 후 기름에 급랭시킨다.

문제 26 다음 중 금속 표면에 스텔라이트나 경합금 등의 금속을 용착시켜 표면 경화층을 만드는 방법을 무엇이라 하는가?

① 숏 피닝
② 고주파 경화법
③ 화염 경화법
④ 하드 페이싱

해설 **탄소강에서의 잔류응력 제거법** : 재료를 일정 온도에서 일정 시간 유지 후 서냉시킨다.

문제 27 다음 중 스테인리스강의 분류에 해당하지 않는 것은?

① 페라이트계
② 마텐자이트계
③ 스텔라이트계
④ 오스테나이트계

해설 **스테인리스강의 분류**
① 오스테나이트계 ② 펄라이트계
③ 마텐자이트계   ④ 페라이트계

24. ④ 25. ③ 26. ④ 27. ③

문제 28
다음 중 KS상 탄소강 주강품의 기호가 "SC360"일 때 360이 나타내는 의미로 옳은 것은?

① 연신율
② 탄소함유량
③ 인장강도
④ 단면수축률

해설 SC360 : 탄소강 주강품의 최저 인장강도가 360이다.

문제 29
다음 중 정지구멍(stop hole)을 뚫어 결함부분을 깎아내고 재용접해야 하는 결함은?

① 균열
② 언더컷
③ 오버랩
④ 용입 부족

해설 결함의 보수
① 균열 : 정지구멍을 뚫어 균열부분을 홈을 판 후 재용접
② 슬래그의 보수 : 깎아내고 재용접한다.
③ 오버랩의 보수 : 깎아내고 재용접한다.
④ 언더컷의 보수 : 가는 용접봉을 이용하여 보수

문제 30
용접 시에 발생한 변형을 교정하는 방법 중 가열을 통하여 변형을 교정하는 방법에 있어 가장 적절한 가열온도는?

① 1200℃ 이상
② 800~900℃
③ 500~600℃
④ 300℃ 이하

해설 가열을 통하여 변형을 교정하는 방법에 있어 가장 적절한 온도 : 500~600℃

문제 31
다음 중 일반적으로 MIG 용접에 주로 사용되는 전원은?

① 교류 역극성
② 직류 역극성
③ 교류 정극성
④ 직류 정극성

해설 MIG(미그) 용접에 주로 사용되는 전원 : 직류 역극성

문제 32
다음 중 일렉트로 가스 아크 용접의 특징으로 틀린 것은?

① 판 두께가 두꺼울수록 경제적이다.
② 판 두께에 관계없이 단층으로 상진 용접한다.
③ 용접장치가 간단하며, 취급이 쉬우며, 고도의 숙련을 요하지 않는다.
④ 스패터 및 가스의 발생이 적고, 용접 작업 시 바람의 영향을 적게 받는다.

해답

28. ③ 29. ① 30. ③ 31. ② 32. ④

해설 일렉트로 가스 아크 용접의 특징
① 스패터 및 가스의 발생이 많고, 용접 작업 시 바람의 영향을 많이 받는다.
② 용접장치가 간단하고, 취급이 용이하다.
③ 고도의 숙련을 요하지 않는다.
④ 판 두께에 관계없이 단층으로 상진 용접한다.
⑤ 판 두께가 두꺼울수록 경제적이다.

문제 33

서브머지드 아크 용접에서 용접의 시점과 끝점의 결함을 방지하기 위해 모재와 홈의 형상이나 두께, 재질 등이 동일한 것을 붙이는데 이를 무엇이라 하는가?

① 시험편
② 배킹제
③ 엔드 탭
④ 마그네틱

해설 엔드 탭 : 서브머지드 아크 용접에서 용접 시 점과 끝점의 결함을 방지하기 위해 모재와 홈의 형상이나 두께, 재질 등이 동일한 것을 붙이는 것

문제 34

다음 중 다층용접 시 용착법의 종류에 해당하지 않는 것은?

① 빌드업법
② 캐스케이드법
③ 스킵법
④ 전진블록법

해설 다층용접 시 용착법의 종류
① 빌드업법 ② 캐스케이드법 ③ 전진블록법

문제 35

다음 중 귀마개를 착용하고 작업하면 안 되는 작업자는?

① 조선소의 용접 및 취부작업자
② 자동차 조립공장의 조립작업자
③ 강재 하역장의 크레인 신호자
④ 판금작업장의 타출 판금작업자

해설 귀마개를 착용하고 작업
① 판금작업장의 타출 판금작업자
② 자동차 조립공장의 조립작업자
③ 조선소의 용접 및 취부작업자

문제 36

다음 중 주로 모재 및 용접부의 연성과 결함의 유무를 조사하기 위한 시험 방법은?

① 인장시험
② 굽힘시험
③ 피로시험
④ 충격시험

해설 기계적 시험법
① 굽힘시험 : 용접부의 연성결함을 조사하기 위하여 사용

33. ③ 34. ③ 35. ③ 36. ②

② 충격시험 (샤르피식, 아이조드식) : V형, U형의 노치를 만들어 충격적인 하중을 주어서 시험편을 파괴시키는 시험
③ 피로시험 : 작은 힘을 수없이 반복하여 작용하면 파괴를 일으키는 방법
④ 인장시험 : 인장강도, 항복점, 단면수축률, 연신율 등

문제 37 다음 중 CO_2 가스 아크 용접의 장점으로 틀린 것은?

① 용착금속의 기계적 성질이 우수하다.
② 슬래그 혼입이 없고, 용접 후 처리가 간단하다.
③ 전류밀도가 높아 용입이 깊고 용접 속도가 빠르다.
④ 풍속 2m/s 이상의 바람에도 영향을 받지 않는다.

해설 CO_2 가스 아크 용접의 장점
① 용접작업시간을 길게 할 수 있다.
② 가시아크이므로 시공이 편리하다.
③ 용제를 사용하지 않아 슬래그 혼입이 없고 용접 후 처리가 간단
④ 전류밀도가 높다.
⑤ 용입이 깊고, 용접속도를 빠르게 할 수 있다.
⑥ 용착금속의 기계적 성질 및 금속학적 성질이 우수하다.

문제 38 다음 중 TIG 용접 시 주로 사용되는 가스는?

① CO_2　　　　　　　　　② H_2
③ O_2　　　　　　　　　④ Ar

해설 TIG (티그) 용접 시 주로 사용되는 가스 : Ar가스

문제 39 다음 중 피복 아크 용접에서 오버랩의 발생 원인으로 가장 적당한 것은?

① 전류가 너무 적다.
② 홈의 각도가 너무 좁다.
③ 아크의 길이가 너무 길다.
④ 용착금속의 냉각속도가 너무 빠르다.

해설 오버랩의 발생 원인
① 전류가 너무 낮을 때　　② 용접속도가 너무 늦을 때
③ 용접봉 유지각도 불량　　④ 부적합한 용접봉 사용 시
⑤ 용접봉 운봉속도 불량

37. ④ 38. ④ 39. ①

문제 40 저항 용접의 종류 중에서 맞대기 용접이 아닌 것은?

① 업셋 용접　　　　　② 프로젝션 용접
③ 퍼커션 용접　　　　④ 플래시 버트 용접

해설 저항 용접의 종류
① 겹치기 용접 : 점 용접, 심 용접, 프로젝션 용접
② 맞대기 용접 : 포일 심 용접, 퍼커션 용접, 플래시 용접, 업셋 용접

문제 41 다음 중 전격으로 인해 순간적으로 사망할 위험이 가장 높은 전류량(mA)은?

① 5~10mA　　　　　② 10~20mA
③ 20~25mA　　　　④ 50~100mA

해설 순간적으로 사망할 위험이 가장 높은 전류량 : 50~100mA

문제 42 다음 중 열적 핀치 효과와 자기적 핀치 효과를 이용하는 용접은?

① 초음파 용접　　　　② 고주파 용접
③ 레이저 용접　　　　④ 플라스마 아크 용접

해설 플라스마 아크 용접 : 열적 핀치 효과와 자기적 핀치 효과를 이용 용접

문제 43 다음 중 연소의 3요소에 해당하지 않는 것은?

① 가연물　　　　　　② 부촉매
③ 산소공급원　　　　④ 점화원

해설 연소의 3요소
① 가연물　② 산소　③ 점화원

문제 44 다음 중 용접열원을 외부로부터 가하는 것이 아니라 금속분말의 화학반응에 의한 열을 사용하여 용접하는 방식은?

① 테르밋 용접　　　　② 전기저항 용접
③ 잠호 용접　　　　　④ 플라스마 용접

해설 테르밋 용접 : 용접열원을 외부로부터 가하는 것이 아니라 테르밋제 반응에 의해 생성되는 열을 이용한 금속을 용접하는 방법으로 미세한 알루미늄 분말과 산화철 분말을 3 : 1의 중량비로 혼합한 테르밋제에 과산화바륨과 마그네슘 분말을 혼합한 점화 촉진제를 넣어 연소시키면 화학반응에 의해 약 2800℃ 이상의 고온에 달하며 매우 짧은 시간이다. 주로 철도 레일, 차축, 선박 프레임 등의 용접에 이용.

40. ②　41. ④　42. ④　43. ②　44. ①

문제 45 필릿 용접의 경우 루트 간격의 양에 따라 보수 방법이 다른데 다음 중 간격이 1.5~4.5mm일 때의 보수하는 방법으로 가장 적합한 것은?

① 라이너를 넣는다.
② 규정대로 각장(목길이)으로 용접한다.
③ 부족한 판을 300mm 이상 잘라내서 대체한다.
④ 넓혀진 만큼 각장(목길이)을 증가시켜 용접한다.

해설 **필릿 용접의 경우 간격이 1.5~4.5mm일 때의 보수방법** : 넓혀진 만큼 각장(목길이)를 증가시켜 용접

문제 46 다음 중 용접부의 검사방법에 있어 기계적 시험법에 해당하는 것은?

① 피로시험　　　　　　　　② 부식시험
③ 누설시험　　　　　　　　④ 자기특성시험

해설 **기계적 시험법**
① 피로시험　② 굽힘시험　③ 인장시험　④ 충격시험　⑤ 경포시험

문제 47 다음 중 TIG 용접에 사용하는 토륨 텅스텐 전극봉에는 몇 % 정도의 토륨이 함유되어 있는가?

① 0.3~0.5%　　　　　　　② 1~2%
③ 4~5%　　　　　　　　　④ 6~7%

해설 **토륨 텅스텐 전극봉** : 토륨 1~2% 텅스텐 전극봉

문제 48 용접 조립 순서는 용접 순서 및 용접 작업의 특성을 고려하여 계획하며, 불필요한 잔류 응력이 남지 않도록 미리 검토하여 조립 순서를 결정하여야 하는데, 다음 중 용접 구조물을 조립하는 순서에서 고려하여야 할 사항과 가장 거리가 먼 것은?

① 가능한 구속 용접을 실시한다.
② 가접용 정반이나 지그를 적절히 선택한다.
③ 구조물의 형상을 고정하고 지지할 수 있어야 한다.
④ 용접 이음의 형상을 고려하여 적절한 용접법을 선택한다.

문제 49 다음 중 경납용 용제로 가장 적절한 것은?

① 염화아연($ZnCl_2$)　　　　　② 염산(HCl)
③ 붕산(H_3BO_3)　　　　　　④ 인산(H_3PO_4)

45. ④　46. ①　47. ②　48. ①　49. ③

해설 연납용 용제 : 인산, 염화아연, 염산, 염화암모니아
경납용 용제 : 붕사, 붕산, 염화나트륨, 염화리튬, 산화제1구리, 빙정석

문제 50 다음 중 아세틸렌(C_2H_2)가스의 폭발성에 해당되지 않는 것은?

① 406~408℃가 되면 자연발화한다.
② 마찰·진동·충격 등의 외력이 작용하면 폭발위험이 있다.
③ 아세틸렌 90%, 산소 10%의 혼합 시 가장 폭발위험이 크다.
④ 은·수은 등과 접촉하면 이들과 화합하여 120℃ 부근에서 폭발성이 있는 화합물을 생성한다.

해설 아세틸렌 85%, 산소 15% 혼합 시 가장 폭발위험이 크다.

문제 51 기계제도에서 대상물의 보이는 부분의 겉모양을 표시하는 선의 종류는?

① 가는 파선　　　　　　② 굵은 파선
③ 굵은 실선　　　　　　④ 가는 실선

해설 굵은 실선 : 대상물의 보이는 부분의 겉모양을 표시하는 선

문제 52 리벳의 호칭 길이를 머리부위까지 포함하여 전체 길이로 나타내는 리벳은?

① 둥근머리 리벳　　　　② 냄비머리 리벳
③ 접시머리 리벳　　　　④ 납작머리 리벳

해설 접시머리 리벳 : 리벳의 호칭 길이를 머리부위까지 포함하여 전체 길이로 나타냄.

문제 53 배관의 끝부분 도시기호가 그림과 같을 경우 ①과 ②의 명칭이 올바르게 연결된 것은?

① ① 블라인더 플랜지, ② 나사식 캡
② ① 나사박음식 캡, ② 용접식 캡
③ ① 나사박음식 캡, ② 블라인더 플랜지
④ ① 블라인더 플랜지, ② 용접식 캡

문제 54 대상물의 일부를 파단한 경계 또는 일부를 떼어낸 경계를 표시하는 데 사용하는 선은?

① 가상선　　　　　　　② 파단선
③ 절단선　　　　　　　④ 외형선

해답　50. ③　51. ③　52. ③　53. ④　54. ②

해설 **파단선** : 대상물의 일부를 파단한 경계 또는 일부를 떼어낸 경계를 표시하는 데 사용

문제 55 화살표 방향이 정면인 입체도를 3각법으로 투상한 도면으로 가장 적합한 것은?

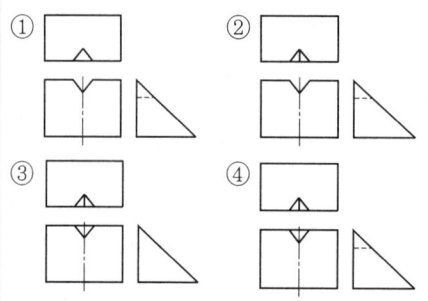
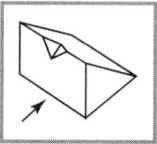

문제 56 다음 정투상법에 관한 설명으로 올바른 것은?

① 제1각법에서는 정면도의 왼쪽에 평면도를 배치한다.
② 제1각법에서는 정면도의 밑에 평면도를 배치한다.
③ 제3각법에서는 평면도의 왼쪽에 우측면도를 배치한다.
④ 제3각법에서는 평면도의 위쪽에 정면도를 배치한다.

해설 **정투상법**

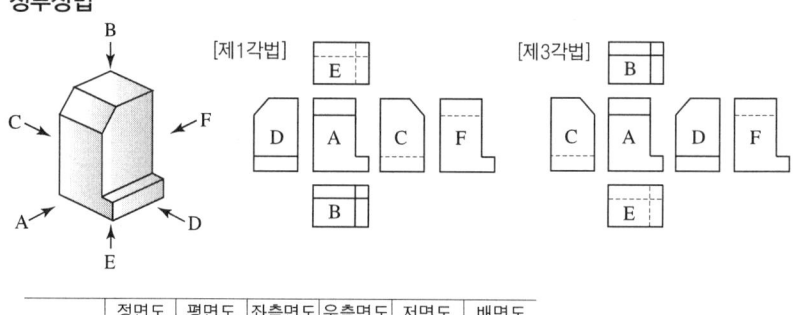

구분	정면도	평면도	좌측면도	우측면도	저면도	배면도
	A	B	C	D	E	F

문제 57 플러그 용접에서 용접부 수는 4개, 간격은 70mm, 구멍의 지름은 8mm일 경우 그 용접기호 표시로 올바른 것은?

① 4 ⬜ 8 - 70   ② 8 ⬜ 4 - 70
③ 4 ⬜ 8(70)   ④ 8 ⬜ 4(70)

해설 8 ⬜ 4(70)   ① 구멍지름 8mm   ② 플러그 용접
                ③ 용접부 수 4개   ④ 간격은 70mm

55. ② 56. ② 57. ④

문제 58 제3각법으로 그린 각각 다른 물체의 투상도이다. 정면도, 평면도, 우측면도가 모두 올바르게 그려진 것은?

문제 59 다음 용접기호와 그 설명으로 틀린 것은?

① ⌐\ : 볼록 필릿 용접

② ✕ : 볼록 양면 V형 용접

③ ▽ : 평면 마감 처리한 V형 맞대기 용접

④ ⌣̌ : 이면 용접이 있으며 표면 모두 평면마감 처리한 V형 맞대기 용접

해설 오목 필릿 용접이다.

문제 60 도면에서 사용되는 긴 용지에 대해서 그 호칭방법과 치수크기가 서로 맞지 않는 것은?

① A3×3 : 420mm×630mm
② A3×4 : 420mm×1189mm
③ A4×3 : 297mm×630mm
④ A4×4 : 297mm×841mm

58. ③ 59. ① 60. ①

단기완성
이산화탄소가스아크용접기능사
필기

특수용접기능사 기출문제

2020

2020년 2월 CBT 시행

문제 01 피복 아크 용접에서 발생하는 아크의 온도범위로 가장 적당한 것은?
① 약 1000~2000℃
② 약 2000~3000℃
③ 약 5000~6000℃
④ 약 8000~9000℃

해설 피복 아크 용접에서 발생하는 아크의 온도범위 : 5000~6000℃

문제 02 용접법 중 저항 용접의 종류에 해당되지 않는 것은?
① 심 용접
② 프로젝션 용접
③ 플래시 버트 용접
④ 스터드 용접

해설 저항 용접의 종류
① 점 용접   ② 심 용접
③ 프로젝션 용접   ④ 플래시 버트 용접

문제 03 가스 용접용 토치의 팁 중 표준불꽃으로 1시간 용접 시 아세틸렌 소모량이 100L 인 것은?
① 고압식 200번 팁
② 중압식 200번 팁
③ 가변압식 100번 팁
④ 불변압식 100번 팁

해설 가변압식 100번 팁 : 표준불꽃으로 1시간 용접 시 아세틸렌 소모량이 $100l$

문제 04 연강용 가스 용접봉의 종류 GA43에서 43이 의미하는 것은?
① 용착금속의 연신율 구분
② 용착금속의 최소 인장강도 수준
③ 용착금속의 탄소함유량
④ 가스용접봉

해설 GA43 : 가스 용접봉으로 용착금속의 최소 인장강도

01. ③ 02. ④ 03. ③ 04. ②

문제 05 가스 절단에서 드래그에 대한 설명으로 틀린 것은?

① 절단면에 일정한 간격의 곡선이 진해방향으로 나타나 있는 것을 드래그라인이라 한다.
② 드래그 길이는 절단속도, 산소소비량 등에 의해 변화한다.
③ 표준드래그 길이는 보통 판 두께의 50% 정도이다.
④ 하나의 드래그라인의 시작점에서 끝점까지의 수평거리를 드래그 또는 드래그 길이라 한다.

해설 가스 절단에서 드래그
① 표준드래그 길이는 보통 판 두께의 20% 정도이다.
② 하나의 드래그라인의 시작점에서 끝점까지의 수평거리는 드래그 또는 드래그 길이라 한다.
③ 드래그 길이는 절단속도, 산소소비량 등에 의해 변화한다.
④ 절단면에 일정한 간격의 곡선이 진해방향으로 나타나 있는 것을 드래그라인이라 한다.

문제 06 용접이 주조에 비하여 우수한 점이 아닌 것은?

① 보수가 용이하다.
② 이음의 강도가 작다.
③ 이중 재질을 조합시킬 수 있다.
④ 복잡한 형상의 제품도 제작이 가능하다.

해설 용접의 장·단점
① 장점
  ㉠ 이종재질을 조합시킬 수 있다.   ㉡ 보수가 용이하다.
  ㉢ 복잡한 형상의 제품도 제작이 가능하다.   ㉣ 수밀 및 기밀성이 좋다.
  ㉤ 제품의 성능과 수명이 향상된다.   ㉥ 이음효율이 높다.
  ㉦ 작업공정이 단축되며 경제적이다.   ㉧ 중량이 가벼워진다.
  ㉨ 재료의 두께에 제한이 없다.
② 단점
  ㉠ 품질검사가 곤란   ㉡ 변형 및 수축 잔류응력이 발생
  ㉢ 용접사의 기량에 따라 품질 좌우   ㉣ 취성이 생길 우려가 있다.

문제 07 용접봉 중 가스압접의 특징을 설명한 것으로 맞는 것은?

① 대단위 전력이 필요하다.
② 용접장치가 복잡하고 설비 보수가 비싸다.
③ 이음부에 첨가금속 또는 용제가 불필요하다.
④ 용접이음부의 탈탄층이 많아 용접이음 효율이 나쁘다.

해설 가스압접의 특징 : 이음부에 첨가금속 또는 용제가 불필요하다.

해답 05. ③ 06. ② 07. ③

문제 08

일반적으로 가스용접봉이 지름이 2.6mm일 때 강판 두께는 몇 mm 정도가 가장 적당한가? (단, 계산식으로 구한다.)

① 1.6mm ② 3.2mm
③ 4.5mm ④ 6mm

해설
$D = \dfrac{t}{2} + 1 \quad 2.6 = \dfrac{t}{2} + 1 \quad 2.6 - 1 = \dfrac{t}{2}$
$t = 1.6 \times 2 = 3.2mm$

문제 09

TIG 절단에 관한 설명 중 잘못된 것은?

① 아크 냉각용 가스에는 주로 아르곤-수소의 혼합 사용된다.
② 텅스텐 전극과 모재 사이에 아크를 발생시켜 모재를 용융하여 절단하는 방법이다.
③ 알루미늄, 마그네슘, 구리 및 구리합금, 스테인리스 등의 절단은 곤란하다.
④ 전원은 직류 정극성을 사용한다.

해설 TIG 절단
① 알루미늄, 마그네슘, 구리 및 구리합금 등의 절단 가능
② 전원은 직류 정극성을 사용한다.
③ 아크 냉각용 가스에는 주로 아르곤-수소의 혼합가스 사용
④ 텅스텐 전극과 모재 사이에 아크를 발생시켜 모재를 용융하여 절단

문제 10

피복 아크 용접봉을 용접부의 보호방식에 따라 분류 속하지 않는 것은?

① 가스 발생식 ② 합금 첨가식
③ 슬래그 생성식 ④ 반가스 발생식

해설 피복 아크 용접봉을 용접부의 보호방식에 따라 분류
① 가스 발생식 ② 반가스 발생식 ③ 슬래그 생성식

문제 11

프로판(C_3H_8)의 성질을 설명한 것으로 틀린 것은?

① 상온에서는 기체 상태이다.
② 쉽게 기화하며 발열량이 높다.
③ 액화하기 쉽고 용기에 넣어 수송이 편리하다.
④ 온도 변화에 따른 팽창률이 작다.

해설 프로판의 성질
① 공기보다 무겁다.(1.52배)
② 연소 시 다량의 공기가 필요하다.

해답 08. ② 09. ③ 10. ② 11. ④

③ 완전연소시 탄산가스와 물이 나온다.
④ 착화온도가 높다.(460~520℃)
⑤ 연소범위가 좁다.(2.1~9.5%)
⑥ 상온에서는 기체이다.
⑦ 쉽게 기화하며 발열량이 높다.(12000kcal/kg)
⑧ 액화하기 쉽고($7kg/cm^2$) 용기에 넣어 수송이 용이.
⑨ 온도 변화에 따른 팽창률이 크다.

문제 12. 산소-아세틸렌가스 용접의 장점 설명으로 틀린 것은?

① 용접기의 운반이 비교적 자유롭다.
② 아크 용접에 비해서 유해광선의 발생이 적다.
③ 열의 집중성이 좋아서 용접이 효율적이다.
④ 가열할 때 열량 조절이 비교적 자유롭다.

해설 산소-아세틸렌가스 용접의 장·단점
① 가열 조절이 비교적 자유롭다.
② 아크 용접에 비해 유해광선의 발생이 적다.
③ 용접기의 운반이 비교적 자유롭다.
④ 열의 집중성이 나빠 효율적 용접이 어렵다.
⑤ 박판용접에 적당
⑥ 응용범위가 넓다.
⑦ 폭발 및 화재의 위험이 크다.
⑧ 용접 후의 변형이 심하게 된다.
⑨ 금속이 산화, 탄화될 우려가 있다.
⑩ 가열시간이 오래 걸린다.

문제 13. 수동절단 작업 요령을 틀리게 설명한 것은?

① 절단토치의 밸브를 자유롭게 열고 닫을 수 있도록 가볍게 쥔다.
② 토치의 진행속도가 늦으면 절단면 윗모서리가 녹아 둥글게 되므로 적당한 속도로 진행한다.
③ 토치가 과열되었을 때는 아세틸렌 밸브를 열고 물로 냉각시켜서 사용한다.
④ 절단 시 필요한 경우 지그나 가이드를 이용하는 것이 좋다.

해설 수동절단 작업 요령
① 토치가 과열되었을 때는 아세틸렌 밸브를 닫고 물로 냉각시켜 사용
② 절단토치의 밸브를 자유롭게 열고 닫을 수 있도록 가볍게 쥔다.
③ 절단 시 필요한 경우 지그나 가이드를 이용하는 것이 좋다.
④ 토치의 진행속도가 늦으면 절단면 윗모서리가 녹아 둥글게 되므로 적당한 속도로 진행한다.

해답 12. ③ 13. ③

문제 14

다음 중 아크 쏠림의 방지대책으로 맞는 것은?

① 긴 아크를 사용한다.　　② 접지점을 용접부보다 가깝게 한다.
③ 긴 용접에는 전진법으로 용접한다.　④ 교류용접으로 용접한다.

해설 아크 쏠림 : 직류에서 나타나는 현상으로 용접중에 아크가 용접봉 방향에서 한쪽으로 쏠리는 현상
[방지책] ① 직류 용접을 하지 말고 교류 용접을 할 것.
② 용접부가 긴 경우 후진법을 사용할 것.
③ 짧은 아크를 사용할 것.
④ 접지점을 2개 연결할 것.
⑤ 접지점을 용접부보다 멀리 할 것.

문제 15

연강용 피복 아크 용접봉에서 피복제 계통과 용접봉의 종류가 잘못 연결된 것은?

① 저수소계 : E4316　　② 일루미나이트계 : E4301
③ 라임티타니아계 : E4303　④ 고셀룰로오스계 : E4313

해설 피복제의 계통
① E4301(일미나이트계)　② E4303(라임티탄계)
③ E4311(고셀룰로오스계)　④ E4313(고산화티탄계)
⑤ E4316(저수소계)　⑥ E4324(철분산화티탄계)
⑦ E4326(철분저수소계)　⑧ E4327(철분산화철계)
⑨ E4340(특수계)

문제 16

홀더로 잡을 수 있는 용접봉 지름(mm)이 5.0~8.0일 경우 사용하는 용접봉 홀더의 종류로 맞는 것은?

① 125호　　② 160호
③ 300호　　④ 400호

문제 17

가스 용접 작업에서 후진법이 전진법보다 더 좋은 점이 아닌 것은?

① 열 이용률이 좋다.　　② 용접속도가 빠르다.
③ 얇은 판의 용접에 적당하다.　④ 용접변형이 적다.

해설 후진법의 특징
① 두꺼운 판의 용접에 적당　② 용접속도가 빠르다.
③ 열 이용률이 좋다.　　④ 홈의 각도가 작다.
⑤ 용접변형이 적다.

14. ④　15. ④　16. ④　17. ③

문제 18 구리-니켈에 소량의 규소를 첨가한 것으로 통신선, 전화선 등에 쓰이는 것은?

① 켈밋(kelmet) ② 코로손(corson)합금
③ 애드미럴티(admiralty) ④ 먼츠메탈(muntz metal)

해설
① 코로손합금 : 구리 + 니켈 + 규소(1%), 전화선, 통신선에 사용
② 먼츠메탈 : 구리(60%) + 아연(40%)
③ 켈밋 : 구리 + 납(30~40%)
④ 에드미럴티 : 7 : 3황동 + Sn(1~2%)
⑤ 네이벌 : 6 : 4 황동 + Sn(1~2%)

문제 19 다음 중 중금속에 속하는 것은?

① Al ② Mg
③ Be ④ Fe

해설 비중이 5 이하 경금속, 비중이 5 이상 중금속
① 경금속
  ㉠ 마그네슘 : 1.74 ㉡ 알루미늄 : 2.7 ㉢ 티탄 : 4.5
② 중금속
  ㉠ 바나듐 : 6.16 ㉡ 크롬 : 7.19 ㉢ 망간 : 7.43
  ㉣ 철 : 7.87 ㉤ 니켈 : 8.9 ㉥ 구리 : 8.96
  ㉦ 납 : 11.36 ㉧ 텅스텐 : 19.1 ㉨ 백금 : 21.45

문제 20 주강제품에는 기포, 기공 등이 생기기 쉬우므로 제강작업 시에 쓰이는 탈산제로 옳은 것은?

① P, S ② Fe-Mn
③ SO_2 ④ Fe_2O_3

해설 제강작업에 쓰이는 탈산제 : Fe-Mn

문제 21 용접재료 중 비자성체이며, Cr 18%-Ni 8%의 18-8 스테인리스강을 다른 용어로 표현한 것은?

① 페라이트계 스테인리스강 ② 마텐자이트계 스테인리스강
③ 오스테나이트계 스테인리스강 ④ 석출경화형 스테인리스강

해설 18-8스테인리스강(오스테나이트계 스테인리스강)

18. ② 19. ④ 20. ② 21. ③

문제 22

재료의 내·외부에 열처리 효과의 차이가 생기는 현상을 질량효과라고 한다. 이것은 강의 담금질성에 의해 영향을 받는데 이 담금질성을 개선시키는 효과가 있는 원소는?

① Pb
② Zn
③ C
④ B

해설 특수 원소의 영향
① B(붕소) : 담금질성을 개선
② Mn(망간) : 적열취성 방지, 황의 해를 제거
③ Mo(몰리브덴) : 뜨임취성 방지
④ Ti(티탄) : 결정입자의 미세화
⑤ Cr(크롬) : 내식성, 내마모성 향상, 흑연화를 안정, 탄화물 안정
⑥ Ni(니켈) : 인성 증가, 주철의 흑연화 촉진, 저온충격저항 증가

문제 23

탄소량이 증가함에 따라서 탄소강의 표준상태에서 기계적 성질이 감소하는 것은?

① 경도
② 항복점
③ 연신율
④ 인장강도

해설 탄소량 증가 시
① 인장강도, 경도, 항복점은 증가
② 연신율, 충격값은 감소

문제 24

주석(Sn)의 비중과 용융점을 가장 적당하게 나타낸 것은?

① 2.67, 660℃
② 7.28, 232℃
③ 8.96, 1083℃
④ 7.87, 1538℃

해설 비중과 용융점
① 주석 : 비중 7.28, 융점 232℃
② 구리 : 비중 8.96, 융점 1083℃
③ 알루미늄 : 비중 2.7, 융점 660℃
④ 철 : 비중 7.87, 융점 1539℃
⑤ 텅스텐 : 비중 19.1, 융점 3410℃
⑥ 니켈 : 비중 8.9, 융점 1453℃
⑦ 백금 : 비중 21.45, 융점 1769℃

문제 25

주철의 일반적인 특성 및 성질에 대한 설명으로 틀린 것은?

① 주조성이 우수하며, 크고 복잡한 것도 제작할 수 있다.
② 인장강도, 휨강도 및 충격값은 크나, 압축강도는 작다.
③ 금속재료 중에서 단위 무게당의 값이 싸다.
④ 주물의 표면은 굳고 녹이 잘 슬지 않는다.

해설 인장강도, 휨강도 및 충격값, 압축강도가 크다.

22. ④ 23. ③ 24. ② 25. ②

문제 26

침탄법을 침탄처리에 사용되는 침탄제의 종류에 따라 분류할 때 해당되지 않는 것은?

① 고체 침탄법   ② 액체 침탄법
③ 가스 침탄법   ④ 화염 침탄법

해설 **침탄제의 종류에 따라 분류**
① 가스 침탄법 : 메탄가스와 같은 탄화수소가스를 사용하여 침탄
② 액체 침탄법 : 시안화나트륨, 시안화칼리를 주성분으로 한 염을 사용하여 침탄 온도 750~950℃에서 30~60분 침탄시키는 방법
③ 고체 침탄법 : 고체침탄제를 사용하여 강 표면에 침탄산소를 확산 침투시켜 표면을 경화시키는 방법
④ 화염 경화법 : 탄소강 표면에 산소-아세틸렌 화염으로 표면만을 가열하여 오스테나이트로 만든 다음 급랭하여 표면층만 담금질

문제 27

황동의 가공재를 상온에서 방치할 경우 시간의 경과에 따라 성질이 악화되는 현상은?

① 탈아연 부식   ② 자연균열
③ 경년변화   ④ 고온 탈아연

해설 **경년변화** : 황동의 가공재를 상온에서 방치할 경우 시간의 경과에 따라 성질이 악화되는 현상

문제 28

고장력강에 주로 사용되는 피복 아크 용접봉으로 가장 적당한 것은?

① 일루미나이트계   ② 고셀룰로오스계
③ 고산화티탄계   ④ 저수소계

해설 **저수소계** : 고장력강에 주로 사용되는 피복 아크 용접봉으로 가장 적당

문제 29

X선이나 γ선을 재료에 투과시켜 투과된 빛의 강도에 따라 사진 필름에 감광시켜 결함을 검사하는 비파괴시험법은?

① 자분탐상검사   ② 침투탐상검사
③ 초음파탐상검사   ④ 방사선투과검사

해설 ① 방사선투과검사(X-레이검사) : X선이나 γ선을 재료에 투과시켜 투과된 빛의 강도에 따라 사진 필름에 감광시켜 결함을 검사하는 비파괴시험법
② 침투검사 : 철, 비철금속, 비자성체 어느 재료에도 사용이 가능하며 표면에 나타난 미소한 균열, 작은 구멍, 슬러그를 검출
③ 자분검사 : 피검사물을 자석화시켜 자분의 밀집 여부로서 검사하므로 스테인리스강 등 비자성체에는 적용 불가

26. ④   27. ③   28. ④   29. ④

④ 초음파검사 : 0.5~15μ의 초음파를 피검사물의 내부에 침투시켜 반사파를 이용하여 내부의 결함과 불균일층의 존재 여부를 검사하는 방법

문제 30
서브머지드 아크 용접의 V형 맞대기 용접 시 루트면 쪽에 받침쇠가 없는 경우에는 루트 간격을 몇 mm 이하로 하여야 하는가?

① 0.8mm 이하
② 1.2mm 이하
③ 1.8mm 이하
④ 2.0mm 이하

해설 서브머지드 아크 용접의 V형 맞대기 용접 시 루트면 쪽에 받침쇠가 없는 경우에는 루트 간격을 0.8mm 이하로 하여야 한다.

문제 31
LP가스 취급 시 화재사고를 예방하는 대책을 설명한 것 중 가장 거리가 먼 것은?

① 용기의 설치는 가급적 옥외에 설치한다.
② 용기는 직사일광의 차단이나 낙하물에 의한 손상을 방지하기 위하여 상부에 덮개를 한다.
③ 옥외의 용기로부터 옥내의 장소까지는 금속고정배관으로 하고, 고무호스의 사용부분은 될 수 있는 대로 길게 한다.
④ 연소기구 주위의 가연물과 충분한 거리를 둔다.

해설 고무호스의 사용부분은 될 수 있는 대로 짧게 한다.

문제 32
구리합금, 알루미늄합금에 우수한 용접결과를 얻을 수 있는 용접법은?

① 피복금속 아크 용접
② 서브머지드 아크용 접
③ 탄산가스 아크 용접
④ 불활성 가스 아크 용접

해설 불활성 가스 아크 용접 : 구리합금, 알루미늄합금에 우수한 용접결과를 얻을 수 있는 용접법

문제 33
탄산가스(CO_2)에 대한 설명으로 틀린 것은?

① 무색, 무취의 기체이다.
② 비중은 1.53 정도로 공기보다 가볍다.
③ 대기 중에서 기체로 존재한다.
④ 물에 잘 녹는다.

해설 **탄산가스**(CO_2)
① 비중은 1.52 정도로 공기보다 무겁다. ② 무색, 무취의 기체이다.
③ 물에 잘 녹는다. ④ 대기중에서 기체로 존재한다.
⑤ 드라이아이스 제조 원료가 된다. ⑥ 공기중에 0.03% 정도 포함되어 있다.
⑦ 불연성이며 수상치환으로 포집

30. ① 31. ③ 32. ④ 33. ②

문제 34 TIG 용접의 전극봉에서 전극의 조건으로 잘못된 것은?

① 고용융점의 금속
② 전자방출이 잘 되는 금속
③ 전기저항률이 높은 금속
④ 열전도성이 좋은 금속

해설 TIG 용접의 전극봉에서 전극의 조건 : 전기저항률이 낮은 금속

문제 35 아크의 길이가 너무 길 때 발생하는 현상이 아닌 것은?

① 용융금속이 산화 및 질화되기 쉽다.
② 용입이 나빠진다.
③ 아크가 불안정하다.
④ 열량이 대단히 작아진다.

해설 아크의 길이가 너무 길 때 발생하는 현상
① 열량이 대단히 커진다.　② 아크가 불안정하다.
③ 용입이 나빠진다.　　　④ 고용융점의 금속

문제 36 플러그 용접에서 전단강도는 일반적으로 구멍의 면적당 전 용착금속 인장강도의 몇 % 정도로 하는가?

① 20~30
② 40~50
③ 60~70
④ 80~90

해설 플러그 용접에서 전단강도는 일반적으로 구멍의 면적당 전 용착금속 인장강도의 60~70% 정도

문제 37 용착법 중 부분의 몇 층을 용접하다가 이것을 다른 부분의 층으로 연속시켜 전체가 계단 형태의 단계를 이루도록 용착시켜 나가는 방법은?

① 전진법
② 스킵법
③ 캐스케이드법
④ 덧살올림법

해설 용착법
① 캐스케이드법 : 한 부분의 몇 층을 용접하다가 이것을 다른 부분의 층으로 연속시켜 전체가 계단 형태의 단계를 이루도록 용착
② 스킵법 : 이음 전 길이에 대해서 뛰어 넘어서 용접하는 방법
③ 전진법 : 용접진행 방향과 용착 방향이 서로 동일한 방법
④ 후진법 : 용접진행 방향과 용착 방향이 서로 반대가 되는 방법
⑤ 대칭법 : 이음의 수축에 따른 변형이 서로 대칭이 되게 할 경우에 사용

해답 34. ③　35. ④　36. ③　37. ③

문제 38
용접의 자동화에서 자동제어의 장점에 관한 설명으로 틀린 것은?

① 제품의 품질이 균일화되어 불량품이 감소된다.
② 인간에게는 불가능한 고속작업이 불가능하다.
③ 연속작업 및 정밀한 작업이 가능하다.
④ 위험한 사고의 방지가 가능하다.

해설 용접 자동제어의 장점
① 고속작업이 가능
② 위험한 사고의 방지가 가능
③ 제품의 품질이 균일화되어 불량품이 감소된다.
④ 연속작업 및 정밀한 작업이 가능

문제 39
다음 중 응급처치 구명 4대 요소에 속하지 않는 것은?

① 상처 보호
② 지혈
③ 기도 유지
④ 전문구조기관의 연락

해설 응급처치 구명 4대 요소 : ① 지도 유지 ② 지혈 ③ 상처 보호 ④ 쇼크 방지

문제 40
심(seam) 용접법에서 용접전류의 통전방법이 아닌 것은?

① 직·병렬 통전법
② 단속 통전법
③ 연속 통전법
④ 맥동 통전법

해설 심 용접의 용접전류 통전방법
① 연속 통전법 ② 단속 통전법 ③ 맥동 통전법

문제 41
아크 용접할 때 발생하는 전격에 대한 방지 대책으로 틀린 것은?

① 용접기 내부에 함부로 손을 대지 않는다.
② 효율이 좋은 아크 용접기는 전격방지기를 설치할 필요가 없다.
③ 용접 홀더의 절연부분이 파손되었을 때 보수하거나 교체한다.
④ 용접작업이 끝냈을 때는 반드시 스위치를 차단시킨다.

해설 아크 용접 시 전격에 대한 방지조치
① 효율이 좋은 아크 용접기도 전격방지기를 설치
② 용접작업이 끝날 때 는 반드시 스위치를 차단시킨다.
③ 용접 홀더의 절연부분이 파손되었을 때 보수하거나 교체한다.
④ 용접기 내부에 함부로 손을 대지 않는다.

38. ② 39. ④ 40. ① 41. ②

문제 42 용접부를 끝이 구면인 해머로 가볍게 때려 용착 금속부의 표면에 소성변형을 주어 인장응력을 완화시키는 잔류응력 제거법은?

① 피닝법
② 노내 풀림법
③ 저온 응력 완화법
④ 기계적 응력 완화법

해설 용접 잔류응력 제거법
① 피닝법 : 용접부를 끝이 구면인 해머로 가볍게 때려 용착 금속부의 표면에 소성변형을 주어 인장응력을 완화시키는 잔류응력 제거법
② 저온 응력 완화법 : 용접선 양측을 가스 불꽃에 의하여 너비 약 150mm를 150~200℃ 정도의 비교적 낮은 온도로 가열한 다음 곧 수냉하는 방법
③ 노내풀림법 : 제품 전체를 가열로 안에 넣고 적당한 온도에서 일정 시간 유지한 다음 노 내에서 서냉
④ 국부풀림법 : 제품이 커서 노 내에 넣을 수 없을 때 또는 설비, 용량 등으로 노내 풀림을 바라지 못할 경우에 용접부 근처만을 풀림
⑤ 기계적 응력 완화법 : 잔류응력이 있는 제품에 하중을 주어 용접부에 약간의 소성변형을 일으킨 다음 하중을 제거

문제 43 용접로봇동작을 나타내는 관절좌표계의 장점 설명으로 틀린 것은?

① 3개의 회전축을 이용한다.
② 장애물의 상하에 접근이 가능하다.
③ 작은 설치공간에 큰 작업영역이 가능하다.
④ 단순한 머니퓰레이터의 구조이다.

해설 용접로봇동작을 나타내는 관절좌표계의 장점
① 작은 설치공간에 큰 작업영역이 가능함.
② 장애물의 상하에 접근이 가능하다.
③ 3개의 회전축을 이용한다.
④ 복잡한 머니퓰레이터 구조이다.

문제 44 액체 이산화탄소 25kg 용기는 대기 중에서 가스량이 대략 12700L이다. 20L/min의 유량으로 연속 사용할 경우 사용 가능한 시간(hour)은 약 얼마인가?

① 60시간
② 6시간
③ 10시간
④ 1시간

해설 $1\min = 20l$
$x = 12700l$
$x = \dfrac{1\min \times 12700l}{20l} = 635\min \div 60분/1h = 10.58시간$

42. ① 43. ④ 44. ③

문제 45 다음 중 MIG 용접의 특성이 아닌 것은?

① 반자동 또는 자동으로 용접속도가 빠르다.
② 아크 자기제어 특성이 있다.
③ 전류밀도가 매우 높아 1mm 이하의 박판용접에 많이 이용된다.
④ 직류 역극성 사용 시 청정작용이 있어 Al, Mg 용접이 가능하다.

해설 **MIG 용접의 특성**
① 후판용접에 사용
② 반자동 또는 자동으로 용접속도가 빠르다.
③ 직류 역극성 사용 시 청정작용이 있어 Al, Mg 용접이 가능
④ 아크 자기제어 특성이 있다.

문제 46 선박, 보일러 등 두꺼운 판의 용접 시 용융 슬래그와 와이어의 저항열을 이용 연속적으로 상진하면서 용접하는 방법으로 맞는 것은?

① 테르밋 용접
② 일렉트로 슬래그 용접
③ 넌실드 아크 용접
④ 서브머지드 아크 용접

해설 **일렉트로 슬래그 용접** : 선박, 보일러 등 두꺼운 판의 용접 시 용융 슬래그와 와이어의 열을 이용, 연속적으로 상진하면서 용접하는 방법

문제 47 모재를 용융하지 않고 모재보다는 낮은 융점을 가지는 금속의 첨가제를 용융시켜 접합하는 방법은?

① 융접
② 압접
③ 납땜
④ 단접

해설 **납땜** : 모재를 용융하지 않고 모재보다는 낮은 융점을 가지는 금속의 첨가제를 용융시켜 접합

문제 48 전기용접 작업 전에 감전의 방지를 위해 반드시 확인할 사항으로 가장 거리가 먼 것은?

① 케이블의 파손 여부
② 홀더의 절연 상태
③ 용접기의 접지 상태
④ 작업장의 환기 상태

해설 **전기용접 시 감전 방지 위해 확인사항**
① 홀더의 절연 상태
② 용접기의 접지 상태
③ 케이블의 파손 여부

45. ③ 46. ② 47. ③ 48. ④

문제 49 용접경비를 적게 하기 위해 고려할 사항으로 가장 거리가 먼 것은?
① 용접봉의 적절한 선정과 그 경제적 사용방법
② 용접사의 작업 능률의 향상
③ 고정구 사용에 의한 능률 향상
④ 용접지그의 사용에 의한 전 자세 용접의 적용

문제 50 다음 결함 중에서 용접전류가 낮아서 생기는 결함이 아닌 것은?
① 오버랩
② 용입불량
③ 융합불량
④ 언더컷

해설 언더컷의 발생
① 전류가 너무 높을 때
② 용접속도가 너무 빠를 때
③ 아크길이가 길 때
④ 부적당한 용접봉 사용 시

문제 51 제1각법과 제3각법의 도면 배치 상의 차이점을 올바르게 설명한 것은?
① 정면도와 평면도의 위치는 동일하나 측면도의 좌, 우 위치는 서로 반대이다.
② 정면도의 위치는 동일하나 저면도와 평면도의 위치는 서로 반대이다.
③ 평면도의 위치는 동일하나 측면도의 좌, 우의 위치는 서로 반대이다.
④ 어느 경우나 도면의 배치는 변함 없다.

해설 제1각법과 제3각법의 도면 배치 상의 차이점
정면도의 위치는 동일하나 저면도와 평면도의 위치는 서로 반대이다.

문제 52 기계 제작 부품 도면에서 도면의 윤곽선 오른쪽 아래 구속에 위치하는 표제란을 가장 올바르게 설명한 것은?
① 품번, 품명, 재질, 주서 등을 기재한다.
② 제작에 필요한 기수적인 사항을 기재한다.
③ 제조 공정별 처리방법, 사용공구 등을 기재한다.
④ 도번, 도명, 제도 및 검도 등 관련자 서명, 척도 등을 기재한다.

해설 표제란 : 도번, 도명, 제도 및 검도 등 관련자 서명, 척도 등을 기재

49. ④ 50. ④ 51. ② 52. ④

문제 53

얇은 두께 부분의 단면도(개스킷, 형강, 박판 등 얇은 것의 단면) 표시로 사용되는 선에 해당하는 것은?

① 실제 치수와 관계없이 극히 굵은 1점 쇄선
② 실제 치수와 관계없이 극히 굵은 2점 쇄선
③ 실제 치수와 관계없이 극히 가는 실선
④ 실제 치수와 관계없이 극히 굵은 실선

해설 얇은 두께 부분의 단면도 표시로 사용하는 선 : 실제 치수와 관계없이 극히 굵은 실선

문제 54

기계제도에서 호의 길이를 표시하는 방법으로 옳은 것은?

① 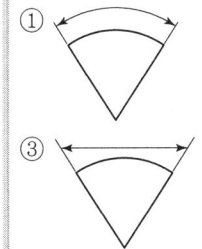 ②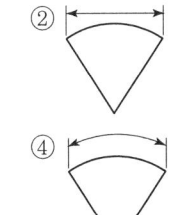

③ ④

해설 ① 현의 길이 표시 : 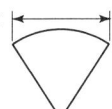   ② 호의 길이 표시 :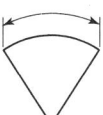

문제 55

보기와 같은 KS 용접기호 설명으로 올바른 것은?

① I형 맞대기 용접으로 화살표 쪽 용접
② I형 맞대기 용접으로 화살표 반대쪽 용접
③ H형 맞대기 용접으로 화살표 쪽 용접
④ H형 맞대기 용접으로 화살표 반대쪽 용접

[보기]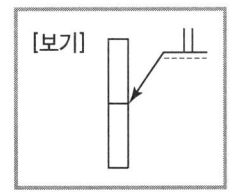

문제 56

파이프 이음의 도시 중 다음 기호가 뜻하는 것은?

① 유니언
② 엘보
③ 부시
④ 플러그

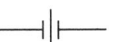

해답 53. ④ 54. ④ 55. ① 56. ①

해설 배관의 표시
① 유니언 : 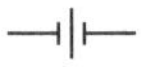
② 플랜지 : 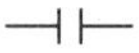
③ 엘보 : 
④ 용접 :

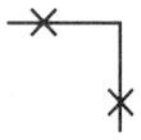

문제 57 그림은 스크루를 도시한 것이다. 이것의 명칭으로 옳은 것은?

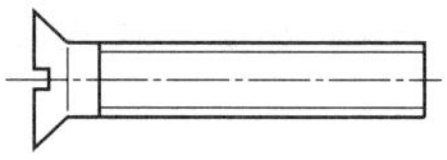

① 홈붙이 치즈머리 스크루
② 홈붙이 둥근접시머리 스크루
③ 홈붙이 접시머리 스크루
④ 홈붙이 캡스턴 스크루

문제 58 그림과 같은 제3각법 투상도에서 누락된 정면도로 적합한 투상도는?

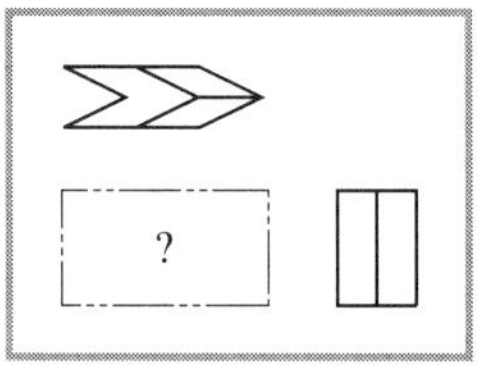

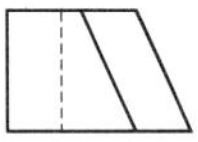

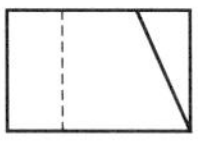

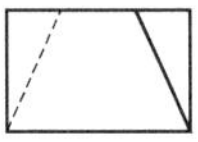

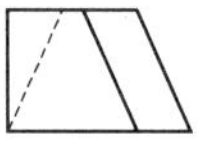

문제 59 그림과 같은 제3각법 정투상도의 3면도를 기초로 한 입체도로 가장 적합한 것은?

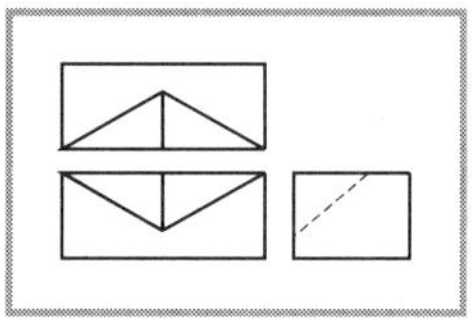

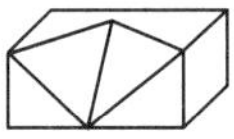

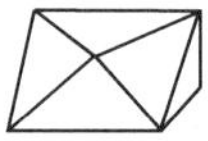

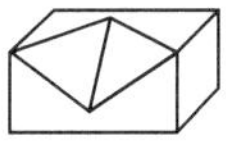

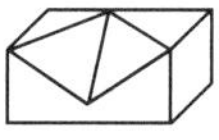

문제 60 그림의 도면은 제3각법으로 정투상한 정면도와 평면도이다. 우측면도로 가장 적합한 것은?

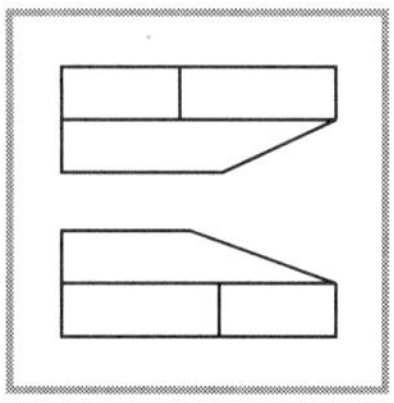

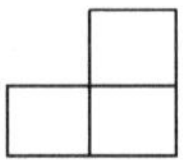

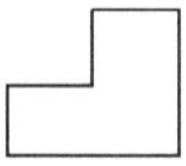

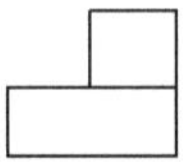

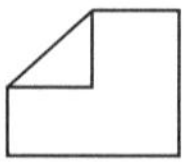

해답

57. ③ 58. ① 59. ③ 60. ①

2020년 4월 CBT 시행

문제 01 피복 아크 용접을 할 때 용융속도를 결정하는 것으로 맞는 것은?

① 용융속도=아크전류×용접봉 쪽 전압강하
② 용융속도=아크전압×용접봉 쪽 전압강하
③ 용융속도=아크전류×용접봉 지름
④ 용융속도=아크전류×아크전압

해설 용융속도=아크전류×용접봉 쪽 전압강하

문제 02 가스용접법에서 후진법과 비교한, 전진법의 설명에 해당하는 것은?

① 열 이용률이 나쁘다.   ② 용접속도가 빠르다.
③ 용접변형이 작다.   ④ 용접 가능 판두께가 두껍다.

해설 전진법의 특징
① 열 이용률이 나쁘다.   ② 용접속도가 느리다.
③ 용접변형이 크다.   ④ 용접 가능 판두께가 얇다.

문제 03 양극전압 강하 V_A, 음극전압 강하 V_k, 아크기둥 전압강하 V_p라고 할 때에 아크전압 Va의 올바른 관계식은?

① $Va = V_A + V_k - V_p$ ② $Va = V_k + V_p - V_A$
③ $Va = V_A - V_k - V_p$ ④ $Va = V_k + V_p + V_A$

해설 아크전압(Va)=음극전압강하+아크기둥전압강하+양극전압강하

문제 04 연강용 가스용접봉의 종류 GA43에서 43이 뜻하는 것은?

① 용착금속의 연신율 구분   ② 가스 용접봉
③ 용착금속의 최소 인장강도 수준   ④ 용접봉의 최대지름

해설 GA43 : 43은 용착금속의 최소 인장강도

01. ① 02. ① 03. ④ 04. ③

문제 05 가스 절단에 영향을 주는 요소가 아닌 것은?

① 산소의 압력
② 팁의 크기와 모양
③ 절단재의 재질
④ 호스의 굵기

해설 가스 절단에 영향을 주는 요소
① 산소의 압력 ② 절단재의 재질 ③ 팁의 크기와 모양

문제 06 절단의 종류 중 아크 절단에 해당되지 않는 것은?

① 아크 에어 가우징
② 분말절단
③ 플라스마 제트 절단
④ 불활성 가스 아크 절단

해설 아크 절단
① 탄소 아크 절단   ② 금속 아크 절단
③ 아크 에어 가우징   ④ 산소 아크 절단
⑤ MIG 아크 절단   ⑥ TIG 아크 절단
⑦ 플라스마 아크 절단 ⑧ 불활성 가스 아크 절단

문제 07 다음 중 야금적 접합법에 해당되지 않는 것은?

① 융접(fusion welding)
② 접어 잇기(seam)
③ 압접(pressure welding)
④ 납땜(brazing and soldering)

해설 야금적 접합
① 융접(fusion welding)
② 압접(pressure welding)
③ 납땜(brazing and soldering)

문제 08 용접봉의 보관 및 취급상의 주의사항으로 틀린 것은?

① 용접 작업자는 용접전류, 용접자세 및 건조 등 용접봉 사용조건에 대한 제조자의 지시에 따라야 한다.
② 보통 용접봉은 70~100℃에서 30~60분 정도 건조시켜야 한다.
③ 저수소계 용접봉은 300~350℃에서 1~2시간 정도 건조시켜야 한다.
④ 용접봉은 진동이 없고 하중을 받는 상태에서 지면보다 낮은 곳에 보관한다.

해설 용접봉의 보관 취급상 주의사항
① 용접봉은 진동을 받지 않고 하중을 받지 말아야 하며 지면보다 높은 곳에 보관
② 저수소계 용접봉은 300~350℃에서 1~2시간 정도 건조시킨다.
③ 보통 용접봉은 70~100℃에서 30~60분 정도 건조시켜야 한다.
④ 용접 작업자는 용접전류, 용접자세 및 건조 등 용접봉 사용조건에 대한 제조자의 지시에 따라야 한다.

05. ④ 06. ② 07. ② 08. ④

문제 09 다음 중 교류 아크 용접기에 포함되지 않는 것은?

① 가동 철심형
② 가동 코일형
③ 정류기형
④ 가포화 리액터형

해설 교류 아크 용접기
① 가동 철심형
② 가동 코일형
③ 가포화 리액터형
④ 탭 전환형

문제 10 가스 가우징(gas gouging)에 대한 설명으로 가장 올바른 것은?

① 강재 표면의 홈이나 개재물, 탈탄층 등을 제거하기 위해 표면을 얇게 깎아내는 가공법
② 용접부분의 뒷면을 따내든지, H형 등의 용접 홈을 가공하기 위한 가공법
③ 침몰선의 해체나 교량의 개조, 항만의 방파제 공사 등에 사용하는 가공법
④ 비교적 얇은 판을 작업 능률을 높이기 위하여 여러 장을 겹쳐놓고 한 번에 절단하는 가공법

해설
- **가스 가우징**: 용접부분의 뒷면을 따내든지, H형, U형 등의 용접 홈을 가공하기 위한 가공법
- **스카핑**: 강재 표면의 홈이나 개재물, 탈탄층 등을 제거하기 위해 표면을 얇게 깎아내는 가공법
- **수중절단**: 침몰선의 해체나 교량의 개조, 항만의 방파제 공사 등에 사용하는 가공법

문제 11 프로판가스가 완전연소하였을 때 설명으로 맞는 것은?

① 완전연소하면 이산화탄소로 된다.
② 완전연소하면 이산화탄소와 물이 된다.
③ 완전연소하면 일산화탄소와 물이 된다.
④ 완전연소하면 수소가 된다.

해설 $C_3H_8 + 5O_2 \rightarrow 3CO_2 + 4H_2O$ (이산화탄소와 물이 생성)

문제 12 산소-아세틸렌 불꽃의 종류가 아닌 것은?

① 중성 불꽃
② 탄화 불꽃
③ 질화 불꽃
④ 산화 불꽃

해설 산소-아세틸렌 불꽃
① 탄화불꽃
  ㉠ 아세틸렌 과잉불꽃

해답 09. ③ 10. ② 11. ② 12. ③

ⓒ 아세틸렌 페더가 있는 불꽃
ⓒ 매연을 내면서 적황색으로 탐.
ⓔ 산화작용이 일어나지 않음.
ⓜ 스테인리스, 모넬메탈, 스텔라이트
② 중성불꽃
 ⓐ 표준불꽃이라 함.
 ⓑ 산소와 아세틸렌의 혼합 비율이 1 : 1인 불꽃으로 일반 연강재나 주철 용접에 사용

문제 13
다음 직류 아크 용접에서 역극성(DCRP)의 특징이 아닌 것은?
① 용입이 얕다.
② 비드 폭이 좁다.
③ 용접봉의 녹음이 빠르다.
④ 박판, 주철, 고탄소강, 비철금속 등의 용접에 쓰인다.

해설 직류 역극성의 특징(DCRP)
① 용접봉(+) 70%, 모재(−) 30%
② 용입이 깊다.
③ 용접봉의 녹음이 빠르다.
④ 박판용접 가능
⑤ 주철, 비철금속, 고탄소강 등의 용접에 쓰임.
⑥ 비드 폭이 넓다.

문제 14
가스 발생식 용접봉의 특징 설명 중 틀린 것은?
① 전 자세 용접이 불가능하다.
② 슬래그의 제거가 손쉽다.
③ 아크가 매우 안정 된다.
④ 슬래그 생성식에 비해 용접속도가 빠르다.

해설 가스 발생식 용접봉의 특징
① 전 자세 용접이 가능하다.   ② 슬래그의 제거가 손쉽다.
③ 아크가 매우 안정 된다.   ④ 슬래그의 생성식에 비해 용접속도 빠름.

문제 15
33.7리터의 산소 용기에 150kgf/cm² 으로 산소를 충전하여 대기 중에서 환산하면, 산소는 몇 리터인가?
① 5055   ② 6066
③ 7077   ④ 8088

해설 산소량 $= P \times V = 150 \times 33.7 = 5055 l$

13. ② 14. ① 15. ①

문제 16
교류 용접기에서 무부하 전압이 높기 때문에 감전의 위험이 있어 용접사를 보호하기 위하여 설치한 장치는?

① 초음파 장치
② 전격방지장치
③ 원격제어장치
④ 핫 스타트 장치

해설
- **전격방지장치** : 무부하 전압이 85~95V로 비교적 높은 교류 아크 용접기는 감전 재해의 위험이 있기 때문에 무부하 전압을 20~30V 이하로 유지하여 용접사 보호
- **핫 스타트 장치** : 아크가 발생하는 초기에 용접봉과 모재가 냉각되어 있어 입열이 부족하여 아크가 불안정하기 때문에 아크 초기만 용접전류 크게

문제 17
용접법의 분류 중에서 융접에 속하는 것은?

① 테르밋 용접
② 초음파 용접
③ 플래시 용접
④ 심 용접

해설 융접
① 아크 용접
  ㉠ 서브머지드 아크 용접
  ㉡ 스터드 용접
  ㉢ 탄산가스 아크 용접
② 가스 용접
  ㉠ 산소-아세틸렌 용접
  ㉡ 산소-수소 용접
  ㉢ 공기-아세틸렌 용접
③ 특수 용접
  ㉠ 일렉트로 슬래그 용접
  ㉡ 테르밋 용접
  ㉢ 전자 빔 용접

문제 18
알루미늄이나 그 합금은 대체로 용접성이 불량하다. 그 이유가 아닌 것은?

① 산화알루미늄(Al_2O_3)의 용융온도가 알루미늄의 용융온도보다 매우 높기 때문에 용접성이 나쁘다.
② 용융점이 660℃로서 낮은 편이고, 색체에 따라 가열온도의 판정이 곤란하여 지나치게 용융이 되기 쉽다.
③ 용접 후의 변형이 적고 균열이 생기지 않는다.
④ 용융응고 시에 수소가스를 흡수하여 기공이 발생되기 쉽다.

해설 알루미늄이나 그 합이 용접성이 불량한 이유
① 용융응고 시에 수소가스를 흡수하여 기공이 발생되기 쉽다.
② 용융점이 660℃로서 낮은 편이고, 색체에 따라 가열온도의 판정이 곤란하여 지나치게 용융이 되기 쉽다.
③ 산화알루미늄의 용융온도가 알루미늄의 용융온도보다 매우 높기 때문에 용접성이 나쁘다.

16. ② 17. ① 18. ③

문제 19
오스테나이트계 스테인리스강의 설명 중 틀린 것은?

① 내식성이 높고 비자성이다.
② Cr 18%-Ni 8% 스테인리스강이 대표적이다.
③ 용접이 비교적 잘되며 가공성도 좋다.
④ 염산, 황산에 강하다.

해설 오스테나이트계 스테인리스강
① 염산, 황산에 약하다.
② 내식성이 높고 비자성체이다.
③ 용접이 비교적 잘되며 가공성도 좋다.
④ Cr 18%, Ni 8% 스테인리스강이 대표적이다.

문제 20
용접이나 단조 후 편석 및 잔유응력을 제거하여 균일화시키거나 연화를 목적으로 하는 열처리 방법은?

① 담금질(quenching)
② 뜨임(tempering)
③ 풀림(annealing)
④ 불림(normalizing)

해설 열처리
① 담금질 : 강을 A_3 변태 및 A_1선 이상 30~50℃로 가열한 후 물 또는 기름으로 급랭하는 방법으로 경도 및 강도 증가
② 뜨임 : 담금질된 강을 A_1변태점 이하의 일정 온도로 가열하여 인성 증가
③ 풀림 : 재질의 연화를 목적으로 일정 시간 가열 후 노 내에서 서냉 내부응력 및 잔류응력 제거
④ 불림 : 강을 표준상태로 하기 위하여 가공조직의 균일화, 결정립의 미세화, 기계적 성질의 향상을 목적으로 실시

문제 21
면심입방격자(FCC)에 속하는 금속이 아닌 것은?

① Cr(크롬)
② Cu(구리)
③ Pb(납)
④ Ni(니켈)

해설
- **체심입방격자** : V, Mo, W, Cr, K, Na, Ba, Ta(바,몰,텅,크,칼,나,바,탈)
- **면심입방격자** : Ag, Cu, Au, Al, Pb, Ni, Pt, Ce(은,구,금,알,납,니,백,세)
- **조밀입방격자** : Ti, Mg, Zn, Co, Zr, Be(티,마,아,코,지,베)

문제 22
금속침투법(cementation)의 종류에 속하지 않는 것은?

① 설퍼라이징(sulfurizing)
② 세라다이징(sheradizing)
③ 크로마이징(chromizing)
④ 칼로라이징(calorizing)

해답

19. ④ 20. ③ 21. ① 22. ①

해설 **금속침투법**
① Cr(크롬) : 크로마이징
② Zn : 세라다이징
③ Al(알루미늄) : 칼로라이징
④ Si : 실리코나이징
⑤ B(붕소) : 브로나이징

문제 23 합금강이 탄소강에 비하여 개선되는 성질이 아닌 것은?

① 전·자기적 성질
② 담금질성
③ 열전도율
④ 내식·내마멸성

해설 **합금강이 탄소강에 비해 개선되는 성질**
① 내식·내마멸성 ② 담금질성 ③ 전·자기적 성질

문제 24 켈밋(kelmet)에 대한 설명으로 적당하지 않은 것은?

① 구리와 납의 합금이다.
② 축에 대한 적응성이 우수하다.
③ 화이트메탈보다 내하중성이 크다.
④ 저속, 저하중용 베어링에 많이 사용한다.

해설 **켈밋**
① 고속, 고하중용 베어링에 사용
② 화이트메탈보다 내하중성이 크다.
③ 축에 대한 적응성이 우수하다.
④ 구리와 납의 합금이다.

문제 25 황동 가공재를 상온에서 방치하거나 또는 저온풀림 경화된 스프링재는 사용 중 시간의 경과에 따라 경도 등 여러 성질이 나빠진다. 이러한 현상을 무엇이라고 하는가?

① 경년변화
② 탈아연부식
③ 자연균열
④ 저온풀림경화

해설 **경년변화** : 황동 가공재를 상온에서 방치하거나 또는 저온풀림 경화된 스프링재는 사용 중 시간의 경과에 따라 경도 등 여러 가지 성질이 나빠지는 것

문제 26 다음 중 주강에 대한 일반적인 설명으로 틀린 것은?

① 주철에 비하면 용융점이 800℃ 전후의 저온이다.
② 주철에 비하여 기계적 성질이 우수하다.
③ 주조상태로는 조직이 거칠고 취성이 있다.
④ 주강 제품에는 기포 등이 생기기 쉬우므로 제강작업에는 다량의 탈산제를 사용함에 따라 Mn이나 Ni의 함유량이 많아진다.

해답 23. ③ 24. ④ 25. ① 26. ①

문제 27

주철균열의 보수용접 중 가늘고 긴 용접을 할 때 용접선에 직각이 되게 꺽쇠 모양으로 직경 6mm 정도의 강봉을 박고 용접하는 방법은?

① 스터드법　　　　　　　　② 비녀장법
③ 버터링법　　　　　　　　④ 로킹법

해설 **주철의 보수용접 방법**
① 비녀장법 : 균열부의 수리 및 가늘고 긴 용접을 할 때 용접선에 직각이 되게 지름 6~10mm 정도의 ㄷ자형의 강봉을 박고 용접
② 로킹법 : 스터드 볼트 대신 용접부 바닥에 홈을 파고 이 부분에 걸쳐 힘을 받도록 하는 방법
③ 버터링법 : 처음에는 모재와 잘 융합되는 용접봉으로 적당한 두께까지 융착시키고 난 후 다른 용접봉으로 용접

문제 28

실용되고 있는 탄소강은 0.05~1.7%C를 함유하며, 각각 다른 용도를 갖고 있다. 탄소강에서 가공성과 강인성을 동시에 요구하는 경우에 탄소함유량이 어느 정도 함유되어 있는 것을 사용하는 것이 적당한가?

① 0.05~0.3%C　　　　　　② 0.3~0.45%C
③ 0.45~0.65%C　　　　　　④ 0.65~1.2%C

해설 탄소강에서 가공성과 강인성을 동시에 요구하는 경우 탄소함유량 : 0.3~0.45%

문제 29

전자동 MIG 용접과 반자동 용접을 비교했을 때 전자동 MIG 용접의 장점으로 틀린 것은?

① 우수한 품질의 용접이 얻어진다.　　② 생산단가를 최소화할 수 있다.
③ 용착효율이 낮아 능률이 매우 좋다.　④ 용접속도가 빠르다.

해설 **전자동 미그 용접의 장점**
① 용착효율이 높아 능률이 매우 좋다.
② 용접속도가 빠르다.
③ 생산단가를 최소화할 수 있다.
④ 우수한 품질의 용접이 얻어진다.

문제 30

MIG 용접의 특징 설명으로 틀린 것은?

① 용접속도가 빠르다.
② 아크 자기제어 특성이 있다.
③ 전류밀도가 높아 3mm 이상의 판 용접에 적당하다.
④ 직류 정극성 이용 시 청정작용으로 알루미늄이나 마그네슘 용접이 가능하다.

해답 27. ② 28. ② 29. ③ 30. ④

해설 MIG 용접의 특징
① 직류 역극성 이용 시 청정작용으로 알루미늄이나 마그네슘 용접 가능
② 전류밀도가 높아 3mm 이상의 판 용접에 적당
③ 아크자기제어 특성이 있다.
④ 용접속도가 빠르다.
⑤ 전 자세 용접이 가능
⑥ 용착효율이 높아 고능률적이다.
⑦ CO_2 용접에 비해 스패터 발생이 적다.
⑧ 응용범위가 넓다.

문제 31 용접 시 예열을 하는 목적으로 가장 거리가 먼 것은?

① 균열의 방지
② 기계적 성질의 향상
③ 변형, 잔류응력의 감소
④ 화학적 성질의 향상

해설 용접 시 예열을 하는 목적
① 변형, 잔류응력의 감소
② 기계적 성질의 향상
③ 균열의 방지

문제 32 용접기에 전원스위치를 넣기 전에 점검해야 할 사항 중 틀린 것은?

① 용접기가 전원에 잘 접속되어 있는가를 점검한다.
② 케이블이 손상된 곳은 없는지 점검한다.
③ 회전부나 마찰부에 윤활유가 알맞게 주유되어 있는지 점검한다.
④ 용접봉 홀더에 접지선이 이어져 있는지 점검한다.

해설 용접기에 전원 스위치를 넣기 전에 점검사항
① 회전부나 마찰부에 윤활유가 알맞게 주유되어 있는지 점검
② 케이블이 손상된 곳은 없는지 점검
③ 용접기가 전원에 잘 접속되어 있는지 점검

문제 33 가스 용접 시 사용하는 용제에 대한 설명으로 틀린 것은?

① 용제는 용접 중에 생기는 금속의 산화물을 용해한다.
② 용제는 용접 중에 생기는 비금속 개재물을 용해한다.
③ 용제의 융점은 모재의 융점보다 높은 것이 좋다.
④ 용제는 건조한 분말, 페이스트, 또는 용접부 표면에 피복한 것도 있다.

해설 가스 용접 시 사용하는 용제
① 용제는 건조한 분말, 페이스트, 또는 용접부 표면에 피복한 것도 있다.
② 용제의 융점은 모재의 융점보다 낮은 것이 좋다.
③ 용제는 용접 중에 생기는 비금속 개재물을 용해한다.
④ 용제는 용접 중에 생기는 금속의 산화물을 용해한다.

31. ④ 32. ④ 33. ③

문제 34
아크 플라스마는 고전류가 되면 방전전류에 의하여 생기는 자장과 전류의 작용으로 아크의 단면이 수축되고 그 결과 아크 단면이 수축하여 가늘게 되고 전류밀도가 증가한다. 이와 같은 성질을 무엇이라고 하는가?

① 열적 핀치 효과
② 자기적 핀치 효과
③ 플라스마 핀치 효과
④ 동적 핀치 효과

해설 **자기적 핀치 효과** : 아크 플라스마는 고전류가 되면 방전전류에 의해 생기는 자장과 전류의 작용으로 아크의 단면이 수축되고 그 결과 아크 단면이 수축하여 가늘게 되고 전류밀도가 증가

문제 35
잔류응력을 완화하는 방법 중에서 저온 응력 완화법의 설명으로 맞는 것은?

① 용접선의 좌우 양측을 각각 250mm의 범위를 625℃에서 1시간 가열하여 수냉하는 방법
② 600℃에서 10℃씩 온도가 내려가게 풀림 처리하는 방법
③ 가열 후 압력을 가하여 수냉하는 방법
④ 용접선의 양측을 정속으로 이동하는 가스 불꽃에 의하여 너비 약 150mm에 걸쳐서 150－200℃로 가열한 다음 수냉하는 방법

해설 **잔류응력 완화법**
① 저온 응력 완화법 : 용접선 양측을 가스 불꽃에 의해 너비 약 150mm를 150~200℃ 정도의 비교적 낮은 온도로 가열한 다음 곧 수냉하는 법
② 기계적 응력 완화법 : 잔류응력이 있는 제품에 하중을 주어 용접부에 약간의 소성변형을 일으킨 다음 하중을 제거
③ 노내풀림법 : 제품 전체를 가열로 안에 넣고 적당한 온도에서 일정 시간 유지한 다음 노 내에서 서냉
④ 국부풀림법 : 제품이 커서 노 내에 넣을 수 없을 때 또는 설비용량 등으로 노내풀림을 바라지 못할 경우에 용접부 근처만을 풀림
⑤ 피닝법 : 해머로써 용접부를 연속적으로 때려 용접표면에 소성변형을 주는 방법

문제 36
용접결함 중 구조상 결함이 아닌 것은?

① 슬래그 섞임
② 용입불량과 융합불량
③ 언더컷
④ 피로강도 부족

해설 **구조상 결함**
① 오버랩
② 용입불량
③ 내부 기공
④ 슬래그 혼입
⑤ 언더컷
⑥ 선상조직
⑦ 은점
⑧ 균열

해답

34. ② 35. ④ 36. ④

문제 37 피복 아크 용접에서 용접전류에 의해 아크 주위에 발생하는 자장이 용접봉에 대해서 비대칭일 때 일어나는 현상은?

① 자기흐름(magnetic flow)
② 언더컷
③ 자기불림(magnetic blow)
④ 오버랩

해설 **자기불림**(아크 쏠림)
① 직류에서 나타나는 현상으로 용접 중에 아크가 용접봉 방향에서 한쪽으로 쏠리는 현상
② 피복 아크 용접에서 용접전류에 의해 아크 주위에 발생하는 자장이 용접봉에 대해서 비대칭일 때 일어나는 현상
③ 방지책
　㉠ 직류 용접을 하지 말고 교류 용접을 할 것.
　㉡ 짧은 아크를 사용할 것.
　㉢ 용접부가 긴 경우 후퇴법을 사용할 것.
　㉣ 접지점을 2개 연결할 것.
　㉤ 접지점을 용접부보다 멀리할 것.

문제 38 서브머지드 아크 용접에 대한 설명으로 틀린 것은?

① 용접장치로는 송급장치, 전압제어장치, 접촉팁, 이동대차 등으로 구성되어 있다.
② 용제의 종류에는 용융형 용제, 고온 소결형 용제, 저온 소결형 용제가 있다.
③ 시공을 할 때는 루트 간격을 0.8mm 이상으로 한다.
④ 엔드 탭의 부착은 모재와 홈의 형상이나 두께, 재질 등이 동일한 규격으로 부착하여야 한다.

해설 시공 시 루트 간격은 0.8mm 이하로 한다.

문제 39 알루미늄을 TIG 용접할 때 가장 적합한 전류는?

① AC
② ACHF
③ DCRP
④ DCSP

해설 ① ACHF(고주파 교류)　② DCRP(직류 역극성)　③ DCSP(직류 정극성)

문제 40 마찰용접의 장점이 아닌 것은?

① 용접작업시간이 짧아 작업능률이 높다.
② 이종금속의 접합이 가능하다.
③ 피 용접물의 형상치수, 길이, 무게의 제한이 없다.
④ 작업자의 숙련이 필요하지 않다.

37. ③　38. ③　39. ②　40. ③

해설 **마찰용접의 장점**
① 피 용접물의 형상치수, 길이, 무게의 제한이 없다.
② 이종금속의 접합이 가능하다.
③ 작업자의 숙련이 필요하지 않다.
④ 용접작업시간이 짧아 작업능률이 높다.

문제 41 CO_2 가스 아크 용접 결함에 있어서 다공성이란 무엇을 의미하는가?

① 질소, 수소, 일산화탄소 등에 의한 기공을 말한다.
② 와이어 선단부에 용적이 붙어 있는 것을 말한다.
③ 스패터가 발생하여 비드의 외관에 붙어 있는 것을 말한다.
④ 노즐과 모재간 거리가 지나치게 작아서 와이어 송급 불량을 의미한다.

해설 CO_2 가스 아크 용접 결함에서 다공성이란 일산화탄소, 수소, 질소 등에 의한 기공을 말한다.

문제 42 용접봉의 소요량을 판단하거나 용접작업시간을 판단하는 데 필요한 용접봉의 용착효율을 구하는 식은?

① 용착효율 = $\dfrac{\text{용착금속의 중량}}{\text{용접봉 사용 중량}} \times 100$

② 용착효율 = $\dfrac{\text{용착금속의 중량} \times 2}{\text{용접봉 사용 중량}} \times 100$

③ 용착효율 = $\dfrac{\text{용접봉 사용 중량}}{\text{용착금속의 중량}} \times 100$

④ 용착효율 = $\dfrac{\text{용접봉 사용 중량}}{\text{용착금속의 중량} \times 2} \times 100$

해설 **용착효율** = $\dfrac{\text{용착금속의 중량}}{\text{용접봉 사용 중량}} \times 100$

문제 43 필릿 용접에서 이론 목두께 a와 용접 다리길이 z의 관계를 옳게 나타낸 것은?

① a ≒ 0.3z   ② a ≒ 0.5z
③ a ≒ 0.7z   ④ a ≒ 0.9z

해설 필릿 용접에서 이론 목두께 a와 용접 다리길이 z의 관계식
a ≒ 0.7z

해답   41. ① 42. ① 43. ③

문제 44
다음 중 비파괴 시험이 아닌 것은?

① 초음파탐상시험 ② 피로시험
③ 침투탐상시험 ④ 누설탐상시험

해설 비파괴 시험
① RT(방사선 투과시험) ② UT(초음파탐상시험)
③ MT(자분탐상시험) ④ PT(침투탐상시험)
⑤ LT(누설탐상시험) ⑥ VT(육안검사)

문제 45
다음 가스 중에서 발열량이 큰 것에서 작은 것의 순서로 배열된 것은?

① 아세틸렌>프로판>수소>메탄 ② 프로판>아세틸렌>메탄>수소
③ 프로판>메탄>수소>아세틸렌 ④ 아세틸렌>수소>메탄>프로판

해설 발열량
① 부탄 : 26691kcal/m^3 ② 프로판 : 20780kcal/m^3
③ 아세틸렌 : 12690kcal/m^3 ④ 메탄 : 8080kcal/m^3
⑤ 일산화탄소 : 2865kcal/m^3 ⑥ 수소 : 2420kcal/m^3

문제 46
안전·보건표지의 색채, 색도 기준 및 용도에서 특정 행위의 지시 및 사실의 고지에 사용되는 색채는?

① 빨간색 ② 노란색
③ 녹색 ④ 파란색

해설 안전색채
① 적색 : 방화 금지, 정지, 고도의 위험
② 파란색 : 지시 및 사실의 고지
③ 녹색 : 진행 유도, 안전, 구급
④ 청색 : 주의, 수리중
⑤ 보라 : 방사능

문제 47
연납용 용제로 사용되는 것이 아닌 것은?

① 인산 ② 염화아연
③ 염산 ④ 붕산

해설
• 연납용 용제
① 인산 ② 염산 ③ 염화아연 ④ 염화암모니아
• 경납용 용제
① 붕사 ② 붕산 ③ 염화나트륨 ④ 염화리튬
⑤ 산화제일구리 ⑥ 빙정석

44. ② 45. ② 46. ④ 47. ④

문제 48 전류를 통하여 자화가 될 수 있는 금속재료, 즉 철, 니켈과 같이 자기변태를 나타내는 금속 또는 그 합금으로 제조된 구조물이나 기계부품의 표면부에 존재하는 결함을 검출하는 비파괴시험법은?

① 맴돌이 전류시험
② 자분탐상시험
③ γ선 투과시험
④ 초음파 탐상시험

해설
- **자분탐상시험** : 전류를 통하여 자화가 될 수 있는 금속재료, 즉 철, 니켈 같이 자기변태를 나타내는 금속 또는 그 합금으로 제조된 구조물이나 기계부품의 표면부에 존재하는 결함 검출
- **초음파 검사** : 0.5~15μ의 초음파를 피검사물의 내부에 침투시켜 반사파를 이용하여 내부의 결함과 불균일층의 존재 여부 검사
- **방사선 투과검사** : 대상물에 X선이나 γ선을 투과하여 필름에 나타나는 형상으로 결함을 판별하는 비파괴검사법

문제 49 CO_2 가스 아크 용접에서 아크전압이 높을 때 나타나는 현상으로 맞는 것은?

① 비드 폭이 넓어진다.
② 아크 길이가 짧아진다.
③ 비드 높이가 높아진다.
④ 용입이 깊어진다.

해설 CO_2 가스 아크 용접에서 아크전압이 높을 때 나타나는 현상
① 아크 길이가 짧아진다.
② 비드 폭이 좁아진다.
③ 비드 높이가 낮아진다.
④ 용입이 얕아진다.

문제 50 용접의 일종으로서 아크열이 아닌 와이어와 용융 슬래그 사이에 통전된 전류의 저항 열을 이용하여 용접을 하는 것은?

① 테르밋 용접
② 전자 빔 용접
③ 초음파 용접
④ 일렉트로 슬래그 용접

해설
- **일렉트로 슬래그 용접** : 아크열이 아닌 와이어와 용융 슬래그 사이에 통전된 전류의 저항열을 이용하여 용접
- **스터드 용접** : 볼트나 환봉 등을 피스톤형 홀더에 끼우고, 모재와 환봉 사이에서 순간적으로 아크를 발생시켜 용접
- **서브머지드 아크 용접** : 용제와 와이어가 분리되어 공급하고 아크가 용제 속에서 일어나며 잠호용접이라고도 한다.
- **테르밋 용접** : 산화철 분말과 알루미늄 분말을 (1 : 3)의 중량비로 혼합한 테르밋제에 과산화바륨과 마그네슘 분말을 혼합한 점화촉진제를 넣어 연소시켜 용접, 주로 철도 레일, 차축, 선박 프레임의 용접에 사용

해답
48. ② 49. ② 50. ④

문제 51
도면에 표현되는 각도 치수 기입의 예를 나타낸 것이다. 틀린 것은?

①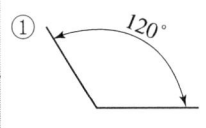
②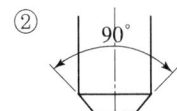
③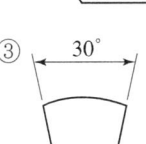
④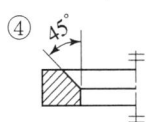

해설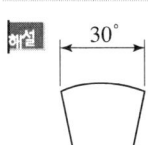

문제 52
암이나 리브 등을 도형 내에 단면 도시할 때 절단한 곳에 겹쳐서 단면 형상을 그리는 경우 사용하는 선은?

① 가는 실선
② 파선
③ 굵은 실선
④ 가상선

해설
- **가는일점쇄선** : ① 중심선 ② 절단선
  ③ 기준선 ④ 피치선
- **가는실선** : ① 파단선 ② 해칭선
  ③ 치수선 ④ 치수보조선
- **가는이점쇄선** : 가상선
- **굵은실선** : 외형선

문제 53
그림과 같은 원뿔을 전개하였을 경우 나타난 부채꼴의 전개각(전개된 물체의 꼭지각)이 120°가 되려면 l의 치수는?

① 80
② 120
③ 180
④ 270

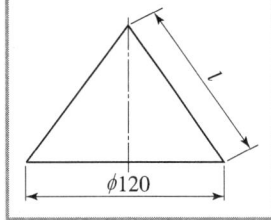

해설
$\theta = 360 \times \dfrac{r}{l}$

$l = \dfrac{360 \times r}{\theta} = \dfrac{360 \times 60}{120} = 180$

51. ③ 52. ① 53. ③

문제 54
도면에 아래와 같이 리벳이 표시되었을 경우 올바른 설명은?

"둥근머리 리벳 6 × 18 SWRM10 앞붙이"

① 둥근머리부의 바깥지름은 18mm이다.
② 리벳이음의 피치는 10mm이다.
③ 리벳의 길이는 10mm이다.
④ 호칭 지름은 6mm이다.

문제 55
용접부 표면 또는 용접부 형상에 대한 보조기호 설명으로 틀린 것은?

① ──── : 평면
② ⌒ : 볼록형
③ MR : 영구적인 이면판재 사용
④ ⌣ : 토를 매끄럽게 함

해설 보조기호
① 평면 : ────
② 볼록형 : ⌒
③ 오목형 : ⌣
④ 끝단부를 매끄럽게 함 : ⌣
⑤ 영구적인 덮개판 사용 : M
⑥ 제거가능한 덮개판 사용 : MR

문제 56
도면에 2가지 이상의 선이 같은 장소에 겹치어 나타내게 될 경우 우선순위가 가장 높은 것은?

① 숨은선
② 외형선
③ 절단선
④ 중심선

문제 57
그림의 등각투상도에서 화살표 방향이 정면일 때 제3각 투상도로 가장 올바르게 나타낸 것은?

① 평면도 :
② 좌측면도 :
③ 정면도 :
④ 우측면도 :

해답
54. ④ 55. ③ 56. ② 57. ①

문제 58
배관설비도의 계기 표시 기호 중에서 유량계를 나타내는 기호는?

①   ②
③ 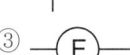 ④

해설 계기 표시
① 압력계 : —P—　② 온도계 : —T—　③ 유량계 : —F—

문제 59
보기 용접 기호 중 " " 가 나타내는 의미 설명으로 올바른 것은?

① 전둘레 필릿 용접
② 현장 필릿 용접
③ 전둘레 현장 용접
④ 현장 점 용접

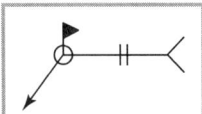

문제 60
도면의 양식 중 반드시 갖추어야 할 사항은?

① 방향 마크　② 도면의 구역
③ 재단 마크　④ 중심 마크

해설 도면의 양식 중 반드시 갖추어야 할 사항 : 중심 마크

58. ③　59. ③　60. ④

2020년 7월 CBT 시행

문제 01 피복 아크 용접봉의 피복제(flux) 연소 시 용접부 보호 방식에 속하지 않는 것은?

① 가스 발생식
② 슬래그 생성식
③ 반가스 발생식
④ 반슬래그 생성식

해설 피복 아크 용접봉의 용접부 보호방식
① 가스 발생식
② 반가스 발생식
③ 슬래그 생성식

문제 02 산소-아세틸렌 가스 용접에 대한 장점 설명으로 틀린 것은?

① 운반이 편리하다.
② 후판 용접이 용이하다.
③ 아크 용접에 비해 유해 광선이 적다.
④ 전원설비가 없는 곳에서도 쉽게 설치할 수 있다.

해설 산소-아세틸렌 가스 용접에 대한 장점
① 박판용접에 적합
② 운반이 편리하다.
③ 아크 용접에 비해 유해광선이 적다.
④ 전원설비가 없는 곳에서도 설치 가능
⑤ 응용범위가 넓다.
⑥ 가열 조절이 비교적 자유롭다.
⑦ 전기 용접에 비해 싸다.

문제 03 아크 용접기의 코일이 1차 코일과 2차 코일이 같은 철심에 감겨져 있고, 대개 2차 코일은 고정하고 1차 코일을 이동하여 두 코일간의 거리를 조절하여 전류를 조정하는 용접기는?

① 가동철심형
② 가동코일형
③ 탭 전환형
④ 가포화 리액터형

해설 교류 아크 용접기의 종류와 특징
① 가동 코일형
  ㉠ 대개 2차 코일은 고정하고 1차 코일을 이동하여 두 코일간의 거리를 조절하여 전류 조정

해답

01. ④ 02. ② 03. ②

ⓒ 누설 리액턴스 값을 변화시킴.
ⓒ 가격이 비싸다.
② 가포화 리액터형 : 원격제어가 되고 가변저항의 변화로 용접전류 조정
③ 탭 전환용
ⓒ 무부하전압이 높아 전격의 위험이 크다.
ⓒ 코일의 감긴 수에 따라 전류 조정
ⓒ 미세전류 조정이 어렵다.
④ 가동 철심형
ⓒ 광범위한 전류 조정이 어렵다.
ⓒ 가동철심으로 누설자속을 가감하여 전류 조정
ⓒ 미세한 전류 조정이 가능
ⓒ 현재 가장 많이 사용

문제 04 가스 용접 시 사용하는 용제에 대한 설명으로 틀린 것은?

① 용제의 융점은 모재의 융점보다 낮은 것이 좋다.
② 용제는 용융금속의 표면에 떠올라 용착금속의 성질을 양호하게 한다.
③ 용제는 용접 중에 생기는 금속의 산화물 또는 비금속개재물을 용해하여 용융온도가 높은 슬래그를 만든다.
④ 연강에는 용제를 일반적으로 사용하지 않는다.

해설 용융온도가 낮은 슬래그를 만든다.

문제 05 가스 절단에서 예열불꽃이 강한 경우 미치는 영향이 아닌 것은?

① 모서리가 용융되어 둥글게 된다.
② 드래그가 증가한다.
③ 슬래그 중의 철 성분의 박리가 어렵게 된다.
④ 절단면이 거칠게 된다.

해설 가스 절단 시 예열불꽃이 강한 경우 미치는 영향
① 드래그가 감소한다.
② 모서리가 용융되어 둥글게 된다.
③ 절단면이 거칠게 된다.
④ 슬래그 중의 철분의 박리가 어렵게 된다.

문제 06 내용적 40.7리터의 산소병에 150kgf/cm²의 압력이 게이지에 표시되었다면 산소병에 들어 있는 산소량은 몇 리터인가?

① 3400
② 4055
③ 5055
④ 6105

해설 산소량 $= 150 \times 40.7 = 6105 l$

04. ③ 05. ② 06. ④

2020년도 시행

문제 07 가스 가공의 분류에 해당되지 않는 것은?
① 가우징 ② 스카핑
③ 천공 ④ 용제절단

해설 가스 가공의 분류
① 천공 ② 가우징 ③ 스카핑

문제 08 아세틸렌가스와 접촉하여도 폭발성 화합물을 생성하지 않는 것은?
① Fe ② Cu
③ Ag ④ Hg

해설 아세틸렌과 접촉 시 폭발성 화합물 생성
① $C_2H_2 + 2Cu \rightarrow Cu_2C_2 + H_2$(동아세틸리드 생성)
② $C_2H_2 + 2Ag \rightarrow Ag_2C_2 + H_2$(은아세틸리드 생성)
③ $C_2H_2 + 2Hg \rightarrow Hg_2C_2 + H_2$(수은아세틸리드 생성)

문제 09 아크 발생 초기에 용접봉과 모재가 냉각되어 있어 입열이 부족하면 아크가 불안정하기 때문에 아크 초기에만 용접전류를 특별히 크게 해주는 장치는?
① 전격방지장치 ② 원격제어장치
③ 핫 스타트 장치 ④ 고주파 발생장치

해설 교류 아크 용접기의 부속장치
① 핫 스타트 장치 : 아크 발생 초기에 용접봉과 모재가 냉각되어 있어 입열이 부족하면 아크가 불안정하기 때문에 아크 초기에만 용접전류를 특별히 크게 해주는 장치
② 전격방지장치 : 무부하 전압이 85~95V로 비교적 높은 교류 아크 용접기는 감전재해의 위험이 있기 때문에 무부하 전압을 20~30V 이하로 유지하여 용접사 보호

문제 10 가스 용접 시 모재의 두께가 2.0mm일 때 용접봉의 지름을 계산식에 의해 구하면 몇 mm인가?
① 2.0 ② 2.6
③ 3.2 ④ 4.0

해설 $D = \dfrac{t}{2} + 1$ $D = \dfrac{2}{2} + 1$
$D = 2$

해답 07. ④ 08. ① 09. ③ 10. ①

문제 11

다음 그림은 모재 위에 피복 아크 용접으로 용접한 용접부의 단면 형상이다. 각각의 기호에 대한 설명이 틀린 것은?

① a : 피복제
② b : 심선
③ c : 용접비드
④ d : 용착금속

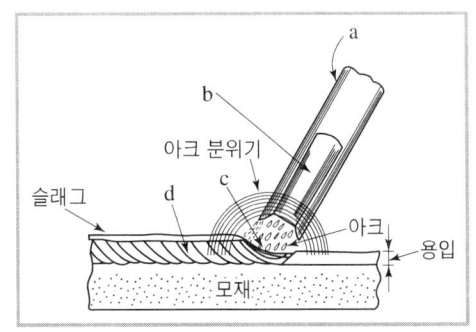

해설 c : 용융지

문제 12

알루미늄을 가공하기 위하여 아크 에어 가우징 작업을 할 때의 전원 특성으로 가장 적당한 것은?

① DCRP(직류 역극성)
② DCSP(직류 정극성)
③ ACRP(교류 역극성)
④ ACSP(교류 정극성)

해설 아크 에어 가우징 작업 시 전원 특성 : 직류 역극성(DCRP)

문제 13

연강용 피복 금속 아크용접봉의 종류 중에서 E4313의 피복제 계통은?

① 일루미나이트계
② 라임티타니아계
③ 철분산화티탄계
④ 고산화티탄계

해설 피복제 계통
① E4301(일미나이트계)
② E4303(라임티탄계)
③ E4311(고셀룰로오스계)
④ E4313(고산화티탄계)
⑤ E4316(저수소계)
⑥ E4324(철분산화티탄계)
⑦ E4326(철분저수소계)
⑧ E4327(철분산화철계)
⑨ E4340(특수계)

문제 14

미국에서 개발된 것으로 기계적인 진동이 모재의 융점 이하에서도 용접부가 두 소재 표면사이에서 형성되도록 하는 용접은?

① 테르밋 용접
② 원자수소 용접
③ 금속아크 용접
④ 초음파 용접

해설 초음파 용접 : 미국에서 개발된 것으로 기계적인 진동이 모재의 융점 이하에서도 용접부가 두 소재 표면 사이에서 형성되도록 하는 용접

11. ③ 12. ① 13. ④ 14. ④

문제 15 일반 가스 용접 및 아크 용접보다 낮은 온도에서 용접하며, 용접봉은 모재와 같은 공정합금을 사용하는 용접법은?

① 열풍 용접
② 마찰 용접
③ 고주파 용접
④ 저온 용접

해설 **저온 용접** : 일반가스용접 및 아크용접보다 낮은 온도에서 용접하며, 용접봉은 모재와 같은 공정합금을 사용

문제 16 용접봉의 분류에서 용적이 모재에 이행하는 형식에 따라 용접봉을 분류한 것이 아닌 것은?

① 스프레이형
② 슬래그형
③ 글로뷸러형
④ 단락형

해설 **용착현상**
① 글로뷸러형
  ㉠ 서브머지드 용접과 같이 대전류 사용 시
  ㉡ 일명 핀치효과형, 비교적 큰 용적이 단락되지 않고 옮겨가는 이행형식
② 단락형
  ㉠ 저수소계
  ㉡ 표면장력의 작용으로 모재로 옮겨가서 용착
③ 스프레이형
  ㉠ 일미나이트계 피복아크 용접봉
  ㉡ 미세한 용적이 스프레이와 같이 날려 보내어 옮겨가서 용착

문제 17 산소-아세틸렌가스를 이용하여 용접할 때 사용하는 산소압력조정기의 취급에 관한 설명 중 틀린 것은?

① 산소용기에 산소압력조정기를 설치할 때 압력조정기 설치구에 있는 먼지를 털어 내고 연결한다.
② 산소압력조정기 설치구 나사부나 조정기의 각 부에 그리스를 발라 잘 조립되도록 한다.
③ 산소압력조정기를 견고하게 설치할 후 가스 누설 여부를 비눗물로 점검한다.
④ 산소압력조정기의 압력지시계가 잘 보이도록 설치하며 유리가 파손되지 않도록 주의한다.

해설 **산소압력조정기의 취급**
① 산소압력조정기를 견고하게 설치할 후 가스 누설 여부를 비눗물로 점검
② 산소압력조정기의 압력지시계가 잘 보이도록 설치하며 유리가 파손되지 않도록 한다.

15. ④ 16. ② 17. ②

③ 산소 용기에 산소압력조정기를 설치할 때 압력조정기 설치구에 있는 먼지를 털어 내고 연결
④ 산소압력조정기 설치구 나사부나 조정기의 각 부에 테프론테이프를 감아 잘 조립되도록 한다.

문제 18 주조용 알루미늄 합금 중 유동성이 좋아 복잡한 형상의 주조에 사용되는 것은?

① 알루미늄 – 주철계 합금
② 알루미늄 – 규소계 합금
③ 알루미늄 – 니켈계 합금
④ 알루미늄 – 아연계 합금

해설 주조용 알루미늄 합금 중 유동성이 좋아 복잡한 형상의 주조에 사용
알루미늄 – 규소계 합금

문제 19 탄소함유량이 0.20% 이하인 탄소강 주강품의 종류의 기호로 맞는 것은?

① SC 360
② SC 410
③ SC 450
④ SC 480

해설 탄소함유량이 0.2% 이하인 탄소강 주강품의 종류 : SC 360

문제 20 담금질한 철강을 A_1변태점 이하의 일정한 온도로 가열하여 인성을 증가시킬 목적으로 조작하는 열처리법은?

① 뜨임
② 불림
③ 풀림
④ 담금질

해설
- **뜨임** : 담금질한 철강을 A_1변태점 이하의 일정한 온도로 가열하여 인성을 증가시킴.
- **담금질** : 경도 및 강도 증가

문제 21 절삭 공구강의 일종으로 500~600℃까지 가열해도 뜨임 효과에 의해 연화되지 않고 고온에서도 경도의 감소가 적은 특징이 있는 강은?

① 다이스강
② 게이지용강
③ 고속도강
④ 스프링강

해설 **고속도강** : 절삭 공구강의 일종으로 500~600℃까지 가열해도 뜨임 효과에 의해 연화되지 않고 고온에서도 경도 감소가 적음.

해답　18. ②　19. ①　20. ①　21. ③

문제 22
주조 시 주형에 냉금을 삽입하여 주물 표면을 급랭시킴으로써 백선화하고 경도를 증가시킨 내마모성 주철은?

① 가단주철
② 칠드주철
③ 고급주철
④ 미하나이트주철

해설 **칠드주철** : 주조 시 주형에 냉금을 삽입하여 주물 표면을 급랭시킴으로써 백선화하고 경도를 증가시킨 내마모성 주철

문제 23
스테인리스강에 관한 설명으로 옳은 것은?

① 18-8형 스테인리스강은 니켈 18%, 크롬 8%를 기준으로 한 것이다.
② 스테인리스강은 13형 니켈 스테인리스강과 18-8형 니켈, 크롬강으로 대별한다.
③ 13형 크롬 스테인리스강을 페라이트계 스테인리스강 이라고도 한다.
④ 스테인리스강의 종류에는 페라이트계, 펄라이트계, 오스테나이트계, 소르바이트계가 있다.

문제 24
전연성이 매우 커서 10^{-6}cm 두께의 박판으로 가공할 수 있으며 왕수(王水) 이외에는 침식, 산화되지 않는 금속은?

① 구리(Cu)
② 알루미늄(Al)
③ 금(Au)
④ 코발트(Co)

해설 금(Au) : 전연성이 매우 커서 10^{-6}cm 두께의 박판으로 가공할 수 있으며 왕수 이외에는 침식, 산화되지 않는 금속

참고 왕수 : $1HNO_3 + 3HCl$
         (질산) (염산)

문제 25
고주파 경화법의 특징 설명으로 틀린 것은?

① 급열이나 급랭으로 인하여 재료가 변형되는 경우가 많다.
② 마텐자이트 생성에 의한 체적변화 때문에 내부응력이 발생한다.
③ 가열시간이 짧으므로 산화 및 탈탄의 염려가 많다.
④ 경화층이 이탈되거나 담금질 균열이 생기기 쉽다.

해설 **고주파 경화법의 특징**
① 가열시간이 짧으므로 산화 및 탈탄의 염려가 적다.
② 경화층이 이탈되거나 담금질 균열이 생기기 쉽다.
③ 마텐자이트 생성에 의한 체적변화 때문에 내부응력이 발생
④ 급열이나 급랭으로 인하여 재료가 변형되는 경우가 많다.

22. ② 23. ③ 24. ③ 25. ③

문제 26

다음 중 열전도율이 가장 작은 것은?

① 알루미늄 ② 은
③ 구리 ④ 납

해설 열전도율이 큰 순서
은 > 구리 > 금 > 알루미늄 > 마그네슘 > 아연 > 니켈 > 철 > 납

문제 27

황동의 가공재를 상온에서 방치하거나 저온풀림 경화시킨 스프링재가 사용 도중 시간의 경과에 따라 경도 등 여러 가지 성질이 약화되는 성질을 무엇이라 하는가?

① 자연변화 ② 가공경화
③ 경년변화 ④ 부식변화

해설 경년변화 : 황동의 가공재를 상온에서 방치하거나 저온풀림 경화시킨 스프링재가 사용 도중 시간의 경과에 따라 경도 등 여러 가지 성질이 약화되는 성질

문제 28

탄소강에 적당한 원소를 첨가하면 본래의 성질을 현저하게 개선하거나 새로운 특성을 가지게 하는데 강인성, 내식성, 내산성, 저온충격저항을 증가시키는 효과를 가지는 합금원소로 가장 적당한 것은?

① 니켈(Ni) ② 코발트(Co)
③ 망간(Mn) ④ 몰리브덴(Mo)

해설 특수원소 영향
① 니켈
  ㉠ 주철의 흑연화 촉진   ㉡ 내식성, 내산성, 저온충격 저항 증가
  ㉢ 질화 촉진   ㉣ 인성 증가
② 망간
  ㉠ 적열취성 방지   ㉡ 황의 해를 제거
  ㉢ 고온에서 결정립 성장 억제
③ 몰리브덴 : 뜨임취성 방지

문제 29

전자렌즈에 의해 에너지를 집중시킬 수 있고, 고용융 재료의 용접이 가능한 용접법은?

① 레이저 용접 ② 그래비티 용접
③ 전자 빔 용접 ④ 초음파 용접

해설 전자 빔 용접 : 전자렌즈에 의해 에너지를 집중시킬 수 있고, 고용융 재료의 용접이 가능한 용접법

해답 26. ④ 27. ③ 28. ① 29. ③

문제 30 용접부의 열영향부에 대하여 설명한 것 중 틀린 것은?

① 열영향부에 인접한 모재 중 약 200~700℃로 가열된 부분에서는 현미경 조직의 변화를 볼 수 있다.
② 결정립의 조대화 또는 재결정 및 기계적 성질과 물리적 성질의 변화가 나타나는 영역이 있다.
③ 연강의 경우 준열영향부는 노치인성이 저하하므로 취성영역이라고도 한다.
④ 오스테나이트강, 페라이트강, 동합금, 알루미늄합금 등에서는 변태가 되지 않으므로 펄라이트강과 같이 분명한 열영향부를 용접단면의 매크로 조직에서 보기 힘들다.

문제 31 용접 지그(welding jig) 사용 시 효과를 가장 바르게 설명한 것은?

① 제품의 마무리 정밀도가 떨어진다.
② 용접변형을 촉진시킨다.
③ 작업시간이 길어진다.
④ 다량생산의 경우 작업능률이 향상된다.

해설 용접 지그 사용 시 효과
① 공정수를 절약하므로 능률이 좋다.
② 작업을 쉽게 할 수 있다.
③ 제품의 정도가 균일하다.
④ 동일 제품을 다량 생산할 수 있다.
⑤ 용접부의 신뢰성을 높인다.
⑥ 아래보기 자세로 용접할 수 있다.

문제 32 불활성 가스 금속 아크(MIG) 용접의 특징 설명으로 옳은 것은?

① 바람의 영향을 받지 않아 방풍대책이 필요 없다.
② TIG 용접에 비해 전류밀도가 높아 용융속도가 빠르고 후판용접에 적합하다.
③ 각종 금속용접이 불가능하다.
④ TIG 용접에 비해 전류밀도가 낮아 용접속도가 느리다.

해설 불활성 가스 금속 아크(MIG) 용접의 특징
① TIG 용접에 비해 전류밀도가 높아 용융속도가 빠르고 후판용접에 적합하다.
② 전 자세 용접이 가능하고 모든 금속의 용접이 가능
③ CO_2 용접에 비해 스패터 발생이 적다.
④ 응용범위가 넓다.
⑤ 수동 피복 아크 용접에 비해 용착 효율이 높아 고능률적이다.

30. ① 31. ④ 32. ②

문제 33 전기저항 용접법의 특징 설명으로 틀린 것은?

① 작업속도가 빠르고 대량생산에 적합하다.
② 산화 및 변질부분이 적다.
③ 열손실이 많고, 용접부에 집중열을 가할 수 없다.
④ 용접봉, 용제 등이 불필요하다.

해설 전기저항 용접법의 특징
① 열손실이 적고, 용접부에 집중열을 가할 수 있다.
② 산화 및 변질부분이 적다.
③ 용접봉, 용제 등이 불필요하다.
④ 작업속도가 빠르고 대량생산에 적합

문제 34 서브머지드 아크 용접의 일반적인 특징으로 틀린 것은?

① 고전류 사용이 가능하다.
② 용융속도가 빨라 고능률 용접이 가능하다.
③ 기계적 성질(강도, 연신율, 충격치 등)이 우수하다.
④ 개선각을 크게 하여 용접 패스 수를 줄일 수 있다.

해설 서브머지드 아크 용접의 특징
① 개선각을 적게 하여 용접 패스 수를 줄일 수 있다.
② 기계적 성질(강도, 연신율, 충격치)이 우수하다.
③ 용융속도가 빨라 고능률 용접이 가능
④ 고전류 사용이 가능하다.
⑤ 비드 외관이 매우 아름답다.
⑥ 용입이 깊다.
⑦ 개선홈의 정밀을 요한다.(패킹재 미사용 시 루트 간격 0.8mm 이하)

문제 35 용접부의 검사에서 교류의 자장에 의해 금속 내부에 와류(eddy current)작용을 이용하는 것은?

① 초음파 검사　　　　　② 방사선 투과검사
③ 자분검사　　　　　　④ 맴돌이 전류검사

해설 맴돌이 전류검사 : 교류의 자장에 의해 금속 내부에 와류작용 이용

33. ③ 34. ④ 35. ④

문제 36 용접결함과 그 원인을 서로 짝지어 놓은 것 중 잘못된 것은?

① 언더컷 – 용접전류가 너무 높을 때
② 용입 불량 – 용접속도가 너무 느릴 때
③ 오버랩 – 용접전류가 너무 낮을 때
④ 기공 – 용접분위기 중 수소, 일산화탄소가 많을 때

해설 용접결함 원인
① 언더컷
  ㉠ 전류가 너무 높을 때   ㉡ 부적당한 용접봉 사용 시
  ㉢ 용접속도가 너무 빠를 때 ㉣ 아크길이가 길 때
② 오버랩
  ㉠ 전류가 너무 낮을 때   ㉡ 부적합한 용접봉 사용 시
  ㉢ 용접봉 유지각도 불량   ㉣ 용접봉 운봉속도 불량
  ㉤ 용접속도가 너무 느릴 때
③ 기공
  ㉠ 이음부에 기름, 페인트, 녹 등이 부착해 있을 경우
  ㉡ 용접부가 급랭 시
  ㉢ 아크길이 및 운봉법 부적당 시
  ㉣ 과대전류 사용 시
  ㉤ 수소, 산소, 일산화탄소가 너무 많을 때
④ 용입 불량
  ㉠ 용접속도 너무 느릴 때   ㉡ 용접전류 너무 낮을 때
  ㉢ 루트 간격이 좁을 때

문제 37 테르밋 용접에서 미세한 알루미늄 분말과 산화철 분말의 중량비로 가장 올바른 것은?

① 1~2 : 1
② 3~4 : 1
③ 5~6 : 1
④ 7~8 : 1

해설 테르밋 용접에서 알루미늄 분말과 산화철 분말의 중량비
  3~4 : 1

문제 38 이산화탄소 아크 용접의 특징이 아닌 것은?

① 전원은 교류 정전압 또는 수하 특성을 사용한다.
② 가시 아크이므로 시공이 편리하다.
③ 모든 용접자세로 용접이 가능하다.
④ 산화나 질화가 되지 않는 양호한 용착금속을 얻을 수 있다.

해설 이산화탄소 아크 용접의 특징
① 가시 아크이므로 시공이 편리하다.

해답

36. ② 37. ② 38. ①

② 산화나 질화가 되지 않는 양호한 용착금속을 얻을 수 있다.
③ 모든 용접자세로 용접 가능
④ 용제를 사용하지 않아 슬래그 혼입이 없고 용접 후의 처리가 간단
⑤ 아크시간을 길게 할 수 있다.
⑥ 전류밀도가 높다.
⑦ 용입이 깊고 용접속도를 빠르게 할 수 있다.

문제 39

CO_2 가스 아크 용접에서 후진법에 비교한 전진법의 특징 설명으로 맞는 것은?

① 용융금속이 앞으로 나가지 않으므로 깊은 용입을 얻을 수가 있다.
② 용접선을 잘 볼 수 있어 운봉을 정확하게 할 수 있다.
③ 스패터의 발생이 적다.
④ 비드 높이가 약간 높고, 폭이 좁은 비드를 얻는다.

해설 전진법의 특징
① 스패터의 발생이 적다. ② 깊은 용입을 얻을 수 있다.
③ 좁은 비드를 얻는다.   ④ 비드 표면이 매끈하지 못하다.
⑤ 용접속도가 느리다.

문제 40

용접에 의한 수축변형에 영향을 미치는 인자로 거리가 가장 먼 것은?

① 가접
② 용접입열
③ 판의 예열온도
④ 판 두께와 이음형상

해설 용접에 의한 수축변형에 영향을 미치는 인자
① 용접입열
② 판의 예열온도
③ 판 두께와 이음형상

문제 41

아크 광선에 의한 전광성 안염이 발생하였을 때의 응급조치로 가장 올바른 것은?

① 안약을 넣고 수면을 취한다.
② 냉습포 찜질을 한 다음 치료를 받는다.
③ 소금물로 찜질을 한 다음 치료한다.
④ 따뜻한 물로 찜질을 한 다음 치료한다.

해설 아크 광선에 의한 전광성 안염 발생 시 응급조치사항 : 냉습포 찜질을 한 다음 치료를 받는다.

39. ② 40. ① 41. ②

문제 42 CO₂ 가스 아크 용접조건에 대한 설명으로 틀린 것은?

① 전류를 높게 하면 와이어의 녹아내림이 빠르고 용착률과 용입이 증가한다.
② 아크 전압을 높이면 비드가 넓어지고 납작해지며, 지나치게 아크 전압을 높이면 기포가 발생한다.
③ 아크 전압이 너무 낮으면 볼록하고 넓은 비드를 형성하며, 와이어가 잘 녹는다.
④ 용접 속도가 빠르면 모재의 입열이 감소되어 용입이 얕아지고, 비드 폭이 좁아진다.

문제 43 연강 용접이음의 안전율은 정하중일 때 얼마로 하는 것이 가장 적당한가?

① 3 ② 5
③ 8 ④ 12

해설 연강 용접이음의 안전율
① 정하중 : 3   ② 동하중(단진응력) : 5
③ 동하중(교번응력) : 8   ④ 충격하중 : 12

문제 44 다음 중 연납땜의 종류에 해당되지 않는 것은?

① 주석-납   ② 납-카드뮴납
③ 납-은납   ④ 인-망간납

해설 연납땜의 종류
① 주석-납   ② 납-은납   ③ 납-카드뮴납

문제 45 산업용 용접로봇 구성의 작업 기능으로 잘못된 것은?

① 동작 기능   ② 구속 기능
③ 이동 기능   ④ 교시 기능

해설 산업용 용접로봇 구성의 작업 기능
① 동작 기능   ② 구속 기능   ③ 이동 기능

문제 46 용접에서 결함이 언더컷일 경우 보수방법으로 가장 적절한 것은?

① 용접부에 홈을 만들어 다시 용접한다.
② 결함부분을 깎아내고 다시 용접한다.
③ 결함부분에 홈을 만들어 용접한다.
④ 지름이 작은 용접봉을 사용하여 용접한다.

42. ③ 43. ① 44. ④ 45. ④ 46. ④

해설 보수방법
① 언더컷 : 지름이 작은 용접봉을 사용하여 용접한다.
② 균열의 보수 : 정지구멍을 뚫어 균열부분을 홈을 판 후 재용접
③ 오버랩의 보수 : 깎아내고 재용접한다.
④ 슬래그의 보수 : 깎아내고 재용접한다.

문제 47
용접균열에 대한 대책이 아닌 것은?
① 응력이 집중되게 한다.
② 용접시공을 적정하게 한다.
③ 나쁜 강재를 사용하지 않는다.
④ 용접부에 노치부분을 만들지 않는다.

해답 용접균열에 대한 대책
① 응력이 집중되지 않게 한다.
② 용접시공을 적정하게 한다.
③ 나쁜 강재를 사용하지 않는다.
④ 용접부에 노치부분을 만들지 않는다.

문제 48
피복 아크 용접에서 언더컷(undercut) 발생 시 방지 대책으로 맞는 것은?
① 용접속도를 빠르게 한다.
② 유황 함량을 검사한다.
③ 적정한 용접봉을 선택하여 사용한다.
④ 아크 길이를 길게 한다.

해설 언더컷 발생 시 방지책
① 용접속도를 느리게 한다.   ② 용전전류를 낮게 한다.
③ 아크 길이를 짧게 한다.   ④ 적정한 용접봉을 선택하여 사용한다.

문제 49
자동 금속 아크 용접법으로 모재의 이음 표면에 미세한 입상모양의 용제를 공급하고, 용제 속에 연속적으로 전극와이어를 송급하여 모재 및 전극 와이어를 용융시켜 용접부를 대기로부터 보호하면서 용접하는 것은?
① 불활성 가스 아크 용접   ② 탄산가스 아크 용접
③ 서브머지드 아크 용접   ④ 일렉트로 슬래그 용접

해설 용접법
① 서브머지드 아크 용접 : 잠호 용접이라고도 하며 용제와 와이어가 분리되어 공급되고 아크가 용제 속에서 일어나 용접
② 일렉트로 슬래그 용접 : 아크열이 아닌 와이어와 용융슬래그 사이에 통전된 전류의 저항열을 이용하여 용접

47. ① 48. ③ 49. ③

③ 스터드 용접 : 볼트나 환봉 등을 피스톤형 홀더에 끼우고 모재와 환봉사이에서 순간적으로 아크를 발생시켜 용접

문제 50

안전모의 내부수직거리로 가장 적당한 것은?

① 20mm 이상 40mm 미만일 것.   ② 15mm 이상 40mm 미만일 것.
③ 10mm 이상 30mm 미만일 것.   ④ 25mm 이상 50mm 미만일 것.

해설 안전모의 내부수직거리 : 25mm 이상 50mm 미만일 것.

문제 51

다음 도면에서 지름 6mm의 구멍의 수는 모두 몇 개인가?

① 36
② 40
③ 42
④ 44

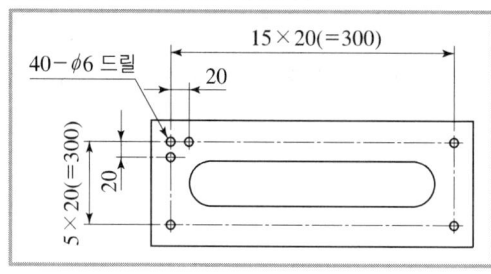

문제 52

다음 배관 도시 기호 중에서 확장 조인트를 나타내는 도시 기호는?

① 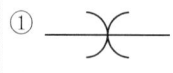   ② ═══
③    ④ ──┤├──

해설 배관 도시 기호
① ─┤□├─ : 확장 조인트(슬리브형 신축이음)
② ──┤├── : 플랜지
③ ──┤├── : 유니온
④ ──●── : 용접이음
⑤ ─⌒─ : 루프형 신축이음
⑥ ─⧛⧜─ : 벨로즈형 신축이음

50. ④ 51. ② 52. ③

문제 53 3각법으로 투상한 그림과 같은 정면도와 평면도에 좌측면도로 적합한 것은?

① 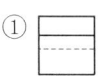 ②

③   ④

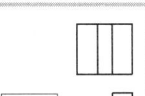

문제 54 다음 그림에서 화살표 방향이 정면일 경우 평면도로 옳은 것은?

① 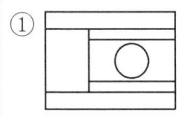 ②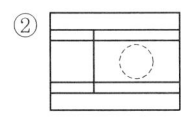

③  ④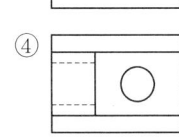

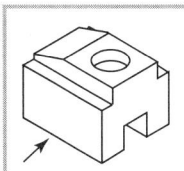

문제 55 그림과 같은 입체도의 화살표 방향을 정면으로 할 때 우측면도로 적합한 투상은?

①  ②

③  ④

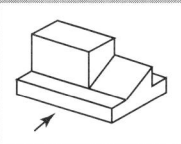

문제 56 그림에서 "6.3" 선이 나타내는 선의 종류로 옳은 것은?

① 가상선
② 절단선
③ 중심선
④ 숨은선

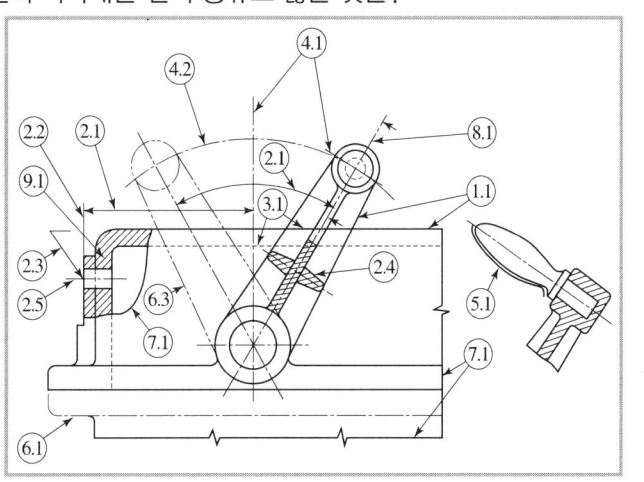

53. ① 54. ③ 55. ④ 56. ④

문제 57 그림과 같은 기계제도에서 단면도에서 A가 나타내는 것은?

① 단면도 표시 기호
② 바닥 표시 기호
③ 대칭 도시 기호
④ 평면 기호

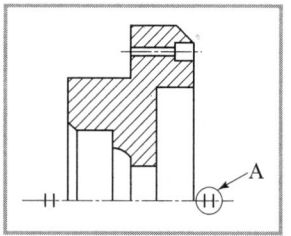

문제 58 일반적인 판금작업에서의 전개도를 그리는 방법이 아닌 것은?

① 삼각형 전개법
② 사각형 전개법
③ 평행선 전개법
④ 방사선 전개법

해설 판금작업에서 전개도를 그리는 방법
① 방사선 전개법   ② 삼각형 전개법
③ 평행선 전개법

문제 59 다음 용접부의 보조기호 중 일주(온둘레) 용접 기호는?

① ▶   ② ○
③ ⌒   ④ ⊓

해설 용접 보조기호
① 전둘레용접 : ○   ② 현장용접 : ▶

문제 60 모떼기의 치수가 2mm이고 각도가 45°일 때 올바른 치수 기입 방법은?

① C2
② 2C
③ 2~45°
④ 45°×2

57. ③ 58. ② 59. ② 60. ①

2020년 10월 CBT 시행

문제 01 가스 절단에서 절단속도에 대한 설명으로 틀린 것은?

① 절단속도는 모재의 온도가 높을수록 고속절단이 가능하다.
② 절단속도는 절단산소의 압력이 낮고 산소 소비량이 적을수록 정비례하여 증가한다.
③ 산소 절단할 때의 절단속도는 절단산소의 분출상태와 속도에 따라 좌우된다.
④ 산소의 순도(99% 이상)가 높으면 절단속도가 빠르다.

해설 가스 절단에서의 절단속도
① 산소의 순도가(99% 이상) 높으면 절단속도가 빠르다.
② 산소 절단 시 절단속도는 절단산소의 분출상태와 속도에 따라 좌우된다.
③ 절단속도는 절단산소의 압력이 높고 산소 소비량이 많을수록 정비례하여 증가
④ 절단속도는 모재의 온도가 높을수록 고속절단이 가능하다.

문제 02 피복 금속 아크 용접봉의 내균열성이 좋은 정도는?

① 피복제의 염기성이 높을수록 양호하다.
② 피복제의 산성이 높을수록 양호하다.
③ 피복제의 산성이 낮을수록 양호하다.
④ 피복제의 염기성이 낮을수록 양호하다.

해설 피복 금속 아크 용접봉의 내균열성이 좋은 정도
피복제의 염기성이 높을수록 양호하다.

문제 03 가스 용접 시 전진법과 후진법을 비교 설명한 것 중 틀린 것은?

① 전진법은 용접속도가 느리다.   ② 후진법은 열 이용률이 좋다.
③ 전진법은 개선 홈의 각도가 크다.   ④ 후진법은 용접변형이 크다.

해설 후진법 특징
① 열 이용률이 좋다.   ② 용접속도 빠르다.
③ 비드 모양이 매끈하지 못하다. ④ 홈의 각도 작다.
⑤ 용접변형 적다.   ⑥ 판 두께 두껍다.
⑦ 용착금속의 냉각도 서냉   ⑧ 산화 정도 약하다.
⑨ 용착금속조직 미세하다.

01. ② 02. ① 03. ④

문제 04 강괴, 강편, 슬래그, 기타 표면의 균열이나 주름, 주조, 결함, 탈탄층 등의 표면결함을 얇게 불꽃가공에 의해서 제거하는 가스 가공법은?

① 스카핑 ② 가스 가우징
③ 아크 에어 가우징 ④ 플라스마 제트 가공

해설
- **스카핑** : 강괴, 강편, 슬래그, 기타 표면의 균열이나 주름, 주조, 결함, 탈탄층 등의 표면결함을 얇게 불꽃가공에 의해서 제거
- **가스 가우징** : 용접부의 뒷면을 따내든지 H형, U형의 용접 홈을 가공하기 위해서 깊은 홈을 파내는 방법
- **아크 에어 가우징** : 탄소아크절단장치에다 압축공기($5\sim7kg/cm^2$)를 병용하여서 아크열로 용융시킨 부분을 압축공기로 불어 날려서 홈을 파내는 작업

문제 05 가스 불꽃의 구성에서 높은 열(3200~3500℃)을 발생하는 부분으로 약간의 환원성을 띠게 되는 불꽃은?

① 겉불꽃 ② 불꽃심(백심)
③ 속불꽃(내염) ④ 겉불꽃 주변

해설
① **겉불꽃** : 2000~2700℃
② **불꽃심**(백심) : 1500℃
③ **속불꽃**(내염) : 3200~3500℃
④ **겉불꽃 주변** : 1260℃

문제 06 가스 용접에 비해 피복 금속 아크 용접법의 장점이 아닌 것은?

① 직접용접에 이용되는 열효율이 높다.
② 열의 집중성이 좋아 효율적인 용접을 할 수 있다.
③ 용접변형이 크고 기계적 강도가 양호하다.
④ 폭발의 위험성이 없다.

해설 피복 아크 용접의 장점
① 열효율이 높다.
② 열의 집중성이 높아 효율적인 용접을 할 수 있다.
③ 이종재료로 용접 가능
④ 중량이 가벼워진다.
⑤ 재료의 두께에 제한이 없다.
⑥ 제작이 쉽다.
⑦ 수밀, 기밀, 유밀성이 우수하다.
⑧ 작업 공정이 쉽다.

해답 04. ① 05. ③ 06. ③

문제 07
다음 중 직류 정극성의 특징이 아닌 것은?

① 모재의 용입이 깊다. ② 비드 폭이 좁다.
③ 주로 박판에 사용된다. ④ 용접봉의 용융이 느리다.

해설 직류 정극성 특징
① 후판용접에 적합 ② 비드 폭이 좁다.
③ 용입이 깊다. ④ 용접봉의 용융이 느리다.
⑤ 모재(+) 70%열, 용접봉(-) 30%

문제 08
용접 이음을 리벳 이음과 비교하였을 때, 용접이음의 장점으로 틀린 것은?

① 자재가 절약되며, 중량이 감소한다.
② 작업이 비교적 복잡하고 이음효율이 낮다.
③ 기밀, 수밀성이 우수하다.
④ 합리적 또는 창조적인 구조로 제작이 가능하다.

문제 09
가스 용접에서 충전가스의 용기 도색으로 틀린 것은?

① 산소 – 녹색 ② 프로판 – 회색
③ 탄산가스 – 백색 ④ 아세틸렌 – 황색

해설 청탄산 산녹에서 황아체 안주삼아 수주잔 높이 들고 백암산 바라보니
　　　　①　②　　　③　　　　　　　　　⑤
염소는 갈색으로 보이고 쥐들은 기타를 치더라.
　⑥　　　　　　　⑦
① 탄산가스 : 청색　② 산소 : 녹색　③ 아세틸렌 : 황색
④ 수소 : 주황　⑤ 암모니아 : 백색　⑥ 염소 : 갈색
⑦ 기타 : 쥐색(회색) (프로판, 아르곤, 네온 등)

문제 10
아크전류가 일정할 때 아크전압이 높아지면 용접봉의 용융속도가 늦어지고, 아크 전압이 낮아지면 용융속도는 빨라지는 특성은?

① 절연회복 특성 ② 정전압 특성
③ 정전류 특성 ④ 아크길이 자기제어 특성

해설 용접기 특성
① 아크길이 자기제어 특성 : 아크전류가 일정할 때 아크전압이 높아지면 용접봉의 용융속도가 늦어지고, 아크전압이 낮아지면 용융속도는 빨라지는 특성
② 수하 특성 : 부하전류가 증가하면 단자전압이 낮아지는 특성
③ 정전압 특성 : 부하전류가 변화여도 단자전압은 거의 변화하지 않는 특성
④ 정전류 특성 : 부하전압이 변화여도 단자전류는 거의 변화하지 않는 특성

해답　　07. ③　08. ②　09. ③　10. ④

2020년도 시행

문제 11 용접봉 지름이 9mm 정도이고, 용접전류가 400A 이상인 탄소 아크 용접에 가장 적합한 차광유리의 차광도 번호는?

① 18
② 14
③ 10
④ 6

해설 용접봉 지름이 9mm 정도, 용접전류 400A 이상 시 차광유리 차광도 : 14번

문제 12 가스 용접에서 모재의 두께가 6mm일 때 사용되는 용접봉의 직경을 계산식에 의해 구하면 얼마인가?

① 1mm
② 4mm
③ 7mm
④ 9mm

해설 $D = \dfrac{t}{2} + 1 = \dfrac{6}{2} + 1 = 4\text{mm}$

문제 13 가스 용접에서 가변압식 팁의 능력을 표시하는 것은?

① 표준불꽃으로 용접 시 매시간당 아세틸렌가스의 소비량을 리터로 표시한 것
② 표준불꽃으로 용접 시 매시간당 산소의 소비량을 리터로 표시한 것
③ 산화불꽃으로 용접 시 매시간당 아세틸렌가스의 소비량을 리터로 표시한 것
④ 산화불꽃으로 용접 시 매시간당 산소의 소비량을 리터로 표시한 것

해설 **가변압식 팁의 능력** : 표준불꽃으로 용접 시 매시간당 아세틸렌가스의 소비량을 리터로 표시한 것

문제 14 용접봉의 피복제 중에 산화티탄을 약 35% 정도 포함한 용접봉으로서, 일반 경구조물의 용접에 많이 사용되는 용접봉은?

① 저수소계
② 일루미나이트계
③ 고산화티탄계
④ 철분산화철계

해설 **용접봉의 특징**

① E4313(고산화티탄계) : 산화티탄을 약 35% 정도 포함한 용접봉으로, 비드표면이 고우며, 작업성이 우수, 일반경구조물의 용접에 사용
② E4316(저수소계) : 석회석, 형석을 주성분으로 한 것으로 기계적 성질, 내균열성 우수, 용착금속 중에 수소함유량이 다른 피복봉에 비해 $\dfrac{1}{10}$ 정도로 낮음. 300~350℃ 온도로 1~2시간 건조
③ E4301(일미나이트계) : 산화티탄, 산화철을 약 30% 함유한 광석, 사철 등을 주성분으로 기계적 성질이 우수하고, 용접성 우수

11. ② 12. ② 13. ① 14. ③

문제 **15** 가스 절단에 대한 설명으로 옳지 않은 것은?

① 주철은 포함된 흑연이 산화반응을 방해하므로 가스 절단이 잘된다.
② 하나의 드래그라인의 시작점에서 끝점까지의 거리를 드래그 길이라 한다.
③ 표준 드래그의 길이는 보통 판 두께의 20% 정도이다.
④ 절단 팁의 거리, 팁의 오염, 절단산소 구멍의 형상 등도 절단 결과에 영향을 끼친다.

해설 주철은 포함된 흑연이 산화반응을 방해하므로 가스 절단이 안 됨.

문제 **16** 탄소 아크 절단에 압축공기를 병용한 방법으로 용융부에 전극 홀더의 구멍에서 탄소 전극봉에 나란히 분출하는 고속의 공기를 불어내어 홈을 파는 방법을 무엇이라 하는가?

① 탄소 아크 절단(carbon arc cutting)
② 아크 에어 가우징(arc air gouging)
③ 금속 아크 절단(metal arc cutting)
④ 분말 절단(powder cutting)

문제 **17** 피복 금속 아크 용접 회로를 번호 순서에 맞게 잘 표현된 것은?

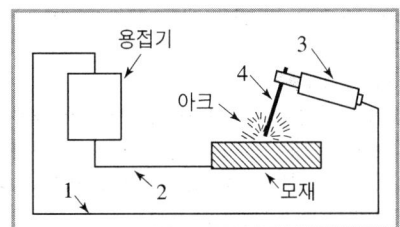

① 1 : 전극 케이블, 2 : 접지 케이블, 3 : 용접봉, 4 : 홀더
② 1 : 전극 케이블, 2 : 접지 케이블, 3 : 홀더, 4 : 용접봉
③ 1 : 접지 케이블, 2 : 전극 케이블, 3 : 홀더, 4 : 용접봉
④ 1 : 홀더, 2 : 전극 케이블, 3 : 접지 케이블, 4 : 용접봉

해설 **피복 금속 아크 용접 회로**
① 전극 케이블   ② 접지 케이블
③ 홀더   ④ 용접봉

문제 **18** 강의 담금질 조직을 냉각속도에 따라 구분할 때 속하지 않는 것은?

① 시멘타이트   ② 마텐자이트
③ 트루스타이트   ④ 오스테나이트

15. ① 16. ② 17. ② 18. ①

[해설] 강의 담금질 조직을 냉각속도에 따른 구분
① 오스테나이트
② 마텐자이트
③ 트루스타이트

문제 19 탄소강에서 탄소량의 증가에 따라 감소되는 것은?

① 열전도도 ② 비열
③ 전기저항 ④ 항자력

[해설] 탄소량 증가 시 증가
① 인장강도 ② 항복점 ③ 경도
④ 비열 ⑤ 전기저항 ⑥ 항자력
탄소량 증가 시 감소
① 연신율 ② 단면수축률 ③ 충격값
④ 인성 ⑤ 연성 ⑥ 열전도도

문제 20 아연과 그 합금에 대한 설명으로 틀린 것은?

① 조밀육방 격자형이며, 청백색으로 연한 금속이다.
② 아연 합금에는 Zn-Al계, Zn-Al-Cu계 및 Zn-Cu계 등이 있다.
③ 주조성이 나쁘므로 다이캐스팅용에 사용되지 않는다.
④ 주조한 상태의 아연은 인장강도나 연신율이 낮다.

[해설] 아연과 그 합금
① 주조성이 좋으므로 다이캐스팅용에 사용
② 주조한 상태의 아연은 인장강도나 연신율이 낮다.
③ 조밀육방 격자이며, 청백색으로 연한 금속이다.
④ 비중은 7.1, 용융점은 450℃
⑤ 아연 합금에는 Zn-Al계, Zn-Al-Cu계 및 Zn-Cu계 등이 있다.

문제 21 가스질화법에서 직접 질화층을 형성하지는 않으나 질화효과를 크게 하는 원소는?

① Cu ② Al
③ W ④ Ni

[해설] 가스질화법에서 질화층을 형성하지 않으나 질화효과를 크게 하는 원소 : Al

문제 22 내식성 알루미늄 합금의 종류에 속하지 않는 것은?

① 알민(Almin) ② 하이드로날륨(Hydronalium)
③ 코비탈륨(Cobitalium) ④ 알드레이(Aldrey)

19. ① 20. ③ 21. ② 22. ③

해설 내식성 알루미늄 합금
① 하이드로날륨 ② 알민
③ 알드레이

문제 23 다음 중 림드강의 특징으로 옳지 않은 것은?

① 강괴 내부에 기포와 편석이 생긴다.
② 강의 재질이 균일하지 못하다.
③ 중앙부의 응고가 지연되며 먼저 응고한 바깥부터 주상정이 테두리에 생긴다.
④ 탈산제로 완전탈산시킨 강이다.

해설 림드강의 특징
① 완전탈산시킨 강이 아니다.
② 중앙부의 응고가 지연되며 먼저 응고한 바깥부터 주상정이 테두리에 생긴다.
③ 강의 재질이 균일하지 못하다.
④ 강의 내부에 기포와 편석이 생긴다.

문제 24 황동의 고온탈아연(dezincing) 현상에 대한 설명 중 틀린 것은?

① 고온에서 증발에 의하여 황동표면으로부터 아연이 탈출되는 현상이다.
② 탈아연을 방지하려면 표면에 산화물 피막을 형성시키면 효과가 있다.
③ 아연산화물은 증발을 촉진시키는 효과가 있으며 알루미늄산화물은 더욱 비효과적이다.
④ 고온일수록 표면에 산화물 등이 없어 깨끗할수록 탈아연이 심해진다.

해설 황동의 고온탈아연 현상
① 알루미늄 산화물은 효과가 있다.
② 고온일수록 표면에 산화물 등이 없어 깨끗할수록 탈아연이 심해진다.
③ 탈아연을 방지하려면 표면에 산화물 피막을 형성시키면 효과가 있다.
④ 고온에서 증발에 의하여 황동표면으로부터 아연이 탈출되는 현상이다.

문제 25 탄소공구강 및 일반 공구재료의 구비조건으로 틀린 것은?

① 상온 및 고온경도가 클 것.   ② 내마모성이 클 것.
③ 강인성 및 내충격성이 적을 것.   ④ 가공 및 열처리성이 양호할 것.

해설 탄소공구강의 구비조건
① 상온 및 고온경도가 클 것.
② 내마모성이 클 것.
③ 강인성 및 내충격성이 클 것.
④ 가공 및 열처리성이 양호할 것.

23. ④ 24. ③ 25. ③

문제 26
표준 고속도강(high speed steel)의 성분 조성은?

① W(18%) – Ni(4%) – Co(1%)
② W(18%) – Ni(6%) – Co(2%)
③ W(18%) – Cr(4%) – V(1%)
④ W(18%) – Cr(6%) – Ni(2%)

해설 표준 고속도강의 성분 *(텅크바)*
텅스텐(8%) – 크롬(4%) – 바나듐(1%)

문제 27
18-8 스테인리스강의 결점은 600~800℃에서 단시간 내에 탄화물이 결정립계에 석출되기 때문에 입계 부근의 내식성이 저하되어 점진적으로 부식되는데 이것을 무엇이라 하는가?

① 결정 부식
② 입계 부식
③ 탄화 부식
④ 부근 부식

해설 **입계 부식** : 18-8 스테인리스강의 결점은 600~800℃에서 단시간 내에 탄화물이 결정립계에 석출되기 때문에 입계 부근의 내식성이 저하되어 점진적으로 부식되는 현상

문제 28
보통주철은 650~950℃ 사이에서 가열과 냉각을 반복하면 부피가 크게 되어 변형이나 균열이 발생하고 강도와 수명이 단축된다. 이런 현상을 무엇이라 하는가?

① 주철의 성장
② 주철의 부식
③ 주철의 취성
④ 주철의 퇴보

해설 **주철의 성장** : 고온에서(650~950℃) 장시간, 유지 또는 가열 냉각을 반복하면 주철의 부피가 팽창하여 균열을 발생
① A_1변태에 따른 체적변화에 기인하는 미세한 균열의 발생
② Fe_3C의 흑연화에 의한 성장
③ 페라이트 조직 중의 규소의 사화
④ 불균일한 가열로 인한 팽창

문제 29
용접결함의 종류 중 치수상의 결함에 속하는 것은?

① 변형
② 융합불량
③ 슬래그 섞임
④ 기공

해설 **구조상 결함**
① 오버랩 ② 용입불량 ③ 내부 기공 ④ 슬래그 혼입
⑤ 언더컷 ⑥ 선상조직 ⑦ 은점 ⑧ 균열
치수상 결함
① 변형 ② 치수불량 ③ 형상불량

26. ③ 27. ② 28. ① 29. ①

문제 30
불활성 가스 금속 아크 용접에서 용적이행 형태의 종류에 속하지 않는 것은?

① 단락 이행 ② 입상 이행
③ 슬래그 이행 ④ 스프레이 이행

해설 불활성 가스 금속 아크 용접에서 용적이행 형태의 분류
① 단락 이행
② 입상 이행
③ 스프레이 이행

문제 31
아세틸렌(acetylene)이 연소하는 과정에 포함되지 않는 원소는?

① 유황(S) ② 수소(H)
③ 탄소(C) ④ 산소(O)

해설 아세틸렌 연소 과정
$C_2H_2 + 2.5O_2 \rightarrow CO_2 + 2H_2O$

문제 32
알루미늄 분말과 산화철 분말을 중량비로 혼합, 과산화바륨과 알루미늄 등 혼합분말을 점화제로 점화하면 일어나는 화학반응은?

① 테르밋 반응 ② 용융반응
③ 포정반응 ④ 공석반응

해설 테르밋 반응 : 알루미늄 분말과 산화철 분말을 중량비로 혼합, 과산화바륨과 알루미늄 등 혼합분말을 점화제로 점화 시 일어나는 반응

문제 33
플래시 버트 용접 과정의 3단계는?

① 예열, 플래시, 업셋 ② 업셋, 플래시, 후열
③ 예열, 검사, 플래시 ④ 업셋, 예열, 후열

해설 플래시 버트 용접 과정의 3단계 : 예열, 플래시, 업셋

문제 34
용접작업과 관련한 화재예방 대책으로 가장 적절하지 않은 것은?

① 용접작업 중에는 반드시 소화기를 비치한다.
② 용접작업은 가연성 물질이 있는 안전한 장소를 선택한다.
③ 인화성 액체가 들어 있는 용기나 탱크는 내부를 완전히 세척 후 통풍구멍을 개방하고 작업한다.
④ 가스용접장치는 화기로부터 5m 이상 떨어진 곳에 설치하여 작업한다.

30. ③ 31. ① 32. ① 33. ① 34. ②

해설 용접작업은 가연성 물질이 없는 안전한 장소를 선택한다.

문제 35
이산화탄소 아크 용접의 특징 설명으로 틀린 것은?
① 용제를 사용하지 않아 슬래그의 혼입이 없다.
② 용접금속의 기계적, 야금적 성질이 우수하다.
③ 전류밀도가 높아 용입이 깊고 용융속도가 빠르다.
④ 바람의 영향을 전혀 받지 않는다.

해설 **이산화탄소 아크 용접의 특징**
① 바람의 영향을 받는다.
② 전류밀도가 높아 용입이 깊고 용융속도가 빠르다.
③ 용접금속의 기계적, 야금적 성질이 우수하다.
④ 용제를 사용하지 않아 슬래그의 혼입이 없다.
⑤ 가시아크이므로 아크 및 용융지의 상태를 보면서 용접
⑥ 아크시간을 길게 할 수 있다.

문제 36
불활성 가스 금속 아크(MIG) 용접에서 사용되는 와이어로 적절한 지름은?
① $\phi 1.0 \sim 2.4$[mm]
② $\phi 5.0 \sim 7.0$[mm]
③ $\phi 3.0 \sim 5.0$[mm]
④ $\phi 4.0 \sim 6.4$[mm]

해설 불활성 가스 금속 아크 용접에서 사용되는 와이어 지름 : $\phi 1.0 \sim 2.4$mm

문제 37
다음 중 전자 빔 용접의 장점과 거리가 먼 것은?
① 고진공 속에서 용접을 하므로 대기와 반응되기 쉬운 활성 재료도 용이하게 용접된다.
② 두꺼운 판의 용접이 불가능하다.
③ 용접을 정밀하고 정확하게 할 수 있다.
④ 에너지 집중이 가능하기 때문에 고속으로 용접이 된다.

해설 **전자 빔 용접의 장점**
① 두꺼운 판의 용접에 적합하다.
② 용접을 정밀하고 정확하게 할 수 있다.
③ 에너지 집중이 가능하기 때문에 고속으로 용접이 된다.
④ 고진공 속에서 용접을 하므로 대기와 반응되기 쉬운 활성 재료도 용이하게 용접된다.

해답
35. ④ 36. ① 37. ②

문제 38 반자동 CO_2 가스 아크 편면(one side) 용접 시 뒷댐 재료로 가장 많이 사용 되는 것은?

① 세라믹 제품
② CO_2 가스
③ 테프론 테이프
④ 알루미늄 판재

해설 반자동 CO_2 가스 아크 편면 용접 시 뒷댐 재료로 사용하는 것 : 세라믹 제품

문제 39 이산화탄소 가스 아크 용접에서 용착속도에 따른 내용 중 틀린 것은?

① 와이어 용융속도는 아크전류에 거의 정비례하며 증가한다.
② 용접속도가 빠르면 모재의 입열이 감소한다.
③ 용착률은 일반적으로 아크전압이 높은 쪽이 좋다.
④ 와이어 용융속도는 와이어의 지름과는 거의 관계가 없다.

해설 용착률은 일반적으로 아크전압이 높은 쪽이 나쁘다.

문제 40 다음 그림은 필릿 용접 이음 홈의 각부 명칭을 나타낸 것이다. 필릿 용접의 목두께에 해당하는 부분은?

① a
② b
③ c
④ d

문제 41 서브머지드 아크 용접의 특징이 아닌 것은?

① 콘택트 팁에서 통전되므로 와이어 중에 저항열이 적게 발생되어 고전류 사용이 가능하다.
② 아크가 보이지 않으므로 용접부의 적부를 확인하기가 곤란하다.
③ 용접길이가 짧을 때 능률적이며 수평 및 위보기 자세 용접에 주로 이용된다.
④ 일반적으로 비드 외관이 아름답다.

해설 서브머지드 아크 용접의 특징
① 일반적으로 비드 외관이 아름답다.
② 아크가 보이지 않으므로 용접부의 적부를 확인하기가 곤란하다.
③ 콘택트 팁에서 통전되므로 와이어 중에 저항열이 적게 발생되어 고전류 사용이 가능하다.
④ 용융속도 및 용착속도가 빠르다.
⑤ 개선각을 적게 하여 용접패스 수를 줄일 수 있다.
⑥ 유해광선 등이 적게 발생되어 작업환경이 깨끗하다.

해답 38. ① 39. ③ 40. ② 41. ③

문제 42
용접작업 중 지켜야 할 안전사항으로 틀린 것은?

① 보호장구를 반드시 착용하고 작업한다.
② 훼손된 케이블은 사용 후에 보수한다.
③ 도장된 탱크 안에서의 용접은 충분히 환기시킨 후 작업한다.
④ 전격방지기가 설치된 용접기를 사용한다.

해설 훼손된 케이블은 사용 전 보수한 후 사용한다.

문제 43
본용접의 용착법 중 각 층마다 전체 길이를 용접하면서 쌓아올리는 방법으로 용접하는 것은?

① 전진 블록법 ② 캐스케이드법
③ 빌드업법   ④ 스킵법

해설 융착법
① 빌드업법(덧살올림법) : 다층용접에서 각 층마다 전체 길이를 용접하면서 쌓아올리는 방법
② 스킵법 : 이음 전 길이에 대해서 뛰어 넘어서 용접하는 방법
③ 캐스케이드 용접 : 한 부분에 대해 몇 층을 용접하다가 다음 부분으로 연속시켜 용접
④ 전진블록법 : 한 개의 용접봉을 살을 붙일 만한 길이로 구분해서 홈을 한 부분씩 여러 층으로 쌓아 올린 다음 다른 부분으로 진행하는 융착법

문제 44
아래 그림에서 탄소강을 아크 용접한 매크로 조직 용접부 중 열영향부를 나타낸 곳은?

① a
② b
③ c
④ d

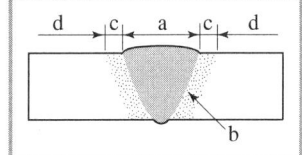

문제 45
좁은 탱크 안에서 작업할 때 주의사항 중 옳지 않은 것은?

① 질소를 공급하여 환기시킨다. ② 환기 및 배기 장치를 한다.
③ 가스 마스크를 착용한다.   ④ 공기를 불어넣어 환기시킨다.

해설 좁은 탱크 안에서 용접 시 주의사항
① 공기를 불어넣어 환기시킨다.
② 가스마스크를 착용한다.
③ 환기 및 배기장치를 한다.

42. ② 43. ③ 44. ③ 45. ①

문제 46
납땜의 용제가 갖추어야 할 조건을 잘못 표현한 것은?

① 청정한 금속면의 산화를 촉진시킬 것.
② 모재나 땜납에 대한 부식작용이 최소한일 것.
③ 용제의 유효온도범위와 납땜온도가 일치할 것.
④ 땜납의 표면장력을 맞추어서 모재와의 친화도를 높일 것.

해설 납땜의 용제가 갖추어야 할 조건
① 땜납의 표면장력을 맞추어서 모재와의 친화도를 높일 것.
② 용제의 유효온도범위와 납땜온도가 일치할 것.
③ 모재나 땜납에 대한 부식작용이 최소한일 것.

문제 47
피복 아크 용접에서 슬래그 혼입으로 용접결함이 발생하였다. 방지 대책으로 틀린 것은?

① 전류를 약간 높게 한다.
② 루트 간격 및 치수를 적게 한다.
③ 용접부 예열을 한다.
④ 슬래그를 깨끗이 제거한다.

해설 슬래그 혼입의 방지 대책
① 전류를 약간 높게 한다.
② 루트 간격 및 치수를 크게 한다.
③ 용접부를 예열한다.
④ 슬래그를 깨끗이 제거한다.

문제 48
시험편을 인장 파단하여 항복점(또는 내력), 인장강도, 연신율, 단면수축률 등을 조사하는 시험법은?

① 경도시험
② 굽힘시험
③ 충격시험
④ 인장시험

해설 기계적 시험
① 인장시험 : 시험편을 인장 파단하여 항복점, 인장강도, 연신율, 단면수축률 등을 조사
② 굽힘시험 : 용접부의 연성의 결함 유무를 조사하기 위해 사용
③ 충격시험(샤르피식, 아이조드식) : V형, U형의 노치를 만들어 충격적인 하중을 주어서 시험편을 파괴시키는 방법

문제 49
맞대기 용접 이음에서 최대 인장하중이 8000kgf 이고, 판 두께가 9mm, 용접선의 길이가 15cm일 때 용착금속의 인장강도는 약 몇 kgf/mm²인가?

① 5.9
② 5.5
③ 5.6
④ 5.2

해설 인장강도 $= \dfrac{P}{A} = \dfrac{8000}{9 \times 15 \times 10} = 5.9 \text{kg/mm}^2$

46. ① 47. ② 48. ④ 49. ①

문제 50

용접이음부에 예열(preheating)하는 방법 중 가장 적절하지 않은 것은?

① 연강을 기온이 0℃ 이하에서 용접하면 저온균열이 발생하기 쉬우므로 이음의 양쪽을 약 100mm 폭이 되게 하여 약 50~75℃ 정도로 예열하는 것이 좋다.
② 다층용접을 할 때는 제2층 이후는 앞 층의 열로 모재가 예열한 것과 동등한 효과를 얻기 때문에 예열을 생략할 수도 있다.
③ 일반적으로 주물, 내열합금 등은 용접균열이 발생하지 않으므로 예열할 필요가 없다.
④ 후판, 구리 또는 구리합금, 알루미늄합금 등과 같이 열전도가 큰 것은 이음부의 열집중이 부족하여 융합불량이 생기기 쉬우므로 200~400℃ 정도의 예열이 필요하다.

해설 **예열하는 방법**(용접이음부)
① 일반적으로 주물, 내열합금 등은 예열을 하여야 한다.
② 연강을 기온이 0℃ 이하에서 용접하면 저온균열이 발생하기 쉬우므로 이음의 양쪽을 약 100mm 폭이 되게 하여 약 50~75℃ 정도로 예열하는 것이 좋다.
③ 후판, 구리 또는 구리합금, 알루미늄합금과 같이 열전도가 큰 것은 이음부의 열집중이 부족하여 융합불량이 생기기 쉬우므로 200~400℃ 정도의 예열이 필요하다.
④ 다층용접을 할 때는 제2층 이후는 앞 층의 열로 모재가 예열한 것과 동등한 효과를 얻기 때문에 예열을 생략할 수 있다.

문제 51

그림과 같은 입체도에서 화살표 방향을 정면으로 한 제3각 정투상도로 가장 적합한 투상은?

① 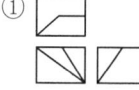 ②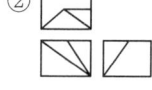

③　　　　　　　　　④

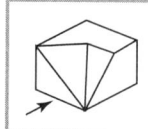

문제 52

기계제도에서의 척도에 대한 설명으로 잘못된 것은?

① 척도란 도면에서의 길이와 대상물의 실제길이의 비이다.
② 척도는 표제란에 기입하는 것이 원칙이다.
③ 축척은 2 : 1, 5 : 1, 10 : 1 등과 같이 나타낸다.
④ 도면을 정해진 척도 값으로 그리지 못하거나 비례하지 않을 때에는 척도를 "NS"로 표시할 수 있다.

해설 배척은 2 : 1, 5 : 1, 10 : 1 등과 같이 나타낸다.

50. ③　51. ②　52. ③

문제 53 그림과 같은 도면이 나타내는 단면은 어느 단면도에 해당하는가?

① 한쪽 단면도
② 회전 도시 단면도
③ 예각 단면도
④ 온 단면도

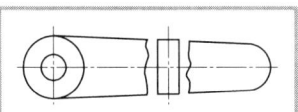

문제 54 다음 중 게이트 밸브의 표시방법으로 올바른 것은?

해설 밸브 표시방법
① 체크 밸브 : ─▷|─ ─▶|─   ② 게이트 밸브(슬루스 밸브) : ─▷◁─ ─▷◁─
③ 안전밸브 : ─▷|◁─   ④ 스프링식 안전밸브 : ─▷|◁─
⑤ 앵글 밸브 : ─▷| ⑥ 버터플라이 밸브 : ─|•|─
⑦ 글로브 밸브 : ─⊗─   ⑧ 볼 밸브 : ─⋈─
⑨ 플랜지 이음 : ─||─   ⑩ 유니언 이음 : ─|┼|─

문제 55 대상물의 보이는 부분의 모양을 표시하는 데 사용하는 선은?

① 치수선
② 외형선
③ 숨은선
④ 기준선

해설
① 치수선 : 치수 기입하기 위해
② 외형선 : 대상물의 보이는 부분의 모양을 표시
③ 기준선 : 위치결정의 근거된다는 선
④ 파단선 : 대상물의 일부를 파단한 경계
⑤ 가상선 : 가공 전·후 표시, 인접부분 참고 표시, 공구위치 참고 표시

문제 56 그림에서 □15에 대한 설명으로 맞는 것은?

① 어느 한 쪽 길이가 15인 직사각형
② 한 변의 길이가 15인 정사각형
③ φ15인 원통에 평면이 있음
④ 참고 치수가 15인 평면

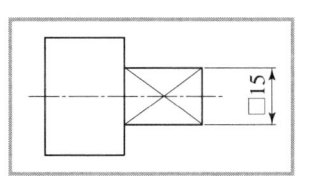

해설 ① 정사각형변 : □
② 참고 치수 : ( )
③ 이론적으로 정확한 치수 : $\boxed{123}$
④ 45° 모따기 : C

문제 57 리벳의 호칭이 다음과 같이 표시된 경우 16의 의미는?

"KS B 1102 열간 접시 머리 리벳 16×40 SV 330"

① 리벳의 수량　　　　　② 리벳의 호칭지름
③ 리벳이음의 구멍치수　④ 리벳의 길이

문제 58 그림과 같은 용접기호의 뜻은?

① 볼록형 필릿 용접
② 오목형 필릿 용접
③ 볼록형 심 용접
④ 오목형 심 용접

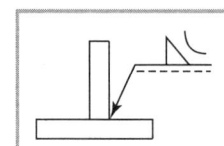

해설 **보조기호**
① 평면　　　　　　　　　: ―――
② 볼록형　　　　　　　　: ⌒
③ 오목형　　　　　　　　: ⌣
④ 필렛용접　　　　　　　: ◿
⑤ 끝단부를 매끄럽게 함　 : ⌣⌣
⑥ 영구적인 덮개판 사용　 : M
⑦ 제거가능한 덮개판 사용 : MR

문제 59 다음 도면에서 치수 28에 붙은 "( )"가 의미하는 것은?

① 참고 치수
② 허용 치수
③ 기준 치수
④ 치수 공차

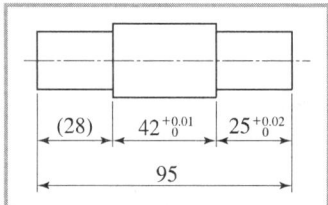

57. ② 58. ② 59. ①

문제 60 다음은 제3각법의 정투상도로 나타낸 정면도와 우측면도이다. 평면도로 가장 적합한 것은?

① ② ③ ④

60. ④

단기완성

이산화탄소가스아크용접기능사

필기

특수용접기능사 기출문제

2021

2021년 1월 CBT 시행

문제 01 내용적이 33.7l인 산소용기에 15MPa로 충전하였을 때 사용 가능한 용기 내의 산소량은?

① 약 505.5l ② 약 5055l
③ 약 13575l ④ 약 12637l

해설 용기 내의 산소량 = $P \times V = 150 \times 33.7 = 5055l$

참고 1MPa = 10kg/cm^2

문제 02 산소 용기 취급 시 주의사항으로 틀린 것은?

① 저장소에는 화기를 가까이 하지 말고 통풍이 잘 되어야 한다.
② 저장 또는 사용 중에는 반드시 용기를 세워 두어야 한다.
③ 가스 용기 사용 시 가스가 잘 발생되도록 직사광선을 받도록 한다.
④ 가스 용기는 뉘어두거나 굴리는 등 충돌, 충격을 주지 말아야 한다.

해설 산소 용기 취급 시 주의사항
① 직사광선을 피할 것.
② 가스 용기는 뉘어두거나 굴리는 등 충돌, 충격을 주지 말아야 한다.
③ 저장 또는 사용 중에는 반드시 용기를 세워 두어야 한다.
④ 저장소에는 화기를 가까이 하지 말고 통풍이 잘 되어야 한다.
⑤ 유지류, 석유류, 글리세린유 등은 발화의 위험이 있으므로 주의.
⑥ 산소 용기는 화기와 5m 이상 떨어져 설치할 것.

문제 03 피복 아크 용접봉의 피복제가 연소한 후 생성된 물질이 용접부를 보호하는 방식에 따라 분류했을 때, 이에 속하지 않는 것은?

① 스패터 발생식   ② 가스 발생식
③ 슬래그 생성식   ④ 반가스 발생식

해설 용접부를 보호하는 방식에 따른 분류
① 가스 발생식
② 반가스 발생식
③ 슬래그 생성식

해답 01. ② 02. ③ 03. ①

문제 04

용접전류가 100A, 전압이 30V일 때 전력은 몇 kW인가?

① 4.5kW ② 15kW
③ 10kW   ④ 3kW

해설 전력=전압×전류=100×30=3000VA

참고 1kW=1000VA ∴ 3kW

문제 05

아크 절단법이 아닌 것은?

① 아크 에어 가우징 ② 금속 아크 절단
③ 스카핑   ④ 플라스마 제트 절단

해설 아크 절단법 종류
① 티그 절단 ② 미그 절단 ③ 아크 에어 가우징
④ 금속 아크 절단 ⑤ 플라스마 제트 절단

문제 06

피복 아크 용접 시 복잡한 형상의 용접물을 자유회전시킬 수 있으며, 용접 능률 향상을 위해 사용하는 회전대는?

① 가접 지그   ② 역변형 지그
③ 회전 지그   ④ 용접 포지셔너

해설 용접 포지셔너 : 복잡한 형상의 용접물을 자유회전시킬 수 있으며, 용접 능률 향상에 사용하는 회전대

문제 07

모재의 두께, 이음형식 등 모든 용접 조건이 같을 때, 일반적으로 가장 많은 전류를 사용하는 용접 자세는?

① 아래보기 자세 용접 ② 수직 자세 용접
③ 수평 자세 용접   ④ 위보기 자세 용접

해설 모재의 두께, 이음형식 등 모든 용접 조건이 같을 때, 일반적으로 가장 많은 전류를 사용하는 용접 자세 : 아래보기 자세 용접

문제 08

강재를 가스 절단 시 예열온도로 가장 적합한 것은?

① 300~450℃   ② 450~700℃
③ 800~900℃   ④ 1000~1300℃

해설 절단 시 예열온도
① 동 : 600~700℃ ② 연관 : 700~800℃ ③ 강관 : 800~900℃

해답

04. ④ 05. ③ 06. ④ 07. ① 08. ③

문제 09
아크 용접에서 직류 역극성으로 용접할 때의 특성에 대한 설명으로 틀린 것은?
① 모재의 용입이 얕다. ② 비드 폭이 좁다.
③ 용접봉의 용융이 빠르다. ④ 박판 용접에 쓰인다.

해설 직류 정극성
① 후판 용접에 적합 ② 비드 폭이 좁다.
③ 용접봉의 용융이 느리다. ④ 용입이 깊다.
⑤ 모재 70%, 용접봉 30%

직류 역극성
① 박판 용접에 적합 ② 비드 폭이 넓다.
③ 용접봉의 용융이 빠르다. ④ 용입이 얕다.
⑤ 용접봉 70%, 모재 30%

문제 10
용접봉에서 모재로 용융금속이 옮겨가는 상태를 용적이행이라 한다. 다음 중 용적이행이 아닌 것은?
① 단락형 ② 스프레이형
③ 글로뷸러형 ④ 불림이행형

해설 용적이행 형식
① 글로뷸러형
  ㉠ 서브머지드 용접과 같이 대전류에 사용
  ㉡ 일명 핀치효과형이라고 하며 비교적 큰 용적이 단락됨.
② 스프레이형
  ㉠ 일미나이트계 피복 아크 용접봉
  ㉡ 미세한 용적이 스프레이와 같이 날려보내어 옮겨가서 용착
③ 단락형
  ㉠ 저수소계
  ㉡ 표면장력의 작용으로 모재로 옮겨가서 융착

문제 11
가스 용접에서 전진법과 비교한 후진법의 특성을 설명한 것으로 틀린 것은?
① 열 이용률이 나쁘다. ② 용접속도가 빠르다.
③ 용접변형이 적다. ④ 산화 정도가 약하다.

해설 후진법의 특징
① 열 이용률이 높다. ② 용접속도가 빠르다.
③ 비드 모양이 매끈하지 못하다. ④ 홈의 각도가 작다.
⑤ 용접변형이 적다. ⑥ 판 두께가 두껍다.
⑦ 산화 정도가 약하다. ⑧ 용착금속의 조직이 미세하다.
⑨ 용착금속의 냉각도 서냉

09. ② 10. ④ 11. ①

문제 12 아세틸렌가스가 충격, 진동 등에 의해 분해 폭발하는 압력은 15℃에서 몇 kgf/cm² 이상인가?

① 2.0kgf/cm²
② 1kgf/cm²
③ 0.5kgf/cm²
④ 0.1kgf/cm²

해설 아세틸렌의 분해 폭발 압력은 15℃에서 2kgf/cm² 이상이다.

문제 13 모재의 두께가 4mm인 가스 용접봉의 이론상의 지름은?

① 1mm
② 2mm
③ 3mm
④ 4mm

해설 $D = \dfrac{t}{2} + 1 = \dfrac{4}{2} + 1 = 3\text{mm}$

문제 14 고압에서 사용이 가능하고 수중절단 중에 기포의 발생이 적어 예열가스로 가장 많이 사용되는 것은?

① 부탄
② 수소
③ 천연가스
④ 프로판

해설 수소 : 고압에서 사용이 가능하고 수중절단 중에 기포의 발생이 적어 예열가스로 가장 많이 사용

문제 15 용접용 가스의 불꽃온도 중 가장 높은 것은?

① 산소-수소 불꽃
② 산소-아세틸렌 불꽃
③ 도시가스 불꽃
④ 천연가스 불꽃

해설 가스의 발열량과 온도

	최고 불꽃온도	발열량
아세틸렌	3430℃	12690kcal/m³
부탄	2926℃	26691kcal/m³
수소	2900℃	2865kcal/m³
프로판	2820℃	20780kcal/m³
메탄	2700℃	8080kcal/m³

문제 16 가변저항기로 용접전류를 원격조정하는 교류 용접기는?

① 가포화 리액터형
② 가동 철심형
③ 가동 코일형
④ 탭 전환형

해답 12. ① 13. ③ 14. ② 15. ② 16. ①

해설 교류 아크 용접기의 종류와 특징
① 가포화 리액터형 : 원격제어가 되고 가변저항의 변화로 용접전류 조정
② 가동 코일형
  ㉠ 누설 리액턴스 값을 변화시킴.
  ㉡ 1차, 2차 코일중의 하나를 이동하여 누설자속을 변화하여 전류 조정
③ 탭 전환용
  ㉠ 무부하 전압이 높아 전격 위험이 크다.
  ㉡ 코일의 감긴 수에 따라 전류 조정
  ㉢ 미세전류 조정이 어렵다.
④ 가동 철심형
  ㉠ 현재 가장 많이 사용
  ㉡ 미세한 전류 조정 가능
  ㉢ 광범위한 전류 조정이 어렵다.
  ㉣ 가동 철심으로 누설자속을 가감하여 전류 조정

문제 17 연강용 가스 용접봉의 성분 중 강의 강도를 증가시키나, 연신율, 굽힘성 등을 감소시키는 것은?

① 규소(Si)   ② 인(P)
③ 탄소(C)   ④ 유황(S)

해설 탄소 : ① 인장강도, 경도, 항복점, 비저항 증가
              ② 연신율, 비중, 열전도도, 충격값 감소
인 : ① 상온취성, 청열취성 원인(200~300℃)
     ② 인장강도 증가, 연신율 감소
유황 : ① 적열취성 원인(800~900℃)
       ② 용접성 저하, 인성, 충격치 저하
규소 : ① 유동성 증가
       ② 결정립 초래
       ③ 가공성 및 용접성 저하

문제 18 금속의 표면에 스텔라이트나 경합금 등을 용접 또는 압접으로 융착시키는 것은?

① 숏 피닝   ② 하드 페이싱
③ 샌드 블라스트   ④ 화염 경화법

해설 하드 페이싱 : 금속의 표면에 스텔라이트나 경합금 등을 용접 또는 압접으로 융착

문제 19 Ni-Cr계 합금이 아닌 것은?

① 크로멜   ② 니크롬
③ 인코넬   ④ 두랄루민

해답 17. ③ 18. ② 19. ④

해설 **Ni-Cr계 합금**
① 인코넬 ② 크로멜 ③ 니크롬

문제 20 스테인리스강의 용접 부식의 원인은?

① 균열   ② 뜨임 취성
③ 자경성   ④ 탄화물의 석출

해설 **스테인리스강의 용접 부식의 원인** : 탄화물의 석출

문제 21 기계구조용 저합금강에 양호하게 요구되는 조건이 아닌 것은?

① 항복강도   ② 가공성
③ 인장강도   ④ 마모성

해설 **기계구조용 저합금강에 양호하게 요구되는 조건**
① 가공성 ② 용접성 ③ 인장강도 ④ 항복강도

문제 22 주철의 여린 성질을 개선하기 위하여 합금 주철에 첨가하는 특수 원소 중 크롬(Cr)이 미치는 영향으로 잘못된 것은?

① 내마모성을 향상시킨다.
② 흑연의 구상화를 방해하지 않는다.
③ 크롬 0.2~1.5%정도 포함시키면 기계적 성질을 향상시킨다.
④ 내열성과 내식성을 감소시킨다.

해설 **크롬이 미치는 영향**
① 내열성과 내식성을 증가시킨다.
② 내마모성을 향상시킨다.
③ 흑연의 구상화를 방해하지 않는다.
④ 크롬 0.2~1.5% 정도 포함시키면 기계적 성질을 향상시킨다.

문제 23 알루미늄–규소계 합금으로서, 10~14%의 규소가 함유되어 있고, 알펙스(alpax)라고도 하는 것은?

① 실루민(silumin)   ② 두랄루민(duralumin)
③ 하이드로날륨(hydronalium) ④ Y합금

해설 **합금**
① 실루민 : 알루미늄+규소(실알소) : 알펙스라고도 함.
② 하이드로날륨 : Al+Mg(알마) : 선박용 부품, 조리용 기구, 화학용 부품
③ Y합금 : Al+Cu+Mg+Ni(알구마니) : 실린더 헤드, 피스톤에 사용
④ 두랄루민 : Al+Cu+Mg+Mn(알구마망)

해답   20. ④ 21. ④ 22. ④ 23. ①

문제 24 주철과 비교한 주강에 대한 설명으로 틀린 것은?

① 주철에 비하여 강도가 더 필요할 경우에 사용한다.
② 주철에 비하여 용접에 의한 보수가 용이하다.
③ 주철에 비하여 주조 시 수축량이 커서 균열 등이 발생하기 쉽다.
④ 주철에 비하여 용융점이 낮다.

해설 주철에 비해 용융점이 낮다.

문제 25 구리합금의 용접 시 조건으로 잘못된 것은?

① 구리의 용접 시보다 높은 예열온도가 필요하다.
② 비교적 루트 간격과 홈 각도를 크게 취한다.
③ 용가재는 모재와 같은 재료를 사용한다.
④ 용접봉으로는 토빈(torbin) 청동봉, 규소 청동봉, 인 청동봉, 에버듈(everdur)봉 등이 많이 사용된다.

해설 구리의 예열온도는 600~700℃ 정도

문제 26 냉간가공의 특징을 설명한 것으로 틀린 것은?

① 제품의 표면이 미려하다.
② 제품의 치수 정도가 좋다.
③ 가공경화에 의한 경도가 낮아진다.
④ 가공공수가 적어 가공비가 적게 든다.

해설 냉간가공의 특징
① 가공경화에 의한 경도가 높아진다.
② 제품의 표면이 미려하다.
③ 가공공수가 적어 가공비가 적게 든다.
④ 제품의 치수 정도가 좋다.

문제 27 일반적으로 냉간가공 경화된 탄소강 재료를 600~650℃에서 중간 풀림하는 방법은?

① 확산 풀림   ② 연화 풀림
③ 항온 풀림   ④ 완전 풀림

해설 **연화 풀림** : 냉간가공 경화된 탄소강 재료를 600~650℃에서 중간 풀림하는 방법

24. ④ 25. ① 26. ③ 27. ②

문제 28 탄소강에서 피트(pit) 결함의 원인이 되는 원소는?
① C
② P
③ Pb
④ Cu

해설 탄소강에서 피트의 결함 원인이 되는 원소 : 탄소

문제 29 납땜을 가열방법에 따라 분류한 것이 아닌 것은?
① 인두 납땜
② 가스 납땜
③ 유도 가열 납땜
④ 수중 납땜

해설 가열방법에 따른 분류
① 노내 납땜 ② 유도 가열 납땜 ③ 담금 납땜
④ 가스 납땜 ⑤ 인두 납땜 ⑥ 저항 납땜

문제 30 서브머지드 아크 용접법의 단점으로 틀린 것은?
① 와이어에 소전류를 사용할 수 있어 용입이 얕다.
② 용접선이 짧거나 복잡한 경우 비능률적이다.
③ 루트 간격이 너무 크면 용락될 위험이 있다.
④ 용접진행 상태를 육안으로 확인할 수 없다.

해설 서브머지드 아크 용접법의 단점
① 용접진행 상태를 육안으로 확인할 수 없다.
② 루트 간격이 너무 크면 용락될 위험이 있다.
③ 용접선이 짧거나 복잡한 경우 비능률적이다.
④ 장비의 가격이 고가이다.
⑤ 용접 적용 자세에 제약을 받는다.
⑥ 개선홈의 정밀을 요한다.(패킹제 미사용 시 루트 간격 0.8mm 이하)

문제 31 CO_2가스 아크 용접 시 보호가스로 CO_2+Ar+O_2를 사용할 때의 좋은 효과로 볼 수 없는 것은?
① 슬래그 생성량이 많아져 비드 표면을 균일하게 덮어 급랭을 방지하며, 비드 외관이 개선된다.
② 용융지의 온도가 상승하며, 용입량도 다소 증대된다.
③ 비금속 개재물의 응집으로 용착강이 청결해진다.
④ 스패터가 많아지며, 용착강의 환원반응을 활발하게 한다.

해설 스패터가 적어지며, 용착강의 환원반응을 활발하게 한다.

28. ① 29. ④ 30. ① 31. ④

문제 32 판 두께가 보통 6mm 이하인 경우에 사용되는 용접 홈의 형태는?

① I형 ② V형
③ U형 ④ X형

해설 맞대기 용접의 적용하는 개선홈 형식
① I형 : 판두께 6mm 정도
② V형 : 판두께 6~20mm 정도
③ X형 : 판두께 10~40mm 정도
④ U형 : 판두께 16mm 이상 50mm 미만
⑤ H형 : 판두께 50mm 이상

문제 33 연강의 인장시험에서 하중 100N, 시험편의 최초 단면적이 50mm^{2}일 때 응력은 몇 N/mm^{2}인가?

① 1 ② 2
③ 5 ④ 10

해설 응력 $= \dfrac{P}{A} = \dfrac{100\text{N}}{50\text{mm}^2} = 2\text{N/mm}^2$

문제 34 테르밋 용접의 특징 설명으로 틀린 것은?

① 용접작업이 단순하고 용접결과의 재현성이 높다.
② 용접시간이 짧고 용접 후 변형이 적다.
③ 전기가 필요하고 설비비가 비싸다.
④ 용접기구가 간단하고 작업장소의 이동이 쉽다.

해설 테르밋 용접의 특징
① 전기가 불필요하고 설비비가 싸다.
② 용접기구가 간단하고 작업장소의 이동이 쉽다.
③ 용접시간이 짧고 용접 후 변형이 적다.
④ 용접작업이 단순하고 용접결과의 재현성이 높다.

문제 35 다음 중 변형과 잔류응력을 경감하는 일반적인 방법이 잘못된 것은?

① 용접 전 변형 방지책 : 억제법
② 용접시공에 의한 경감법 : 빌드업법
③ 모재의 열전도를 억제하여 변형을 방지하는 방법 : 도열법
④ 용접 금속부의 변형과 응력을 제거하는 방법 : 피닝법

해설 용접 전 변형 방지책 : 역변형법

32. ① 33. ② 34. ③ 35. ②

문제 36
점 용접법의 종류가 아닌 것은?
① 맥동 점 용접　　② 인터랙 점 용접
③ 직렬식 점 용접　　④ 병렬식 점 용접

해설 점 용접법의 종류
① 인터랙 점 용접　② 직렬식 점 용접　③ 맥동 점 용접

문제 37
아세틸렌, 수소 등의 가연성 가스와 산소를 혼합 연소시켜 그 연소열을 이용하여 용접하는 것은?
① 탄산가스 아크 용접　　② 가스 용접
③ 불활성 가스 아크 용접　　④ 서브머지드 아크 용접

해설 가스 용접 : 아세틸렌, 수소 등의 가연성 가스와 산소를 혼합 연소시켜 그 연소열을 이용 용접

문제 38
아크 용접에서 기공의 발생 원인이 아닌 것은?
① 아크 길이가 길 때
② 피복제 속에 수분이 있을 때
③ 용착금속 속에 가스가 남아 있을 때
④ 용접부 냉각속도가 느릴 때

해설 아크 용접에서 기공의 발생 원인 (이용수아과피)
① 용접부 냉각속도가 빠를 때
② 용착금속 속에 가스가 남아 있을 때
③ 피복제 속에 수분이 있을 때
④ 아크 길이가 길 때
⑤ 과대 전류를 사용 시
⑥ 이음부에 기름, 페인트, 녹 등이 부착해 있을 경우
⑦ 수소, 산소, 일산화탄소가 너무 많을 때

문제 39
용접봉을 선택할 때 모재의 재질, 제품의 향상, 사용 용접 기기, 용접 자세 등 사용 목적에 따른 고려사항으로 가장 먼 것은?
① 용접성　　② 작업성
③ 경제성　　④ 환경성

해설 용접봉의 사용목적에 따른 고려사항
① 경제성　② 용접성　③ 작업성

해답　36. ④　37. ②　38. ④　39. ④

문제 40. 보호가스의 공급이 없이 와이어 자체에서 발생하는 가스에 의해 아크 분위기를 보호하는 용접법은?

① 일렉트로 슬래그 용접
② 스터드 용접
③ 논 가스 아크 용접
④ 플라스마 아크 용접

해설
논 가스 아크 용접 : 보호가스 공급 없이 와이어 자체에서 발생하는 가스에 의해 아크 분위기를 보호하는 용접법
스터드 용접 : 볼트나 환봉 등을 피스톤형 홀더에 끼우고 모재와 환봉 사이에서 순간적으로 아크를 발생시켜 용접
서브머지드 아크 용접 : 용제와 와이어가 분리되어 공급되고 아크가 용제 속에 일어나며 잠호 용접, 유니언 멜트 용접, 링컨 용접이라 한다.

문제 41. TIG 용접에서 고주파 교류(ACHF)의 특성을 잘못 설명한 것은?

① 고주파 전원을 사용하므로 모재에 접촉시키지 않아도 아크가 발생한다.
② 긴 아크 유지가 용이하다.
③ 전극의 수명이 짧다.
④ 동일한 전극봉에서 직류 정극성(DCSP)에 비해 고주파 교류(ACHF)가 사용전류범위가 크다.

해설 TIG 용접에서 고주파 교류의 특성
① 전극의 수명이 길다.
② 긴 아크 유지가 용이하다.
③ 동일한 전극봉에서 직류 정극성에 비해 고주파 교류가 사용전류범위가 크다.
④ 고주파 전원을 사용하므로 모재에 접촉시키지 않아도 아크가 발생한다.

문제 42. 가스 용접 및 절단 재해의 사례를 열거한 것 중 틀린 것은?

① 내부에 밀폐된 용기를 용접 또는 절단하다가 내부 공기의 팽창으로 인하여 폭발하였다.
② 역화방지기를 부착하여 아세틸렌 용기가 폭발하였다.
③ 철판의 절단 작업 중 철판 밑에 불순물(황, 인 등)이 분출하여 화상을 입었다.
④ 가스 용접 후 소화상태에서 토치의 아세틸렌과 산소 밸브를 잠그지 않아 인화되어 화재를 당했다.

해설 역화방지기를 부착하면 역화가 되지 않기 때문에 용기가 폭발할 위험이 없다.

해답 40. ③ 41. ③ 42. ②

문제 43 가스 용접 토치의 취급상 주의사항으로 틀린 것은?

① 팁 및 토치를 작업장 바닥 등에 방치하지 않는다.
② 역화방지기는 반드시 제거한 후 토치를 점화한다.
③ 팁을 바꿔 끼울 때는 반드시 양쪽 밸브를 모두 닫은 다음에 행한다.
④ 토치를 망치 등 다른 용도로 사용해서는 안 된다.

해설 역화방지기는 반드시 설치 후 토치를 점화한다.

문제 44 변형과 잔류응력을 최소로 해야 할 경우 사용되는 용착법으로 가장 적합한 것은?

① 후진법 ② 전진법
③ 스킵법 ④ 덧살 올림법

해설 **스킵법**: 변형과 잔류응력을 최소로 해야 될 경우 사용되는 용착법

문제 45 초음파 탐상법의 종류에 속하지 않는 것은?

① 투과법 ② 펄스 반사법
③ 공진법 ④ 맥동법

해설 **초음파 탐상법의 종류**
① 투과법 ② 공진법 ③ 펄스 반사법

문제 46 피복 아크 용접 시 아크가 발생될 때 아크에 다량 포함되어 있어 인체에 가장 큰 해를 줄 수 있는 광선은?

① 감마선 ② 자외선
③ 방사선 ④ X-선

해설 **자외선**: 아크 발생 시 아크에 다량 포함되어 있어 인체에 가장 큰 해를 줄 수 있는 광선

문제 47 MIG 용접에서 토치의 종류와 특성에 대한 연결이 잘못된 것은?

① 커브형 토치-공랭식 토치 사용 ② 커브형 토치-단단한 와이어 사용
③ 피스톨형 토치-낮은 전류 사용 ④ 피스톨형 토치-수랭식 사용

해설 **MIG 용접에서 토치의 종류와 특성**
① 커브형 토치-공랭식 토치 사용 ② 피스톨형 토치-수랭식 토치 사용
③ 커브형 토치-단단한 와이어 사용 ④ 피스톨형 토치-높은 전류 사용

43. ② 44. ③ 45. ④ 46. ② 47. ③

문제 48
다음 금속 재료 중에서 가장 용접하기 어려운 것은?

① 철   ② 알루미늄
③ 티탄   ④ 니켈경합금

문제 49
불활성 가스 금속 아크 용접(MIG)의 특성이 아닌 것은?

① 아크 자기제어 특성이 있다.
② 정전압 특성, 상승 특성이 있는 직류용접기이다.
③ 반자동 또는 전자동 용접기로 속도가 빠르다.
④ 전류밀도가 낮아 3mm 이하 얇은 판 용접에 능률적이다.

해설 불활성 가스 금속 아크 용접의 특징
① 박판(3mm) 용접에는 사용이 불가능
② CO_2 용접에 비해 스패터 발생이 적다.
③ 아크 자기제어 특성이 있다.
④ 반자동 또는 전자동 용접기로 속도가 빠르다.
⑤ 정전압 특성, 상승 특성이 있는 직류용접기이다.
⑥ 응용범위가 넓고 후판용접에 적합

문제 50
결함 끝부분을 드릴로 구멍을 뚫어 정지구멍을 만들고 그 부분을 깎아내어 다시 규정의 홈으로 다듬질하여 보수를 하는 용접결함은?

① 슬래그 섞임   ② 균열
③ 언더컷   ④ 오버랩

해설 용접결함
① 균열 : 결함 끝부분을 드릴로 구멍을 뚫어 정지구멍을 만들고 그 부분을 깎아내어 다시 규정의 홈으로 다듬질하여 보수
② 언더컷 : 가는 용접봉으로 보수
③ 오버랩 : 깎아내고 재용접
④ 슬래그 : 깎아내고 재용접

문제 51
치수 보조기호 중 지름을 표시하는 기호는?

① D   ② ϕ
③ R   ④ SR

해설 치수 표시방법
① 지름 : ϕ ② 반지름 : R
③ 구의 지름 : Sϕ ④ 구의 반지름 : SR
⑤ 정사각형의 면 : □   ⑥ 판의 두께 : t

해답   48. ④ 49. ④ 50. ② 51. ②

⑦ 45° 모따기 : C   ⑧ 이론적으로 정확한 치수 : ⎡123⎤
⑨ 참고 치수 : ( )

문제 52

다음 도면은 정면도이다. 이 정면도에 가장 적합한 평면도는?

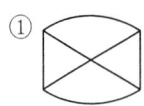 ① 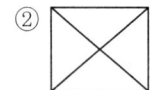 ②

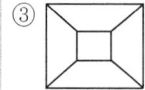 ③   ④

문제 53

3개의 좌표축의 투상이 서로 120°가 되는 축측 투상으로 평면, 측면, 정면을 하나의 투상면 위에 동시에 볼 수 있도록 그려진 투상법은?

① 등각 투상법   ② 국부 투상법
③ 정 투상법   ④ 경사 투상법

해설 **등각 투상법** : 3개의 좌표축의 투상이 서로 120°가 되는 축측 투상으로 평면, 측면, 정면을 하나의 투상면 위에 동시에 볼 수 있도록 그려진 투상법

문제 54

그림에서 나타난 배관 접합 기호는 어떤 접합을 나타내는가?

① 블랭크(blank) 연결
② 유니언(union) 연결
③ 플랜지(flange) 연결
④ 칼라(collar) 연결

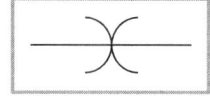

해설 **도시기호**

① 칼라 연결 :

② 유니언 :

③ 플랜지 : ─┤├─

문제 55

인접부분을 참고로 표시하는 데 사용하는 선은?

① 숨은선   ② 가상선
③ 외형선   ④ 피치선

해답

52. ④ 53. ① 54. ④ 55. ②

문제 56
다음 그림에서 화살표 방향을 정면도로 선정할 경우 평면도로 가장 올바른 것은?

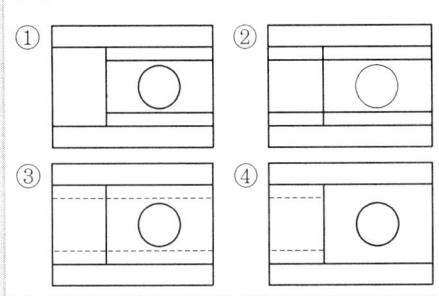
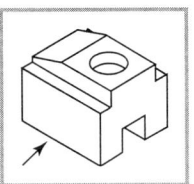

문제 57
그림과 같은 입체도에서 화살표 방향이 정면일 경우 평면도로 가장 적합한 것은?

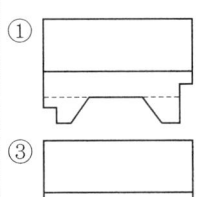
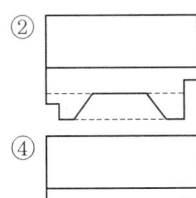
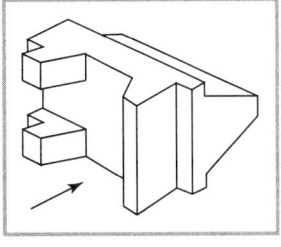

문제 58
양면 용접부 조합 기호에 대하여 그 명칭이 틀린 것은?

① ╳ : 양면 V형 맞대기 용접

② ⋎ : 넓은 루트면이 있는 K형 맞대기 용접

③ ⋉ : K형 맞대기 용접

④ ⋓ : 양면 U형 맞대기 용접

해설 X형 맞대기 이음

문제 59
KS재료 중에서 탄소강 주강품을 나타내는 "SC 410"의 기호 중에서 "410"이 의미하는 것은?

① 최저 인장강도   ② 규격 순서
③ 탄소 함유량   ④ 제작 번호

해답 56. ③ 57. ④ 58. ② 59. ①

문제 60. 그림과 같은 부등변 ㄱ형강의 치수 표시로 가장 적합한 것은?

① L A×B×t-K
② H B×t×A-K
③ L K-t×A×B
④ e K-A×t×B

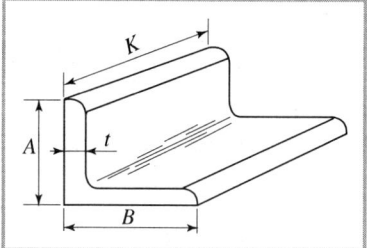

60. ①

2021년 4월 CBT 시행

문제 01 아세틸렌 가스의 자연발화온도는 몇 ℃ 정도인가?

① 250~300℃
② 300~397℃
③ 406~408℃
④ 700~705℃

해설 아세틸렌 가스의 자연발화온도 : 406~408℃
아세틸렌 가스의 폭발온도 : 505~515℃

문제 02 용접봉에 아크가 한쪽으로 쏠리는 아크 쏠림 방지책이 아닌 것은?

① 짧은 아크를 사용할 것.
② 접지점을 용접부로부터 멀리할 것.
③ 긴 용접에는 전진법으로 용접할 것.
④ 직류 용접을 하지 말고 교류 용접을 사용할 것.

해설 아크 쏠림 방지책
① 긴 용접에는 후진법으로 할 것.
② 짧은 아크를 사용할 것.
③ 직류 용접을 하지 말고 교류 용접을 할 것.
④ 접지점을 용접부로부터 멀리할 것.

문제 03 피복 아크 용접에서 직류 정극성(DCSP)을 사용하는 경우 모재와 용접봉의 열 분배율은?

① 모재 70%, 용접봉 30%
② 모재 30%, 용접봉 70%
③ 모재 60%, 용접봉 40%
④ 모재 40%, 용접봉 60%

해설 직류 정극성
① 후판용접에 적합   ② 용입이 깊다.
③ 비드 폭이 좁다.   ④ 모재 70%, 용접봉 30%
⑤ 용접봉의 녹음이 느리다.

문제 04 용접 열원으로 전기가 필요 없는 용접법은?

① 테르밋 용접
② 원자 수소 용접
③ 일렉트로 슬래그 용접
④ 일렉트로 가스 아크 용접

해설 용접 열원으로 전기가 필요 없는 용접법 : 테르밋 용접

01. ③ 02. ③ 03. ① 04. ①

문제 05 철분 또는 용제를 연속적으로 절단용 산소에 공급하여 그 산화열 또는 용제의 화학작용을 이용하여 절단하는 것은?

① 산소창 절단
② 스카핑
③ 탄소 아크 절단
④ 분말 절단

해설 **산소창 절단** : 두꺼운 판, 주강의 슬래그 덩어리, 암석의 천공 등의 절단에 이용
산소 아크 절단 : 중공의 피복 용접봉과 모재 사이에 아크를 발생시키고 중심에서 산소를 분출시키며 절단
스카핑 : 강괴, 강편, 슬래그, 탈탄층, 표면균열 등의 표면결함을 불꽃가공에 의해 제거하는 방법으로 얇은 홈 가공 시 사용

문제 06 교류 아크 용접기에서 교류 변압기의 2차 코일에 전압이 발생하는 원리는 무슨 작용인가?

① 저항유도작용
② 전자유도작용
③ 전압유도작용
④ 전류유도작용

해설 **전자유도작용** : 교류 변압기의 2차 코일에 전압이 발생하는 원리

문제 07 중공의 피복 용접봉과 모재 사이에 아크를 발생시키고 중심에서 산소를 분출 시키면서 절단하는 방법은?

① 아크에어 가우징(arc air gouging)
② 금속 아크 절단(metal arc cutting)
③ 탄소 아크 절단(carbon arc cutting)
④ 산소 아크 절단(oxygen arc cutting)

문제 08 아크 용접에서 피복제 중 아크 안정제에 해당되지 않는 것은?

① 산화티탄(TiO_2)
② 석회석($CaCO_3$)
③ 규산칼륨(K_2SiO_3)
④ 탄산바륨($BaCO_3$)

해설 **아크 안정제** (산석규자적탄)
① 산화티탄 ② 석회석
③ 규산칼륨 ④ 자철광
⑤ 적철광   ⑥ 탄산나트륨

해답 05. ④ 06. ② 07. ④ 08. ④

문제 09

2차 무부하전압이 80V, 아크전류가 200A, 아크전압 30V, 내부손실 3kW일 때 역률(%)은?

① 48.00%   ② 56.25%
③ 60.00%   ④ 66.67%

해설

효율 = $\dfrac{\text{아크전력}}{\text{소비전력}} \times 100 \times 100$

역률 = $\dfrac{\text{소비전력}}{\text{전원입력}} \times 100 = \dfrac{9\text{kW}}{10\text{kW}} \times 100 = 56.25\%$

∴ 소비전력 = 아크전력+내부손실 = 6+3 = 9kW
전원입력 = 무부하전압 × 정격2차전류 = 80 × 200 = 16000 = 16kW
아크전력 = 아크전압 × 정격2차전류 = 30 × 200 = 6000 = 6kW

문제 10

가스 용접으로 연강 용접 시 사용하는 용제는?

① 염화리튬   ② 붕사
③ 염화나트륨   ④ 사용하지 않는다.

해설 가스 용접용 용제
① 연강 : 사용하지 않는다. (연사)
② 구리 : 붕사+염화리튬 (구붕염)
③ 반경강 : 중탄산나트륨+탄산나트륨 (반중탄)
④ 주철 : 중탄산나트륨+붕사+탄산나트륨 (주중붕탄)

문제 11

용접에서 아크가 길어질 때 발생하는 현상이 아닌 것은?

① 아크가 불안정하게 된다.   ② 스패터가 심해진다.
③ 산화 및 질화가 일어난다.   ④ 아크 전압이 감소한다.

해설 아크가 길어질 때 발생하는 현상
① 아크 전압이 증가한다.   ② 산화 및 질화가 일어난다.
③ 스패터가 심해진다.   ④ 아크가 불안정하게 된다.

문제 12

용접기 설치 시 1차 입력이 10kVA이고 전원 전압이 200V이면 퓨즈 용량은?

① 50A   ② 100A
③ 150A   ④ 200A

해설 퓨즈 용량 = $\dfrac{10 \times 1000}{200} = 50\text{A}$

09. ② 10. ④ 11. ④ 12. ①

문제 13
산소 용기의 윗부분에 각인되어 있지 않은 것은?

① 용기의 중량
② 최저 충전압력
③ 내압시험압력
④ 충전가스의 내용적

해설 산소 용기의 각인
① 최고 충전압력(FP) ② 용기 질량(W)
③ 내압시험압력(TP) ④ 충전가스 내용적(V)

문제 14
수동가스 절단 시 일반적으로 팁 끝과 강판 사이의 거리는 백심에서 몇 mm 정도 유지시키는가?

① 0.1~0.5
② 1.5~2.0
③ 3.0~3.5
④ 5.0~7.0

해설 수동가스 절단 시 일반적으로 팁 끝과 강판 사이의 거리는 백심에서 1.5~2.0mm 정도 유지

문제 15
연강용 피복 아크 용접봉의 E4316에 대한 설명 중 틀린 것은?

① E : 피복금속 아크 용접봉
② 43 : 전 용착금속의 최대 인장강도
③ 16 : 피복제의 계통
④ E 4316 : 저수소계 용접봉

해설 43 : 용착금속의 최소 인장강도

문제 16
알루미늄 등의 경금속에 아르곤과 수소의 혼합가스를 사용하여 절단하는 방식인 것은?

① 분말절단
② 산소 아크 절단
③ 플라스마 절단
④ 수중절단

해설 플라스마 절단 : 알루미늄 등의 경금속에 아르곤과 수소의 혼합가스를 사용하여 절단

문제 17
용접봉의 종류에서 용융금속의 이행 형식에 따른 분류가 아닌 것은?

① 단락형
② 글로뷸러형
③ 스프레이형
④ 직렬식 노즐형

해설 용융금속의 이행 형식에 따른 분류
① 글로뷸러형 ② 스프레이형 ③ 단락형

해답

13. ② 14. ② 15. ② 16. ③ 17. ④

문제 18
가단주철의 종류가 아닌 것은?

① 산화 가단주철
② 백심 가단주철
③ 흑심 가단주철
④ 펄라이트 가단주철

해설 가단주철의 종류
① 백심 가단주철 ② 흑심 가단주철 ③ 펄라이트 가단주철

문제 19
스테인리스강을 불활성 가스 금속아크 용접법으로 용접 시 장점이 아닌 것은?

① 아크열 집중성보다 확장성이 좋다.
② 어떤 방향으로도 용접이 가능하다.
③ 용접이 고속도로 아크 방향으로 방사된다.
④ 합금원소가 98% 이상으로 거의 전부가 용착금속에 옮겨진다.

해설 아크열의 집중성이 좋다.

문제 20
일반적으로 중금속과 경금속을 구분하는 비중은?

① 1.0
② 3.0
③ 5.0
④ 7.0

해설 중금속과 경금속을 구분하는 비중 : 5.0(보통 4.5)

문제 21
알루미늄 합금으로 강도를 높이기 위해 구리, 마그네슘 등을 첨가하여 열처리 후 사용하는 것으로 교량, 항공기 등에 사용하는 것은?

① 주조용 알루미늄 합금
② 내열 알루미늄 합금
③ 내식 알루미늄 합금
④ 고강도 알루미늄 합금

해설 **고강도 알루미늄 합금** : 강도를 높이기 위해 구리, 마그네슘 등을 첨가하여 열처리 후 사용하는 것으로 교량, 항공기 등에 사용

문제 22
탄소강의 기계적 성질 변화에서 탄소량이 증가하면 어떠한 현상이 생기는가?

① 강도와 경도는 감소하나 인성 및 충격값 연신율, 단면 수축률은 증가한다.
② 강도와 경도가 감소하고 인성 및 충격값 연신율, 단면 수축률도 감소한다.
③ 강도와 경도가 증가하고 인성 및 충격값 연신율, 단면 수축률도 증가한다.
④ 강도와 경도는 증가하나 인성 및 충격값 연신율, 단면 수축률은 감소한다.

해설 탄소량 증가 시
① 인장강도, 경도, 항복점, 비저항이 증가
② 인성, 충격값, 연신율, 단면 수축률 감소

해답 18. ① 19. ① 20. ③ 21. ④ 22. ④

문제 23
침탄법의 종류에 속하지 않는 것은?

① 고체 침탄법   ② 증기 침탄법
③ 가스 침탄법   ④ 액체 침탄법

해설 침탄법의 종류
① 액체 침탄법 : 시안화나트륨(NaCN), 시안화칼륨(KCN)을 주성분으로 한 염을 사용하여 침탄온도 750~950℃에서 30~60분 침탄시키는 방법
② 가스 침탄법 : 메탄가스와 같은 탄화수소가스를 사용하여 침탄
③ 고체 침탄법

문제 24
Mg-Al계 합금에 소량의 Zn, Mn을 첨가한 마그네슘 합금은?

① 다우 메탈   ② 일렉트론 합금
③ 하이드로날륨   ④ 라우탈 합금

해설
일렉트론 : Al+Zn+Mg(알아마)
하이드로날륨 : Al+Mg(알마)
라우탈 : Al+Cu+Si(알구쇼)
다우 메탈 : Al+Mg(알마)
두랄루민 : Al+Cu+Mg+Mn(알구마망)
Y합금 : Al+Cu+Mg+Ni(알구마니)
실루민 : Al+Si(알쇼)

문제 25
특수 황동에 대한 설명으로 가장 적합한 것은?

① 주석황동 : 황동에 10% 이상의 Sn을 첨가한 것
② 알루미늄 황동 : 황동에 10~15%의 Al을 첨가한 것
③ 철황동 : 황동에 5% 정도의 Fe을 첨가한 것
④ 니켈황동 : 황동에 7~30%의 Ni을 첨가한 것

해설 니켈황동 : 황동에 7~30%의 Ni을 첨가한 것
철황동 : 황동에 1~2% 정도의 Fe을 첨가한 것

문제 26
연강에 비해 고장력강의 장점이 아닌 것은?

① 소요 강재의 중량을 상당히 경감시킨다.
② 재료의 취급이 간단하고 가공이 용이하다.
③ 구조물의 하중을 경감시킬 수 있어 그 기초공사가 단단해진다.
④ 동일한 강도에서 판의 두께를 두껍게 할 수 있다.

해설 연강에 비해 고장력강의 장점 : 동일한 강도에서 판의 두께를 얇게 할 수 있다.

23. ② 24. ② 25. ④ 26. ④

문제 27
재료의 잔류응력을 제거하기 위해 적당한 온도와 시간을 유지한 후 냉각하는 방식으로, 일명 저온풀림이라고 하는 것은?

① 재결정풀림　　　　② 확산풀림
③ 응력제거풀림　　　④ 중간풀림

해설 응력제거풀림 : 재료의 잔류응력을 제거하기 위해 적당한 온도와 시간을 유지한 후 냉각하는 방식으로, 일명 저온풀림이라 한다.

문제 28
금속 표면이 녹슬거나 산화물질로 변화되어가는 금속의 부식현상을 개선하기 위해 이용되는 강은?

① 내식강　　　　② 내열강
③ 쾌삭강　　　　④ 불변강

해설 내식강 : 금속 표면이 녹슬거나 산화물질로 변화되어가는 금속의 부식현상을 개선하기 위해 이용되는 강

문제 29
탄산가스 아크 용접의 종류에 해당되지 않는 것은?

① NCG법　　　　② 테르밋 아크법
③ 유니언 아크법　④ 퓨즈 아크법

해설 탄산가스 아크 용접의 종류(아퓨엔유)
① 아코스 아크법　② 퓨즈 아크법
③ NCG법　　　　④ 유니언 아크법

문제 30
TIG 용접에서 사용되는 텅스텐 전극에 관한 설명으로 옳은 것은?

① 토륨을 1~2% 함유한 텅스텐 전극은 순 텅스텐 전극에 비해 전자 방사 능력이 떨어진다.
② 토륨을 1~2% 함유한 텅스텐 전극은 저전류에서도 아크 발생이 용이하다.
③ 직류 역극성은 직류 정극성에 비해 전극의 소모가 적다.
④ 순 텅스텐 전극은 온도가 높으므로 용접 중 모재나 용접봉과 접촉되었을 경우에도 오염되지 않는다.

해설 텅스텐 전극봉
토륨을 1~2% 함유한 텅스텐 전극은 저전류에서도 아크 발생이 용이

27. ③　28. ①　29. ②　30. ②

문제 31 다음은 잔류응력의 영향에 대한 설명이다. 가장 옳지 않은 것은?

① 재료의 연성이 어느 정도 존재하면 부재의 정적강도에는 잔류응력이 크게 영향을 미치지 않는다.
② 일반적으로 하중방향의 인장 잔류응력은 피로강도에 무관하며, 압축 잔류응력은 피로강도에 취약한 것으로 생각된다.
③ 용접부 부근에는 항상 항복점에 가까운 잔류응력이 존재하므로 외부하중에 의한 근소한 응력이 가산되어도 취성파괴가 일어날 가능성이 있다.
④ 잔류응력이 존재하는 상태에서 고온으로 수개월 이상 방치하면 거의 소성변형이 일어나지 않고 균열이 발생하여 파괴하는데, 이것을 시즌 크랙(season crack)이라 한다.

해설 압축 잔류응력은 피로강도에 강함.

문제 32 아크를 보호하고 집중시키기 위하여 내열성의 도기로 만든 페룰(ferrule)이라는 기구를 사용하는 용접은?

① 스터드 용접
② 테르밋 용접
③ 전자빔 용접
④ 플라스마 용접

해설 **테르밋 용접** : 아크를 보호하고 집중시키기 위하여 내열성의 도기로 만든 페룰이라는 기구를 사용하는 용접법

문제 33 자동 아크 용접법 중의 하나로서 [그림]과 같은 원리로 이루어지는 용접법은?

① 전자빔 용접
② 서브머지드 아크 용접
③ 테르밋 용접
④ 불활성 가스 아크 용접

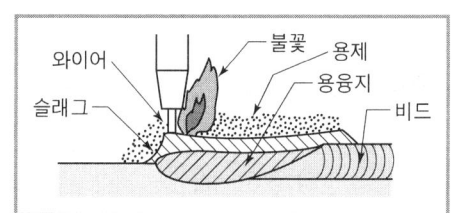

문제 34 아크를 발생시키지 않고 와이어와 용융 슬래그, 모재 내에 흐르는 전기 저항열에 의하여 용접하는 방법은?

① TIG 용접
② MIG 용접
③ 일렉트로 슬래그 용접
④ 이산화탄소 아크 용접

해설 **일렉트로 슬래그 용접** : 아크를 발생시키지 않고 와이어와 용융 슬래그, 모재 내에 흐르는 전기 저항열에 의하여 용접하는 방법

31. ② 32. ① 33. ② 34. ③

서브머지드 아크 용접 : 용접봉을 용제 속에 넣고 아크를 일으켜 용접
스터드 용접 : 볼트나 환봉 등을 피스톤형 홀더에 끼우고, 모재와 환봉 사이에서 순간적으로 아크를 발생시켜 용접

문제 35

CO_2가스 아크 평면용접에서 이면 비드의 형성은 물론 뒷면 가우징 및 뒷면 용접을 생략할 수 있고, 모재의 중량에 따른 뒤업기(turn over) 작업을 생략할 수 있도록 홈 용접부 이면에 부착하는 것은?

① 포지셔너 ② 스캘롭
③ 엔드 탭 ④ 뒷댐재

해설 CO_2가스 아크 용접에서 모재의 중량에 따른 뒤업기 작업을 생략할 수 있도록 홈 용접부 이면에 부착하는 것은 뒷댐재(백업재)

문제 36

자분탐상 검사에서 검사 물체를 자화하는 방법으로 사용되는 자화전류로서 내부 결함의 검출에 적합한 것은?

① 교류 ② 자력선
③ 직류 ④ 교류나 직류 상관없다.

해설 직류 : 자분탐상 검사에서 검사 물체를 자화하는 방법으로 사용되는 자화전류로서 내부 결함의 검출에 적합

문제 37

납땜 용제의 구비조건으로 맞지 않는 것은?

① 침지땜에 사용되는 것은 수분을 함유할 것.
② 청정한 금속면의 산화를 방지할 것.
③ 전기저항 납땜에 사용되는 것은 전도체일 것.
④ 모재나 땜납에 대한 부식작용이 최소한일 것.

해설 **납땜 용제의 구비조건**
① 모재나 땜납에 대한 부식작용이 최소한일 것.
② 전기저항 납땜에 사용되는 것은 전도체일 것.
③ 청정한 금속면의 산화를 방지할 것.
④ 침지땜에 사용되는 것은 수분을 함유하지 말 것.

문제 38

다음 중 불활성 가스 텅스텐 아크 용접에 사용되는 전극봉이 아닌 것은?

① 티타늄 전극봉 ② 순 텅스텐 전극봉
③ 토륨 텅스텐 전극봉 ④ 산화 란탄 텅스텐 전극봉

35. ④ 36. ③ 37. ① 38. ①

해설 **불활성 가스 텅스텐 아크 용접에 사용되는 전극봉**
① 순 텅스텐 전극봉
② 토륨 텅스텐 전극봉
③ 산화 란탄 텅스텐 전극봉

문제 39
용접순서의 결정 시 가능한 변형이나 잔류응력의 누적을 피할 수 있도록 하기 위한 유의사항으로 잘못된 것은?
① 용접물의 중심에 대하여 항상 대칭으로 용접을 해 나간다.
② 수축이 적은 이음을 먼저 용접하고 수축이 큰 이음은 나중에 용접한다.
③ 용접물이 조립되어 감에 따라 용접작업이 불가능한 곳이나 곤란한 경우가 생기지 않도록 한다.
④ 용접물의 중립축을 참작하여 그 중립축에 대한 용접 수축력의 모멘트의 합이 "0"이 되게 하면 용접선 방향에 대한 굽힘이 없어진다.

해설 수축이 큰 이음을 먼저하고 수축이 작은 이음을 나중에 용접한다.

문제 40
재해와 숙련도 관계에서 사고가 가장 많이 발생하는 근로자는?
① 경험이 1년 미만인 근로자
② 경험이 3년인 근로자
③ 경험이 5년인 근로자
④ 경험이 10년인 근로자

해설 재해와 숙련도 관계에서 사고가 가장 많이 발생하는 근로자는 경험이 1년 미만인 근로자

문제 41
MIG 용접용의 전류밀도는 TIG 용접의 약 몇 배 정도인가?
① 2
② 4
③ 6
④ 8

해설 MIG 용접의 전류밀도는 TIG 용접의 약 2배 정도

문제 42
맞대기 용접에서 용접기호는 기준선에 대하여 90도의 평행선을 그리어 나타내며, 주로 얇은 판에 많이 사용되는 홈 용접은?
① V형 용접
② H형 용접
③ X형 용접
④ I형 용접

해설 **I형** : 맞대기 용접에서 가장 얇은 박판에 사용
V형 : 맞대기 용접에서 한쪽 방향의 완전한 용입을 얻고자 할 때
X형 : 이음홈 형상 중에서 동일한 판두께에 대하여 가장 변형이 적게 설계된 것
H형 : 패스수를 줄일 목적으로 사용되며 모재가 두꺼울수록 유리한 홈의 형상

해답 39. ② 40. ① 41. ① 42. ④

문제 43 잔류응력의 경감 방법 중 노내풀림법에서 응력제거 풀림에 대한 설명으로 가장 적합한 것은?

① 유지온도가 높을수록 또 유지시간이 길수록 효과가 크다.
② 유지온도가 낮을수록 또 유지시간이 짧을수록 효과가 크다.
③ 유지온도가 높을수록 또 유지시간이 짧을수록 효과가 크다.
④ 유지온도가 낮을수록 또 유지시간이 길수록 효과가 크다.

해설 유지온도가 높을수록 또 유지시간이 길수록 효과가 크다.

문제 44 필릿 용접에서 루트간격이 1.5mm 이하일 때, 보수용접 요령으로 가장 적합한 것은?

① 다리길이를 3배수로 증가시켜 용접한다.
② 그대로 용접하여도 좋으나 넓혀진 만큼 다리길이를 증가시킬 필요가 있다.
③ 그대로 규정된 다리 길이로 용접한다.
④ 라이너를 넣든지, 부족한 판을 300mm 이상 잘라내서 대체한다.

문제 45 TIG 용접용 텅스텐 전극봉의 전류 전달능력에 영향을 미치는 요인이 아닌 것은?

① 사용전원 극성   ② 전극봉의 돌출길이
③ 용접기 종류   ④ 전극봉 홀더 냉각효과

해설 TIG 용접용 텅스텐 전극봉의 전류 전달능력에 영향을 미치는 요인
① 전극봉 홀더 냉각효과 ② 전극봉의 돌출길이 ③ 사용전원 극성

문제 46 원자수소 용접에 사용되는 전극은?

① 구리 전극   ② 알루미늄 전극
③ 텅스텐 전극   ④ 니켈 전극

해설 원자수소 용접에 사용되는 전극 : 텅스텐 전극

문제 47 높은 곳에서 용접작업 시 지켜야 할 사항으로 틀린 것은?

① 족장이나 발판이 견고하게 조립되어 있는지 확인한다.
② 고소작업 시 착용하는 안전모의 내부 수직거리는 10mm 이내로 한다.
③ 주변에 낙하물건 및 작업위치 아래에 인화성 물질이 없는지 확인한다.
④ 고소작업장에서 용접작업 시 안전벨트 착용 후 안전로프를 핸드레일에 고정시킨다.

43. ① 44. ③ 45. ③ 46. ③ 47. ②

문제 48
용접부의 시험 및 검사의 분류에서 크리프 시험은 무슨 시험에 속하는가?
① 물리적 시험
② 기계적 시험
③ 금속학적 시험
④ 화학적 시험

해설 크리프 시험은 물리적 시험이다.

문제 49
용접 전류가 용접하기에 적합한 전류보다 높을 때 가장 발생되기 쉬운 용접 결함은?
① 용입불량
② 언더컷
③ 오버랩
④ 슬래그 섞임

해설 언더컷 원인
① 전류가 너무 높을 때 ② 용접속도가 너무 빠를 때
③ 아크 길이가 길 때 ④ 부적당한 용접봉 사용 시

문제 50
전기용접 작업의 안전사항 중 전격방지 대책이 아닌 것은?
① 용접기 내부는 수시로 분해수리하고 청소를 하여야 한다.
② 절연 홀더의 절연부분이 노출되거나 파손되면 교체한다.
③ 장시간 작업을 하지 않을 시는 반드시 전기 스위치를 차단한다.
④ 젖은 작업복이나 장갑, 신발 등을 착용하지 않는다.

문제 51
물체의 일부분을 파단한 경계 또는 일부를 떼어낸 경계를 나타내는 선으로 불규칙한 파형의 가는 실선인 것은?
① 파단선
② 지시선
③ 가상선
④ 절단선

해설 물체의 일부분을 파단한 경계 또는 일부를 떼어낸 경계를 나타내는 선으로 불규칙한 파형의 가는 실선 : 파단선

문제 52
구의 지름을 나타낼 때 사용되는 치수 보조기호는?
① ϕ
② S
③ Sϕ
④ SR

해설 치수 표시 방법
① 지름 : ϕ ② 반지름 : R
③ 구의 지름 : Sϕ ④ 구의 반지름 : SR

48. ① 49. ② 50. ① 51. ① 52. ③

⑤ 정사각형의 면 : □   ⑥ 판의 두께 : t
⑦ 45° 모따기 : C   ⑧ 이론적으로 정확한 치수 : ⎍123⎍
⑨ 참고 치수 : ( )

문제 53
그림과 같은 배관 접합(연결)기호의 설명으로 옳은 것은?

① 마개와 소켓 연결
② 플랜지 연결
③ 칼라 연결
④ 유니언 연결

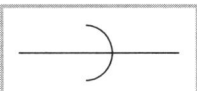

해설 도시기호
① 마개와 소켓 연결 :    ② 칼라 연결 :
③ 플랜지 연결 :   ④ 유니언 연결 :

문제 54
그림과 같은 용접 도시기호를 올바르게 설명한 것은?

① 돌출된 모서리를 가진 평판 사이의 맞대기 용접이다.
② 평행(I형) 맞대기 용접이다.
③ U형 이음으로 맞대기 용접이다.
④ J형 이음으로 맞대기 용접이다.

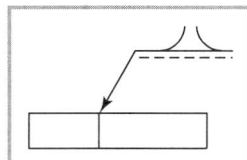

문제 55
다음은 제3각법의 정투상도로 나타낸 정면도와 우측면도이다. 평면도로 가장 적합한 것은?

① 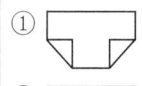   ②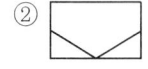

③   ④

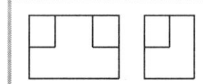

문제 56
기계 재료의 종류 기호 "SM400A"가 뜻하는 것은?

① 일반 구조용 압연 강재   ② 기계 구조용 압연 강관
③ 용접 구조용 압연 강재   ④ 자동차 구조용 열간 압연 강판

해설 SM400A : 용접 구조용 압연 강재

53. ① 54. ① 55. ④ 56. ③

문제 57 다음 투상도 중 1각법이나 3각법으로 투상하여도 정면도를 기준으로 그 위치가 동일한 곳에 있는 것은?

① 우측면도　　② 평면도
③ 배면도　　④ 저면도

문제 58 기계제도 치수 기입법에서 참고 치수를 의미하는 것은?

① $\overline{50}$　　② 50
③ (50)　　④ 《50》

문제 59 구멍에 끼워 맞추기 위한 구멍, 볼트, 리벳의 기호 표시에서 양쪽면에 카운터 싱크가 있고, 현장에서 드릴가공 및 끼워맞춤을 하는 것은?

① 　　②
③ 　　④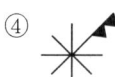

문제 60 다음 도면에 관한 설명으로 틀린 것은? (단, 도면의 등변 ㄱ형강 길이는 160mm이다.)

① 등변 ㄱ형강의 호칭은 L 25×25×3-160이다.
② φ4 리벳의 개수는 알 수 없다.
③ φ7 구멍의 개수는 8개이다.
④ 리베팅의 위치는 치수가 14mm인 위치에 있다.

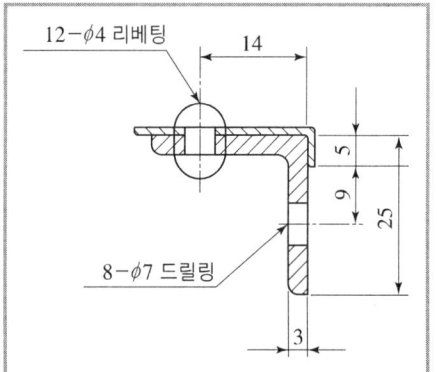

해설　φ4 리벳의 개수는 12개이다.

정답　57. ③　58. ③　59. ④　60. ②

2021년 7월 CBT 시행

문제 01 가스 절단에서 표준 드래그는 보통 판 두께의 얼마 정도인가?

① $\frac{1}{4}$ ② $\frac{1}{5}$
③ $\frac{1}{10}$ ④ $\frac{1}{100}$

해설 표준 드래그 = 판두께 × $\frac{1}{5}$

문제 02 피복 아크 용접에서 용접봉의 용융속도로 맞는 것은?

① 아크전류 × 아크저항
② 무부하 전압 × 아크저항
③ 아크전류 × 용접봉 쪽 전압강하
④ 아크전류 × 무부하 전압

해설 용접봉의 용융속도 = 아크전류 × 용접봉 쪽 전압강하

문제 03 직류 아크 용접에서 맨(bare) 용접봉을 사용했을 때 심하게 일어나는 현상으로 용접 중에 아크가 한쪽으로 쏠리는 현상은?

① 언더컷(undercut)
② 자기불림(magnetic blow)
③ 오버랩(overlap)
④ 기공(blow hole)

해설 자기불림 : 용접 중에 아크가 한쪽으로 쏠리는 현상

문제 04 연강용 아크 용접봉의 특성에 대한 설명 중 틀린 것은?

① 일미나이트계는 슬래그 생성계이다.
② 고셀룰로오스계는 슬래그 생성식이다.
③ 고산화티탄계는 아크 안정성이 좋다.
④ 저수소계는 기계적 성질이 우수하다.

해설 **연강용 아크 용접봉의 특성**
① 고셀룰로오스계는 반슬래그 생성식이다.
② 일미나이트계는 슬래그 생성식이다.
③ 저수소계는 기계적 성질이 우수하다.
④ 고산화티탄계는 아크 안정성이 좋다.

01. ② 02. ③ 03. ② 04. ②

문제 05
탄소 아크 절단에 대한 설명한 것 중 틀린 것은?
① 전원은 주로 직류 역극성이 사용된다.
② 주철 및 고탄소강의 절단에서는 절단면은 가스절단면에 비하여 대단히 거칠다.
③ 중후판의 절단은 전자세로 작업한다.
④ 주철 및 고탄소강의 절단에서는 절단면에 약간의 탈탄이 생긴다.

해설 전원은 주로 직류 정극성을 사용한다.

문제 06
발전기형 용접기와 정류기형 용접기의 특징을 비교한 아래의 [표]에서 내용이 틀린 것은?

구 분		발전기형	정류기형
①	전원	없는 곳에서 가능	없는 곳에서 불가능
②	직류전원	완전한 직류	불완전한 직류
③	구조	간단	복잡
④	고장	많다.	적다.

① ①
② ②
③ ③
④ ④

해설 **구조** : 발전기형 복잡, 정류기형 간단

문제 07
다음 중 용접법의 분류에서 초음파 용접은 어디에 속하는가?
① 납땜
② 압접
③ 융접
④ 아크 용접

해설 **압접**
① 유도 가열 용접 ② 단접 ③ 초음파 용접 ④ 가압 테르밋 용접
⑤ 마찰 용접 ⑥ 냉간압접 ⑦ 저항 용접

문제 08
용기에 충전된 아세틸렌 가스의 양을 측정하는 방법은?
① 기압에 의해 측정한다.
② 아세톤이 녹는 양에 의해서 측정한다.
③ 무게에 의하여 측정한다.
④ 사용시간에 의하여 측정한다.

해설 용기에 충전된 아세틸렌 가스의 양을 측정하는 방법 : 무게에 의하여 측정한다.

05. ① 06. ③ 07. ② 08. ③

문제 09 가스 에너지 중 스스로 연소할 수 없으나 다른 가연성 물질을 연소시킬 수 있는 자연성 가스는?

① 수소
② 프로판
③ 산소
④ 메탄

해설 자연성 가스(조연성 가스)(공.불.염.이.산)
① 공기 ② 불소 ③ 염소 ④ 이산화질소 ⑤ 산소

문제 10 가스 용접 시 모재가 주철인 경우 사용되는 용제에 속하지 않는 것은?

① 탄산나트륨 15%
② 붕사 15%
③ 중탄산나트륨 70%
④ 염화칼륨 45%

해설 용제
① 주철 : 중탄산소다(70%)+붕사(15%)+탄산소다(15%) (주중붕탄)
② 구리합금 : 붕사(75%)+염화리튬(25%) (구붕염)
③ 연강 : 사용하지 않는다. (연사)
④ 반경강 : 중탄산소다+탄산소다 (반중탄)

참고 소다=나트륨

문제 11 교류 아크 용접기의 부속 장치에 해당되지 않는 것은?

① 고주파 발생장치
② 자기제어장치
③ 전격방지장치
④ 원격제어장치

해설 교류 아크 용접기의 부속 장치
① 전격방지장치
② 원격제어장치
③ 고주파 발생장치

문제 12 용접 홀더 중 손잡이 부분 외를 작업 중에 전격의 위험이 적도록 절연체로 제조되어 있어 주로 많이 사용되는 것은?

① A형
② B형
③ C형
④ D형

해설 A형 : 손잡이 부분 외를 작업 중에 전격의 위험이 적도록 절연체로 제조

09. ③ 10. ④ 11. ② 12. ①

문제 13
가스 가우징에 대한 설명 중 옳은 것은?

① 용접부의 결함, 가접의 제거 등에 사용된다.
② 드릴작업의 일종이다.
③ 저압식 토치의 압력조절방법의 일종이다.
④ 가스의 순도를 조절하기 위한 방법이다.

해설 가스 가우징 : 용접부의 결함, 가접의 제거 등에 사용

문제 14
일반적으로 모재의 두께가 6mm인 경우 사용할 가스 용접봉의 지름은 몇 mm인가?

① 1.0　　② 1.6
③ 2.6　　④ 4.0

해설 $D = \dfrac{t}{2} + 1 = \dfrac{6}{2} + 1 = 4\,\text{mm}$

문제 15
피복 아크 용접봉에서 피복제의 역할로 맞는 것은?

① 냉각속도를 빠르게 한다.　　② 스패터의 발생을 증가시킨다.
③ 산화정련작용을 한다.　　④ 아크를 안정시킨다.

해설 **피복제의 역할**
① 아크 안정　　② 산화, 질화 방지
③ 탈산정련작용　　④ 스패터 발생을 적게 한다.
⑤ 슬래그 제거를 쉽게 한다.　　⑥ 전기절연작용
⑦ 합금원소 첨가　　⑧ 용착금속의 냉각속도를 느리게 한다.

문제 16
가스 용접 불꽃에서 아세틸렌 과잉불꽃이라 하며 속불꽃과 겉불꽃 사이에 아세틸렌 페더가 있는 것은?

① 바깥불꽃　　② 중성불꽃
③ 산화불꽃　　④ 탄화불꽃

해설 **산소-아세틸렌 불꽃**
① 탄화불꽃
　㉠ 아세틸렌 과잉불꽃　　㉡ 아세틸렌 페더가 있는 불꽃
　㉢ 산화작용이 일어나지 않음.　　㉣ 매연을 내면서 적황색으로 탐.
　㉤ 스테인리스, 스텔라이트, 모넬메탈
② 산화불꽃
　㉠ 산소 과잉불꽃　　㉡ 구리, 황동 용접에 사용
③ 중성불꽃
　㉠ 표준불꽃이라 한다.　　㉡ 산소와 아세틸렌의 혼합비가 1 : 1인 불꽃

해답 13. ①　14. ④　15. ④　16. ④

문제 17 가스 용접에서 압력조정기의 압력 전달 순서가 올바르게 된 것은?

① 부르동관 → 링크 → 섹터기어 → 피니언
② 부르동관 → 피니언 → 링크 → 섹터기어
③ 부르동관 → 링크 → 피니언 → 섹터기어
④ 부르동관 → 피니언 → 섹터기어 → 링크

해설 압력조정기의 압력 전달 순서 : 부르동관 → 링크 → 섹터기어 → 피니언

문제 18 황동 표면에 불순물 또는 부식성 물질이 녹아 있는 수용액의 작용에 의해서 발생되는 현상은?

① 탈 아연부식
② 자연균열
③ 고온 탈아연
④ 경년변화

해설 탈 아연부식 : 황동 표면에 불순물 또는 부식성 물질이 녹아 있는 수용액의 작용에 의해서 발생

문제 19 주조 시 주형에 냉금을 삽입하여 주물의 표면을 급랭시켜 백선화하고 경도를 증가시킨 내마모성 주철은?

① 가단주철
② 구상흑연주철
③ 고규소주철
④ 칠드주철

해설 칠드주철 : 주조 시 주형에 냉금을 삽입하여 주물의 표면을 급랭시켜 백선화하고 경도를 증가시킨 내마모성 주철

문제 20 Ni합금 중에서 구리에 Ni 40~50% 정도를 첨가한 합금으로 저항선, 전열선 등으로 사용되며 열전쌍의 재료로도 사용되는 것은?

① 모넬메탈
② 퍼멀로이
③ 콘스탄탄
④ 큐프로니켈

해설 합금
① 퍼멀로이 : Ni : 75~80%, Co : 0.5%, C : 0.5% 함유 약한 자장으로 큰 투자율을 가지므로 해저 전선의 장하 코일용으로 사용
② 모넬메탈 : Ni(65~70%)+Fe(1~3%)
③ 콘스탄탄 : Cu(55%)+Ni(45%)
저항선, 전열선에 사용, 열전쌍의 재료
④ 인바 : Ni : 36%, Co : 2%, Mn : 0.4%
미터기준봉 바이메탈, 시계의 진자, 줄자, 계측기 부품
⑤ 초인바(슈퍼인바) : Ni : 32%, Co : 4~6%

해답 17. ① 18. ① 19. ④ 20. ③

⑥ 엘린바 : Ni : 36%, Cr : 13%
고급시계, 정밀 저울의 스프링, 정밀 기계 재료
⑦ 코엘린바 : Ni : 10~16%, Cr : 10~11%, Co : 2.6~5.8
스프링, 태엽, 기상 관측용 기구의 부품

문제 21

오스테나이트 스테인리스강 용접 시 유의사항으로 틀린 것은?

① 짧은 아크 길이를 유지한다.
② 아크를 중단하기 전에 크레이터 처리를 한다.
③ 낮은 전류값으로 용접하여 용접 입열을 억제한다.
④ 용접하기 전에 예열을 하여야 한다.

해설 오스테나이트계 스테인리스강 용접 시 유의사항
① 용접하기 전 예열을 하지 않는다.
② 낮은 전류값으로 용접하여 용접 입열을 억제한다.
③ 아크를 중단하기 전에 크레이터 처리를 한다.
④ 짧은 아크 길이를 유지한다.

문제 22

순철에 대한 설명 중 맞는 것은?

① 순철은 동소체가 없다.
② 전기 재료 변압기 철심에 많이 사용된다.
③ 강도가 높아 기계 구조용으로 적합하다.
④ 순철에는 전해철, 탄화철, 쾌삭강 등이 있다.

해설 순철 : 전기 재료 변압기 철심에 많이 사용된다.

문제 23

일반적인 주강의 특성에 대한 설명으로 틀린 것은?

① 주강품은 압연재나 단조품과 같은 수준의 기계적 성질을 가지고 있다.
② 주철에 비하여 용융점이 1600℃ 전후의 고온이며, 수축률도 적기 때문에 주조하는 데 어려움이 없다.
③ 주철에 비하여 기계적 성질이 월등하게 좋다.
④ 용접에 의한 보수가 용이하다.

해설 주조하는 데 어려움이 있다.

문제 24

강이나 주철제의 작은 볼을 고속 분사하는 방식으로 표면층을 가공경화시키는 것은?

① 금속 침투법　　　　　　　② 숏 피닝
③ 하드 페이싱　　　　　　　④ 질화법

21. ④ 22. ② 23. ② 24. ②

해설 **숏 피닝** : 강이나 주철제의 작은 볼을 고속 분사하는 방식으로 표면층을 가공경화시키는 것

문제 25 주조용 알루미늄 합금 중 라우탈 합금은?

① Al-Cu-Si계 합금 ② Mg-Al-Zn계 합금
③ Sn-Sb-Cu계 합금 ④ Cu-Zn-Ni계 합금

해설 **합금**
① 라우탈 : Al+Cu+Si(알구소)
② 일렉트론 : Al+Zn+Mg(알아마)
③ 실루민 : Al+Si(알소)
④ 두랄루민 : Al+Cu+Mg+Mn(알구마망)
⑤ Y합금 : Al+Cu+Mg+Ni(알구마니)
⑥ 로엑스 : Al+Cu+Mg+Ni+Si(알구마니소)

문제 26 Sn-Sb-Cu의 합금으로 주석계 화이트 메탈이라고도 부르는 것은?

① 연납 ② 경납
③ 바안메탈 ④ 배빗메탈

해설 **화이트 메탈**(배빗메탈) : 구리(Cu)+안티몬(Sb)+주석(Sn)

문제 27 탄소강의 상태도에서 나타나는 반응은?

① 인장반응, 공정반응, 압축반응 ② 전단반응, 굽힘반응, 공석반응
③ 포정반응, 공정반응, 공석반응 ④ 흑연반응, 공정반응, 전단반응

해설 **탄소강의 상태도에 나타나는 반응**
① 포정반응 ② 공정반응 ③ 공석반응

문제 28 경도와 강도를 높이기 위한 열처리 방법은?

① 담금질 ② 뜨임
③ 풀림 ④ 불림

해설 **열처리**
① 담금질 : 경도와 강도 증가
② 뜨임 : 인성 증가
③ 풀림 : 가공응력 및 내부응력 제거
④ 불림 : 조직의 미세화 및 편석이나 잔류응력 제거

해답 25. ① 26. ④ 27. ③ 28. ①

문제 29 일반적으로 용접 이음에 생기는 결함 중 이음 강도에 가장 큰 영향을 주는 것은?
① 기공
② 균열
③ 언더컷
④ 오버랩

해설 이음 강도에 가장 큰 영향을 주는 것 : 균열

문제 30 용접 변형이 발생하는 중요 요인과 가장 거리가 먼 것은?
① 피 용접 재질
② 이음부 형상
③ 판 두께
④ 용접봉의 건조 상태

해설 용접 변형이 발생하는 중요 요인
① 이음부 형상 ② 판 두께 ③ 피 용접 재질

문제 31 CO_2가스 아크 용접 시 이산화탄소의 농도가 3~4%일 때 인체에 미치는 영향으로 가장 적합한 것은?
① 두통, 뇌빈혈을 일으킨다.
② 위험상태가 된다.
③ 치사(致死)량이 된다.
④ 아무렇지도 않다.

해설 CO_2 농도에 따른 인체영향
2% : 불쾌감이 있다.
4% : 두통, 현기증, 귀울림, 눈의 자극, 혈압 상승
8% : 호흡 곤란
9% : 구토, 감정 둔화
10% : 시력 장애, 1분 이내 의식 상실, 장기간 노출 시 사망
20% : 중추신경 마비, 단시간내 사망
30% : 인체치사량

문제 32 불활성 가스 아크 용접의 특징을 올바르게 설명한 것은?
① 용융금속이 대기와 접촉하지 않아 산화, 질화를 방지한다.
② 산화막이 강한 금속이나 산화되기 쉬운 금속은 용접이 불가능하다.
③ 교류 전원을 사용할 때에는 직류 정극성을 사용할 때보다 용입이 깊다.
④ 수평 필릿 용접 전용이며, 작업 능률이 높다.

해설 불활성 가스 아크 용접의 특징 : 용융금속이 대기와 접촉하지 않아 산화, 질화 방지

해답 29. ② 30. ④ 31. ① 32. ①

문제 33
금속산화물이 알루미늄에 의하여 산소를 빼앗기는 반응에 의해 생성되는 열을 이용하여 금속을 용접하는 것은?

① 테르밋 용접 ② 일렉트로 슬래그 용접
③ 서브머지드 아크 용접 ④ 마찰 용접

해설 **테르밋 용접** : 금속산화물이 알루미늄에 의하여 산소를 빼앗기는 반응에 의해 생성되는 열을 이용하여 금속을 용접
서브머지드 아크 용접 : 용제와 와이어가 분리되어 공급되고 아크가 용제 속에서 일어나며 용접
일렉트로 슬래그 용접 : 아크열이 아닌 와이어와 용융 슬래그 사이에 통전된 전류의 저항열을 이용하여 용접
스터드 용접 : 볼트나 환봉 등을 피스톤형 홀더에 끼우고 모재와 환봉사이에서 순간적으로 아크를 발생시켜 용접

문제 34
볼트나 환봉을 강판에 용접할 때 가장 적합한 것은?

① 테르밋 용접 ② 스터드 용접
③ 서브머지드 아크 용접 ④ 불활성 가스 용접

문제 35
다음 중 가장 두꺼운 판을 용접할 수 있는 용접법은?

① 불활성 가스 아크 용접 ② 산소-아세틸렌 용접
③ 일렉트로 슬래그 용접 ④ 이산화탄소 아크 용접

해설 가장 두꺼운 판을 용접할 수 있는 용접법 : 일렉트로 슬래그 용접

문제 36
불활성 가스 금속 아크 용접법에서 장치별 기능 설명으로 틀린 것은?

① 용접 전원은 정전류 특성 또는 상승 특성의 직류 용접기가 사용되고 있다.
② 제어장치의 기능으로 보호가스 제어와 용접전류제어, 냉각수 순환기능을 갖는다.
③ 와이어 송급장치는 직류 전동기, 감속장치, 송급 롤러와 와이어 송급 속도 제어장치로 구성되어 있다.
④ 토치는 형태, 냉각방식, 와이어 송급방식 또는 용접기의 종류에 따라 다양하다.

해설 **불활성 가스 금속 아크 용접법에서의 장치별 기능**
① 토치는 형태, 냉각방식, 와이어 송급방식 또는 용접기의 종류에 따라 다양하다.
② 와이어 송급장치는 직류 전동기, 감속장치, 송급 롤러와 와이어 송급 속도 제어장치로 구성되어 있다.
③ 제어장치의 기능으로 보호가스 제어와 용접전류제어, 냉각수 순환기능을 갖는다.

해답 33. ① 34. ② 35. ③ 36. ①

문제 37 전기 용접기의 취급관리에 대한 안전사항으로서 잘못된 것은?

① 용접기는 항상 건조한 곳에 설치 후 작업한다.
② 용접전류는 용접봉 심선의 굵기에 따라 적정 전류를 정한다.
③ 용접전류 조정은 용접을 진행하면서 조정한다.
④ 용접기는 통풍이 잘되고 그늘진 곳에 설치를 한다.

해설 용접전류 조정은 용접을 하기 전에 조정한다.

문제 38 서브머지드 아크 용접장치에서 용접기의 전류 용량에 따른 분류 중 최대전류가 2000A일 경우에 해당하는 용접기는?

① 대형(M형)   ② 표준 만능형(UZ형)
③ 경량형(DS형)   ④ 반자동형(SMW형)

해설 **표준 만능형** : 서브머지드 아크 용접장치에서 용접기의 전류 용량에 따른 분류 중 최대전류가 2000A일 경우 사용

문제 39 다음 [그림]과 같이 필릿 용접을 하였을 때, 어느 방향으로 변형이 가장 크게 나타나는가?

① 1
② 2
③ 3
④ 4

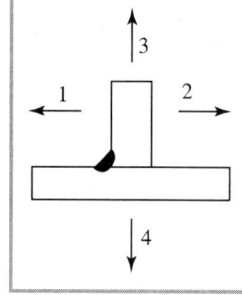

해설 용접방향 앞쪽으로 변형이 됨.

문제 40 모재 열영향부의 연성과 노치취성 악화의 원인으로 가장 거리가 먼 것은?

① 냉각속도가 너무 빠를 때
② 이음설계의 강도 계산이 부적합할 때
③ 용접봉의 선택이 부적합한 때
④ 모재에 탄소함유량이 과다했을 때

해설 **모재 열영향부의 연성과 노치취성 악화의 원인**
① 모재에 탄소함유량이 과다 시
② 용접봉의 선택이 부적당 시
③ 냉각속도가 너무 빠를 때

해답

37. ③ 38. ② 39. ① 40. ②

문제 41 용접 후처리에서 변형을 교정하는 일반적인 방법으로 틀린 것은?

① 얇은 판에 대한 점 수축법
② 형재에 대하여 직선 수축법
③ 가열한 후 해머로 두드리는 법
④ 두꺼운 판을 수냉한 후 압력을 걸고 가열하는 법

해설 변형을 교정하는 방법
① 얇은 판에 대한 점 수축법
② 형재에 대하여 직선 수축법
③ 가열한 후 해머로 두드리는 방법
④ 후판에 대하여는 가열 후 압력을 걸고 수냉하는 방법
⑤ 소성변형시켜서 교정하는 방법
⑥ 외력을 이용한 소성변형법

문제 42 정전압 특성에 관한 내용이 맞는 것은?

① 전류가 증가하여도 전압이 일정하게 되는 것
② 전압이 증가하여도 전류가 일정하게 되는 것
③ 전류가 증가할 때 전압이 높아지는 것
④ 전압이 증가할 때 전류가 높아지는 것

해설 정전압 특성 : 전류가 증가하여도 전압이 일정하게 되는 것

문제 43 용접 작업 전의 준비사항이 아닌 것은?

① 모재 재질 확인
② 용접봉의 선택
③ 용접 비드 검사
④ 지그의 선정

해설 용접 작업 전의 준비사항
① 모재 재질 확인 ② 지그의 선정 ③ 용접봉의 선택

문제 44 용접에서 오버랩이 생기는 원인이 아닌 것은?

① 용접봉의 선택이 불량할 때
② 용접전류가 너무 적을 때
③ 용접봉의 유지각도가 불량할 때
④ 모재의 재질이 불량할 때

해설 용접에서 오버랩의 원인
① 용접속도가 너무 느릴 때 ② 전류가 너무 낮을 때
③ 용접봉 유지각도 불량 ④ 부적합한 용접봉 사용 시
⑤ 용접봉 운봉속도 불량 시

해답 41. ④ 42. ① 43. ③ 44. ④

2021년도 시행

문제 45 용접작업에서 소재의 예열온도에 관한 설명 중 옳은 것은?

① 고장력강, 저합금강, 스테인리스강의 경우 용접부를 50~350℃로 예열한다.
② 연강을 0℃ 이하에서 용접할 경우, 이음의 양쪽 폭 100mm 정도를 80~140℃로 예열한다.
③ 열전도가 좋은 알루미늄합금, 구리합금은 500~600℃로 예열한다.
④ 주철, 고급내열합금은 용접균열을 방지하기 위하여 예열을 하지 않는다.

해설
① 고장력강, 저합금강, 스테인리스강의 경우 용접부를 50~350℃로 예열한다.
② 연강으로 두께 25mm 이상인 경우 50~350℃로 예열한다.
③ 연강으로 0℃ 이하에서 용접할 경우, 이음의 양쪽 폭 100mm 정도를 40~75℃로 예열한다.
④ 구리합금은 600~700℃로 예열한다.

문제 46 산소와 아세틸렌 용기 및 가스 용접장치 등의 사용방법으로 잘못된 것은?

① 산소병과 아세틸렌가스병 등을 혼합하여 보관해서는 안 된다.
② 가스 용접장치는 화기로부터 5m 이상 떨어진 곳에 설치해야 한다.
③ 산소병 밸브, 조정기, 도관 등은 기름 묻은 천으로 깨끗이 닦는다.
④ 아세틸렌 병은 세워서 사용하며 병에 충격을 주어서는 안 된다.

해설 산소병 밸브, 조정기, 도관 등은 기름 묻은 천으로 닦으면 박화의 위험이 있으므로 사용하지 않음.

문제 47 논가스 아크 용접(non-gas arc welding)의 장점이 아닌 것은?

① 용접장치가 간단하며 운반이 편리하다.
② 피복 아크 용접봉 중 고산화티탄계와 같이 수소의 발생이 많다.
③ 길이가 긴 용접물에 아크를 중단하지 않고 연속용접을 할 수 있다.
④ 용접 전원으로 교류, 직류를 모두 사용할 수 있고 전 자세 용접이 가능하다.

해설 논가스 아크 용접의 특징
① 용접장치가 간단하며 운반이 편리하다.
② 용접 전원으로 교류, 직류를 모두 사용할 수 있고 전 자세 용접이 가능하다.
③ 길이가 긴 용접물에 아크를 중단하지 않고 연속용접을 할 수 있다.

문제 48 용접 포지셔너(welding positioner)를 사용하여 구조물을 용접하려 한다. 용접능률이 가장 좋은 자세는?

① 아래보기 자세
② 직립 자세
③ 수평 자세
④ 위보기 자세

45. ① 46. ③ 47. ② 48. ①

해설 용접 능률이 가장 좋은 자세 : 아래보기 자세

문제 49 방사선 투과검사 결함 중 원형 지시 형태인 것은?
① 균열
② 언더컷
③ 용입불량
④ 기공

해설 γ선 투과검사 결함 중 원형 지시 형태 : 기공

문제 50 납땜의 용제 중 부식성이 없는 용제는?
① 염산
② 염화아연
③ 송진
④ 염화암모늄

문제 51 그림과 같은 배관 도시 기호는 무엇을 나타낸 것인가?
① 앵글 밸브
② 체크 밸브
③ 게이트 밸브
④ 안전 밸브

해설 배관 도시 기호
① 앵글 밸브 :
② 체크 밸브 :
③ 게이트 밸브 :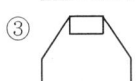
④ 안전 밸브 :

문제 52 그림과 같은 입체도의 화살표 방향인 정면도를 가장 올바르게 투상한 것은?

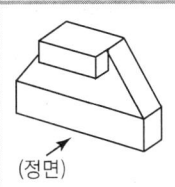
(정면)

49. ④ 50. ③ 51. ① 52. ③

문제 53
화살표 방향이 정면일 때, 좌우 대칭인 보기와 같은 입체도의 좌측면도로 가장 적합한 것은?

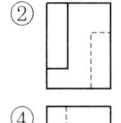

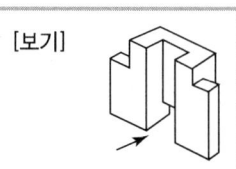

[보기]

문제 54
한 변이 10mm인 정사각형을 2 : 1로 도시하려고 한다. 실제 정사각형 면적을 L이라고 하면 도면 동형의 정사각형 면적은 얼마인가?

① $\frac{1}{2}L$ ② $2L$

③ $\frac{1}{4}L$ ④ $4L$

해설 면적 $= 2 \times 2 = 4L$

문제 55
기계제도에서 선의 굵기가 가는 실선이 아닌 것은?

① 치수선   ② 수준면선
③ 지시선   ④ 특수지정선

해설 **가는 실선** : 파단선, 해칭선, 치수선, 치수보조선 (파해치)
가는일점쇄선 : 중심선, 절단선, 기준선, 피치선 (중절기피)
외형선 : 굵은실선
특수지정선 : 굵은일점쇄선
가는이점쇄선 : 가상선

문제 56
그림과 같이 용접을 하고자 할 때 용접 도시 기호를 올바르게 나타낸 것은?

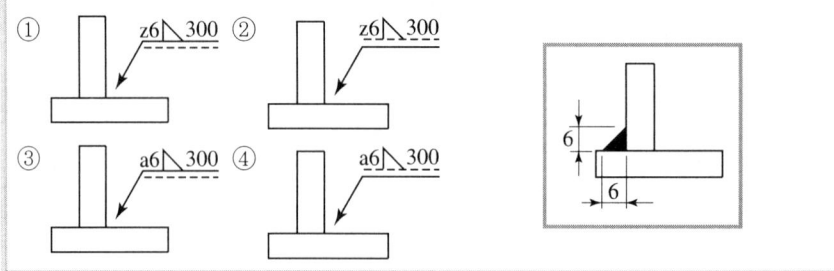

해답

53. ④ 54. ④ 55. ④ 56. ②

문제 57

다음 재료기호 중에서 용접구조용 압연강재는?

① SM570
② SS330
③ WMC330
④ SWRS62A

해설 용접구조용 압연강재 : SM570

문제 58

다음 도면의 (*) 안의 치수로 가장 적합한 것은?

① 1400
② 1300
③ 1200
④ 1100

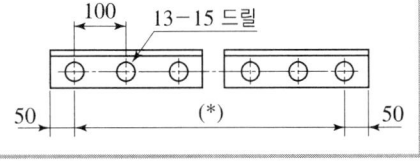

해설 치수=(100×13−2×50)=1200

문제 59

다음 도면에 표시된 치수에서 최소 허용 치수는?

① 0.5
② 99.5
③ 100
④ 100.5

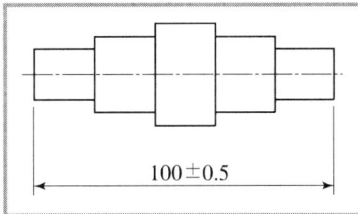

해설 최소 허용 치수=99.5
최대 허용 치수=100.5

문제 60

인쇄된 제도 용지에서 다음 중 반드시 표시해야 하는 사항을 모두 고른 것은?

[보기] ㉠ 표제란 ㉡ 윤곽선 ㉢ 방향마크 ㉣ 비교눈금
        ㉤ 도면구역표시 ㉥ 중심마크 ㉦ 재단마크

① ㉠, ㉡, ㉤
② ㉠, ㉡, ㉥
③ ㉠, ㉡, ㉢, ㉤
④ ㉠, ㉡, ㉢, ㉣, ㉤, ㉦

해설 인쇄된 제도 용지에서 반드시 표시해야 하는 사항
① 표제란 ② 윤곽선 ③ 중심마크

해답
57. ① 58. ③ 59. ② 60. ②

2021년 10월 CBT 시행

문제 01 용접부의 외부에서 주어지는 열량을 무엇이라 하는가?

① 용접 외열 ② 용접 가열
③ 용접 열효율 ④ 용접 입열

해설 **용접 입열** : 용접부의 외부에서 주어지는 열량
용융지 : 모재 일부가 녹은 쇳물 부분
용입 : 모재가 녹은 깊이
용착 : 용접봉이 용융지에 녹아 들어가는 것
은점 : 용착금속의 파단면에 나타나는 은백색을 한 고기눈 모양의 결함부
스패터 : 아크 용접이나 가스 용접 시 비산하는 슬래그
용제 : 용접 시 산화물 기타 해로운 물질을 용융금속에서 제거

문제 02 아크 에어 가우징의 특징에 대한 설명 중 틀린 것은?

① 가스 가우징보다 작업의 능률이 높다.
② 모재에 미치는 영향이 별로 없다.
③ 비철금속의 절단도 가능하다.
④ 장비가 복잡하여 조작하기가 어렵다.

해설 **아크 에어 가우징의 특징**
① 모재에 악영향을 주지 않는다. ② 조작방법이 간단하다.
③ 응용범위가 넓고 경비가 저렴 ④ 작업능률이 2~3배 높다.
⑤ 용접 결함부의 발견이 쉽다.

문제 03 용접기에 AW-300이란 표시가 있다. 여기서 "300"이 의미하는 것은?

① 2차 최대 전류 ② 최고 2차 무부하 전압
③ 정격 사용률 ④ 정격 2차 전류

해설 AW-300 : 정격 2차 전류

문제 04 가스 용접법에서 후진법과 비교한 전진법의 설명에 해당하는 것은?

① 열 이용률이 나쁘다. ② 용접속도가 빠르다.
③ 용접변형이 작다. ④ 용접 가능 판 두께가 두껍다.

01. ④ 02. ④ 03. ④ 04. ①

해설 **후진법의 특징**
① 후판용접에 사용
② 비드 모양이 매끈하지 못하다.
③ 용융속도가 빠르다.
④ 홈의 각도가 작다.
⑤ 열 이용률이 좋다.
⑥ 용접 변형이 적다.
⑦ 용착금속 조직이 미세하다.
⑧ 산화 정도가 약하다.

전진법의 특징
① 열 이용률이 나쁘다.
② 용융속도가 느리다.
③ 홈의 각도가 크다.
④ 용접변형이 크다.

문제 05

스테인리스강용 용접봉의 피복제는 루틸을 주성분으로 한 ( )와 형석, 석회석 등을 주성분으로 한 ( )가 있는데, 전자는 아크가 안정되고 스패터도 적으며, 후자는 아크가 불안정하며 스패터도 큰 입자인 것이 비산된다. 본문에서 ( )에 알맞은 말은?

① 일미나이트계, 저수소계
② 저수소계, 일미나이트계
③ 라임계, 티탄계
④ 티탄계, 라임계

해설 스테인리스강용 용접봉의 피복제는 루틸을 주성분으로 한 **티탄계**와, 형석, 석회석 등을 주성분으로 한 **라임계**가 있는데, 전자는 아크가 안정되고 스패터도 적으며, 후자는 아크가 불안정하며 스패터도 큰 입자인 것이 비산된다.

문제 06

산소-아세틸렌가스를 이용하여 용접할 때 사용하는 산소압력조정기의 취급에 관한 설명 중 틀린 것은?

① 산소용기에 산소압력 조정기를 설치할 때 압력조정기 설치구에 있는 먼지를 털어내고 연결한다.
② 산소압력조정기 설치구 나사부나 조정기의 각 부에 그리스를 발라 잘 조립되도록 한다.
③ 산소압력조정기를 견고하게 설치한 후 가스 누설 여부를 비눗물로 점검한다.
④ 산소압력조정기의 압력지시계가 잘 보이도록 설치하며 유리가 파손되지 않도록 주의한다.

해설 산소는 조연성이기 때문에 그리스를 바르면 발화할 위험 있어 취급 금지

문제 07

산소-아세틸렌가스 용접기로 두께가 3.2mm인 연강 판을 V형 맞대기 이음을 하려면 이에 적합한 연강용 가스 용접봉의 지름(mm)을 계산식에 의해 구하면 얼마인가?

① 4.6
② 3.2
③ 3.6
④ 2.6

05. ④ 06. ② 07. ④

해설 $D = \dfrac{t}{2} + 1 = \dfrac{3.2}{2} + 1 = 2.6 \text{mm}$

문제 08
용접의 단점이 아닌 것은?
① 재질의 변형과 잔류응력 발생
② 제품의 성능과 수명 향상
③ 저온취성 발생
④ 용접에 의한 변형과 수축

해설 **용접의 단점**
① 용접에 의한 변형과 수축
② 저온취성 발생
③ 재질의 변형과 잔류응력 발생

문제 09
정격사용률 40%, 정격 2차 전류 300(A)인 용접기로 180(A)전류를 사용하여 용접하는 경우 이 용접기의 허용사용률은? (단, 소수점 미만은 버린다.)
① 109%
② 111%
③ 113%
④ 115%

해설 허용사용률 = $\dfrac{(정격2차전류)^2}{(실제용접전류)^2} \times 정격사용률 = \dfrac{300^2}{180^2} \times 40 = 111.11\%$

문제 10
피복 아크 용접에서 피복제의 역할이 아닌 것은?
① 아크를 안정되게 한다.
② 스패터를 적게 한다.
③ 용착금속에 적당한 합금원소를 첨가한다.
④ 용착금속에 산소를 공급한다.

해설 **피복제의 역할**
① 아크안정
② 스패터를 적게 한다.
③ 용착금속에 적당한 합금원소를 첨가
④ 탈산정련작용
⑤ 공기중 산화, 질화 방지
⑥ 용착금속의 냉각속도를 느리게 한다.
⑦ 전기절연작용
⑧ 슬래그 제거가 쉽다.
⑨ 용착효율을 높인다.

문제 11
산소-아세틸렌의 불꽃에서 속불꽃과 겉불꽃 사이에 백색의 제3의 불꽃, 즉 아세틸렌 페더라고도 하는 것은?
① 탄화 불꽃
② 중성 불꽃
③ 산화 불꽃
④ 백색 불꽃

해답
08. ② 09. ② 10. ④ 11. ①

해설 산소-아세틸렌 불꽃
① 탄화불꽃 : ㉠ 아세틸렌 페더가 있는 불꽃
㉡ 아세틸렌 과잉 불꽃
㉢ 산화작용이 일어나지 않음.
㉣ 매연을 내면서 적황색으로 탐.
㉤ 모넬메탈, 스텔라이트, 스테인리스
② 산화불꽃 : ㉠ 산소 과잉 불꽃
㉡ 구리, 황동, 용접에 사용
③ 중성불꽃 : ㉠ 표준불꽃이라고도 한다.
㉡ 산소와 아세틸렌의 혼합비율이 1 : 1인 불꽃
㉢ 일반 연강재나 주철용접에 사용

문제 12 피복 아크 용접기에 관한 설명으로 맞는 것은?

① 용접기는 역률과 효율이 낮아야 한다.
② 용접기는 무부하 전압이 낮아야 한다.
③ 용접기의 역률이 낮으면 입력에너지가 증가한다.
④ 용접기의 사용률은 아크시간÷(아크시간−휴식시간)에 대한 백분율이다.

해설 피복 아크 용접기에 관한 사항
① 용접기는 역률과 효율이 높아야 한다.
② 용접기는 무부하 전압이 높아야 한다.
③ 용접기의 역률이 낮으면 입력에너지가 증가한다.
④ 용접기 사용률 = $\dfrac{\text{아크시간}}{\text{아크시간}+\text{휴식시간}} \times 100$

문제 13 피복 아크 용접법의 운봉법 중 수직용접에 주로 사용되는 것은?

① 8자형   ② 진원형
③ 6각형   ④ 3각형

해설 운봉법 중 수직용접에 사용 : 3각형법

문제 14 아크 용접에서 정극성과 비교한 역극성의 특징은?

① 모재의 용입이 깊다.   ② 용접봉의 녹음이 빠르다.
③ 비드 폭이 좁다.   ④ 후판 용접에 주로 사용된다.

해설 직류 정극성
① 후판 용접에 적합   ② 비드 폭이 좁다.
③ 용접봉의 용융이 느리다.   ④ 용입이 깊다.
⑤ 모재(+) 70%, 용접봉(−) 30%

12. ③ 13. ④ 14. ②

직류 역극성
① 박판 용접에 적합
② 비드 폭이 넓다.
③ 용접봉의 녹음이 빠르다.
④ 용입이 얕다.
⑤ 모재(+) 30%, 용접봉(−) 70%

문제 15 용접용 산소 용기 취급상의 주의사항 중 틀린 것은?
① 용기 운반 시 충격을 주어서는 안 된다.
② 통풍이 잘 되고 직사광선이 잘 드는 곳에 보관한다.
③ 기름이 묻은 손이나 장갑을 끼고 취급하지 않는다.
④ 가연성 물질이 있는 곳에는 용기를 보관하지 말아야 한다.

해설 통풍이 잘 되고 직사광선을 받지 않는 곳에 보관

문제 16 강재 표면의 흠이나 개재물, 탈탄층 등을 제거하기 위하여 될 수 있는 대로 얇게 그리고 타원형 모양으로 표면을 깎아내는 가공법은?
① 가우징
② 드래그
③ 프로젝션
④ 스카핑

해설 **스카핑** : 강재 표면의 흠이나 개재물, 탈탄층 등을 제거하기 위하여 될 수 있는 대로 얇게 그리고 타원형 모양으로 표면을 깎아내는 가공법
가스 가우징 : 용접부분의 뒷면을 따내든지 H형, U형의 용접홈을 가공하기 위해서 깊은 홈을 파내는 가공법

문제 17 가스 절단에서 재료 두께가 25mm일 때 표준 드래그의 길이는 다음 중 몇 mm 정도인가?
① 10
② 8
③ 5
④ 2

해설 드래그 길이 = 판두께 × $\frac{1}{5}$ = 25 × $\frac{1}{5}$ = 5mm

문제 18 다음 중 Al, Cu, Mn, Mg을 주성분으로 하는 알루미늄 합금은?
① 실루민
② 두랄루민
③ Y합금
④ 로엑스

해설 **알루미늄 합금**
① 두랄루민 : Al+Cu+Mg+Mn (알구마망)
② Y합금 : Al+Cu+Mg+Ni (알구마니)

15. ② 16. ④ 17. ③ 18. ②

③ 실루민 : Al+Si (알소)
④ 일렉트론 : Al+Zn+Mg (알아마)
⑤ 로엑스 : Al+Cu+Mg+Ni+Si

문제 19
다음 중 기계구조용 탄소 강재에 해당하는 것은?
① SM30C
② STD11
③ SPS7
④ STC6

해설 SM30C : 기계구조용 탄소 강재

문제 20
다음 중 탄소강의 인장강도, 탄성한도를 증가시키며 내식성을 향상시키는 성분은?
① 황(S)
② 구리(Cu)
③ 인(P)
④ 망간(Mn)

해설 구리 : 인장강도, 탄성한도를 증가시키고 내식성을 향상시키는 성분

문제 21
다음 중 용접성이 가장 좋은 스테인리스강은?
① 펄라이트계 스테인리스강
② 페라이트계 스테인리스강
③ 마텐자이트계 스테인리스강
④ 오스테나이트계 스테인리스강

해설 용접성이 가장 좋은 스테인리스강은 오스테나이트계 스테인리스강

문제 22
다음 중 열처리 방법에 있어 불림의 목적으로 가장 적합한 것은?
① 급랭시켜 재질을 경화시킨다.
② 담금질된 것에 인성을 부여한다.
③ 재질을 강하게 하고 균일하게 한다.
④ 소재를 일정 온도에 가열 후 공랭시켜 표준화한다.

해설 불림의 목적 : 소재를 일정 온도(20~50℃) 가열 후 공랭시켜 표준화한다.

문제 23
다음 중 칼로라이징(calorizing) 금속침투법은 철강 표면에 어떠한 금속을 침투시키는가?
① 규소
② 알루미늄
③ 크롬
④ 아연

해답

19. ① 20. ② 21. ④ 22. ④ 23. ②

해설 **금속의 침투법**
① Al : 칼로라이징   ② Zn : 세라다이징
③ Cr : 크로마이징   ④ B : 브로마이징
⑤ Si : 실리코나이징

문제 24 다음 중 구리 및 구리합금의 용접성에 대한 설명으로 옳은 것은?

① 순구리의 열전도도는 연강의 8배 이상이므로 예열이 필요 없다.
② 구리의 열팽창계수는 연강보다 50% 이상 크므로 용접 후 응고 수축 시 변형이 생기지 않는다.
③ 순수 구리의 경우 구리에 산소 이외에 납이 불순물로 존재하면 균열 등의 용접 결함이 발생된다.
④ 구리합금의 경우 과열에 의한 주석의 증발로 작업자가 중독을 일으키기 쉽다.

해설 **구리합금의 용접성** : 순수 구리의 경우 구리에 산소 이외에 납이 불순물로 존재하면 균열 등의 용접 결함이 발생한다.

문제 25 주철의 결점을 개선하기 위하여 백주철의 주물을 만들고 이것을 장시간 열처리하여 탄소의 상태를 분해 또는 소실시켜 인성 또는 연성을 증가시킨 주철은?

① 회주철(gray cast iron)   ② 반주철(mottled cast iron)
③ 가단주철(malleable cast iron)   ④ 칠드주철(chilled cast iron)

해설 **가단주철** : 주철의 결점을 개선하기 위하여 백주철의 주물을 만들고 이것을 장시간 열처리하여 탄소의 상태를 분해 또는 소실시켜 인성 또는 연성을 증가시킨 주철

문제 26 니켈(Ni)에 관한 설명으로 옳은 것은?

① 증류수 등에 대한 내식성이 나쁘다.
② 니켈은 열간 및 냉간가공이 용이하다.
③ 360℃ 부근에서는 자기변태로 강자성체이다.
④ 아황산가스(SO_2)를 품는 공기에서는 부식되지 않는다.

해설 **니켈** : ① 열간 및 냉간 가공이 용이하다.
② 질화 촉진
③ 주철의 흑연화 촉진
④ 저온충격저항 증가

24. ③ 25. ③ 26. ②

문제 27 다음 중 금속재료의 가공방법에 있어 냉간가공의 특징으로 볼 수 없는 것은?

① 제품의 표면이 미려하다.
② 제품의 치수 정도가 좋다.
③ 연신율과 단면수축률이 저하된다.
④ 가공 경화에 의한 강도가 저하된다.

해설 냉간가공의 특징
① 가공 경화에 의한 강도가 증가한다.
② 연신율과 단면수축률이 저하한다.
③ 제품의 표면이 미려하다.
④ 제품의 치수 정도가 좋다.

문제 28 다음 중 일반적으로 경금속과 중금속을 구분할 때 중금속은 비중이 얼마 이상을 말하는가?

① 1.0
② 2.0
③ 4.5
④ 7.0

해설 경금속 : 4.5 이하   중금속 : 4.5 이상

문제 29 용접 홈 종류 중 두꺼운 판을 한쪽방향에서 충분한 용입을 얻으려고 할 때 사용되는 것은?

① U형 홈
② X형 홈
③ H형 홈
④ I형 홈

해설
V형 : 두꺼운 판을 한쪽방향에 충분한 용입을 얻으려고 할 때 사용
I형 : 맞대기 용접에서 가장 얇은 반판에 사용
U형 : V형에 비해 홈의 폭이 좁아도 되고 또한 루트 간격을 0으로 해도 작업성과 용입이 좋으며 한쪽에서 용접하여 충분한 용입을 얻을 필요가 있을 때 사용
H형 : X형 홈과 같이 양면용접이 가능한 경우에 용착금속의 양과 패스수를 줄일 목적으로 사용되며 모재가 두꺼울수록 유리한 홈의 형상

문제 30 용접분위기 가운데 수소 또는 일산화탄소가 과잉될 때 발생하는 결함은?

① 언더컷
② 기공
③ 오버랩
④ 스패터

해설 기공
① 수소, 산소, 일산화탄소가 너무 많을 때
② 이음부에 기름, 페인트, 녹 등이 부착해 있을 경우
③ 용접봉 또는 용접부에 습기가 많을 경우
④ 아크길이 및 운봉법이 부적당 시
⑤ 용접부가 급랭 시

해답 27. ④ 28. ③ 29. ① 30. ②

문제 31 다음 중 화학적 시험에 해당되는 것은?

① 물성 시험
② 열특성 시험
③ 설퍼 프린트 시험
④ 함유 수소 시험

해설 **화학적 시험** : 함유 수소 시험

문제 32 이산화탄소 아크 용접의 특징이 아닌 것은?

① 전원은 교류 정전압 또는 수하 특성을 사용한다.
② 가시 아크이므로 시공이 편리하다.
③ MIG 용접에 비해 용착금속에 기공 생김이 적다.
④ 산화 및 질화가 되지 않는 양호한 용착금속을 얻을 수 있다.

해설 **이산화탄소 아크 용접의 특징**
① 가시 아크이므로 시공이 편리하다.
② MIG 용접에 비해 용착금속에 기공 생김이 적다.
③ 양호한 용착금속을 얻을 수 있다.
④ 전류밀도가 높다.
⑤ 아크시간을 길게 할 수 있다.
⑥ 용입이 깊고 용접속도를 빠르게 할 수 있다.
⑦ 용착금속의 기계적 성질 및 금속학적 성질이 우수하다.

문제 33 다음 소화기의 설명으로 옳지 않은 것은?

① A급 화재에는 포말소화기가 적합하다.
② A급 화재란 보통화재를 뜻한다.
③ C급 화재에는 CO_2 소화기가 적합하다.
④ C급 화재란 유류화재를 뜻한다.

해설 **A급 화재** : 일반화재 = 보통화재 **B급 화재** : 유류 및 가스 화재
C급 화재 : 전기화재 **D급 화재** : 금속화재

문제 34 다음 용접법 중 용접봉을 용제 속에 넣고 아크를 일으켜 용접하는 것은?

① 원자수소 용접
② 서브머지드 아크 용접
③ 불활성 가스 아크 용접
④ 이산화탄소 아크 용접

해설 **서브머지드 아크 용접** : 용접봉을 용제 속에 넣고 아크를 일으켜 용접

해답 31. ④ 32. ① 33. ④ 34. ②

문제 35
전자 빔 용접의 특징 중 잘못 설명한 것은?

① 용접변형이 적고 정밀용접이 가능하다.
② 열전도율이 다른 이종 금속의 용접이 가능하다.
③ 진공 중에서 용접하므로 불순가스에 의한 오염이 적다.
④ 용접물의 크기에 제한이 없다.

해설 전자 빔 용접의 특징
① 용접물의 크기에 관계가 없다.
② 진공 중에서 용접하므로 불순가스에 의한 오염이 적다.
③ 열전도율이 다른 이종 금속의 용접이 가능
④ 용접변형이 적고 정밀용접이 가능

문제 36
불활성 가스 텅스텐 아크 용접법의 극성에 대한 설명으로 틀린 것은?

① 직류 정극성에서는 모재의 용입이 깊고, 비드 폭이 좁다.
② 직류 역극성에서는 전극소모가 많으므로 지름이 큰 전극을 사용한다.
③ 직류 정극성에서는 청정작용이 있어 알루미늄이나 마그네슘 용접에 아르곤 가스를 사용한다.
④ 적류 역극성에서는 모재의 용입이 얕고 비드 폭이 넓다.

해설 직류 역극성에서는 청정작용이 있어 알루미늄이나 마그네슘 용접에 아르곤 가스를 사용한다.

문제 37
CO_2가스 아크 용접에서 플럭스 코어드 와이어의 단면형상이 아닌 것은?

① NCG형
② Y관상형
③ 풀(pull)형
④ 아코스(arcos)형

해설 CO_2가스 아크 용접에서 플럭스 코어드 와이어의 단면형상
① 아코스 아크법
② 퓨즈 아크법
③ NCG법
④ 유니언 아크법

문제 38
납땜의 용제가 갖추어야 할 조건 중 맞는 것은?

① 모재나 땜납에 대한 부식작용이 최대한일 것.
② 납땜 후 슬래그 제거가 용이할 것.
③ 전기저항 납땜에 사용되는 것은 부도체일 것.
④ 침지땜에 사용되는 것은 수분을 함유하여야 할 것.

해설 납땜의 용제가 갖추어야 할 조건
① 모재나 땜납에 대한 부식이 없을 것.

해답 35. ④ 36. ③ 37. ③ 38. ②

② 납땜 후 슬래그 제거가 용이할 것.
③ 전기저항 납땜에 사용되는 것은 전도체일 것.
④ 침지땜에 사용되는 것은 수분을 함유하지 말 것.

문제 39 모재 두께가 9~10mm인 연강 판의 V형 맞대기 피복 아크 용접 시 홈의 각도로 적당한 것은?

① 20~40°
② 40~50°
③ 60~70°
④ 90~100°

해설 모재 두께가 9~10mm인 연강 판의 V형 맞대기 피복 아크 용접 시 홈의 각도 : 60~70°

문제 40 용접부의 잔류응력을 제거하기 위한 방법으로 끝이 둥근 해머로 용접부를 연속적으로 때려 용접 표면상에 소성변형을 주어, 용접 금속부의 연장 응력을 완화하는 방법은?

① 코킹법
② 피닝법
③ 저온응력완화법
④ 국부풀림법

해설 용접 잔류응력 제거법
① 피닝법 : 해머로 용접부를 연속적으로 때려 용접 표면에 소성변형을 주는 방법
② 저온응력완화법 : 용접선 양측을 가스 불꽃에 의하여 너비 약 150mm를 150~200℃ 정도의 비교적 낮은 온도로 가열한 다음 곧 수냉하는 방법

문제 41 가스 용접에 의한 역화가 일어날 경우 대처방법으로 잘못된 것은?

① 아세틸렌을 차단한다.
② 산소 밸브를 열어 산소량을 증가시킨다.
③ 팁을 물로 식힌다.
④ 토치의 기능을 점검한다.

해설 역화 방지 대책
① 아세틸렌을 차단한다.
② 팁을 물로 식힌다.
③ 토치의 기능을 점검한다.

문제 42 다음 중 응급처치 구명 4대 요소에 속하지 않는 것은?

① 상처 보호
② 지혈
③ 기도 유지
④ 전문구조기관의 연락

39. ③ 40. ② 41. ② 42. ④

해설 응급처치 구명 4대 요소
① 기도 유지 ② 지혈 ③ 상처 보호 ④ 쇼크 방지

문제 43 용접 작업 시 전격 방지를 위한 주의사항 중 틀린 것은?
① 캡타이어 케이블의 피복상태, 용접기의 접지상태를 확실하게 점검할 것.
② 기름기가 묻었거나 젖은 보호구와 복장은 입지 말 것.
③ 좁은 장소의 작업에서는 신체를 노출시키지 말 것.
④ 개로 전압이 높은 교류 용접기를 사용할 것.

해설 개로 전압이 낮은 교류 용접기를 사용할 것.

문제 44 CO_2가스 아크 용접 결함에 있어서 다공성이란 무엇을 의미하는가?
① 질소, 수소, 일산화탄소 등에 의한 기공을 말한다.
② 와이어 선단부에 용적이 붙어 있는 것을 말한다.
③ 스패터가 발생하여 비드의 외관에 붙어 있는 것을 말한다.
④ 노즐과 모재간 거리가 지나치게 작아서 와이어 송급 불량을 의미한다.

해설 다공성 : 질소, 수소, 일산화탄소 등에 의한 기공을 말한다.

문제 45 용접 지그 선택의 기준이 아닌 것은?
① 물체를 튼튼하게 고정시킬 크기와 힘이 있어야 할 것.
② 용접위치를 유리한 용접자세로 쉽게 움직일 수 있을 것.
③ 물체의 고정 분해가 용이해야 하며 청소에 편리할 것.
④ 변형이 쉽게 되는 구조로 제작될 것.

해설 변형이 안 되는 구조로 제작할 것.

문제 46 MIG 알루미늄 용접을 그 용적 이행 형태에 따라 분류할 때 해당되지 않는 용접법은?
① 단락 아크 용접   ② 스프레이 아크 용접
③ 펄스 아크 용접   ④ 저전압 아크 용접

해설 MIG 알루미늄 용접을 이행 형태에 따른 분류
① 스프레이 아크 용접
② 펄스 아크 용접
③ 단락 아크 용접

43. ④ 44. ① 45. ④ 46. ④

문제 47
선박, 보일러 등 두꺼운 판의 용접 시 용융 슬래그와 와이어의 저항 열을 이용 연속적으로 상진하면서 용접하는 것은?

① 테르밋 용접
② 일렉트로 슬래그 용접
③ 넌실드 아크 용접
④ 서브머지드 아크 용접

해설 **일렉트로 슬래그 용접**: 선박, 보일러 등 두꺼운 판의 용접 시 용융 슬래그와 와이어의 저항 열을 이용 연속적으로 상진하면서 용접
서브머지드 아크 용접: 용접봉을 용제 속에 넣고 아크를 일으켜 용접
스터드 용접: 볼트나 환봉 등을 피스톤형 홀더에 끼우고 모재와 환봉 사이에서 순간적으로 아크를 발생시켜 용접
테르밋 용접: 금속산화물이 알루미늄에 의하여 산소를 빼앗기는 반응에 의해 생성되는 열을 이용하여 금속을 접합

문제 48
심 용접에서 사용하는 통전 방법이 아닌 것은?

① 포일 통전법
② 단속 통전법
③ 연속 통전법
④ 맥동 통전법

해설 **심 용접에서 사용하는 통전 방법**
① 연속 통전법
② 단속 통전법
③ 맥동 통전법

문제 49
가스용접장치에 대한 설명으로 틀린 것은?

① 화기로부터 5m 이상 떨어진 곳에 설치한다.
② 전격방지기를 설치한다.
③ 아세틸렌가스 집붕장치 시설에는 소화기를 준비한다.
④ 작업 종료 시 메인 밸브 및 콕 등을 완전히 잠근다.

해설 가스용접장치는 전격방지기를 설치하지 않는다.

문제 50
아크용접 로봇 자동화시스템의 구성으로 틀린 것은?

① 포지셔너(positioner)
② 아크발생장치
③ 모재 가공부
④ 안전장치

해설 **아크용접 로봇 자동화시스템의 구성**
① 포지셔너
② 안전장치
③ 아크발생장치

47. ② 48. ① 49. ② 50. ③

문제 51 기계 제도의 일반 사항에 관한 설명으로 틀린 것은?

① 잘못 볼 염려가 없다고 생각되는 도면은 도면의 일부 또는 전부에 대하여 비례관계를 지키지 않아도 좋다.
② 선의 굵기 방향의 중심은 이론상 그려야 할 위치 위에 그린다.
③ 선이 근접하여 그리는 선의 선 간격은 원칙으로 평행선의 경우 선의 굵기의 3배 이상으로 하고, 선과 선의 간격은 0.7mm 이상으로 하는 것이 좋다.
④ 다수의 선이 1점에 집중할 경우 그 점 주위를 스머징하여 검게 나타낸다.

해설 기계 제도의 일반 사항
① 선이 근접하여 그리는 선의 선 간격은 원칙으로 평행선의 경우 선의 굵기의 3배 이상으로 하고, 선과 선의 간격은 0.7mm 이상으로 하는 것이 좋다.
② 선의 굵기 방향의 중심은 이론상 그려야 할 위치에 그린다.
③ 잘못 볼 염려가 없다고 생각되는 도면은 도면의 일부 또는 전부에 대하여 비례관계를 지키지 않아도 좋다.

문제 52 그림과 같은 양면 필릿 용접기호를 가장 올바르게 해석한 것은?

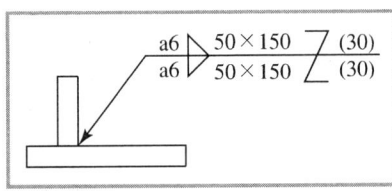

① 목길이 6mm, 용접길이 150mm, 인접한 용접부 간격 50mm
② 목길이 6mm, 용접길이 50mm, 인접한 용접부 간격 30mm
③ 목길이 6mm, 용접길이 150mm, 인접한 용접부 간격 30mm
④ 목길이 6mm, 용접길이 50mm, 인접한 용접부 간격 50mm

문제 53 제3각법으로 정투상한 그림과 같은 정면도와 우측면도에 가장 적합한 평면도는?

①    ②
③    ④

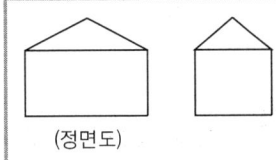
(정면도)

문제 54 제도에 사용되는 문자 크기의 기준으로 맞는 것은?

① 문자의 폭   ② 문자의 높이
③ 문자의 대각선의 길이   ④ 문자의 높이와 폭의 비율

51. ④ 52. ③ 53. ③ 54. ②

해설 **문자 크기** : 문자의 높이 기준

문제 55 치수를 나타내기 위한 치수선의 표시가 잘못된 것은?

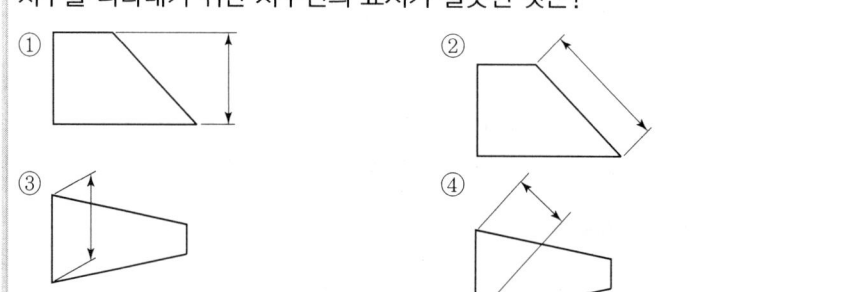

문제 56 그림의 A부분과 같이 경사면부가 있는 대상물에서 그 경사면의 실형을 표시할 필요가 있는 경우 사용하는 투상도는?

① 국부 투상도
② 전개 투상도
③ 회전 투상도
④ 보조 투상도

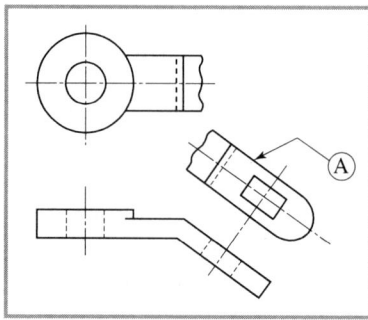

문제 57 나사 표시기호 "M50×2"에서 "2"는 무엇을 나타내는가?

① 나사 산의 수
② 나사 피치
③ 나사의 줄 수
④ 나사의 등급

문제 58 그림과 같은 도면에서 가는 실선으로 대각선을 그려 도시한 면의 설명으로 올바른 것은?

① 대상의 면이 평면임을 도시
② 특수 열처리한 부분을 도시
③ 다이아몬드의 볼록 형상을 도시
④ 사각형으로 관통한 면

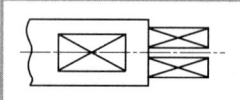

55. ④ 56. ④ 57. ② 58. ①

문제 59 배관에서 유체의 종류 중 공기를 나타내는 기호는?

① A ② C
③ S ④ W

해설 배관 기호
① S(Steam) : 증기   ② A(Air) : 공기
③ W(Water) : 물   ④ O(Oil) : 기름

문제 60 배관용 탄소 강관의 KS기호는?

① SPP   ② SPCD
③ STKM ④ SAPH

해설 배관용 강관
① SPP : 배관용 탄소 강관   ② SPPS : 압력배관용 탄소 강관
③ SPPH : 고압배관용 탄소 강관 ④ SPHT : 고온배관용 탄소 강관
⑤ SPLT : 저온배관용 탄소 강관 ⑥ SPA : 배관용 합금 강관

59. ① 60. ①

단기완성
이산화탄소가스아크용접기능사
필기

특수용접기능사 기출문제

2022

2022년 1월 CBT 시행

문제 01 저수소계 피복 용접봉(E4316)의 피복제의 주성분으로 맞는 것은?

① 석회석　　　　　　　　② 산화티탄
③ 일미나이트　　　　　　④ 셀룰로오스

해설 저수소계(E4316) 피복 용접봉의 피복제 주성분
① 석회석
② 형석

문제 02 병렬접속저항에서 $R_1=4[\Omega]$, $R_2=5[\Omega]$, $R_3=10[\Omega]$일 때 합성저항은 약 몇 $[\Omega]$인가?

① 1.8　　　　　　　　　② 18
③ 19　　　　　　　　　 ④ 1.9

해설 합성저항 $=\dfrac{1}{\dfrac{1}{R_1}+\dfrac{1}{R_2}+\dfrac{1}{R_3}}=\dfrac{1}{\dfrac{1}{4}+\dfrac{1}{5}+\dfrac{1}{10}}=1.818\Omega$

문제 03 가스 절단작업에서 절단속도에 영향을 주는 요인과 가장 관계가 먼 것은?

① 모재의 온도　　　　　② 산소의 압력
③ 아세틸렌 압력　　　　④ 산소의 순도

해설 가스 절단작업에서 절단속도에 영향을 주는 요인
① 모재의 온도
② 산소의 압력
③ 산소의 순도

문제 04 산소 용기의 윗부분에 각인되어 있지 않은 것은?

① 용기의 중량　　　　　② 충전가스의 내용적
③ 내압시험압력　　　　 ④ 최저 충전압력

해설 산소 용기의 각인
① 최고 충전압력　② 충전가스의 내용적
③ 용기의 중량　　④ 내압시험압력

01. ①　02. ①　03. ③　04. ④

문제 05
탄소아크절단에 압축공기를 병용한 방법은?
① 산소창 절단
② 아크 에어 가우징
③ 스카핑
④ 플라스마 절단

해설
① **아크 에어 가우징** : 탄소아크절단장치에다 압축공기 6~7kg/cm²을 병용하여서 아크열로 용융시킨 부분을 압축공기로 불어 날려서 홈을 파내는 작업
② **산소창 절단** : 두꺼운 판, 주강의 슬래그 덩어리, 암석의 천공 등의 절단에 이용
③ **스카핑** : 강편, 슬래그, 주름, 탈탄층, 표면균열 등의 표면결함을 불꽃가공에 의해 제거하는 방법으로 얇은 홈 가공 시 사용

문제 06
교류 아크 용접기의 원격제어장치에 대한 설명으로 맞는 것은?
① 전류를 조절한다.
② 2차 무부하 전압을 조절한다.
③ 전압을 조절한다.
④ 전압과 전류를 조절한다.

해설 교류 아크 용접기의 원격제어장치 : 전류를 조절

문제 07
각종 금속의 가스 용접 시 사용하는 용제들 중 주철용접에 사용하는 용제들만 짝지어진 것은?
① 붕사-염화리듐
② 탄산나트륨-붕사-중탄산나트륨
③ 염화리듐-중탄산나트륨
④ 규산칼륨-붕사-중탄산나트륨

해설 용제
① 주철 : 중탄산나트륨(70%)+탄산나트륨(15%)+붕사(15%)
② 구리합금 : 붕사(75%)+염화리듐(25%)
③ 알루미늄 : 염화칼륨(45%)+염화나트륨(30%)+염화리튬(15%)+플루오르화칼륨(7%)+황산칼륨(3%)
④ 반경강 : 중탄산나트륨+탄산나트륨
⑤ 연강 : 사용하지 않는다.

문제 08
산소-아세틸렌 가스 용접에 대한 장점 설명으로 틀린 것은?
① 운반이 편리하다.
② 후판 용접이 용이하다.
③ 아크 용접에 비해 유해 광선이 적다.
④ 전원 설비가 없는 곳에서도 쉽게 설치할 수 있다.

해설 산소-아세틸렌 가스 용접의 장점
① 박판 용접에 용이하다.
② 운반이 편리하다.
③ 아크 용접에 비해 유해광선이 적다.

05. ② 06. ① 07. ② 08. ②

④ 전원설비가 없는 곳에서도 쉽게 설치 가능
⑤ 가열 조절이 비교적 자유롭다.
⑥ 응용범위가 넓다.
⑦ 전기 용접에 비해 싸다.

문제 09 피복 아크 용접, TIG 용접처럼 토치의 조작을 손으로 함에 따라 아크 길이를 일정하게 유지하는 것이 곤란한 용접법에 적용되는 특성은?

① 수하 특성
② 정전압 특성
③ 상승 특성
④ 단락 특성

해설 수하 특성
① 부하전류가 증가하면 단자전압이 낮아지는 특성
② 피복 아크 용접, TIG 용접처럼 토치의 조작을 손으로 함에 따라 아크 길이를 일정하게 유지하는 것이 곤란한 용접봉

문제 10 용접기에서 허용사용률(%)을 나타내는 식은?

① $\dfrac{(정격2차전류)^2}{(실제의\ 용접전류)^2} \times 정격사용률$

② $\dfrac{(실제의\ 용접전류)^2}{(정격2차전류)^2} \times 100$

③ $\dfrac{(정격2차전류)}{(실제의\ 용접전류)} \times 정격사용률$

④ $\dfrac{(실제의\ 용접전류)}{(정격2차전류)} \times 100$

해설 허용사용률 $= \dfrac{(정격2차전류)^2}{(실제의\ 용접전류)^2} \times 정격사용률$

문제 11 탄소 전극봉 대신 절단 전용의 특수 피복을 입힌 피복봉을 사용하여 절단하는 방법은?

① 금속분말 절단
② 금속아크 절단
③ 전자빔 절단
④ 플라스마 절단

해설 ① **금속아크 절단** : 탄소 전극봉 대신 절단 전용의 특수 피복을 입힌 피복봉을 사용하여 절단
② **분말절단** : 스테인리스강, 비철금속, 주철 등은 가스 절단이 용이하지 않으므로 철분 또는 연속적으로 절단용 산소에 혼합 공급함으로써 그 산화열 또는 용제의 화학작용을 이용 절단

09. ① 10. ① 11. ②

문제 12
피복 아크 용접에서 차광도의 번호로 많이 사용하는 것은?

① 4~5
② 7~8
③ 10~11
④ 13~15

해설 피복 아크 용접에서 차광도의 번호로 사용 : 10~11번

문제 13
가스 용접봉을 선택할 때 고려할 사항이 아닌 것은?

① 가능한 한 모재와 같은 재질이어야 하며 모재에 충분한 강도를 줄 수 있을 것.
② 기계적 성질에 나쁜 영향을 주지 않아야 하며 용융온도가 모재와 동일할 것.
③ 용접봉의 재질 중에 불순물을 포함하고 있지 않을 것.
④ 강도를 증가시키기 위하여 탄소함유량이 풍부한 고탄소강을 사용할 것.

해설 **가스 용접봉 선택 시 고려할 사항**
① 저탄소강을 사용할 것.
② 용접봉의 재질 중에 불순물을 포함하고 있지 않을 것.
③ 기계적 성질에 나쁜 영향을 주지 않아야 하며 용융온도가 모재와 동일할 것.
④ 가능한 모재와 같은 재질이어야 하며 모재에 충분한 강도를 줄 수 있을 것.

문제 14
연강용 피복 아크 용접봉 중 아래보기와 수평 필릿 자세에 한정되는 용접봉의 종류는?

① E4324
② E4316
③ E4303
④ E4301

해설 **피복 아크 용접봉의 특징**
① E4324(철분산화티탄계) : 아래보기 자세와 수평 필릿 자세에 한정
② E4316(저수소계) : 석회석, 형석을 주성분으로 한 것으로 기계적 성질, 내균열성 우수
③ E4303(라임티탄계) : 산화티탄을 약 30% 이상 함유한 용접봉. 비드의 외관이 아름답고, 언더컷이 발생되지 않는다.
④ E4301(일미나이트계) : 산화티탄, 산화철을 약 30% 이상 함유한 광석, 사철 등을 주성분으로 기계적 성질이 우수하고, 용접성이 우수.

문제 15
산소-아세틸렌 용접에서 표준불꽃으로 연강판 두께 2.0mm를 60분간 용접하였더니 $200l$의 아세틸렌가스가 소비되었다면, 가장 적당한 가변압식 팁의 번호는?

① 100번
② 200번
③ 300번
④ 400번

해설 팁 200번 : 1시간의 표준불꽃으로 용접 시 아세틸렌 소비량이 $200l$이다.

12. ③ 13. ④ 14. ① 15. ②

문제 16 용해 아세틸렌 취급 시 주의사항으로 잘못 설명된 것은?

① 저장장소는 통풍이 잘 되어야 한다.
② 저장장소에는 화기를 가까이 하지 말아야 한다.
③ 용기는 아세톤의 유출을 방지하기 위해 눕혀서 보관한다.
④ 용기는 진동이나 충격을 가하지 말고 신중히 취급해야 한다.

해설 용해 아세틸렌 취급 시 주의사항
① 용기는 세워서 보관한다.
② 용기는 진동이나 충격을 가하지 말고 신중히 취급해야 한다.
③ 저장장소는 통풍이 잘 되어야 한다.
④ 저장장소에는 화기를 가까이 하지 말아야 한다.

문제 17 피복 아크 용접에서 직류 역극성으로 용접하였을 때 나타나는 현상에 대한 설명으로 가장 적합한 것은?

① 용접봉의 용융속도는 늦고 모재의 용입은 직류 정극성보다 깊어진다.
② 용접봉의 용융속도는 빠르고 모재의 용입은 직류 정극성보다 얕아진다.
③ 용접봉의 용융속도는 극성에 관계없으며 모재의 용입만 직류 정극성보다 얕아진다.
④ 용접봉의 용융속도와 모재의 용입은 극성에 관계없이 전류의 세기에 따라 변한다.

해설 피복 아크 용접에서 직류 역극성으로 용접 시 나타나는 현상
용접봉의 용융속도는 빠르고 모재의 용입은 직류 정극성보다 얕아진다.

문제 18 델타메탈(delta metal)에 속하는 것은?

① 7 : 3 황동에 Fe 1~2%를 첨가한 것
② 7 : 3 황동에 Sn 1~2%를 첨가한 것
③ 6 : 4 황동에 Sn 1~2%를 첨가한 것
④ 6 : 4 황동에 Fe 1~2%를 첨가한 것

해설 합금
① 델타메탈 : 6 : 4황동 + Fe(1~2%)
② 에드미럴티 : 7 : 3황동 + Sn(1~2%)
③ 네이벌 : 6 : 4황동 + Sn(1~2%)
④ 먼츠메탈 : Cu(60%) + Zn(40%)
⑤ 톰백 : Cu(80%) + Zn(20%)
⑥ 플래티나이트 : Ni(40~50%) + Fe
⑦ 콘스탄탄 : Cu(55%) + Ni(45%)
⑧ 인코넬 : Ni(70~80%) + Cr(12~14%)
⑨ 모넬메탈 : Ni(65~70%) + Fe(1~3%)

16. ③ 17. ② 18. ④

문제 19 상온가공을 하여도 동소변태를 일으켜 경화되지 않는 재료는?

① 금(Ag) ② 주석(Sn)
③ 아연(Zn) ④ 백금(Pt)

해설 상온가공을 하여도 동소변태를 일으켜 경화되지 않는 재료 : 주석

문제 20 용접시 용접균열이 발생할 위험성이 가장 높은 재료는?

① 저탄소강 ② 중탄소강
③ 고탄소강 ④ 순철

해설 용접시 용접균열이 발생할 위험성
고탄소강 > 중탄소강 > 저탄소강 > 순철

문제 21 아연과 그 합금에 대한 설명으로 틀린 것은?

① 조밀육방 격자형이며 청백색으로 연한 금속이다.
② 아연 합금에는 Zn-Al계, Zn-Al-Cu계 및 Zn-Cu계 등이 있다.
③ 주조성이 나쁘므로 다이캐스팅용에 사용되지 않는다.
④ 주조한 상태의 아연은 인장강도나 연신율이 낮다.

해설 아연과 그 합금
① 주조성이 좋으므로 다이캐스팅용에 사용
② 주조한 상태의 아연은 인장강도나 연신율이 낮다.
③ 아연 합금에는 Al-Zn계, Al-Zn-Cu계 및 Zn-Cu계 등이 있다.
④ 조밀육방격자이며 청백색으로 연한 금속이다.

문제 22 침탄법의 종류가 아닌 것은?

① 고체 침탄법 ② 액체 침탄법
③ 가스 침탄법 ④ 증기 침탄법

해설 침탄법의 종류 : ① 액체 침탄법 ② 고체 침탄법 ③ 가스 침탄법

문제 23 주조용 알루미늄 합금의 종류가 아닌 것은?

① Al-Cu계 합금 ② Al-Si계 합금
③ 내열용 Al합금 ④ 내식성 Al합금

해설 주조용 알루미늄 합금의 종류
① 내열용 알루미늄 합금 ② Al-Si계 합금 ③ Al-Cu계 합금

해답

19. ② 20. ③ 21. ③ 22. ④ 23. ④

문제 24
주강에 대한 설명으로 틀린 것은?

① 주철로써는 강도가 부족할 경우에 사용된다.
② 용접에 의한 보수가 용이하다.
③ 주철에 비하여 주조 시의 수축량이 커서 균열 등이 발생하기 쉽다.
④ 주철에 비하여 용융점이 낮다.

해설 주강
① 주철에 비하여 용융점이 높다.
② 주철에 비하여 주조 시의 수축량이 커서 균열 등이 발생하기 쉽다.
③ 용접에 의한 보수가 용이하다.
④ 주철로써는 강도가 부족할 경우에 사용된다.

문제 25
열처리 방법 중 불림의 목적으로 가장 적합한 것은?

① 급랭시켜 재질을 경화시킨다.
② 소재를 일정 온도에 가열 후 공랭시켜 표준화한다.
③ 담금질된 것에 인성을 부여한다.
④ 재질을 강하게 하고 균일하게 한다.

해설 열처리
① 불림
  ㉠ A_3 또는 A_1선 이상 30~50℃ 정도로 가열하여 균일한 오스테나이트 조직으로 한 후 공랭시키는 열처리법
  ㉡ 강을 표준상태로 하기 위하여 가공조직의 균일화, 결정립의 미세화, 기계적 성질의 향상을 목적으로 실시
② 뜨임 : 담금질된 강을 A_1변태점 이하의 일정 온도로 가열하여 인성 증가
③ 담금질 : 강을 A_3변태 및 A_1선 이상 30~50℃로 가열 후 물 또는 기름으로 급랭하는 방법으로 경도 및 강도 증가
④ 풀림 : 재질의 연화를 목적으로 일정 시간 가열 후 노 내에서 서냉 내부응력 및 잔류응력 제거
⑤ 질량효과 : 재료의 내·외부에 열처리 효과의 차이가 나는 현상
⑥ 심랭처리(서브제로처리) : 담금질된 강의 경도를 증가시키고 시효변형을 방지하기 위한 목적으로 0℃ 이하의 온도에서 처리

문제 26
스테인리스강의 종류가 아닌 것은?

① 오스테나이트계
② 페라이트계
③ 펄라이트계
④ 마텐자이트계

해설 스테인리스강의 종류
① 오스테나이트계 스테인리스강(18-8스테인리스강)
② 페라이트계 스테인리스강
③ 마텐자이트계 스테인리스강

24. ④ 25. ② 26. ③

문제 27 탄소강에 크롬(Cr), 텅스텐(W), 바나듐(V), 코발트(Co) 등을 첨가하여, 500~600℃의 고온에서도 경도가 저하되지 않고 내마멸성을 크게 한 강은?

① 합금 공구강
② 고속도강
③ 초경합금
④ 스텔라이트

해설 **고속도강** : 탄소강에 텅스텐, 크롬, 바나듐, 코발트 등을 첨가하여, 500~600℃의 고온에서도 경도가 저하되지 않고 내마멸성을 크게 한 강

문제 28 가스 용접에서 일반적으로 용제를 사용하지 않는 용접 금속은?

① 구리합금
② 주철
③ 알루미늄
④ 연강

해설 **용제**
① 연강 : 사용하지 않는다.
② 주철 : 중탄산나트륨(70%) + 탄산나트륨(15%) + 붕사(15%)
③ 알루미늄 : 염화칼륨(45%) + 염화나트륨(30%) + 염화리튬(15%) + 플루오르화칼륨(7%) + 황산칼륨(3%)
④ 구리합금 : 붕사(75%) + 염화리튬(25%)

문제 29 테르밋 용접의 특징 설명으로 틀린 것은?

① 용접작업이 단순하고 용접 결과의 재현성이 높다.
② 용접시간이 짧고 용접 후 변형이 적다.
③ 전기가 필요하고 설비비가 비싸다.
④ 용접기구가 간단하고 작업장소의 이동이 쉽다.

해설 **테르밋 용접의 특징**
① 용접기구가 간단하고 작업장소의 이동이 쉽다.
② 용접시간이 짧고 용접 후 변형이 적다.
③ 용접작업이 단순하고 용접 결과의 재현성이 높다.
④ 용접하는 시간이 비교적 짧다.
⑤ 전력이 불필요하고 설비비가 싸다.

문제 30 CO_2 가스 아크 용접 결함에 있어서 다공성이란 무엇을 의미하는가?

① 질소, 수소, 일산화탄소 등에 의한 기공을 말한다.
② 와이어 선단부에 용적이 붙어 있는 것을 말한다.
③ 스패터가 발생하여 미드의 외관에 붙어 있는 것을 말한다.
④ 노즐과 모재간 거리가 지나치게 작아서 와이어 송급 불량을 의미한다.

해답

27. ② 28. ④ 29. ③ 30. ①

해설 CO_2 가스 아크 용접 결함에서 다공성 : 질소, 수소, 일산화탄소 등에 의한 기공을 말함.

문제 31 CO_2 가스 아크 용접에서의 기공과 피트의 발생 원인으로 맞지 않는 것은?

① 탄산가스가 공급되지 않는다.
② 노즐과 모재 사이의 거리가 작다.
③ 가스 노즐에 스패터가 부착되어 있다.
④ 모재의 오염, 녹, 페인트가 있다.

해설 CO_2 가스 아크 용접 시 기공과 피트의 발생 원인
① 노즐과 모재 사이의 거리가 멀다.
② 탄산가스가 공급되지 않는다.
③ 모재의 오염, 녹, 페인트가 있다.
④ 가스 노즐에 스패터가 부착되어 있다.

문제 32 펄스 TIG 용접기의 특징 설명으로 틀린 것은?

① 저주파 펄스 용접기와 고주파 펄스 용접기가 있다.
② 직류 용접기에 펄스 발생 회로를 추가한다.
③ 전극봉의 소모가 많은 것이 단점이다.
④ 20A 이하의 저전류에서 아크의 발생이 안정하다.

해설 펄스 TIG 용접기의 특징
① 20A 이하의 저전류에서 아크의 발생이 안정하다.
② 직류 용접기에 펄스 발생 회로를 추가한다.
③ 저주파 펄스 용접기와 고주파 펄스 용접기가 있다.

문제 33 용접 이음을 설계할 때의 주의사항으로서 틀린 것은?

① 용접 구조물의 제 특성 문제를 고려한다.
② 강도가 강한 필릿 용접을 많이 하도록 한다.
③ 용접성을 고려한 사용재료의 선정 및 열영향 문제를 고려한다.
④ 구조상의 노치부를 피한다.

해설 용접 이음의 설계
① 구조상의 노치부를 피한다.
② 용접 구조물의 제 특성 문제를 고려한다.
③ 용접성을 고려한 사용재료의 선정 및 열영향 문제를 고려한다.

해답 31. ② 32. ③ 33. ②

문제 34 용접금속에 수소가 잔류하면 헤어크랙의 원인이 된다. 용접 시 수소의 흡수가 가장 많은 강은?

① 저탄소킬드강
② 세미킬드강
③ 고탄소림드강
④ 림드강

해설 용접 시 수소의 흡수가 가장 많은 강 : 저탄소킬드강

문제 35 용접재해 중 전격에 의한 재해 방지 대책으로 맞는 것은?

① TIG 용접 시 텅스텐 전극봉을 교체할 때는 항상 전원 스위치를 차단하고 교체한다.
② 용접중 홀더나 용접봉은 맨손으로 취급해도 무방하다.
③ 밀폐된 구조물에서는 혼자서 작업하여도 무방하다.
④ 절연 홀더의 절연부분이 균열이나 파손되어 있으면 작업이 끝난 후에 보수하거나 교체한다.

해설 용접재해 중 전격에 의한 재해 방지 대책
① TIG 용접 시 텅스텐 전극봉을 교체할 때는 항상 전원 스위치를 끄고 교체한다.
② 절연 홀더의 절연부분이 균열이나 파손되어 있으면 작업 전에 보수하거나 교체한다.
③ 밀폐된 구조물에서는 혼자서 작업해서는 절대 안 된다.
④ 용접중 홀더나 용접봉은 맨손으로 취급하면 안 된다.

문제 36 용접부의 시험과 검사에서 부식시험은 어느 시험법에 속하는가?

① 방사선 시험법
② 기계적 시험법
③ 물리적 시험법
④ 화학적 시험법

해설 화학적 시험
① 부식시험 : 습부식, 건부식, 응력부식시험
② 수소시험 : 응고 직후부터 일정시간 사이에 발생하는 수소의 양

문제 37 용접 지그를 사용할 때 장점이 아닌 것은?

① 공정수를 절약하므로 능률이 좋다.
② 작업을 쉽게 할 수 있다.
③ 제품의 정도가 균일하다.
④ 조립하는 데 시간이 많이 소요된다.

해설 용접 지그 사용 시 장점
① 제품의 정도가 균일하다.
② 작업을 쉽게 할 수 있다.
③ 공정수를 절약하므로 능률이 좋다.
④ 동일 제품을 다량생산할 수 있다.
⑤ 용접부의 신뢰성을 높인다.
⑥ 아래보기 자세로 용접할 수 있다.

34. ① 35. ① 36. ④ 37. ④

문제 38 용접 시험편에서 P = 최대하중, D = 재료의 지름, A = 재료의 최초 단면적일 때, 인장강도를 구하는 식으로 옳은 것은?

① $\dfrac{P}{\pi D}$
② $\dfrac{P}{A}$
③ $\dfrac{P}{A^2}$
④ $\dfrac{A}{P}$

해설 인장강도 = $\dfrac{P}{A}$

여기서, A : 재료의 최초 단면적(cm^2)　　P : 최대하중(kg)

문제 39 화재 및 폭발의 방지 조치사항으로 틀린 것은?

① 용접작업 부근에 점화원을 두지 않는다.
② 인화성 액체의 반응 또는 취급은 폭발한계범위 이내의 농도로 한다.
③ 아세틸렌이나 LP가스 용접 시에는 가연성 가스가 누설되지 않도록 한다.
④ 대기 중에 가연성 가스를 누설 또는 방출시키지 않는다.

해설 화재 및 폭발의 방지 조치사항
① 인화성 액체의 반응 또는 취급은 폭발한계범위 이상의 농도로 한다.
② 대기 중에 가연성 가스를 누설 또는 방출시키지 않는다.
③ 아세틸렌이나 LP가스 용접 시에는 가연성 가스가 누설되지 않도록 한다.
④ 용접작업 부근에 점화원을 두지 않는다.

문제 40 납땜의 용제가 갖추어야 할 조건이 아닌 것은?

① 모재의 산화피막과 같은 불순물을 제거하고 유동성이 나쁠 것.
② 청정한 금속면의 산화를 방지할 것.
③ 땜납의 표면장력을 맞추어서 모재와의 친화력을 높일 것.
④ 용제의 유효온도범위와 납땜온도가 일치할 것.

해설 납땜의 용제가 갖추어야 할 조건
① 용제의 유효온도범위와 납땜온도가 일치할 것.
② 모재의 산화피막과 같은 불순물을 제거하고 유동성이 좋을 것.
③ 땜납의 표면장력을 맞추어서 모재와의 친화력을 높일 것.
④ 청정한 금속면의 산화를 방지할 것.
⑤ 모재보다 용융점이 낮아야 한다.
⑥ 모재와 친화력이 있고 접합이 튼튼해야 한다.

해답 38. ② 39. ② 40. ①

문제 41

15℃, 1kgf/cm² 하에서 사용 전 용해 아세틸렌 병의 무게가 50kgf이고, 사용 후 무게가 47kgf일 때 사용한 아세틸렌의 양은 몇 l인가?

① 2915
② 2815
③ 3815
④ 2715

해설 아세틸렌의 양 = $905(A-B) = 905(50-47) = 2715 l$

문제 42

TIG 용접법에 대한 설명으로 틀린 것은?

① 금속 심선을 전극으로 사용한다.
② 텅스텐을 전극으로 사용한다.
③ 아르곤 분위기에서 한다.
④ 교류나 직류전원을 사용할 수 있다.

해설 TIG 용접법
① 텅스텐 전극으로 사용한다.
② 아르곤 분위기에서 한다.
③ 교류나 직류전원을 사용할 수 있다.
④ 모든 용접자세가 가능하며 특히 박판용접에서 능률이 좋다.
⑤ 용제를 사용하지 않으므로 슬래그 제거가 불필요하다.
⑥ 산화, 질화 등을 방지할 수 있어 우수한 이음, 깨끗하고 아름다운 비드를 얻을 수 있다.
⑦ 운영비와 설비비가 많이 소요된다.
⑧ 불활성 가스와 용접기의 가격이 비싸다.
⑨ 바람의 영향을 크게 받으므로 방풍대책이 필요하다.

문제 43

전기 저항 용접법 중 극히 짧은 지름의 용접물을 접합하는 데 사용하고 축적된 직류를 전원으로 사용하며 일명 충돌용접이라고도 하는 용접은?

① 업셋 용접
② 플래시 버트 용접
③ 퍼커션 용접
④ 심 용접

해설 퍼커션 용접(충돌용접) : 극히 짧은 지름의 용접물을 접합하는 데 사용하고 축적된 직류를 전원으로 사용하며 일명 충돌용접이라고도 한다.

문제 44

줄 작업 시의 방법 및 안전수칙에 위배되는 사항은?

① 줄 작업은 당길 때 힘을 많이 주어 절삭되도록 한다.
② 줄 작업 전 줄자루가 단단하게 끼워져 있는가를 확인한다.
③ 줄을 해머나 공구용으로 사용하지 않는다.
④ 줄눈에 끼인 칩은 와이어 브러시로 제거한다.

41. ④ 42. ① 43. ③ 44. ①

해설 줄 작업의 방법 및 안전수칙
① 줄 작업은 밀 때 힘을 많이 주어 절삭되도록 한다.
② 줄눈에 끼인 칩은 와이어 브러시로 제거한다.
③ 줄을 해머나 공구용으로 사용하지 않는다.
④ 줄 작업 전 줄자루가 단단하게 끼워져 있는가를 확인한다.

문제 45
용접변형의 교정방법이 아닌 것은?

① 박판에 대한 점 수축법
② 형재에 대한 직선 수축법
③ 가열 후 해머링하는 방법
④ 정지구멍을 뚫고 교정하는 방법

해설 용접변형의 교정방법
① 가열 후 해머링하는 방법
② 형재에 대한 직선 수축법
③ 박판에 대한 점수축
④ 외력을 이용한 소성변형법
⑤ 가열할 때 발생하는 열응력을 이용한 소성변형법
⑥ 소성변형시켜서 교정하는 방법
⑦ 후판에 대하여는 가열 후 압력을 걸고 수냉하는 방법

문제 46
작업장에 따라 작업 특성에 맞는 적당한 조명을 하여야 한다. 보통 작업 시 조도 기준으로 적합한 것은?

① 750Lux 이상
② 75Lux 이상
③ 150Lux 이상
④ 300Lux 이상

해설 보통 작업 시 조도 : 150Lux(룩스) 이상

문제 47
불활성 가스 금속 아크 용접의 특징이 아닌 것은?

① 대체로 모든 금속의 용접이 가능하다.
② 수동 피복 아크 용접에 비해 용착효율이 높아 고능률적이다.
③ 전류밀도가 낮아 3mm 이상의 두꺼운 용접에 비능률적이다.
④ 아크의 자기제어 기능이 있다.

해설 불활성 가스 금속 아크 용접의 특징
① 아크의 자기제어 기능이 있다.
② 대체로 모든 금속의 용접이 가능하다.
③ 수동 피복 아크 용접에 비해 용착효율이 높아 고능률적이다.
④ 후판용접에 적합하다.
⑤ CO_2 용접에 비해 스패터 발생이 적다.
⑥ TIG 용접에 비해 전류밀도가 높으므로 용융속도가 빠르다.
⑦ 응용범위가 넓다.

45. ④ 46. ③ 47. ③

⑧ 박판용접(3mm 이하)에는 적용이 곤란하다.
⑨ 보호가스의 가격이 비싸서 연강용접에는 부적당

문제 48 플라스마 아크 용접장치에서 아크 플라스마의 냉각가스로 쓰이는 것은?
① 아르곤과 수소의 혼합가스
② 아르곤과 산소의 혼합가스
③ 아르곤과 메탄의 혼합가스
④ 아르곤과 프로판의 혼합가스

해설 아크 플라스마의 냉각가스 : 아르곤과 수소의 혼합가스

문제 49 CO_2 가스 아크 용접할 때 전원 특성과 아크 안정 제어에 대한 설명 중 틀린 것은?
① CO_2 가스 아크 용접기는 일반적으로 직류 정전압 특성이나 상승 특성의 용접전원이 사용된다.
② 정전압 특성은 용접전류가 증가할 때마다 다소 높아지는 특성을 말한다.
③ 정전압 특성 전원과 와이어의 송급 방식의 결함에서는 아크의 길이 변동에 따라 전류가 대폭 증가 또는 감소하여도 아크 길이를 일정하게 유지시키는 것을 "전원의 자기제어 특성에 의한 아크 길이 제어"라 한다.
④ 전원의 자기제어 특성에 의한 아크 길이 제어 특성은 솔리드 와이어나 직경이 작은 복합와이어 등을 사용하는 CO_2 가스 아크 용접기의 적합한 특성이다.

해설 정전압 특성은 용접전압이 증가할 때마다 다소 높아지는 특성

문제 50 서브머지드 아크 용접의 용접 조건을 설명한 것 중 맞지 않는 것은?
① 용접전류를 크게 증가시키면 와이어의 용융량과 용입이 크게 증가한다.
② 아크 전압이 증가하면 아크 길이가 길어지고 동시에 비드 폭이 넓어지면서 평평한 비드가 형성된다.
③ 용착량과 비드 폭은 용접속도의 증가에 거의 비례하여 증가하고 용입도 증가한다.
④ 와이어 돌출길이를 길게 하면 와이어의 저항열이 많이 발생하게 된다.

문제 51 그림과 같은 입체도에서 화살표 방향을 정면으로 하여 3각법으로 도시할 때 평면도로 가장 적합한 것은?

①  ②

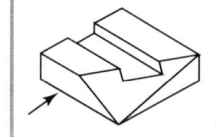

③ 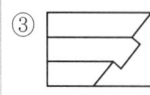 ④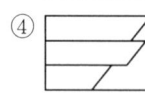

48. ① 49. ② 50. ③ 51. ④

문제 52 그림과 같은 용접 도시기호를 올바르게 설명한 것은?

① 돌출된 모서리를 가진 평판 사이의 맞대기 용접이다.
② 평행(I형) 맞대기 용접이다.
③ U형 이음으로 맞대기 용접이다.
④ J형 이음으로 맞대기 용접이다.

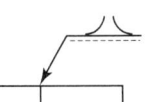

문제 53 배관 도시기호 중 체크 밸브에 해당하는 것은?

① ─⋈─ ② ─⋀─
③ ◁─   ④ ─⋈─

해설 배관 도시기호
① 일반조작밸브 : ─⋈─   ② 체크 밸브 : ─⋀─
③ 앵글 밸브 : ◁   ④ 안전밸브 : ─⋈─
⑤ 감압밸브 : ─⋈─(P)   ⑥ 전동밸브 : ─⋈─(M)
⑦ 전자밸브(솔레노이드 밸브) : ─⋈─(S)

문제 54 기계제도에서 선의 굵기가 가는 실선이 아닌 것은?

① 치수선   ② 수준면선
③ 지시선   ④ 특수지정선

해설
① **가는실선** : ㉠ 치수선 ㉡ 치수보조선 ㉢ 해칭선 ㉣ 파단선
② **가는일점쇄선** : ㉠ 기준선 ㉡ 절단선 ㉢ 피치선 ㉣ 중심선
③ **굵은실선** : 외형선
④ **굵은일점쇄선** : 특수지정선
⑤ **가는이점쇄선** : 가상선

문제 55 그림과 같은 입체도에서 화살표 방향 투상도로 가장 적절한 것은?

① 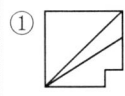 ②

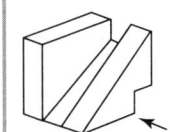

③ 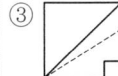 ④

52. ① 53. ② 54. ④ 55. ③

문제 56 일반적으로 치수선을 표시할 때, 치수선 양 끝에 치수가 끝나는 부분임을 나타내는 현상으로 사용하는 것이 아닌 것은?

① ──▶│   ② ──╱│
③ ──●   ④ ──△

문제 57 도면의 표제란에 표시된 "NS"의 의미로 적절한 것은?

① 나사를 표시
② 비례척이 아닌 것을 표시
③ 각도를 표시
④ 보통나사를 표시

해설 NS : 비례척이 아닌 것을 표시

문제 58 도면에 나사가 M10×1.5－6g로 표시되어 있을 경우 나사의 해독으로 가장 올바른 것은?

① 한줄 왼나사 호칭경 10mm이고, 피치가 1.5mm이며 등급은 6g이다.
② 한줄 오른나사 호칭경 10mm이고, 피치가 1.5mm이며 등급은 6g이다.
③ 한줄 오른나사 호칭경 10mm이고, 피치가 1.5mm에서 6mm 중 하나면 된다.
④ 줄수와 나사 감김방향은 알 수가 없고 미터나사 10mm짜리로 피치는 1.5mm×6mm이다.

해설 나사 M10×1.5－6g
한줄 오른나사 호칭경 10mm이고, 피치가 1.5mm이며 등급은 6g이다.

문제 59 그림과 같은 입체도에서 화살표 방향이 정면일 때 제3각법으로 제도한 것으로 올바른 것은? (단, 정면을 기준으로 좌우 대칭 형상이다.)

① 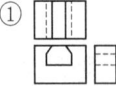   ② 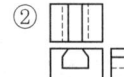   [보기]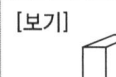

③ 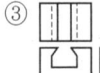   ④

56. ④ 57. ② 58. ② 59. ③

문제 60 그림과 같이 구조물의 부재 등에서 절단할 곳의 전후를 끊어서 90° 회전하여 그 사이에 단면 형상을 표시하는 단면도는?

① 부분 단면도
② 한쪽 단면도
③ 회전 도시 단면도
④ 조합 단면도

60. ③

2022년 3월 CBT 시행

문제 01 피복 금속 아크 용접에서 "모재의 일부가 녹은 쇳물 부분"을 의미하는 것은?
① 슬래그　　　　　　　　　② 용융지
③ 용입부　　　　　　　　　④ 용착부

해설 **용융지** : 모재의 일부가 녹은 쇳물 부분

문제 02 가스 용접에서 가변압식 팁의 능력을 표시하는 것은?
① 표준불꽃으로 용접 시 매시간당 아세틸렌가스의 소비량을 리터로 표시한 것
② 표준불꽃으로 용접 시 매시간당 산소의 소비량을 리터로 표시한 것
③ 표준불꽃으로 용접 시 매분당 아세틸렌가스의 소비량을 리터로 표시한 것
④ 표준불꽃으로 용접 시 매분당 산소의 소비량을 리터로 표시한 것

해설 **가변압식 팁의 능력** : 표준불꽃으로 용접시 매시간당 아세틸렌가스의 소비량을 리터로 표시한 것

문제 03 용접기의 특성 중에서 부하전류(아크전류)가 증가하면 단자 전압이 저하하는 특성은?
① 수하 특성　　　　　　　② 정전압 특성
③ 상승 특성　　　　　　　④ 자기제어 특성

해설 **용접기 특성**
① 수하 특성 : 부하전류가 증가하면 단자전압이 저하하는 특성
② 정전압 특성 : 부하전류가 변하여도 단자전압은 거의 변화하지 않는 특성
③ 정전류 특성 : 부하전압이 변하여도 단자전류는 거의 변화하지 않는 특성
④ 상승 특성 : 전류의 증가에 따라서 전압이 약간 높아지는 특성

문제 04 금속 아크 용접법의 개발자는?
① 톰슨　　　　　　　　　　② 푸세
③ 슬라비아노프　　　　　　④ 베르나도스

해답

01. ③　02. ①　03. ①　04. ③

문제 05
정격전류 200A, 전격사용률 45%인 아크 용접기로써 실제 아크 전압 30V, 아크 전류 150A로 용접을 수행한다고 가정하면 허용사용률은 약 얼마인가?

① 70% ② 80%
③ 90% ④ 65%

해설 허용사용률 = $\dfrac{(\text{정격2차전류})^2}{(\text{실제용접전류})^2} \times \text{정격사용률} = \dfrac{200^2 \times 45}{150^2} = 80\%$

문제 06
피복 아크 용접봉에서 피복제의 주된 역할이 아닌 것은?

① 아크를 안정하게 한다.
② 용착금속의 탈산 정련작용을 한다.
③ 용착금속의 냉각속도를 느리게 한다.
④ 용융점이 높은 적당한 점성의 가벼운 슬래그를 만든다.

해설 피복제의 역할
① 아크를 안정하게 한다. ② 용착금속의 탈산정련작용
③ 용착금속의 냉각속도를 느리게 한다. ④ 슬래그 제거가 쉽다.
⑤ 공기로 인한 산화, 질화 방지 ⑥ 용착효율을 높인다.
⑦ 스패터의 발생을 적게 한다. ⑧ 합금원소 첨가
⑨ 전기절연작용

문제 07
가스 용접에서 알루미늄을 가스 용접하고자 할 때 일반적으로 어떠한 용접봉을 사용해야 하는가?

① Al에 소량의 P를 첨가한 용접봉 ② Al에 소량의 S를 첨가한 용접봉
③ Al에 소량의 C를 첨가한 용접봉 ④ Al에 소량의 Fe를 첨가한 용접봉

해설 가스 용접에서 알루미늄을 가스 용접 시 Al에 소량의 P(인)을 첨가한 용접봉 사용

문제 08
산소-아세틸렌 용접법에서 전진법과 비교한 후진법의 설명으로 틀린 것은?

① 열 이용률이 좋다. ② 용접변형이 작다.
③ 용접속도가 느리다. ④ 홈 각도가 작다.

해설 후진법의 특징
① 용접변형이 적다. ② 홈의 각도가 적다.
③ 열 이용률이 좋다. ④ 용접속도가 빠르다.
⑤ 두꺼운 판의 용접에 적합

해답 05. ② 06. ④ 07. ① 08. ③

문제 09 가스 용접에서 사용되는 가스의 종류가 아닌 것은?
① 천연가스
② 부탄가스
③ 도시가스
④ 티탄가스

해설 가스 용접에 사용되는 가스
① 프로판가스
② 부탄가스
③ 천연가스
④ 도시가스
⑤ 아세틸렌가스

문제 10 플라스마 제트 절단에서 주로 이용하는 효과는?
① 열적 핀치 효과
② 열적 불림 효과
③ 열적 담금 효과
④ 열적 뜨임 효과

해설 플라스마 제트 절단에서 주로 이용되는 효과 : 열적 핀치 효과

문제 11 연강용 피복 아크 용접봉 심선의 성분 중 고온균열을 일으키는 성분은?
① 황
② 인
③ 망간
④ 규소

해설 ① 황 : 적열취성, 고온균열
② 망간 : 적열취성 방지
③ 인 : 상온취성, 청열취성
④ 몰리브덴 : 뜨임취성 방지
⑤ 크롬 : 흑연화 안정, 탄화물 안정
⑥ 니켈 : 인성 증가, 주철의 흑연화 촉진

문제 12 피복 금속 아크 용접에 대한 설명으로 잘못된 것은?
① 전기의 아크열을 이용한 용접법이다.
② 모재와 용접봉을 녹여서 접합하는 비용극식이다.
③ 보통 전기용접이라고 한다.
④ 용접봉은 금속 심선의 주위에 피복제를 바른 것을 사용한다.

해설 피복 금속 아크 용접
① 모재와 용접봉을 녹여서 접합하는 용극식이다.
② 용접봉은 금속 심선의 주위에 피복제를 바른 것을 사용한다.
③ 보통전기용접이라 한다.
④ 전기의 아크열을 이용한 용접법이다.
⑤ 전기 용접 시 온도는 3000~5000℃이다.

해답 09. ④ 10. ① 11. ① 12. ②

문제 13 아크 에어 가우징에 사용되는 압축공기에 대한 설명으로 올바른 것은?

① 압축공기의 압력은 2~3kgf/cm² 정도가 좋다.
② 압축공기 분사는 항상 봉의 바로 앞에서 이루어져야 효과적이다.
③ 약간의 압력 변동에도 작업에 영향을 미치므로 주의한다.
④ 압축공기가 없을 경우 긴급 시에는 용기에 압축된 질소나 아르곤 가스를 사용한다.

문제 14 무부하 전압이 85~90V로 비교적 높은 교류 아크 용접기에 감전재해의 위험으로부터 보호하기 위해 사용되는 장치는?

① 고주파 발생장치 ② 원격제어장치
③ 전격방지장치 ④ 핫 스타트 장치

해설 교류 아크 용접기의 부속장치
① 전격방지장치 : 무부하전압이 85~90V로 비교적 높은 교류 아크 용접기는 감전재해의 위험이 있기 때문에 무부하전압을 20~30V 이하로 유지하여 용접사 보호
② 핫 스타트 장치 : 아크 발생을 쉽게 하고 비드 모양을 개선하고 아크가 발생하는 초기에 용접봉과 모재가 냉각되어 있어 용접 입열이 부족하여 아크가 불안정하기 때문에 아크 초기만 용접전류를 특별히 크게 하는 위해서
③ 고주파 발생장치 : 전류가 순간적으로 변할 때마다 아크가 불안정하기 때문에 고주파를 병용시키면 아크가 안정되므로 작은 전류로 얇은 판이나 비철금속을 용접 시 사용

문제 15 가스 절단면에 있어서 절단 기류의 입구점과 출구점 사이의 수평거리를 무엇이라 하는가?

① 드래그 ② 절단깊이
③ 절단거리 ④ 너깃

해설 드래그 : 가스 절단면에 있어서 절단 기류의 입구점과 출구점 사이의 수평거리

문제 16 아세틸렌은 각종 액체에 잘 용해되는데 벤젠에서는 몇 배의 아세틸렌가스를 용해하는가?

① 4 ② 10
③ 15 ④ 20

해설 아세틸렌의 용해
① 석유 : 2배   ② 벤젠 : 4배
③ 알코올 : 6배 ④ 아세톤 : 25배

해답 13. ④ 14. ③ 15. ① 16. ①

문제 17
직류 아크 용접에서 역극성(DCRP)에 대한 설명 중 틀린 것은?

① 용접봉의 용융속도가 빠르다.
② 모재의 용입이 얕다.
③ 박판, 주철, 비철금속의 용접에 쓰인다.
④ 모재에 양극(+)을, 용접봉에 음극(-)을 연결한다.

해설 직류 역극성(DCRP)
① 용접봉(+) 70%, 모재(-) 30%
② 용입이 얕다.
③ 박판, 주철, 비철금속의 용접에 쓰임.
④ 비드 폭이 넓다.
⑤ 용접봉의 용융속도가 빠르다.

문제 18
특수용도용 합금강에서 내열강의 요구 성질에 관한 설명으로 옳은 것은?

① 고온에서 O_2, SO_2 등에 침식되어야 한다.
② 고온에서 우수한 기계적 성질을 가져야 한다.
③ 냉간 및 열간가공이 어려워야 한다.
④ 반복응력에 대한 피로강도가 적어야 한다.

해설 내열강의 요구 성질 : 고온에서 우수한 기계적 성질을 가져야 한다.

문제 19
Al-Cu합금의 G.P 집합체(Guinier Preston Zone)에 의한 경화는?

① 시효 경화
② 석출 경화
③ 확산 경화
④ 섬유 경화

해설 시효경화 : Al-Cu합금의 G.P 집합체에 의한 경화

문제 20
6 : 4 황동에 Fe를 1% 정도 품은 것으로 강도가 크고 내식성이 좋아 광산 기계, 선박용 기계, 화학 기계 등에 사용되는 합금은?

① 연황동
② 주석황동
③ 델타메탈
④ 망간황동

해설 합금
① 델타메탈 : 6 : 4황동 + Fe(1~2%), 광산 기계, 선박용 기계, 화학 기계 등에 사용
② 네이벌 : 6 : 4황동 + Sn(1~2%)
③ 먼츠메탈 : Cu(60%) + Zn(40%)
④ 톰백 : Cu(80%) + Zn(20%)
⑤ 모넬메탈 : Ni(65~70%) + Fe(1~3%)

17. ④ 18. ② 19. ① 20. ③

⑥ 인코넬 : Ni(70~80%) + Cr(12~14%)
⑦ 콘스탄탄 : Cu(55%) + Ni(45%)
⑧ 화이트메탈 : 구리 + 주석 + 안티몬
⑨ 다우메탈 : 아연 + 주석 + 납

문제 21

조성이 같은 탄소강을 담금질함에 있어서 질량의 대소에 따라 담금질 효과가 다른 현상을 무엇이라 하는가?

① 질량효과
② 담금효과
③ 경화효과
④ 자연효과

해설 질량효과
① 재료의 내·외부에 열처리 효과 차이가 나는 현상
② 질량의 대소에 따라 담금질 효과가 다른 현상

문제 22

합금강에서 고온에서의 크리프 강도를 높게 하는 원소는?

① O
② S
③ Mo
④ H

해설 고온에서의 크리프 강도를 높게 하는 원소 : 몰리브덴(Mo)

문제 23

다음 재료에서 용융점이 가장 높은 재료는?

① Mg
② W
③ Pb
④ Fe

해설 용융점
① 텅스텐(W) : 3410℃
② 백금(Pt) : 1769℃
③ 철(Fe) : 1539℃
④ 코발트(Co) : 1495℃
⑤ 니켈(Ni) : 1453℃
⑥ 납(Pb) : 327.4℃
⑦ 구리(Cu) : 1083℃
⑧ 알루미늄(Al) : 660℃
⑨ 비스무트(Bi) : 271.3℃
⑩ 주석(Sn) : 232℃

문제 24

강괴를 탈산의 정도에 따라 분류할 때 이에 해당되지 않는 것은?

① 킬드강
② 림드강
③ 세미킬드강
④ 쾌삭강

해설 강괴의 탈산의 정도에 따른 분류
① 세미킬드강 ② 림드강 ③ 킬드강

해답 21. ① 22. ③ 23. ② 24. ④

문제 25
탄소강에 함유된 황(S)에 대해 설명한 것 중 맞는 것은?

① 황은 철과 하합하여 용융온도가 높은 황화철을 만든다.
② 황은 단조온도에서 융체로 되어 결정입계로 나와 저온가공을 해친다.
③ 황은 절삭성을 향상시킨다.
④ 황에 의한 청열취성의 폐해를 제거하기 위하여 망간을 첨가한다.

해설 황(S) : 절삭성 향상, 적열취성 원인

문제 26
탄소 주강품 SC 370에서 숫자 370은 무엇을 나타내는가?

① 인장강도　　　② 탄소함유량
③ 연신율　　　　④ 단면수축률

해설 SC370 : 탄소 주강품으로 인장강도가 370이다.

문제 27
오스테나이트계 스테인리스강의 표준조성으로 맞는 것은 어느 것인가?

① Cr(18%)-Ni(8%)　　② Ni(18%)-Cr(8%)
③ Cr(13%)-Ni(4%)　　④ Ni(13%)-Cr(4%)

해설 오스테나이트계 스테인리스강(18-8 스테인리스강) : Cr(18%)-Ni(8%)

문제 28
금속침투법 중 Cr을 침투시키는 것은?

① 세라다이징(sheradizing)　　② 크로마이징(chromizing)
③ 칼로라이징(calorizing)　　　④ 실리코나이징(siliconizing)

해설 금속의 침투법
① Cr : 크로마이징　　② Zn : 세라다이징
③ Si : 실리코나이징　④ Al : 칼로라이징

문제 29
다층 용접 시 용접이음부의 청정방법으로 틀린 것은?

① 그라인더를 이용하여 이음부 등을 청소한다.
② 많은 양의 청소는 쇼트 블라스트를 이용한다.
③ 녹슬지 않도록 기름걸레로 청소한다.
④ 와이어 브러시를 이용하여 용접부의 이물질을 깨끗이 제거한다.

해설 다층 용접 시 용접이음부의 청정방법
① 와이어 브러시를 이용하여 용접부의 이물질을 깨끗이 제거한다.
② 많은 양의 청소는 쇼트 블라스트를 이용한다.
③ 그라인더를 이용하여 이음부 등을 청소한다.

해답 25. ③　26. ①　27. ①　28. ②　29. ③

문제 30 서브머지드 아크 용접에서 본용접 시점과 끝나는 부분에 용접결함을 효과적으로 방지하기 위하여 사용하는 것은?

① 동판 받침
② 배킹(backing)
③ 엔드 탭(end tab)
④ 실링(sealing) 비드

해설 엔드 탭: 서브머지드 아크 용접에서 본용접 시점과 끝나는 부분에 용접결함을 효과적으로 방지하기 위하여 사용

문제 31 이산화탄소 아크 용접의 특징이 아닌 것은?

① 전원은 교류 정전압 또는 수하 특성을 사용한다.
② 가시아크이므로 시공이 편리하다.
③ 모든 용접 자세로 용접이 가능하다.
④ 산화나 질화가 되지 않는 양호한 용착금속을 얻을 수 있다.

해설 이산화탄소 아크 용접의 특징
① 가시아크이므로 시공이 편리하다.
② 모든 용접 자세로 용접이 가능하다.
③ 산화나 질화가 되지 않는 양호한 용착금속을 얻을 수 있다.
④ 용입이 깊고 용접속도를 빠르게 할 수 있다.
⑤ 용착금속의 기계적 성질 및 금속학적 성질이 우수하다.
⑥ 용제를 사용하지 않아 슬래그 혼입이 없고 용접 후의 처리가 간단
⑦ 재질이 철 계통으로 한정되어 있다.
⑧ 아크시간을 길게 할 수 있다.

문제 32 CO_2 용접 중 와이어가 팁에 용착될 때의 방지대책으로 틀린 것은?

① 팁과 모재 사이의 거리는 와이어의 지름에 관계없이 짧게만 사용한다.
② 와이어를 모재에서 떼놓고 아크 스타트를 한다.
③ 와이어에 대한 팁의 크기가 맞는 것을 사용한다.
④ 와이어의 선단에 용적이 붙어 있을 때는 와이어 선단을 절단한다.

해설 CO_2 용접 중 와이어가 팁에 용착 시 방지사항
① 와이어의 선단에 용적이 붙어 있을 때는 와이어 선단을 절단한다.
② 와이어에 대한 팁의 크기가 맞는 것을 사용한다.
③ 와이어를 모재에서 떼놓고 아크 스타트를 한다.

문제 33 가연성 가스로 스파크 등에 의한 화재에 대하여 가장 주의해야 할 가스는?

① LPG
② CO_2
③ He
④ O_2

30. ③ 31. ① 32. ① 33. ①

해설 가연성 가스로 스파크 등에 의한 화재
① LPG   ② 수소
③ 아세틸렌   ④ 메탄
⑤ 에탄   ⑥ 부탄 등

문제 34 불활성 가스 금속 아크 용접의 용접 토치 구성 부품 중 노즐과 토치 몸체 사이에서 통전을 막아 절연시키는 역할을 하는 것은?

① 가스 분출기(gas diffuser)   ② 인슐레이터(insulator)
③ 팁(tip)   ④ 플렉시블 콘딧(flexible conduit)

해설 인슐레이터 : 노즐과 토치 몸체 사이에서 통전을 막아 절연

문제 35 CO_2 가스 아크 용접 조건에 대한 설명으로 틀린 것은?

① 전류를 높게 하면 와이어의 녹아내림이 빠르고 용착률과 용입이 증가한다.
② 아크 전압을 높이면 비드가 넓어지고 납작해지며, 지나치게 아크 전압을 높이면 기포가 발생한다.
③ 아크 전압이 너무 낮으면 볼록하고 넓은 비드를 형성하며, 와이어가 잘 녹는다.
④ 용접속도가 빠르면 모재의 입열이 감소되어 용입이 얕아지고, 비드 폭이 좁아진다.

해설 아크 전압이 너무 낮으면 넓은 비드를 형성하지 못하며, 와이어도 잘 녹지 않는다.

문제 36 가접 방법에서 가장 옳은 설명은?

① 가접은 반드시 본 용접을 실시할 홈 안에 하도록 한다.
② 가접은 가능한 한 튼튼하게 하기 위하여 길고 많게 한다.
③ 가접은 본용접과 비슷한 기량을 가진 용접공이 할 필요는 없다.
④ 가접은 강도상 중요한 곳과 용접의 시점 및 종점이 되는 끝부분에는 피해야 한다.

해설 가접의 방법 : 강도상 중요한 곳과 용접의 시점 및 종점이 되는 끝부분에는 피해야 한다.

문제 37 스터드 용접에서 페룰의 역할이 아닌 것은?

① 용융금속의 산화를 방지한다.   ② 용융금속의 유출을 막아준다.
③ 용착부의 오염을 방지한다.   ④ 아크열을 발산한다.

34. ② 35. ③ 36. ④ 37. ④

해설 스터드 용접에서 페룰의 역할
① 용착부의 오염을 방지한다.
② 용융금속의 유출을 막아준다.
③ 용융금속의 산화를 방지한다.

문제 38

전격의 방지대책으로 적합하지 않는 것은?
① 용접기의 내부는 수시로 열어서 점검하거나 청소한다.
② 홀더나 용접봉은 절대로 맨손으로 취급하지 않는다.
③ 절연 홀더의 절연부분이 파손되면 즉시 보수하거나 교체한다.
④ 땀, 물 등에 의해 습기찬 작업복, 장갑, 구두 등은 착용하지 않는다.

해설 전격의 방지대책
① 홀더나 용접봉은 절대로 맨손으로 취급하지 않는다.
② 절연 홀더의 절연부분이 파손되면 즉시 보수하거나 교체한다.
③ 땀, 물 등에 의해 습기찬 작업복, 장갑, 구두 등은 착용하지 않는다.

문제 39

전자 빔 용접의 특징으로 틀린 것은?
① 정밀 용접이 가능하다.
② 용입이 깊어 다층용접도 단층용접으로 완성할 수 있다.
③ 유해가스에 의한 오염이 적고 높은 순도의 용접이 가능하다.
④ 용접부의 열 영향부가 크고 설비비가 적게 든다.

해설 전자 빔 용접
① 유해가스에 의한 오염이 적고 높은 순도의 용접이 가능하다.
② 정밀 용접이 가능하다.
③ 용입이 깊어 다층용접도 단층용접으로 완성할 수 있다.
④ 용접부의 열 영향부가 적고 설비비가 비싸다.

문제 40

불활성 가스에 해당되는 것은?
① Sr
② H_2
③ Ar
④ O_2

해설 불활성 가스
① He(헬륨)
② Ne(네온)
③ Ar(아르곤)
④ Kr(크립톤)
⑤ Xe(크세논)
⑥ Rn(라돈)

38. ① 39. ④ 40. ③

문제 41 용접법 중 소모식 전극을 사용하는 방법이 아닌 것은?

① TIG 용접
② 피복 아크 용접
③ 탄산가스 아크 용접
④ 서브머지드 아크 용접

해설 소모식 전극을 사용하는 방법
① 탄산가스 아크 용접
② 피복 아크 용접
③ 서브머지드 아크 용접

문제 42 연납은 주로 납과 무엇으로 그 성분이 구성되어 있는가?

① 니켈
② 주석
③ 알루미늄
④ 스테인리스

해설 연납 = 납 + 주석

문제 43 용접부 검사법 중 기계적 시험법이 아닌 것은?

① 굽힘시험
② 경도시험
③ 인장시험
④ 부식시험

해설 화학적 시험
① 부식시험 : 습부식, 건부식, 응력부식시험
② 수소시험 : 응고 직후부터 일정 시간 사이에 발생하는 수소의 양

문제 44 CO_2 가스 아크 용접 시 저전류 영역에서 가스 유량은 약 몇 l/min 정도가 가장 적당한가?

① 1~5
② 6~10
③ 10~15
④ 16~20

해설 CO_2 가스 아크 용접 시 저전류 영역에서 가스 유량은 약 10~15l/min 정도

문제 45 KS에서 "용착부에 나타난 비금속 물질"을 나타내는 용접 용어는?

① 덧살
② 슬래그 섞임
③ 슬래그
④ 스패터

해설 슬래그 : 용착부에 나타난 비금속 물질

해답

41. ① 42. ② 43. ④ 44. ③ 45. ③

문제 46
용접선의 방향이 전달하는 응력의 방향과 거의 평행한 필릿 용접은?

① 전면 필릿 용접 ② 측면 필릿 용접
③ 단속 필릿 용접 ④ 슬롯 필릿 용접

해설 **측면 필릿 용접** : 용접선의 방향이 전달하는 응력의 방향과 거의 평행한 필릿 용접

문제 47
저항 용접의 종류가 아닌 것은?

① 스폿 용접 ② 심 용접
③ 업셋 맞대기 용접 ④ 초음파 용접

해설 **저항 용접의 종류**
① 점 용접 ② 심 용접 ③ 프로젝션 용접

문제 48
작은 강구나 다이아몬드를 붙인 소형의 추를 일정 높이에서 시험편 표면에 낙하시켜 튀어 오르는 반발 높이에 의하여 경도를 측정하는 것은?

① 로크웰 경도 ② 쇼어 경도
③ 비커스 경도 ④ 브리넬 경도

해설 **경도 시험**
① 쇼어 경도 : 작은 강구나 다이아몬드를 붙인 소형의 추를 일정 높이에서 낙하시켜 튀어오르는 높이에 의하여 경도 측정

$$H_S = \frac{10000}{65} \times \frac{h}{h_o}$$

여기서, h_o : 낙하 물체의 높이 h : 낙하 물체의 튀어 오른 높이
② 로크웰 경도 : B스케일과 C스케일 이용 측정
③ 비커스 경도 : 꼭지각이 136°인 다이아몬드 4각추의 입자를 1~120kgf의 하중으로 시험편에 압입한 후 생긴 오목자국의 대각선을 측정

$$H_V = 1.8544 \times \frac{P}{D^2}$$

④ 브리넬 경도 : 특수 강구를 일정한 하중으로 시험편의 표면적을 압입한 후 이때 생긴 오목자국의 표면적을 측정

문제 49
용착강의 터짐에 대한 발생 원인의 경우가 아닌 것은?

① 용착 강에 기포 등의 결함이 있는 경우
② 예열·후열을 한 경우
③ 유황 함량이 많은 강을 용접한 경우
④ 나쁜 용접봉을 사용한 경우

해답 46. ② 47. ④ 48. ② 49. ②

해설 **용착강의 터짐에 대한 발생 원인**
① 예열·후열을 하지 않은 경우
② 나쁜 용접봉을 사용한 경우
③ 유황 함량이 많은 강을 용접한 경우
④ 용착 강에 기포 등의 결함이 있는 경우

문제 50 재해와 숙련도 관계에서 사고가 많이 발생하는 경향이 있는 것으로 가장 알맞은 것은?
① 경험이 1년 미만인 근로자
② 경험이 3년인 근로자
③ 경험이 5년인 근로자
④ 경험이 10년인 근로자

해설 경험이 1년 미만의 근로자가 사고가 가장 많이 일어난다.

문제 51 지그재그 선을 사용하는 경우에 해당하는 것은?
① 특정 부분의 단면을 90° 회전하여 나타내는 경우
② 대상물의 일부를 파단한 경계를 표시하는 경우
③ 인접을 참고로 표시하는 경우
④ 반복을 표시하는 경우

해설 **지그재그 선을 사용하는 경우** : 대상물의 일부를 파단한 경계를 표시

문제 52 도면을 축소 또는 확대했을 경우, 그 정도를 알기 위해서 설정하는 것은?
① 중심 마크
② 비교 눈금
③ 도면의 구역
④ 재단 마크

해설 **비교 눈금** : 도면을 축소 또는 확대했을 경우, 그 정도를 알기 위해 설정

문제 53 파이프의 영구 결합부(용접 등)는 어떤 형태로 표시하는가?
①
②
③
④ ─●─

50. ① 51. ② 52. ② 53. ④

문제 54

아래 왼쪽 입체도를 오른쪽과 같이 3각법으로 정투상하여 나타냈을 경우 이 도면에 관한 설명으로 맞는 것은?

① 정면도만 틀림
② 평면도만 틀림
③ 우측면도만 틀림
④ 투상한 도면은 모두 올바름

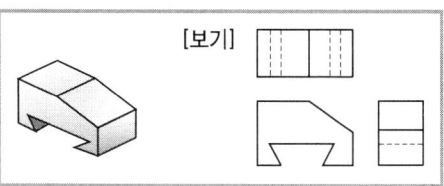

문제 55

한 변이 10mm인 정사각형을 2 : 1로 도시하려고 한다. 실제 정사각형 면적을 L이라고 하면 도면 도형의 정사각형 면적은 얼마인가?

① $\frac{1}{2}L$
② $2L$
③ $\frac{1}{4}L$
④ $4L$

문제 56

그림과 같이 상하면의 절단된 경사각이 서로 다른 원통의 전개도 형상으로 가장 적합한 것은?

①  ②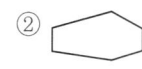
③  ④

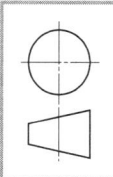

문제 57

그림과 같은 KS 용접기호의 용접 명칭으로 올바른 것은?

① I형 맞대기 용접
② 플러그 용접
③ 필릿 용접
④ 점 용접

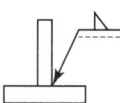

문제 58

나사 호칭 표시 "M20×2"에서 숫자 "2"의 뜻은?

① 나사의 등급
② 나사의 줄 수
③ 나사의 지름
④ 나사의 피치

문제 59 판의 두께를 나타내는 치수 보조기호는?
① C
② R
③ □
④ t

해설 치수 보조기호
① C : 45° 모따기
② R : 반지름
③ □ : 정사각형변
④ t : 판의 두께

문제 60 그림과 같은 입체도에서 화살표 방향으로 본 투상도로 적합한 것은?

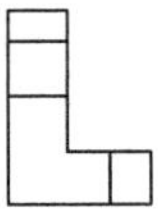

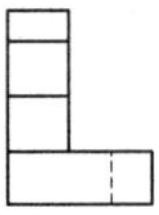

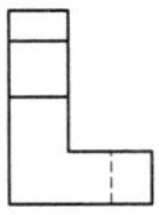

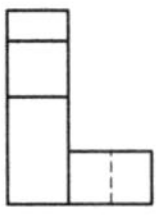

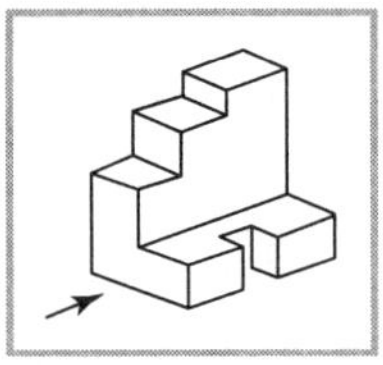

59. ④ 60. ③

2022년 7월 CBT 시행

문제 01 피복 아크 용접봉에서 피복제의 주된 역할이 아닌 것은?
① 전기절연작용을 한다.
② 아크를 안정시킨다.
③ 용착금속에 필요한 합금원소를 첨가한다.
④ 잔류응력을 제거한다.

해설 **피복제의 역할**
① 전기절연작용을 한다.
② 아크를 안정시킨다.
③ 용착금속에 필요한 합금원소 첨가
④ 탈산정련작용
⑤ 슬래그 제거가 쉽다.
⑥ 스패터의 발생을 적게 한다.
⑦ 용착금속의 냉각속도를 느리게 하여 급랭 방지
⑧ 공기로 인한 산화, 질화 방지
⑨ 용착효율을 높인다.

문제 02 고압에서 사용이 가능하고 수중절단 중에 기포의 발생이 적어 가장 많이 사용되는 예열가스는?
① 벤젠
② 수소
③ 아세틸렌
④ 프로판

해설 **수소가스** : 수중절단에 이용. 은점, 헤어크랙의 원인

문제 03 연강용 피복 아크 용접봉에서 피복제 중에 TiO_2를 약 35% 정도 포함한 슬래그 생성계이며 일반 경구조물 용접에 많이 사용되는 것은?
① 저수소계
② 일루미나이트계
③ 고산화티탄계
④ 고셀룰로오스계

해설 **피복 아크 용접봉의 특징**
① E4313(고산화티탄계) : 피복제 중 산화티탄을 약 35% 정도 포함한 슬래그 생성계이며 일반 경구조물 용접에 많이 사용
② E4316(저수소계) : 석회석, 형석을 주성분으로 한 것으로 기계적 성질, 내균열성 우수

해답 01. ④ 02. ② 03. ③

③ E4301(일미나이트계) : 산화티탄, 산화철을 약 30% 이상 함유한 광석, 사철 등을 주성분으로 기계적 성질이 우수하고, 용접성이 우수
④ E4311(고셀룰로오스계) : 셀룰로오스를 20~30% 정도 포함한 용접봉으로 좁은 홈의 용접 보관 시 습기가 흡수되기 쉬우므로 건조 필요

문제 04 아크 에어 가우징(arc air gouging) 작업 시 압축공기의 압력은 어느 정도가 좋은가?
① 3~4kgf/cm^2
② 5~7kgf/cm^2
③ 8~10kgf/cm^2
④ 11~13kgf/cm^2

해설 **아크 에어 가우징** : 탄소아크절단장치에다 압축공기(5~7kg/cm^2)를 병용하여서 아크열로 용융시킨 부분을 압축공기로 불어 날려서 홈을 파내는 작업

문제 05 KS에 규정된 연강용 가스 용접봉의 지름치수(단위 : mm)에 해당되지 않는 것은?
① 1.6
② 4.2
③ 3.2
④ 5.0

해설 **가스 용접봉의 지름**
① 1.6mm ② 2.6mm ③ 3.2mm ④ 4.0mm ⑤ 5.0mm

문제 06 용접 중 전류를 측정할 때 전류계의 측정위치로 적합한 것은?
① 1차측 접지선
② 1차측 케이블
③ 2차측 접지선
④ 2차측 케이블

해설 **전류계의 측정위치** : 2차측 케이블

문제 07 산소-아세틸렌가스 절단과 비교한 산소-프로판가스 절단의 특징이 아닌 것은?
① 절단면 윗 모서리가 잘 녹지 않는다.
② 슬래그 제거가 쉽다.
③ 포갬 절단 시에는 아세틸렌보다 절단속도가 느리다.
④ 후판 절단 시에는 아세틸렌보다 절단속도가 빠르다.

해설 **산소-아세틸렌 가스 절단과 비교한 산소-프로판 가스 절단의 특징**
① 포갬 절단 시에는 아세틸렌보다 절단속도가 빠르다.
② 후판 절단 시에는 아세틸렌보다 절단속도가 빠르다.
③ 슬래그 제거가 쉽다.
④ 절단면 윗모서리가 잘 녹지 않는다.

04. ② 05. ② 06. ④ 07. ③

문제 08

가스 용접 기법의 설명 중 맞는 것은?

① 열 이용률은 전진법보다 후진법이 우수하다.
② 용접변형은 후진법이 크다.
③ 산화의 정도가 심한 것은 후진법이다.
④ 용접속도는 전진법에 비해 후진법이 느리다.

해설 가스 용접 기법의 설명
① 용접변형은 후진법이 적다.
② 열 이용률은 전진법보다 후진법이 후수하다.
③ 용접속도는 전진법에 비해 후진법이 빠르다.
④ 산화의 정도가 심한 것은 후진법이다.

문제 09

AW-300, 무부하전압 80V, 아크전압 30V인 교류 용접기를 사용할 때 역률과 효율은 약 얼마인가? (단, 내부손실은 4kW이다.)

① 역률 : 54%, 효율 : 69%
② 역률 : 69%, 효율 : 72%
③ 역률 : 80%, 효율 : 72%
④ 역률 : 54%, 효율 : 80%

해설 역률(%) = $\frac{소비전력}{전원입력} \times 100 = \frac{13}{24} \times 100 = 54.16\%$

전원입력 = 무부하전압 × 정격2차전류 = 80 × 300 = 24000 = 24kW
소비전력 = 아크전력 + 내부손실 = 9 + 4 = 13kW
아크전력 = 아크전압 × 정격2차전류 = 30 × 300 = 9000 = 9kW
효율 = $\frac{아크전력}{소비전력} \times 100 = \frac{9}{13} \times 100 = 69.23\%$

문제 10

가스 용접에 사용되는 기체의 폭발한계가 가장 큰 것은?

① 수소
② 메탄
③ 프로판
④ 아세틸렌

해설 연소범위(폭발한계)
① 아세틸렌 : 2.5~81%
② 수소 : 4~75%
③ 일산화탄소 : 12.5~74%
④ 산화에틸렌 : 3~80%
⑤ 메탄 : 5~15%
⑥ 프로판 : 2.1~9.5%
⑦ 부탄 : 1.8~8.4%
⑧ 에탄 : 3~12.5%

해답 08. ① 09. ① 10. ④

문제 11 직류 아크 용접기의 종류별 특징 중 올바르게 설명된 것은?

① 전동 발전형 용접기는 완전한 직류를 얻을 수 없다.
② 전동 발전형 용접기는 구동부와 발전기부로 되어 있고, 보수와 점검이 어렵다.
③ 정류기형 용접기는 보수와 점검이 어렵다.
④ 정류기형 용접기는 교류를 정류하므로 완전한 직류를 얻을 수 있다.

해설 **직류 아크 용접기의 종류별 특징**
① 정류기형 용접기는 보수와 점검이 쉽다.
② 전동 발전형 용접기는 구동부와 발전기부로 되어 있고, 보수와 점검이 어렵다.
③ 전동 발전형 용접기는 완전한 직류를 얻을 수 있다.
④ 정류기형 용접기는 완전한 직류를 얻을 수 없다.

문제 12 산소는 대기 중의 공기 속에 약 몇 % 함유되어 있는가?

① 11
② 21
③ 31
④ 41

해설 **공기 속**(체적)
① 산소 : 21%   ② 질소 : 79%

문제 13 내용적 40리터, 충전압력이 150kgf/cm²인 산소용기의 압력이 100kgf/cm²까지 내려갔다면 소비한 산소의 양은 몇 l인가?

① 2000
② 3000
③ 4000
④ 5000

해설 **소비산소량** $= (150-100) \times 40 = 2000 l$

문제 14 용접 방법을 올바르게 설명한 것은?

① 스터드 용접 : 볼트나 환봉 등을 직접 강판이나 형강에 용접하는 방법으로 융접법에 해당된다.
② 서브머지드 아크 용접 : 일명 잠호 용접이라고도 부르며 상품명으로는 유니언 아크 용접이 있다.
③ 불활성 가스 아크 용접 : TIG와 MIG가 있으며, 보호가스로는 Ar, O_2 가스를 사용한다.
④ 이산화탄소 아크 용접 : 이산화탄소 가스를 이용한 용극식 용접 방법이며, 비가시 아크이다.

11. ② 12. ② 13. ① 14. ①

> **해설** **용접 방법**
> ① 스터드 용접 : 볼트나 환봉 등을 직접 강판이나 형강에 용접하는 방법
> ② 서브머지드 아크 용접 : 상품명으로 링컨 용접, 유니언 멜트 용접이라 하고 모재의 이음표면에 미세한 입상의 용제를 공급하고 용제 속에 연속적으로 전극 와이어를 송급하여 모재 및 전극 와이어를 용융시켜 용접부를 대기로부터 보호하면서 용접
> ③ 불활성 가스 아크 용접 : 연속적으로 공급되는 용가재와 모재 사이에서 발생하는 아크열을 이용 용접
> ④ 이산화탄소 아크 용접 : 불활성 가스 대신에 탄산가스를 이용한 용극식 용접방법이고 가시아크이므로 아크 및 용융지의 상태를 보면서 용접하는 방법

문제 15 모재의 용융된 부분의 가장 높은 점과 용접하는 면의 표면과의 거리를 의미하는 것은?

① 용입 ② 열영향부
③ 용락 ④ 용적

문제 16 고속분출을 얻는 데 적합하고 보통의 팁에 비하여 산소의 소비량이 같을 때, 절단속도를 20~25% 증가시킬 수 있는 절단 팁은?

① 다이버전트형 팁 ② 직선형 팁
③ 산소-LP형 팁 ④ 보통형 팁

> **해설** **다이버전트형 팁** : 고속분출을 얻는 데 적합하고 보통의 팁에 비하여 산소의 소비량이 같을 때, 절단속도를 20~25% 증가시킬 수 있는 절단 팁

문제 17 수동 아크 용접기의 특성으로 옳은 것은?

① 수하 특성인 동시에 정전압 특성 ② 상승 특성인 동시에 정전류 특성
③ 수하 특성인 동시에 정전류 특성 ④ 복합 특성인 동시에 정전압 특성

> **해설** **수동 아크 용접기의 특성** : 수하 특성인 동시에 정전류 특성

문제 18 다음 중 합금공구강이 아닌 것은?

① 규소-크롬강 ② 세륨강
③ 바나듐강 ④ 텅스텐강

> **해설** **합금공구강**
> ① 텅스텐강 ② 바나듐강 ③ 규소-크롬강

해답 15. ① 16. ① 17. ③ 18. ②

문제 19 알루미늄 합금 중에 Y합금의 조성원소에 해당되는 것은?

① 구리, 니켈, 마그네슘
② 구리, 아연, 납
③ 구리, 주석, 망간
④ 구리, 납, 티탄

해설 합금
① Y합금 : Al+Cu+Mg+Ni
② 라우탈 : Al+Cu+Si
③ 실루민 : Al+Si
④ 로엑스 : Al+Cu+Mg+Ni+Si
⑤ 두랄루민 : Al+Cu+Mg+Mn
⑥ 알드레이 : Al+Mg+Si
⑦ 도우메탈 : Al+Mg
⑧ 일렉트론 : Al+Zn+Mg

문제 20 금속조직에서 펄라이트 중의 층상 시멘타이트가 그대로 존재하면 기계가공성이 나빠지기 때문에 A_1 변태점 부근 온도(650~700℃)에서 일정 시간 가열 후 서냉시켜 가공성을 양호하게 하는 방법은?

① 마템퍼
② 저온뜨임
③ 담금질
④ 구상화 풀림

해설 **구상화 풀림** : 금속조직에서 펄라이트 중의 층상 시멘타이트가 그대로 존재하면 기계가공성이 나빠지기 때문에 A_1 변태점 부근 온도 650~700℃에서 일정 시간 가열 후 서냉시켜 가공성을 양호하게 하는 방법

문제 21 경금속(light metal) 중에서 가장 가벼운 금속은?

① 리튬(Li)
② 베릴륨(Be)
③ 마그네슘(Mg)
④ 티타늄(Ti)

문제 22 가단주철의 분류에 해당되지 않는 것은?

① 백심 가단주철
② 흑심 가단주철
③ 반선 가단주철
④ 펄라이트 가단주철

해설 **가단주철의 분류**
① 펄라이트 가단주철   ② 흑심 가단주철   ③ 백심 가단주철

문제 23 가공용 황동의 대표적인 것으로 아연을 28~32% 정도 함유한 것으로 상온가공이 가능한 황동은?

① 7 : 3황동
② 6 : 4황동
③ 니켈황동
④ 철황동

해설 **황동** : 구리(70)+Zn(30%)

19. ① 20. ④ 21. ① 22. ③ 23. ①

문제 24
철강 표면에 Al을 침투시키는 금속침투법은?

① 세라다이징 ② 칼로라이징
③ 실리코나이징 ④ 크로마이징

해설 금속침투법 ① Al : 칼로라이징 ② Cr : 크로마이징
③ Zn : 세라다이징 ④ Si : 실리코나이징

문제 25
재료의 온도 상승에 따라 강도는 저하되지 않고 내식성을 가지는 PH형 스테인리스강은?

① 페라이트계 스테인리스강 ② 마텐자이트계 스테인리스강
③ 오스테나이트계 스테인리스강 ④ 석출경화형 스테인리스강

문제 26
탄소강에 함유된 가스 중에서 강을 여리게 하고 산이나 알칼리에 약하며, 백점(flakes)이나 헤어 크랙(hair crack)의 원인이 되는 가스는?

① 이산화탄소 ② 질소
③ 산소 ④ 수소

해설 수소 : ① 은점 ② 헤어 크랙의 원인 ③ 산이나 알칼리에 약함.
④ 강을 여리게 함 ⑤ 수중절단 시 사용

문제 27
크롬계 스테인리그상 중 Cr이 약 18% 정도 함유한 것은?

① 시멘타이트계 ② 펄라이트계
③ 오스테나이트계 ④ 페라이트계

문제 28
킬드강을 제조할 때 사용하는 탈산제는?

① C, Fe-Mn ② C, Al
③ Fe-Mn, S ④ Fe-Si, Al

해설 킬드강을 제조 시 사용하는 탈산제 : Al, Fe-Si

문제 29
비소모 전극방식의 아크 용접에 해당하는 것은?

① 불활성 가스 텅스텐 아크 용접 ② 서브머지드 아크 용접
③ 피복 금속 아크 용접 ④ 탄산(CO_2)가스 아크 용접

해설 불활성 가스 텅스텐 아크 용접 : 비소모 전극방식의 아크 용접

해답
24. ② 25. ④ 26. ④ 27. ④ 28. ④ 29. ①

문제 30 각종 용접부의 결함 중 용접이음의 용융부 밖에서 아크를 발생시킬 때 아크열에 의하여 모재에 결함이 생기는 결함은?

① 언더컷
② 언더필
③ 슬래그 섞임
④ 아크 스트라이크

해설 아크 스트라이크 : 용접이음의 이음부 밖에서 아크를 발생시킬 때 아크열에 의하여 모재에 결함이 생기는 결함

문제 31 가스 용접 작업 중 안전과 가장 거리가 먼 것은?

① 가스 누출이 없는 토치나 호스를 사용한다.
② 좁은 장소에서 작업할 때 항상 환기에 신경 쓴다.
③ 용접작업은 가연성 물질이 없는 안전한 장소를 선택한다.
④ 가스 누설 검사는 화기로 확인한다.

해설 가스 용접 작업 중 안전사항
① 가스 누설 검사는 비눗물로 한다.
② 용접작업은 가연성 물질이 없는 안전한 장소를 선택한다.
③ 좁은 장소에서 작업할 때 항상 환기에 신경 쓴다.
④ 가스 누출이 없는 토치나 호스를 사용한다.

문제 32 B스케일과 C스케일이 있는 경도 시험법은?

① 로크웰 경도 시험
② 쇼어 경도 시험
③ 브리넬 경도 시험
④ 비커즈 경도 시험

해설 로크웰 경도 시험 : B스케일과 C스케일이 있는 경도 시험법

문제 33 불활성 가스 금속 아크 용접에 관한 설명으로 틀린 것은?

① 박판용접(3mm 이하)에 적당하다.
② 피복 아크 용접에 비해 용착효율이 높아 고능률적이다.
③ TIG 용접에 비해 전류밀도가 높아 용융속도가 빠르다.
④ CO_2 용접에 비해 스패터 발생이 적어 비교적 아름답고 깨끗한 비드를 얻을 수 있다.

해설 박판용접 3mm 이하에는 부적당하다.

30. ④ 31. ④ 32. ① 33. ①

문제 34 용접 자세를 나타내는 기호가 틀리게 짝지어진 것은?

① 위보기 자세 : O
② 수직 자세 : V
③ 아래보기 자세 : U
④ 수평 자세 : H

해설 용접 자세
① 수평(Horizontal)
② 수직(Vertical)
③ 위보기(Overhead)

문제 35 황동납의 주성분으로 맞는 것은?

① 구리+아연
② 은+구리
③ 알루미늄+구리
④ 구리+금납

해설 황동납 : 구리+아연

문제 36 용접 작업 시 안전수칙에 관한 내용으로 틀린 것은?

① 용접헬멧, 용접보호구, 용접장갑은 반드시 착용해야 한다.
② 땀에 젖은 작업복을 착용하고 용접해도 무방하다.
③ 미리 소화기를 준비하여 작업중에는 만일의 사고에 대비한다.
④ 환기가 잘 되게 한다.

해설 용접 작업 시 안전수칙
① 환기가 잘 되게 한다.
② 땀에 젖은 작업복이나 젖은 신발 등을 착용하고 용접하면 안 된다.
③ 미리 소화기를 준비하여 작업중에는 만일의 사고에 대비한다.
④ 용접헬멧, 용접보호구, 용접장갑은 반드시 착용해야 한다.

문제 37 통행과 운반 관련 안전조치로 가장 거리가 먼 것은?

① 뛰지 말 것이며 한눈을 팔거나 주머니에 손을 넣고 걷지 말 것.
② 기계와 다른 시설물과의 사이의 통행로 폭은 30cm 이상으로 할 것.
③ 운반차는 규정속도를 지키고 운반 시 시야를 가리지 않게 할 것.
④ 통행로와 운반차, 기타 시설물에는 안전표시 색을 이용한 안전표지를 할 것.

해설 통행과 운반 관련 안전조치
① 기계와 다른 시설물과의 사이의 통행로 폭은 1m 이상으로 할 것.
② 통행로와 운반차, 기타 시설물에는 안전표시 색을 이용한 안전표지를 할 것.
③ 운반차는 규정속도를 지키고 운반 시 시야를 가리지 않게 할 것.
④ 뛰지 말 것이며 한눈을 팔거나 주머니에 손을 넣고 걷지 말 것.

34. ③ 35. ① 36. ② 37. ②

문제 38
이산화탄소 아크 용접의 시공법에 대한 설명으로 맞는 것은?

① 와이어의 돌출길이가 길수록 비드가 아름답다.
② 와이어의 용융속도는 아크전류에 정비례하여 증가한다.
③ 와이어의 돌출길이가 길수록 늦게 용융된다.
④ 와이어의 돌출길이가 길수록 아크가 안정된다.

해설 **이산화탄소 아크 용접의 시공법** : 와이어의 용융속도는 아크 전류에 정비례하여 증가한다.

문제 39
용접 순서를 결정하는 사항으로 틀린 것은?

① 같은 평면 안에 많은 이음이 있을 때에는 수축은 되도록 자유단으로 보낸다.
② 중심선에 대하여 항상 비대칭으로 용접을 진행시킨다.
③ 수축이 큰 이음을 가능한 한 먼저 용접하고 수축이 작은 이음을 뒤에 용접한다.
④ 용접물의 중립축에 대하여 용접으로 인한 수축력 모멘트의 합이 0이 되도록 한다.

해설 **용접 순서를 결정하는 사항**
① 용접물의 중립축에 대하여 용접으로 인한 수축력 모멘트의 합이 0이 되도록 한다.
② 수축이 큰 이음을 가능한 먼저 용접하고 수축이 작은 이음을 뒤에 용접 한다.
③ 같은 평면 안에 많은 이음이 있을 때에는 수축은 자유단으로 보낸다.
④ 응력이 집중될 우려가 있는 곳은 피한다.
⑤ 본용접사와 동등한 기량을 갖는 용접사가 가접 시행
⑥ 가용접 시는 본용접보다 지름이 약간 가는 용접봉 사용
⑦ 큰 구조물에서는 구조물의 중앙에서 끝으로 향하여 용접 실시

문제 40
용접전류가 높을 때 생기는 결함 중 가장 관계가 적은 것은?

① 언더컷   ② 균열
③ 스패터   ④ 선상조직

해설 **용접전류가 높을 때 생기는 결함** : ① 언더컷 ② 기공 및 피트 ③ 균열 ④ 스패터

문제 41
KS에서 규정한 방사선 투과시험 필름 판독에서 제3종 결함은?

① 둥근 블로홀 및 이와 유사한 결함   ② 슬래그 섞임 및 이와 유사한 결함
③ 갈라짐 및 이와 유사한 결함   ④ 노치 및 이와 유사한 결함

해설 **방사선 투과시험 필름 판독**
① 제1종 결함 : 기공 및 이와 유사한 둥근 결함
② 제2종 결함 : 가는 슬래그 및 이와 유사한 결함
③ 제3종 결함 : 터짐 및 이와 유사한 결함

해답 38. ② 39. ② 40. ④ 41. ③

문제 42

다음 중 가장 두꺼운 판을 용접할 수 있는 용접법은?

① 불활성 가스 아크 용접
② 산소-아세틸렌 용접
③ 일렉트로 슬래그 용접
④ 이산화탄소 아크 용접

해설 일렉트로 슬래그 용접 : 두꺼운판 용접 적당

문제 43

시험편에 V형 또는 U형 등의 노치(notch)를 만들고 충격적인 하중을 주어서 파단시키는 시험법은?

① 인장시험
② 굽힘시험
③ 충격시험
④ 경도시험

해설 기계적 시험
① 충격시험 : V형, U형의 노치를 만들어 충격적인 하중을 주어서 시험편을 파괴시키는 시험(아이조드식, 샤르피식)
② 피로시험 : 작은 힘을 수없이 반복하여 작용하면 파괴를 일으키는 방법
③ 굽힘시험 : 용접부의 연성결함을 조사하기 위하여 사용되는 시험법으로 국가기술자격검정 시 적용
④ 인장시험 : 인장강도, 항복점, 단면수축률, 연신율 등을 측정
⑤ 경도시험
　㉠ 비커스 경도 : 꼭지각이 $136°$인 다이아몬드 4각추의 입자를 $1 \sim 120 \mathrm{kgf}$의 하중으로 시험편에 압입한 후 생긴 오목자국의 대각선을 측정
$$H_V = 1.8544 \times \frac{P}{D^2}$$
　㉡ 로크웰 경도 : B스케일과 C스케일 이용 경도 측정
　㉢ 쇼어 경도 : 소형의 추를 일정 높이에서 낙하시켜 튀어오르는 높이에 의하여 경도 측정
$$H_S = \frac{10000}{65} \times \frac{h}{h_o}$$
　　여기서, h_o : 낙하 물체의 높이　　h : 낙하 물체의 튀어 오른 높이
　㉣ 브리넬 경도

문제 44

TIG 용접 토치의 형태에 따른 종류가 아닌 것은?

① T형 토치
② Y형 토치
③ 직선형 토치
④ 플렉시블형 토치

해설 TIG 용접 토치의 형태에 따른 분류
① T형 토치　② 플렉시블형　③ 직선형 토치

42. ③　43. ③　44. ②

문제 45 점용접법의 종류가 아닌 것은?

① 맥동 점용접
② 인터랙 점용접
③ 직렬식 점용접
④ 원판식 점용접

해설 점용접법의 종류
① 인터랙 점용접 ② 직렬식 점용접 ③ 맥동 점용접

문제 46 연소한계의 설명을 가장 올바르게 정의한 것은?

① 착화온도의 상한과 하한
② 물질이 탈 수 있는 최저온도
③ 완전연소가 될 때의 산소공급 한계
④ 연소에 필요한 가연성 기체와 공기 또는 산소와의 혼합가스 농도 범위

해설 **연소한계** : 연소에 필요한 가연성 기체와 공기 또는 산소와의 혼합가스 농도 범위

문제 47 서브머지드 아크 용접의 기공 발생 원인으로 맞는 것은?

① 용접속도 과대
② 적정전압 유지
③ 용제의 양호한 건조
④ 가 용접부의 표면, 이면 슬래그 제거

해설 서브머지드 아크 용접의 기공 발생 원인 : 용접속도 과대

문제 48 이산화탄소 아크 용접에서 아르곤과 이산화탄소를 혼합한 보호가스를 사용할 경우의 설명으로 가장 거리가 먼 것은?

① 스패터의 발생량이 적다.
② 용착효율이 양호하다.
③ 박판의 용접조건 범위가 좁아진다.
④ 혼합비는 아르곤이 80%일 때 용착효율이 가장 좋다.

해설 CO_2 용접에서 아르곤과 이산화탄소를 혼합한 보호가스 사용 시 설명
① 혼합비는 아르곤이 80%일 때 용착효율이 가장 좋다.
② 용착효율이 양호하다.
③ 스패터의 발생량이 적다.

45. ④ 46. ④ 47. ① 48. ③

문제 49
모재의 열팽창계수에 따른 용접성에 대한 설명으로 옳은 것은?

① 열팽창계수가 작을수록 용접하기 쉽다.
② 열팽창계수가 높을수록 용접하기 쉽다.
③ 열팽창계수와는 관련이 없다.
④ 열팽창계수가 높을수록 용접 후 급랭해도 무방하다.

해설 모재의 열팽창계수에 따른 용접성 : 열팽창계수가 작을수록 용접하기 쉽다.

문제 50
맞대기 이음에서 판 두께 10mm, 용접선의 길이 200mm, 하중 9000kgf에 대한 인장응력(σ)은?

① 4.5kfg/mm^2
② 3.5kfg/mm^2
③ 2.5kfg/mm^2
④ 1.5kfg/mm^2

해설 인장응력 $= \dfrac{9000}{200 \times 10} = 4.5 \text{kgf/mm}^2$

문제 51
기계제도 치수 기입법에서 참고 치수를 의미하는 것은?

① $\overline{50}$
② 50
③ (50)
④ ≪ 50 ≫

해설 치수의 표시 방법
① 참고 치수 : ( ) ② 이론적으로 정확한 치수 : $\boxed{123}$
③ 45° 모따기 : C   ④ 정사각형변 : □
⑤ 지름 : ϕ ⑥ 구의 반지름 : SR
⑦ 구의 지름 : Sϕ ⑧ 반지름 : R

문제 52
그림과 같은 단면도의 명칭으로 가장 적합한 것은?

① 부분 단면도
② 직각 도시 단면도
③ 회전 도시 단면도
④ 가상 단면도

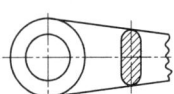

49. ① 50. ① 51. ③ 52. ③

문제 **53** $\frac{1}{2}$ -20UNF로 표시된 나사의 해독으로 올바른 것은?

① 유니파이 보통 나사이다.
② 등급은 1급이다.
③ 호칭지름(수나사 바깥지름, 암나사 골지름)은 1/2인치이다.
④ 나사의 피치가 20mm이다.

문제 **54** 그림과 같이 입체도의 화살표 방향이 정면일 때, 우측면도로 가장 적합한 것은?

①  ②
③ 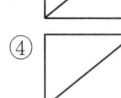 ④

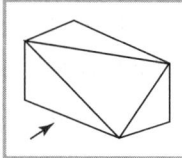

문제 **55** 그림과 같은 배관 도시기호에서 계기표시가 압력계일 때 원 안에 사용하는 글자 기호는?

① A
② P
③ T
④ F

해설 배관 도시기호
① A(Air) : 공기   ② O(Oil) : 기름
③ S(Steam) : 증기   ④ F(Flowmeter) : 유량계
⑤ T(Temperature) : 온도계 ⑥ P(Pressure) : 압력계

문제 **56** 그림과 같은 도면에서 KS 용접기호의 해독으로 틀린 것은?

① 필릿 용접이다.
② 용접부 형상은 오목하다.
③ 현장용접이다.
④ 스폿 용접(점 용접)이다.

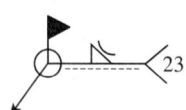

해설 온둘레 현장용접이다.

문제 57 그림과 같이 원통을 경사지게 절단한 제품을 제작할 때 다음 중 어떤 전개법이 가장 적합한가?

① 사각형법
② 평행선법
③ 삼각형법
④ 방사선법

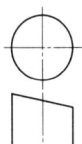

문제 58 보기 입체도를 3각법으로 투상한 것으로 가장 적합한 것은?

①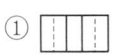
②
   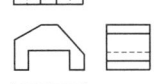

③    ④

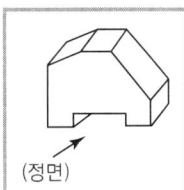
(정면)

문제 59 선의 종류별 용도가 잘못 짝지어진 것은?

① 가는 실선-치수 보조선
② 굵은 1점 쇄선-특수 지정선
③ 가는 1점 쇄선-피치선
④ 가는 2점 쇄선-중심선

해설 가는 이점 쇄선 : 가상선

문제 60 기계제도에서 현의 길이 표시방법으로 가장 적합한 것은?

①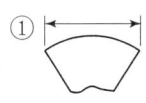
②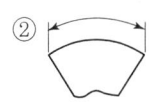
③
④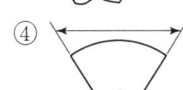

해설 ① 현의 길이
② 홈의 길이
③ 홈 각도

57. ② 58. ① 59. ④ 60. ①

2022년 10월 CBT 시행

문제 01 야금적 접합법의 종류에 속하는 것은?
① 납땜 이음
② 볼트 이음
③ 코터 이음
④ 리벳 이음

해설 **야금적 접합법의 종류** : 납땜법, 압접, 융접

문제 02 교류 아크 용접기는 무부하 전압이 높아 전격의 위험이 있으므로 안전을 위하여 전격방지기를 설치한다. 이때 전격방지기의 2차 무부하 전압은 몇 V 이하로 하는 것이 적당한가?
① 80~90V
② 60~70V
③ 40~50V
④ 20~30V

해설 **1차 무부하 전압** : 80~90V
2차 무부하 전압 : 20~30V

문제 03 일반 피복금속아크 용접에서 용접봉의 용융속도와 관계가 있는 것은?
① 용접속도
② 아크 길이
③ 아크전류
④ 용접봉 길이

해설 **아크전류** : 용접봉의 용융속도

문제 04 주철이나 비철금속은 가스 절단이 용이하지 않으므로 철분 또는 용제를 연속적으로 절단용 산소에 공급하여 그 산화열 또는 용제의 화학작용을 이용한 절단 방법은?
① 분말절단
② 산소창 절단
③ 탄소아크절단
④ 스카핑

해설 **특수 절단**
① 산소창 절단 : 두꺼운 판, 주강의 슬래그 덩어리, 암석의 천공 등의 절단에 이용
② 분말절단 : 스테인리스강, 비철금속, 주철 등은 가스 절단이 용이하지 않으므로, 철분 또는 연속적으로 절단용 산소에 혼합 공급함으로써 그 산화열 또는 용제의 화학작용을 이용 절단
③ 수중절단 : 물에 잠겨 있는 침몰선의 해체나 교량의 교각 개조, 댐, 항만, 방파제 등의 공사에 사용되며 수중작업 시 예열가스의 양은 공기 중에서 4~8배이다.

01. ① 02. ④ 03. ③ 04. ①

문제 05 청색의 겉불꽃에 둘러싸인 무광의 불꽃이므로 육안으로는 불꽃 조절이 어렵고, 납땜이나 수중 절단의 예열 불꽃으로 사용되는 것은?

① 천연가스 불꽃
② 산소-수소 불꽃
③ 도시가스 불꽃
④ 산소-아세틸렌 불꽃

해설 **산소-수소 불꽃** : 청색의 겉불꽃에 둘러싸인 무광의 불꽃이 육안으로는 불꽃 조절이 어렵고, 납땜이나 수중 절단의 예열 불꽃으로 사용

문제 06 고속분출을 얻는 데 적합하고 보통의 팁에 비하여 산소의 소비량이 같을 때, 절단속도를 20~25% 증가시킬 수 있는 절단 팁은?

① 다이버전트형 팁
② 직선형 팁
③ 산소-LP용 팁
④ 보통형 팁

해설 **다이버전트형 팁** : 고속분출을 얻는 데 적합하고 보통의 팁에 비하여 산소의 소비량이 같을 때, 절단속도를 20~25% 증가시킬 수 있는 팁

문제 07 피복 금속 아크 용접에서 아크 안정제에 속하는 피복제는?

① 산화티탄
② 탄산마그네슘
③ 페로망간
④ 알루미늄

해설 **피복배합제**
① 아크안정제 (산석규자격)
  ㉠ 산화티탄 ㉡ 석회석 ㉢ 규산나트륨 ㉣ 규산칼륨
  ㉤ 자철광 ㉥ 적철광
② 고착제 (해당아카규)
  ㉠ 해초 ㉡ 당밀 ㉣ 아교 ㉤ 카세인
  ㉥ 규산칼륨
③ 슬래그생성제 (이산형석일알장규)
  ㉠ 이산화망간 ㉡ 산화철 ㉢ 산화티탄 ㉣ 형석
  ㉤ 석회석 ㉥ 일미나이트 ㉦ 규사 ㉧ 알루미나
  ㉨ 장석
④ 탈산제 (바실티크망알)
  ㉠ 페로바나듐 ㉡ 페로실리콘 ㉢ 페로티탄 ㉣ 페로크롬
  ㉤ 페로망간 ㉥ 알루미늄

문제 08 직류 발전형 아크 용접기의 특징을 올바르게 나타낸 것은?

① 완전한 직류전원을 얻는다.
② 직류를 얻는데 소음이 없다.
③ 고장이 비교적 적다.
④ 보수와 점검이 용이하다.

05. ② 06. ① 07. ① 08. ①

해설 **직류 발전형 아크 용접기의 특징**
① 완전한 직류전원을 얻는다.   ② 직류를 얻는데 소음이 있다.
③ 보수와 점검이 어렵다.   ④ 고장이 비교적 많다.

문제 09 용접기의 구비조건으로 잘못 설명된 것은?

① 구조 및 취급이 간단해야 한다.
② 전류 조정이 용이하고 일정하게 전류가 흘러야 한다.
③ 아크 발생 및 유지가 용이하고 아크가 안정되어야 한다.
④ 사용중에 온도 상승이 커야 한다.

해설 **용접기의 구비조건**
① 사용중에 온도 상승이 적어야 한다.
② 아크 발생 및 유지가 용이하고 아크가 안정되어야 한다.
③ 전류 조정이 용이하고 일정하게 전류가 흘러야 한다.
④ 구조 및 취급이 간단해야 한다.

문제 10 가스용접봉 표시 GA46에서 46의 의미는?

① 용접봉의 재질   ② 용접봉의 규격
③ 용접봉의 종류   ④ 용착금속의 최소 인장강도

해설 **46의 의미** : 용착금속의 최소 인장강도

문제 11 용접용 산소 용기 취급상의 주의사항 중 틀린 것은?

① 용기 운반 시 충격을 주어서는 안 된다.
② 통풍이 잘 되고 직사광선이 잘 드는 곳에 보관한다.
③ 밸브의 개폐는 조용히 해야 한다.
④ 가연성 물질이 있는 곳에는 용기를 보관하지 말아야 한다.

해설 **산소 용기 취급상 주의사항**
① 통풍이 잘 되고 직사광선을 받지 않는 곳에 설치
② 밸브의 개폐는 천천히 해야 한다.
③ 가연성 물질이 있는 곳에는 용기를 보관하지 말아야 한다.
④ 용기 운반 시 충격을 주어서는 안 된다.
⑤ 가연성 가스 용기와 조연성 가스 용기는 각각 구분하여 보관
⑥ 산소 용기 공업용 도색은 녹색이다.
⑦ 산소가스 용기는 윤활유, 석유류, 그리스유 부착 금지

해답 09. ④ 10. ④ 11. ②

문제 12
가스 절단 장팁에 관한 설명으로 틀린 것은?

① 프랑스식 절단 토치의 팁은 동심형이다.
② 중압식 절단 토치는 아세틸렌가스 압력이 보통 0.07kgf/cm^2 이하에서 사용된다.
③ 독일식 절단 토치의 팁은 이심형이다.
④ 산소나 아세틸렌 용기 내의 압력이 고압이므로 그 조정을 위해 압력조정기가 필요하다.

해설 중압식 절단 토치는 아세틸렌가스 압력이 보통 $0.07 \sim 1.3\text{kgf/cm}^2$ 이하

문제 13
피복 아크 용접봉 중 고산화티탄계를 나타내는 용접봉은?

① E4301 ② E4311
③ E4313 ④ E4316

해설 피복 아크 용접봉
① E4301(일미나이트계) ② E4303(라임티탄계)
③ E4311(고셀룰로오스계) ④ E4313(고산화티탄계)
⑤ E4316(저수소계) ⑥ E4324(철분산화티탄계)
⑦ E4326(철분저수소계) ⑧ E4327(철분산화철계)
⑨ E4340(특수계)

문제 14
기계적 이음과 비교한 용접 이음의 장점으로 틀린 것은?

① 기밀성이 우수하다. ② 재료의 변형이 없다.
③ 이음효율이 높다. ④ 재료 두께의 제한이 없다.

해설 용접 이음의 장점
① 기밀성, 수밀성이 우수하다. ② 이음효율이 좋다.
③ 재료의 두께에 제한이 없다. ④ 이종재료도 접합이 가능
⑤ 제품의 성능과 수명이 향상된다. ⑥ 작업공정이 단축되며 경제적이다.
⑦ 중량이 가벼워진다. ⑧ 보수와 수리가 용이하다.

문제 15
35°C에서 120kgf/cm^2으로 압축하여 충전한 용기 속의 산소량이 5604리터라면 내부 용적은 몇 리터로 계산되는가?

① 0.02 ② 58.84
③ 67.25 ④ 46.7

해설 내부 용적 $= \dfrac{5604}{120} = 46.7 l$

12. ② 13. ③ 14. ② 15. ④

문제 16 가스 가우징에 의한 홈 가공을 할 때 가장 적당한 홈의 깊이에 대한 너비의 비는 얼마인가?

① 1 : (2~3) ② 1 : (5~7)
③ (2~3) : 1 ④ (5~7) : 1

해설 가스 가우징의 홈 가공 시 홈의 깊이 : 1 : (2~3)

문제 17 가스 용접에서 전진법과 비교한 후진법의 특징 설명으로 옳은 것은?

① 용접속도가 느리다. ② 홈 각도가 크다.
③ 용접 가능 판 두께가 두껍다. ④ 용접변형이 크다.

해설 후진법의 특징
① 용접변형이 크다. ② 판 두께가 두껍다.
③ 홈 각도가 적다. ④ 용접속도가 빠르다.

문제 18 설퍼 프린트 시 강판에 황(S)이 많은 곳의 인화지 색깔은 어떻게 변하는가?

① 흑색으로 ② 청색으로
③ 적색으로 ④ 녹색으로

해설 설퍼 프린트 시 강판에 황이 많은 곳의 인화지 색깔 : 흑색

문제 19 합금 주철의 합금 원소들 중에서 흑연화를 촉진시키는 원소는?

① Cr ② Mo
③ V ④ Ni

해설 특수 원소의 영향
① Ni(니켈) : 인성 증가, 주철의 흑연화 촉진, 저온충격저항 증가
② Ti(티탄) : 결정입자의 미세화
③ Cr(크롬) : 내식성, 매마모성 향상
④ Mo(몰리브덴) : 뜨임취성 방지
⑤ Mn(망간) : 적열취성 방지

문제 20 탄소강의 담금질 중 고온의 오스테나이트 영역에서 소재를 냉각하면 냉각속도의 차에 따라 마텐자이트, 트루스타이트, 소르바이트, 오스테나이트 등의 조직으로 변태되는데 이들 조직 중에서 강도와 경도가 가장 높은 것은?

① 마텐자이트 ② 트루스타이트
③ 소르바이트 ④ 오스테나이트

해답 16. ① 17. ③ 18. ① 19. ④ 20. ①

해설 각 조직의 경도 순서
시멘타이트 > 마텐자이트 > 트루스타이트 > 소르바이트 > 펄라이트 > 오스테나이트 > 페라이트

문제 21 합금 공구강에 첨가하는 원소로서 담금질 효과를 증대시키는 원소는?
① Pt
② Cr
③ Al
④ Zr

문제 22 마그네슘의 성질에 대한 설명 중 잘못된 것은?
① 비중은 1.74이다.
② 비강도가 Al(알루미늄)합금보다 우수하다.
③ 면심입방 격자이며, 냉간가공이 가능하다.
④ 구상흑연 주철의 첨가제로 사용한다.

해설 마그네슘의 성질
① 조밀육방격자이다.
② 비중은 1.74이다.
③ 비강도가 Al합금보다 우수하다.
④ 구상흑연주철의 첨가제로 사용한다.

문제 23 주성분은 Al-Si-Cu-Mg-Ni로 열팽창계수 및 비중이 작고 내마멸성이 커 피스톤용으로 사용되는 내열용 알루미늄 합금은?
① 실루민
② Lo-Ex합금
③ 하이드로날륨
④ 라우탈

해설 합금
① 로엑스 : Al+Cu+Mg+Ni+Si *(알구마니소)*
② Y합금 : Al+Cu+Mg+Ni *(알구마니)*
③ 실루민 : Al+Si *(알소)*
④ 라우탈 : Al+Cu+Si *(알구소)*
⑤ 하이드로날륨 : Al+Mg *(알마)*
⑥ 두랄루민 : Al+Cu+Mg+Mn *(알구마망)*

문제 24 스테인리스강 중 내식성이 가장 높고 비자성체인 것은?
① 마텐자이트계
② 페라이트계
③ 펄라이트계
④ 오스테나이트계

해설 스테인리스강 중 내식성이 가장 높고 비자성체 : 오스테나이트계

해답 21. ② 22. ③ 23. ② 24. ④

문제 25
강자성체만으로 구성된 것은?

① 철-니켈-코발트
② 금-구리-철
③ 철-구리 망간
④ 백금-금-알루미늄

해설 **강자성체**
① 철(Fe) : 768℃
② 니켈(Ni) : 358℃
③ 코발트(Co) : 1150℃

문제 26
하드필드강은 어느 주강에 해당되는가?

① 망간(Mn) 주강
② 크롬(Cr) 주강
③ 니켈(Ni) 주강
④ 니켈(Ni)-크롬(Cr) 주강

해설 하드필드강은 망간 주강에 해당

문제 27
철강 표면에서 Al을 침투시키는 금속침투법은?

① 세라라이징
② 칼로라이징
③ 실리코나이징
④ 크로마이징

해설 **금속침투법** : 내식, 내산, 내마멸을 목적으로 금속을 침투시키는 열처리
① Al : 칼로라이징
② Cr : 크로마이징
③ Zn : 세라다이징
④ Si : 실리코나이징
⑤ B : 브로나이징

문제 28
모넬메탈(Monel metal)의 종류 중 유황(S)을 넣어 강도는 희생시키고 쾌삭성을 개선한 것은?

① KR-Monel
② K-Monel
③ R-Monel
④ H-Monel

해설 R-Monel : 유황을 넣어 강도는 희생시키고 쾌삭성 개선

문제 29
용접할 때 발생한 변형을 교정하는 방법 중 틀린 것은?

① 형재(形材)에 대한 직선 수축법
② 박판에 대한 점 수축법
③ 박판에 대하여 가열 후 압력을 가하고 공랭하는 방법
④ 롤러에 거는 방법

해답

25. ① 26. ① 27. ② 28. ③ 29. ③

해설 **변형을 교정하는 방법**
① 박판에 대한 점 수축법
② 형재에 대한 직선 수축법
③ 롤러에 거는 방법
④ 소성변형시켜서 교정하는 방법
⑤ 외력을 이용한 소성법
⑥ 가열 후 해머로 두드리는 방법
⑦ 후판에 대하여는 가열 후 압력을 걸어 수냉하는 방법

문제 30 서브머지드 아크 용접의 특징 설명으로 틀린 것은?

① 개선각을 작게 하여 용접 패스 수를 줄일 수 있다.
② 용접 중 아크가 안 보이므로 용접부의 확인이 곤란하다.
③ 용접선이 구부러지거나 짧아도 능률적이다.
④ 용접설비비가 고가이다.

해설 **서브머지드 아크 용접의 특징**
① 용접설비비가 고가이다.
② 용접 중 아크가 안 보이므로 용접부의 확인이 곤란
③ 개선각을 작게 하여 용접 패스 수를 줄일 수 있다.
④ 기계적 성질이 우수하다.
⑤ 용융속도 및 용착속도가 빠르다.
⑥ 비드 외관이 매우 아름답다.
⑦ 유해광선이 적게 발생되어 작업환경이 깨끗하다.
⑧ 용접 적용 자세에 제약을 받는다.
⑨ 패킹제 미사용 시 루트 간격 0.8mm 이하

문제 31 CO_2 가스 아크 용접에서 용극식의 솔리드 와이어 혼합가스법으로 맞는 것은?

① CO_2 + C법
② CO_2 + CO + Ar법
③ CO_2 + CO + O_2법
④ CO_2 + Ar법

해설 CO_2 가스 아크 용접에서 용극식의 솔리드 와이어 혼합가스법
① CO_2 + O_2법 ② CO_2 + Ar법 ③ CO_2 + O_2 + Ar법

문제 32 전기 용접기를 설치해도 되는 장소는?

① 먼지가 매우 많고 옥외의 비바람이 치는 곳
② 수증기 또는 습도가 높은 곳
③ 폭발성 가스가 존재하지 않는 곳
④ 진동이나 충격을 받는 곳

30. ③ 31. ④ 32. ③

해설 전기 용접기 설치 장소
① 폭발성 가스가 존재하지 않는 곳
② 진동이나 충격을 받지 않는 곳
③ 수증기 또는 습도가 없는 곳
④ 먼지 발생이 없는 곳
⑤ 직사광선을 받지 않는 곳
⑥ 부식성 가스가 체류하지 않는 곳

문제 33 이산화탄소(CO_2) 가스 아크 용접용 와이어 중 탈산제, 아크 안정제 등 합금원소가 포함되어 있어 양호한 용착금속을 얻을 수 있으며, 아크도 안정되어 스패터가 적고 비드 외관도 아름다운 것은?

① 혼합 솔리드 와이어
② 복합 와이어
③ 솔리드 와이어
④ 특수 와이어

해설 복합 와이어 : 탈산제, 아크 안정제 등 합금원소가 포함되어 있어 양호한 용착금속을 얻을 수 있으며, 아크도 안정되어 스패터가 적고 비드 외관도 아름다움.

문제 34 초음파탐상법에 속하지 않는 것은?

① 투과법
② 펄스 반사법
③ 공진법
④ 맥동법

해설 초음파탐상법의 종류
① 펄스 반사법 ② 공진법 ③ 투과법

문제 35 저온균열이 일어나기 쉬운 재료에 용접 전에 균열을 방지할 목적으로 피용접물의 전체 또는 이음부 부근의 온도를 올리는 것을 무엇이라고 하는가?

① 잠열
② 예열
③ 후열
④ 발열

문제 36 불활성 가스 텅스텐 아크 용접의 직류 정극성에 관한 설명이 맞는 것은?

① 직류 역극성보다 청정작용의 효과가 가장 크다.
② 직류 역극성보다 용입이 깊다.
③ 직류 역극성보다 비드 폭이 넓다.
④ 직류 역극성에 비하여 지름이 큰 전극이 필요하다.

해설 직류 정극성
① 직류 역극성보다 용입이 깊다.
② 후판용접 가능
③ 비드 폭이 좁다.
④ 모재(+) 70%, 용접봉(-) 30%

해답 33. ② 34. ④ 35. ② 36. ②

문제 37
점용접의 종류가 아닌 것은?

① 맥동 점용접 ② 인터랙 점용접
③ 직렬식 점용접 ④ 원판식 점용접

해설 점용접의 종류 : ① 직렬식 점용접 ② 인터랙 점용접 ③ 맥동 점용접

문제 38
서브머지드 아크 용접기에서 다전극 방식에 의한 분류에 속하지 않는 것은?

① 푸시 풀식 ② 탠덤식
③ 횡병렬식 ④ 횡직렬식

해설 서브머지드 아크 용접에서 다전극 방식 : ① 탠덤식 ② 횡직렬식 ③ 횡병렬식

문제 39
필릿 용접의 경우 루트 간격의 양에 따라 보수 방법이 다른데 간격이 4.5mm 이상일 때 보수하는 방법으로 옳은 것은 무엇인가?

① 각장(목길이)대로 용접한다.
② 각장(목길이)을 증가시킬 필요가 있다.
③ 루트 간격대로 용접한다.
④ 라이너를 넣는다.

해설 필릿 용접의 경우 루트 간격이 4.5mm 이상 시 보수 방법 : 라이너를 넣는다.

문제 40
용접부 외부에서 주어지는 열량을 용접입열이라 한다. 용접입열이 충분하지 못하여 발생하는 결함은?

① 용융 불량 ② 언더컷
③ 균열 ④ 변형

해설 용융 불량 : 용접입열이 충분하지 못하여 발생하는 결함

문제 41
용접작업에서 안전에 대해 설명한 것 중 틀린 것은?

① 높은 곳에서 용접작업할 경우 추락, 낙하 등의 위험이 있으므로 항상 안전벨트와 안전모를 착용한다.
② 용접작업중에 여러 가지 유해가스가 발생하기 때문에 통풍 또는 환기장치가 필요하다.
③ 가연성의 분진, 화학류 등 위험물이 있는 곳에서는 용접을 해서는 안 된다.
④ 가스 용접은 강한 빛이 나오지 않기 때문에 보안경을 착용하지 않아도 된다.

해설 가스 용접은 보안경을 착용해야 한다.

해답 37. ④ 38. ① 39. ④ 40. ① 41. ④

문제 42
안전모의 착용에 대한 설명으로 틀린 것은?

① 턱조리개는 반드시 조이도록 할 것.
② 작업에 적합한 안전모를 사용할 것.
③ 안전모는 작업자 공용으로 사용할 것.
④ 머리 상부와 안전모 내부의 상단과의 간격은 25mm 이상 유지하도록 조절하여 쓸 것.

해설 안전모 착용
① 안전모는 각자 사용할 것.
② 작업에 적합한 안전모 사용
③ 머리 상부와 안전모 내부의 상단과의 간격은 25mm 이상 유지
④ 턱조리개는 반드시 조이도록 할 것.

문제 43
산화하기 쉬운 알루미늄을 용접할 경우에 가장 적당한 용접법은?

① 서브머지드 아크 용접
② 불활성 가스 아크 용접
③ CO_2 아크 용접
④ 전기저항 용접

해설 불활성 가스 아크 용접 : 산화하기 쉬운 알루미늄을 용접할 경우 적당

문제 44
연납땜의 대표적인 것으로 흡착작용은 무엇의 함유량에 의해 좌우되는가?

① 주석
② 아연
③ 송진
④ 붕사

해설 연납땜의 대표적인 것 : 주석

문제 45
파장이 같은 빛을 렌즈로 집광하면 매우 작은 점으로 집중이 가능하고 높은 에너지로 집속하면 높은 열을 얻을 수 있다. 이것을 열원으로 하여 용접하는 방법은?

① 레이저 용접
② 일렉트로 슬래그 용접
③ 테르밋 용접
④ 플라스마 아크 용접

해설 레이저 용접 : 파장이 같은 빛을 렌즈로 집광하면 매우 작은 점으로 집중이 가능하고 높은 에너지로 집속하면 높은 열을 얻어 용접

42. ③ 43. ② 44. ① 45. ①

문제 46 용접할 때 발생하는 변형과 잔류응력을 경감하는 데 사용되는 방법 중 틀린 것은?

① 용접 전 변형 방지책으로는 억제법, 역변형법을 쓴다.
② 모재의 열전도를 억제하여 변형을 방지하는 방법으로는 전진법을 쓴다.
③ 용접 금속부의 변형과 응력을 경감하는 방법으로는 피닝법을 쓴다.
④ 용접 시공에 의한 경감법으로는 대칭법, 후진법, 스킵법 등을 쓴다.

해설 모재의 열전도를 억제하여 변형을 방지하는 방법으로는 기계적 응력완화법을 쓴다.
용접 시공에 의한 경감법으로는 대칭법, 후진법, 스킵법을 쓴다.
용접 금속부의 변형과 응력을 경감하는 방법으로는 피닝법을 쓴다.

문제 47 용접부 검사법 중 기계적 시험법이 아닌 것은?

① 굽힘시험
② 경도시험
③ 인장시험
④ 부식시험

해설 기계적 시험법
① 경도시험 ② 굽힘시험 ③ 인장시험 ④ 피로시험 ⑤ 충격시험

문제 48 다음 보기와 같은 융착법은?

① 대칭법
② 전진법
③ 후진법
④ 비석법

[보기] 1 → 4 → 2 → 5 → 3

해설 융착법
① 전진법 : ─────→
② 후진법 : 5 → 4 → 3 → 2 → 1
③ 대칭법 : 4 ← 2 ↔ 1 → 3
④ 스킵법(비석법) : 1 → 4 → 2 → 5 → 3

문제 49 용접작업에서 아르곤(Ar) 용기를 나타내는 색깔은?

① 황색
② 녹색
③ 회색
④ 흰색

해답 46. ② 47. ④ 48. ④ 49. ③

해설 용기 도색

청탄산 산록에서 황아체 안주삼아 수주잔 높이 들고 백암산 바라보니
　① 　　②　　　③　　　　④　　　　　　　⑤

염소는 갈색으로 보이고 쥐들은 기타를 치더라.
　⑥　　　　　　　　⑦

① 탄산가스 : 청색　　② 산소 : 녹색　　③ 아세틸렌 : 황색
④ 수소 : 주황　　　　⑤ 암모니아 : 백색　⑥ 염소 : 갈색
⑦ 기타 : 쥐색(회색) (프로판, 아르곤, 네온 등)

문제 50
가스 절단기 및 토치의 취급상 주의사항으로 틀린 것은?
① 가스가 분출되는 상태로 토치를 방치하지 않는다.
② 토치의 작동이 불량할 때는 분해하여 기름을 발라야 한다.
③ 점화가 불량할 때에는 고장을 수리 점검한 후 사용한다.
④ 조정용 나사를 너무 세게 조이지 않는다.

문제 51
구의 반지름을 나타내는 치수 보조기호는?
① Sϕ　　　　　　② R
③ SR　　　　　　④ ϕ

해설 치수의 표시 방법
① 지름 : ϕ　　　　　② 반지름 : R
③ 구의 지름 : Sϕ　　④ 구의 반지름 : SR
⑤ 정사각형변 : □　　⑥ 판의 두께 : t
⑦ 45°모따기 : C　　　⑧ 원호의 길이 : ⌒
⑨ 이론적으로 정확한 치수 : 123　⑩ 참고 치수 : ( )

문제 52
기계구조용 탄소 강관의 KS 재료 기호는?
① SPC　　　　　② SPS
③ SWP　　　　　④ STKM

해설 기계구조용 탄소 강관 : STKM

문제 53
실물을 보고 프리핸드로 그린 도면으로 필요한 사항을 기입하여 완성한 도면인 것은?
① 스케치도　　　　② 상세도
③ 부분조립도　　　④ 트레이스도

해답 50. ② 51. ③ 52. ④ 53. ①

문제 54 보기와 같은 3각법으로 정투상한 정면도와 우측면도에 가장 적합한 평면도는?

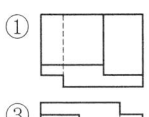 ① 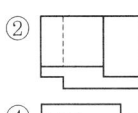 ②

③ ④

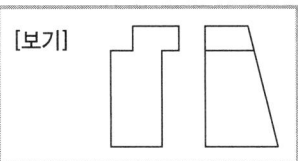
[보기]

문제 55 도면에 리벳의 호칭이 "KS B 1102 보일러용 둥근머리리벳 13×30 SV 400"로 표시된 경우 올바른 해독은?

① 리벳의 수량 13개 ② 리벳의 길이 30mm
③ 최대 인장강도 400kPa ④ 리벳의 호칭지름 30mm

문제 56 기계제도에서 사용하는 파단선의 설명으로 올바른 것은?

① 가는 1점 쇄선이다. ② 불규칙한 파형의 가는 실선이다.
③ 굵기는 외형선과 같다. ④ 아주 굵은 실선으로 그린다.

해설 **파단선** : 불규칙한 파형의 가는 실선

문제 57 한쪽단면(반단면) 표시법에 대한 설명으로 올바른 것은?

① 대칭형의 물체를 중심선을 경계로 하여 외형도의 절반과 단면도의 절반을 조합하여 표시한 것이다.
② 부품도의 중앙 부위 전후를 절단하여, 단면을 90°회전시켜 표시한 것이다.
③ 도형 전체가 단면으로 표시된 것이다.
④ 물체의 필요한 부분만 단면으로 표시한 것이다.

해설 **반단면 표시법** : 대칭형의 물체를 중심선을 경계로 하여 외형도의 절반과 단면도의 절반을 조합하여 표시

문제 58 공작물을 1 : 5의 척도로 그리려고 하는데 실제길이는 50mm이다. 도면에 공작물의 길이를 얼마의 크기로 그려야 하는가?

① 10mm ② 25mm
③ 50mm ④ 100mm

해설 공작물 길이 $= \dfrac{50}{5} = 10\text{mm}$

54. ③ 55. ② 56. ② 57. ① 58. ①

문제 **59** 보기 입체도에서 화살표 방향을 정면으로 제3각법으로 그린 정투상도는?

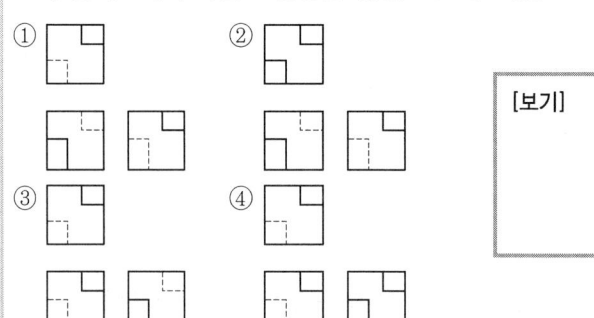

문제 **60** 보기와 같이 도시된 용접기호에서 MR 해독으로 올바른 것은?

① 화살표 쪽은 방사선 시험이다.
② 화살표 반대쪽은 육안검사이다.
③ 제거 가능한 덮개판을 사용한다.
④ 영구적인 덮개판을 사용하여 용접한다.

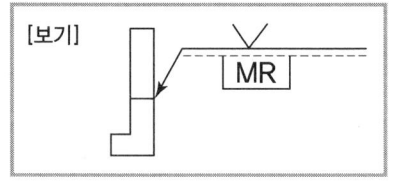

해설 제거 가능한 덮개판 사용 : MR
영구적인 덮개판 사용 : M

해답   59. ① 60. ③

단기완성
이산화탄소가스아크용접기능사
필기

이산화탄소가스아크용접기능사 기출문제

2023

2023년 1월 CBT 시행

문제 01 강괴 절단 시 가장 적당한 방법은?

① 분말 절단법
② 탄소 아크 절단법
③ 산소창 절단법
④ 겹치기 절단법

해설 ① 산소창 절단
  ㉠ 강괴 절단 시 가장 적당
  ㉡ 두꺼운 판, 주강의 슬래그 덩어리, 암석의 천공 등의 절단에 이용
② 분말절단
  스테인리스강, 비철금속, 주철 등은 가스 절단이 용이하지 않으므로 철분 또는 연속적으로 절단용 산소에 혼합 공급함으로써 그 산화열 또는 용제의 화학작용을 이용 절단

문제 02 아세틸렌이 충전되어 있는 병의 무게가 64kg이 있고, 사용 후 공병의 무게가 61kg이었다면 이때 사용된 아세틸렌의 양은 몇 리터인가? (단, 아세틸렌의 용적은 905리터임.)

① 348
② 450
③ 1044
④ 2715

해설 아세틸렌의 양 $= 905(A-B) = 905(64-61) = 2715 l$

문제 03 피복제에 습기가 있는 용접봉으로 용접하였을 때 직접적으로 나타나는 현상이 아닌 것은?

① 용접부에 기포가 생기기 쉽다.
② 용접부에 균열이 생기기 쉽다.
③ 용락이 생기기 쉽다.
④ 용접부에 피트가 생기기 쉽다.

해설 피복제에 습기가 있는 용접봉으로 용접 시 직접 나타나는 현상
① 용접부에 피트가 생기기 쉽다.
② 용접부에 균열이 생기기 쉽다.
③ 용접부에 기포가 생기기 쉽다.

01. ③ 02. ④ 03. ③

문제 04
가스절단장치에 관한 설명으로 틀린 것은?

① 프랑스식 절단 토치의 팁은 동심형이다.
② 중압식 절단 토치는 아세틸렌가스 압력이 보통 0.07kgf/cm^2 이하에서 사용된다.
③ 독일식 절단 토치의 팁은 이심형이다.
④ 산소나 아세틸렌 용기 내의 압력이 고압이므로 그 조정을 위해 압력조정기가 필요하다.

해설 가스절단장치
① 중압식 절단 토치는 아세틸렌가스 압력이 보통 $0.07 \sim 1.3\text{kgf/cm}^2$ 이하이다.
② 산소나 아세틸렌 용기 내의 압력이 고압이므로 그 조정을 위해 압력조정기가 필요하다.
③ 프랑스식 절단 토치의 팁은 동심형이다.
④ 독일식 절단 토치의 팁은 이심형이다.

문제 05
피복 아크 용접에서 직류 정극성의 성질로서 옳은 것은?

① 용접봉의 용융속도가 빠르므로 모재의 용입이 깊게 된다.
② 용접봉의 용융속도가 빠르므로 모재의 용입이 얕게 된다.
③ 모재 쪽의 용융속도가 빠르므로 모재의 용입이 깊게 된다.
④ 모재 쪽의 용융속도가 빠르므로 모재의 용입이 얕게 된다.

해설 **직류 정극성** : 모재 쪽의 용융속도가 빠르므로 모재의 용입이 깊다.
직류 역극성 : 모재 쪽의 용융속도가 느리고 모재의 용입이 얕다.

문제 06
교류 아크 용접기의 네임 플레이트(name plate)에 사용률이 40%로 나타나 있다면 그 의미는?

① 용접작업 준비시간
② 아크를 발생시킨 용접 작업시간
③ 전체 용접시간
④ 용접기가 쉬는 시간

해설 교류 아크 용접기의 네임 플레이트(name plate)에 사용률이 40%로 나타나 있다면
그 의미 : 아크를 발생시킨 용접 작업시간

문제 07
산소 용기를 취급할 때의 주의사항 중 옳지 않은 것은?

① 연소할 염려가 있는 기름이나 먼지를 피해야 한다.
② 산소병은 안전하게 직사광선 아래 두어야 한다.
③ 산소용기는 화기로부터 멀리 두어야 한다.
④ 산소 누설 시험에는 비눗물을 사용한다.

04. ② 05. ③ 06. ② 07. ②

해설 산소 용기 취급 시 주의사항
① 직사광선을 피할 것.
② 산소 누설시험에는 비눗물을 사용한다.
③ 산소 용기는 화기로부터 멀리한다.
④ 연소할 염려가 있는 기름이나 먼지를 피해야 한다.
⑤ 산소가스 용기는 가연성 가스 용기와 구분하여 저장한다.
⑥ 압력계는 금유라는 표시가 있는 산소 전용 압력계 사용
⑦ 용기 밸브를 열 때는 천천히 열어야 한다.

문제 08 수중 절단 시 고압에서 사용이 가능하고 수중 절단 중 기포 발생이 적어 가장 널리 사용되는 연료가스는?
① 수소
② 질소
③ 부탄
④ 벤젠

해설 수소 : 수중에서 절단작업 시 용이

문제 09 피복 아크 용접용 기구가 아닌 것은?
① 용접 홀더
② 토치 라이터
③ 케이블 커넥터
④ 접지 클램프

해설 피복 아크 용접용 기구
① 용접 홀더   ② 접지 클램프   ③ 케이블 커넥터

문제 10 홈 가공에 관한 설명 중 옳지 않은 것은?
① 능률적인 면에서 용입이 허용되는 한 홈 각도는 작게 하고 용착 금속량도 적게 하는 것이 좋다.
② 용접균열이라는 관점에서 루트 간격은 클수록 좋다.
③ 자동용접의 홈 정도는 손 용접보다 정밀한 가공이 필요하다.
④ 피복 아크 용접에서의 홈 각도는 54~70° 정도가 적합하다.

해설 홈 가공
① 용접균열이라는 관점에서 루트 간격은 클수록 나쁘다.
② 피복 아크 용접의 홈 각도는 54~70° 정도가 적당하다.
③ 자동용접의 홈 정도는 손 용접보다 정밀한 가공이 필요하다.
④ 능률적인 면에서 용입이 허용되는 한 홈 각도는 작게 하고 용착 금속량도 적게 하는 것이 좋다.

해답 08. ① 09. ② 10. ②

문제 11 용접부의 표면이 좋고 나쁨을 검사하는 것으로 가장 많이 사용하며 간편하고, 경제적인 검사방법은?

① 자분검사 ② 외관검사
③ 초음파검사 ④ 침투검사

해설 **외관검사** : 용접부의 표면이 좋고 나쁨을 검사하는 것으로 가장 많이 사용하며 간편하고, 경제적임.

문제 12 용접결함과 그 원인을 조사한 것 중 틀린 것은?

① 오버랩-운봉법 불량 ② 균열-모재의 유황 함유량 과다
③ 슬래그 섞임-용접이음 설계의 부적당 ④ 언더컷-용접전류가 너무 낮을 때

해설 **용접부의 결함**
① 언더컷의 원인
 ㉠ 용접속도가 너무 빠를 때 ㉡ 전류가 너무 높을 때
 ㉢ 부적당한 용접봉 사용 시 ㉣ 아크길이가 길 때
② 슬래그 섞임의 원인
 ㉠ 전류가 너무 낮을 때 ㉡ 운봉속도가 너무 느릴 때
 ㉢ 봉의 각도 부적당시 ㉣ 슬래그가 용융지보다 앞설 때
③ 균열의 원인
 ㉠ 이음각이 너무 좁을 때 ㉡ 아크 분위기에 수소가 많을 때
 ㉢ 냉각 속도가 너무 빠를 때 ㉣ 용접속도가 너무 빠를 때
 ㉤ 고탄소강 사용 시 ㉥ 황이 많은 용접봉 사용 시
④ 오버랩의 원인
 ㉠ 용접속도가 너무 느릴 때 ㉡ 용접봉 유지각도 불량
 ㉢ 부적합한 용접봉 사용 시 ㉣ 전류가 너무 낮을 때
 ㉤ 용접봉 운봉속도 불량

문제 13 크레이터(crater) 처리 미숙으로 일어나는 결함이 아닌 것은?

① 수축될 때 균열이 생기기 쉽다. ② 파손이나 부식이 원인이 된다.
③ 슬래그의 섞임이 되기 쉽다. ④ 용접봉의 단락 원인이 된다.

해설 **크레이터 처리 미숙으로 일어나는 결함**
① 슬래그의 섞임이 되기 쉽다.
② 파손이나 부식의 원인이 된다.
③ 수축될 때 균열이 생기기 쉽다.

11. ② 12. ④ 13. ④

문제 14
다음 중 아르곤 용기를 나타내는 색깔은?

① 황색
② 녹색
③ 회색
④ 흰색

해설 용기 도색
<u>청</u><u>탄</u>산 <u>산</u><u>록</u>에서 <u>황</u><u>아</u><u>체</u> 안주삼아 <u>수</u><u>주</u>잔 높이 들고 <u>백</u><u>암</u><u>산</u> 바라보니
  ①   ②   ③   ④   ⑤

<u>염소는 갈색</u>으로 보이고 <u>쥐</u>들은 <u>기타</u>를 치더라.
  ⑥   ⑦

① 탄산가스 : 청색　② 산소 : 녹색　③ 아세틸렌 : 황색
④ 수소 : 주황　⑤ 암모니아 : 백색　⑥ 염소 : 갈색
⑦ 기타 : 쥐색(회색) (프로판, 아르곤, 네온 등)

문제 15
불활성 가스 아크 용접에서 티그(TIG) 용접의 전극봉은?

① 니켈
② 탄소강
③ 텅스텐
④ 저합금강

해설 티그 용접의 전극봉 : 텅스텐

문제 16
잔류응력을 완화시켜 주는 방법이 아닌 것은?

① 응력 제거 어닐링
② 저온 응력 완화법
③ 기계적 응력 완화법
④ 케이블 커넥터법

해설 잔류응력을 완화시켜 주는 방법
① 피닝법 : 해머로써 용접부를 연속적으로 때려 용접 표면에 소성 변형을 주는 방법
② 기계적 응력 완화법 : 잔류응력이 있는 제품에 하중을 주어 용접부에 약간의 소성변형을 일으킨 다음 하중을 제거하는 방법
③ 저온 응력 완화법 : 용접선 양측을 가스 불꽃에 의해 너비 약 150mm를 150~200℃ 정도의 비교적 낮은 온도로 가열한 다음 곧 수냉하는 방법
④ 국부풀림법 : 제품이 커서 노 내에 넣을 수 없을 때 또는 설비, 용량 등으로 노내 풀림을 바라지 못할 경우에 용접부 근처만을 풀림
⑤ 노내풀림법 : 제품 전체를 가열로 안에 넣고 적당한 온도에서 일정 시간 유지한 다음 노 내에서 서냉

문제 17
용접 결함 중 균열의 보수방법으로 가장 옳은 방법은?

① 작은 지름의 용접봉으로 재용접한다.
② 굵은 지름의 용접봉으로 재용접한다.
③ 전류를 높게 하여 재용접한다.
④ 정지구멍을 뚫어 균열부분은 홈을 판 후 재용접한다.

해답 14. ③　15. ③　16. ④　17. ④

해설 **결함의 보수**
① 균열의 보수 : 정지구멍을 뚫고 균열부분은 홈을 판 후 재용접
② 언더컷의 보수 : 지름이 작은 용접봉을 이용하여 보수
③ 오버랩의 보수 : 일부분을 깎아내고 재용접한다.
④ 슬래그의 보수 : 일부분을 깎아내고 재용접한다.

문제 18 용접설계상 주의사항으로 틀린 것은?

① 부재 및 이음은 될 수 있는 대로 조립작업, 용접 및 검사를 하기 쉽도록 한다.
② 부재 및 이음은 단면적의 급격한 변화를 피하고 응력집중을 받지 않도록 한다.
③ 용접이음은 가능한 한 많게 하고 용접선을 집중시키며, 용착량도 많게 한다.
④ 용접은 될 수 있는 한 아래보기 자세로 하도록 한다.

해설 용접이음은 가능한 한 적게 하고 용접선을 집중시키지 않고 용착량도 적게 한다.

문제 19 용접은 여러 가지 용도로 다양하게 이용이 되고 있다. 다음 용접의 용도만으로 묶어진 것은?

① 교량, 항공기, 컨테이너, 농기구
② 철탑, 배관, 조선, 시멘트관 접합
③ 농기구, 교량, 철도차량, 시멘트관 접합
④ 철탑, 건물, 철도차량 시멘트관 접합

해설 **용접의 용도** : 교량, 항공기, 컨테이너, 농기구

문제 20 용접작업의 경비를 절감시키기 위한 유의사항 중 잘못된 것은?

① 용접봉의 적절한 선정
② 용접사의 작업능률 향상
③ 용접지그를 사용하여 위보기 자세 시공
④ 고정구를 사용하여 능률 향상

해설 **용접작업의 경비를 절감시키기 위한 유의사항**
① 용접지그를 사용하여 아래보기 시공
② 고정구를 사용하여 능률 향상
③ 용접사의 작업능률 향상
④ 용접봉의 적절한 선정

해답 18. ③ 19. ① 20. ③

문제 21 산소-아세틸렌 가스 절단과 비교한, 산소-프로판 가스 절단의 특징이 아닌 것은?

① 절단면 윗모서리가 잘 녹지 않는다.
② 슬래그 제거가 쉽다.
③ 포갬 절단 시에는 아세틸렌보다 절단속도가 느리다.
④ 후판 절단 시에는 아세틸렌보다 절단속도가 빠르다.

해설 산소-아세틸렌 가스 절단과 비교한, 산소-프로판 가스 절단의 특징
① 포갬 절단 시에는 아세틸렌보다 절단속도가 빠르다.
② 후판 절단 시에는 아세틸렌보다 절단속도가 빠르다.
③ 슬래그 제거가 쉽다.
④ 절단면 윗모서리가 잘 녹지 않는다.

문제 22 용접법 중 모재를 용융하지 않고 모재의 용융점보다 낮은 금속을 녹여 접합부에 넣어 표면장력으로 접합시키는 방법은?

① 융접   ② 압접
③ 납땜   ④ 단접

해설 납땜 : 모재를 용융하지 않고 모재의 용융점보다 낮은 금속을 녹여 접합부에 넣어 표면장력으로 접합시키는 방법

문제 23 보호안경이 필요 없는 작업은?

① 탁상 그라인더 작업   ② 디스크 그라인더 작업
③ 수동가스 절단작업   ④ 금긋기 작업

해설 보호안경 필요 없는 작업
① 줄 작업   ② 톱 작업   ③ 금긋기 작업

문제 24 MIG 용접 시 와이어 송급 방식의 종류가 아닌 것은?

① 풀(pull) 방식   ② 푸시(push) 방식
③ 푸시 풀(push-pull) 방식   ④ 푸시 언더(push-under) 방식

해설 MIG 용접 시 와이어 송급 방식
① 풀 방식   ② 푸시 방식   ③ 푸시 풀 방식

21. ③ 22. ③ 23. ④ 24. ④

문제 25 구리의 용접에서 TIG 용접법에 대한 설명 중 틀린 것은?

① 판두께 6mm 이하에 많이 사용한다.
② 전극으로는 토륨이 들어 있는 텅스텐봉을 사용한다.
③ 전극은 직류 정극성(DCSP)을 사용한다.
④ 예열온도는 100~200℃ 정도로 한다.

문제 26 용접할 때 발생한 변형을 교정하는 방법들 중, 가열할 때 발생되는 열응력을 이용하여 소성변형을 일으켜 변형을 교정하는 방법은?

① 가열 후 해머로 두드리는 방법
② 롤러에 거는 방법
③ 박판에 대한 점 수축법
④ 피닝법

해설 변형을 교정하는 방법
① 가열 후 해머로 두드리는 방법
② 롤러에 거는 방법
③ 박판에 대한 점 수축법 : 열응력을 이용 소성변형을 일으켜 변형 교정
④ 후판에 대하여는 가열 후 압력을 걸고 수냉하는 방법
⑤ 소성변형시켜서 교정하는 방법
⑥ 외력을 이용한 소성 변형법

문제 27 용접결함에서 피트(pit)가 발생하는 원인이 아닌 것은?

① 모재 가운데 탄소, 망간 등의 합금원소가 많을 때
② 습기가 많거나 기름, 녹, 페인트가 묻었을 때
③ 모재를 예열하고 용접하였을 때
④ 모재 가운데 황 함유량이 많을 때

해설 피트가 발생하는 원인
① 모재 가운데 황 함유량이 많을 때
② 습기가 많거나 기름, 녹, 페인트가 묻었을 때
③ 모재 가운데 탄소, 망간 등의 합금원소가 많을 때
④ 용접부가 급랭 시
⑤ 과대 전류 시
⑥ 수소, 산소, 일산화탄소가 너무 많을 때

문제 28 용접 지그 선택의 기준이 아닌 것은?

① 물체를 튼튼하게 고정시킬 크기와 힘이 있어야 할 것.
② 용접위치를 유리한 용접자세로 쉽게 움직일 수 있을 것.
③ 물체의 고정과 분해가 용이해야 하며 청소에 편리할 것.
④ 변형이 쉽게 되는 구조로 제작될 것.

 해답

25. ④ 26. ③ 27. ③ 28. ④

해설 **용접 지그 선택의 기준**
① 변형이 쉽게 되지 않는 구조로 제작될 것.
② 물체의 고정과 분해가 용이해야 하며 청소에 편리할 것.
③ 용접위치를 유리한 용접 자세로 쉽게 움직일 수 있을 것.
④ 물체를 튼튼하게 고정시킬 크기와 힘이 있어야 할 것.

문제 29 모재의 산화물을 없애고 기포나 슬래그가 생기는 것을 방지하기 위하여 용제를 사용하는데, 연강의 가스 용접에 적당한 용제는?

① 탄산나트륨
② 붕사
③ 붕산
④ 일반적으로 사용하지 않음.

해설 **용제**
① 연강 : 사용하지 않는다.
② 반경강 : 중탄산나트륨 + 탄산나트륨
③ 주철 : 중탄산나트륨(70%) + 붕사(15%) + 탄산나트륨(15%)
④ 구리합금 : 붕사(75%) + 염화리튬(25%)

문제 30 균열에 대한 감수성이 좋아서 두꺼운 판, 구조물이 첫 층 용접 혹은 구속도가 큰 구조물과 고장력강 및 탄소나 황이 함유량이 많은 강의 용접에 가장 적합한 용접봉은?

① 일미나이트계(E4301)
② 고셀룰로오스계(E4311)
③ 고산화티탄계(E4313)
④ 저수소계(E4316)

해설 **연강용 피복 아크 용접봉**
① E4316(저수소계)
  ㉠ 균열에 대한 감수성이 좋아서 두꺼운 판 구조물 첫 층 용접 후는 구속도가 큰 구조물과 고장력강 및 탄소나 황의 함유량이 많은 강의 용접에 적합
  ㉡ 석회석, 형석을 주성분으로 한 것으로 기계적 성질, 내균열성이 우수
② E4313(고산화티탄계) : 산화티탄을 35% 정도 포함하고 비드 표면이 고우며 작업성이 우수, 고온크랙을 일으키기 쉬운 결점이 있다.
③ E4311(고셀룰로오스계) : 셀룰로오스를 20~30% 정도 포함한 용접봉으로 좁은 홈의 용접

문제 31 용접 전 꼭 확인해야 할 사항이 아닌 것은?

① 예열, 후열의 필요성 여부를 검토한다.
② 용접전류, 용접 순서, 용접 조건을 미리 정해둔다.
③ 양호한 용접성을 얻기 위해서 용접부에 물을 분무한다.
④ 이음부에 페인트, 기름, 녹 등의 불순물을 제거한다.

해답 29. ④ 30. ④ 31. ③

문제 32
아크 절단의 종류에 해당하는 것은?
① 철분 절단　② 수중 절단
③ 스카핑　④ 아크 에어 가우징

해설 **아크 에어 가우징** : 탄소아크절단장치에다 압축공기를 6~7kg/cm² 를 병용하여서 아크열로 용융시킨 부분을 압축공기로 불어 날려서 홈을 파내는 작업

문제 33
연강용 피복 용접봉에서 피복제의 역할 중 틀린 것은?
① 아크를 안정하게 한다.　② 스패터링을 많게 한다.
③ 전기절연작용을 한다.　④ 용착금속의 탈산정련작용을 한다.

해설 **피복제의 역할**
① 아크를 안정시킨다.　② 합금원소 첨가
③ 스패터 발생을 적게 한다.　④ 탈산정련작용
⑤ 슬래그 제거가 쉽다.　⑥ 공기중에서 산화, 질화 방지
⑦ 전기전열작용　⑧ 용착효율을 높인다.

문제 34
전기저항 용접에 속하지 않는 것은?
① 테르밋 용접　② 점 용접
③ 프로젝션 용접　④ 심 용접

해설 **전기저항 용접의 종류**
① 점 용접　② 심 용접　③ 프로젝션 용접

문제 35
전격의 방지 대책으로 적합하지 않은 것은?
① 용접기의 내부는 수시로 열어서 점검하거나 청소한다.
② 홀더나 용접봉은 절대로 맨손으로 취급하지 않는다.
③ 절연 홀더의 절연부분이 파손되면 즉시 보수하거나 교체한다.
④ 땀, 물 등에 의해 습기찬 작업복, 장갑, 구두 등은 착용하지 않는다.

문제 36
탄소강이 표준상태에서 탄소의 양이 증가하면 기계적 성질은 어떻게 되는가?
① 인장강도, 경도 및 연신율이 모두 감소한다.
② 인장강도, 경도 및 연신율이 모두 증가한다.
③ 인장강도와 연신율은 증가하나 경도는 감소한다.
④ 인장강도와 경도는 증가하나 연신율은 감소한다.

해설 **탄소의 양 증가 시** : ① 인장강도, 경도, 항복점 증가　② 연신율 충격값 감소

32. ④　33. ②　34. ①　35. ①　36. ④

문제 37
알루미늄(Al)의 성질에 관한 설명으로 틀린 것은?

① 비중이 가벼운 경금속이다.
② 전기 및 열의 전도율이 구리보다 좋다.
③ 상온 및 고온에서 가공이 용이하다.
④ 공기 중에서 표면에 Al_2O_3의 얇은 막이 생겨 내식성이 좋다.

해설 알루미늄의 성질
① 전기 및 열의 전도율은 구리보다 나쁘다.
② 비중이 가벼운 금속이다.
③ 상온 및 고온에서 가공이 용이하다.
④ 공기 중에서 표면에 Al_2O_3의 얇은 피막이 생겨 내식성이 좋다.
⑤ 무기산 염류에 침식된다. 특히 염산중에는 빠르게 침식된다.
⑥ 전연성이 풍부하여 400~500℃에서 연신율이 최대이다.
⑦ 주조성이 용이하고 다른 금속과 잘 융합

문제 38
구리합금 중에서 가장 높은 강도와 경도를 가진 청동은?

① 규소청동
② 니켈청동
③ 베릴륨청동
④ 망간청동

해설 구리합금 중에서 가장 높은 강도와 경도를 가진 청동 : 베릴륨청동

문제 39
담금질된 강의 경도를 증가시키고 시효변형을 방지하기 위한 목적으로 0℃ 이하의 온도에서 처리하는 것은?

① 풀림처리
② 심냉처리
③ 불림처리
④ 항온열처리

해설 열처리
① 심랭처리 : 담금질된 강의 경도를 증가시키고 시효변형을 방지하기 위한 목적으로 0℃ 이하의 온도에서 처리
② 질량효과 : 재료의 내·외부에 열처리 효과의 차이가 나는 현상
③ 뜨임 : 담금질된 강을 A_1변태점 이하의 일정 온도로 가열하여 인성 증가
④ 풀림 : 재질의 연화를 목적으로 일정 시간 가열 후 노 내에서 서냉 내부응력 및 잔류응력 제거

문제 40
용접할 부위에 황(S)의 분포 여부를 알아보기 위해 설퍼 프린트하고자 한다. 이 때 사용할 시약은?

① H_2SO_4
② KCN
③ 피크린산 알코올
④ 질산 알코올

해설 용접할 부위에 황의 분포 여부를 알아보기 위해 설퍼 프린트 시 시약 : H_2SO_4(황산)

해답 37. ② 38. ③ 39. ② 40. ①

문제 41
열팽창계수가 높으며 케이블의 피복, 활자 합금용, 방사선 물질의 보호재로 사용되는 것은?

① 금
② 크롬
③ 구리
④ 납

해설 납 : 열팽창계수가 높으며 케이블의 피복, 활자 합금용, 방사선 물질의 보호재로 사용

문제 42
다음 중 연성이 가장 큰 재료는?

① 순철
② 탄소강
③ 경강
④ 주철

문제 43
탄소강의 일반(기본) 열처리 방법을 나타낸 것이다. 틀린 것은?

① 불림
② 뜨임
③ 담금질
④ 침탄

해설 탄소강의 열처리 방법
① 담금질 ② 뜨임 ③ 풀림 ④ 불림 ⑤ 심랭처리

문제 44
다음 중 주철의 성장을 방지하는 방법이 아닌 것은?

① 흑연의 미세화로서 조직을 치밀하게 한다.
② 편상흑연을 구상흑연화시킨다.
③ 반복 가열 냉각에 의한 균열처리를 한다.
④ 탄소 및 규소의 양을 적게 한다.

해설 주철의 성장을 방지하는 방법
① 탄소 및 규소의 양을 적게 한다.
② 편상흑연을 구상흑연화한다.
③ 흑연의 미세화로서 조직을 치밀하게 한다.

문제 45
현재 많이 사용되고 있는 오스테나이트계 스테인리스강의 대표적인 화학적 조성으로 맞는 것은?

① 13% Cr
② 13% Ni
③ 18% Cr, 8% Ni
④ 18% Ni, 8% Cr

해설 18-8 스테인리스강(오스테나이트계 스테인리스강) : Cr(18), Ni(8)

41. ④ 42. ① 43. ④ 44. ③ 45. ③

문제 46 6.4황동에 철을 1~2% 정도 첨가한 합금으로 강도가 크고 내식성이 좋은 황동은?

① 델타메탈 ② 네이벌 황동
③ 망간황동 ④ 망가닌

해설 합금
① 델타메탈 : 6 : 4황동 + 철(1~2%)
② 네이벌 : 6 : 4 황동 + 주석(1~2%)
③ 에드미럴티 : 7 : 3황동 + 주석(1~2%)
④ 먼츠메탈 : 구리(60%) + 아연(40%)
⑤ 톰백 : 구리(80%) + 아연(20%)

문제 47 황동에서 탈아연 부식의 방지책이 아닌 것은?

① 아연(Zn) 30% 이하의 α 황동을 사용한다.
② 아연(Zn) 30% 이상의 β 황동을 사용한다.
③ 0.1~0.5%의 안티몬(Sb)을 첨가한다.
④ 1% 정도의 주석(Sn)을 첨가한다.

해설 황동에서 탈아연 부식의 방지책
① 1% 정도의 주석을 첨가한다.
② 0.1~0.5%의 안티몬(Sb)을 첨가한다.
③ 아연 30% 이하의 α 황동을 사용한다.

문제 48 다음 중 가공용 알루미늄 합금이 아닌 것은?

① 두랄루민(duralumin) ② 알드레이(aldrey)
③ 알민(almin) ④ 라우탈(lautal)

해설 가공용 알루미늄 합금
① 알민 ② 알드레이 ③ 두랄루민

문제 49 주강과 주철의 비교 설명으로 잘못된 것은?

① 주강은 주철에 비해 수축률이 크다.
② 주강은 주철에 비해 용융점이 높다.
③ 주강은 주철에 비해 기계적 성질이 우수하다.
④ 주강은 주철보다 용접에 의한 보수가 어렵다.

해설 주강은 주철보다 용접에 의한 보수가 쉽다.

46. ① 47. ② 48. ④ 49. ④

문제 50 보통 주철에 0.4~1% 정도 함유되며, 화학성분 중 흑연화를 방해하여 백주철화를 촉진하고, 황(S)의 해를 감소시키는 것은?

① 수소(H)
② 구리(Cu)
③ 알루미늄(Al)
④ 망간(Mn)

문제 51 보기 입체도의 화살표 방향을 정면으로 제3각법으로 제도한 것으로 맞는 것은?

문제 52 보기와 같은 도면이 나타내는 단면은 어느 단면도에 해당하는가?

① 한쪽 단면도
② 회전도시 단면도
③ 예각 단면도
④ 돈단면도(전단면도)

문제 53 다음 중 호의 길이 42mm를 나타낸 것은?

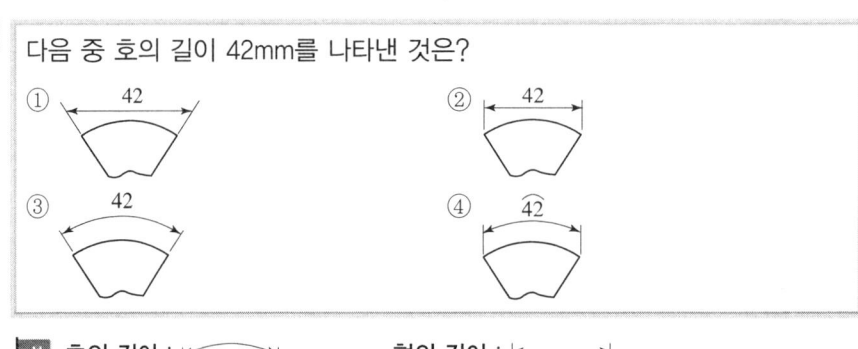

해설 호의 길이 :  현의 길이 :

50. ④ 51. ④ 52. ② 53. ④

문제 54

보기와 같이 입체도의 화살표 방향이 정면일 때, 우측면도로 가장 적합한 것은?

①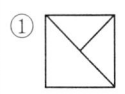
②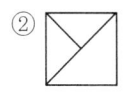
③
④

[보기]
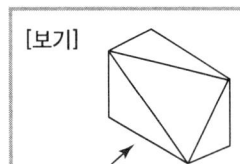

문제 55

그림과 같이 외경은 550mm, 두께가 6mm, 높이는 900mm인 원통을 만들려고 할 때, 소요되는 철판의 크기로 다음 중 가장 적합한 것은? (양쪽 마구리는 없는 상태이며 이음매 부위는 고려하지 않음.)

① 900×1709
② 900×1749
③ 900×1765
④ 900×1800

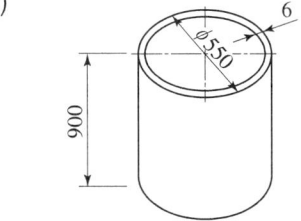

해설 $(550 \times 3.14 - 6 \times 3.14) = 1708.16$

문제 56

보기 용접 기호 중 " "가 나타내는 의미의 설명으로 올바른 것은?

① 전둘레 필릿 용접
② 현장 필릿 용접
③ 전둘레 현장 용접
④ 현장 점 용접

[보기]
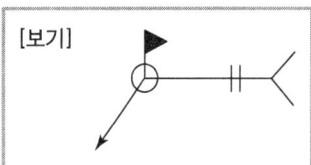

문제 57

다음 중 물체의 일부분의 생략 또는 단면의 경계를 나타내는 선으로 불규칙한 파형의 가는 실선인 것은?

① 파단선
② 지시선
③ 가상선
④ 절단선

해설 **파단선** : 물체 일부분의 생략 또는 단면의 경계를 나타내는 선

54. ④ 55. ① 56. ③ 57. ①

문제 **58** 보기 입체도에서 화살표가 지시한 면이 정면일 경우 정면도 가장 적합한 것은?

① 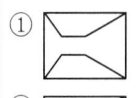 ②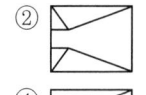

③ ④

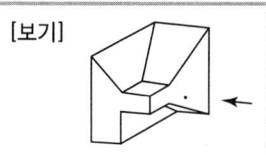

문제 **59** 제도, 용지의 크기는 한국산업규격에 따라 사용하고 있다. 일반적으로 큰 도면을 접을 경우 다음 중 어느 크기로 접어야 하는가?

① A2 ② A3
③ A4 ④ A5

해설 일반적으로 큰 도면을 접을 경우 A4 크기로 접는다.

문제 **60** 배관설비 도면에서 보기와 같은 관 이음의 도시기호가 의미하는 것은?

① 신축관 이음
② 하프 커플링
③ 슬루스 밸브
④ 플렉시블 커플링

[보기]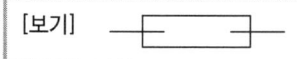

해설 **도시기호**
① ⊲⋈⊳ : 게이트 밸브(슬루스 밸브)
② ⊣Ν⊢ : 체크 밸브   ③ : 앵글 밸브
④ ⊲⋈⊢ : 글로브 밸브   ⑤ : 전동밸브

58. ③ 59. ③ 60. ①

2023년 4월 CBT 시행

문제 01 산소의 성질에 관한 설명으로 틀린 것은?

① 다른 물질의 연소를 돕는 조연성 기체이다.
② 아세틸렌과 혼합 연소시켜 용접, 가스 절단에 사용한다.
③ 산소 자체가 연소하는 성질이 있다.
④ 무색, 무취, 무미의 기체이다.

해설 산소의 성질
① 무색, 무취, 무미의 기체이다.
② 조연성 기체이다.
③ 아세틸렌과 혼합 연소시켜 용접, 가스 절단에 사용된다.
④ 액체가 기화하면 800배 체적의 기체가 된다.
⑤ 유지류, 용제 등이 부착되면 산화 폭발의 위험이 있다.
⑥ 모든 원소와 화합 시 산화물을 만든다.
⑦ $1l$의 중량은 0℃, 1기압에서 1.429g이다.
⑧ 기체의 비중은 1.105로서 공기보다 약간 무겁다.
⑨ 공기중에 21% 함유

문제 02 스테인리스(stainless)강의 가스 절단이 곤란한 가장 큰 이유는?

① 산화물이 모재보다 고용융점이기 때문에
② 탄소 함량의 영향을 많이 받기 때문에
③ 적열 상태가 되지 않기 때문에
④ 내부식성이 강하기 때문에

해설 스테인리스강의 가스 절단이 곤란한 가장 큰 이유
산화물이 모재보다 고용융점이기 때문에

문제 03 산소 용기에 각인되어 있는 사항의 설명으로 틀린 것은?

① TP : 내압시험압력
② FP : 최고 충전압력
③ V : 내용적
④ W : 제조번호

해설 산소 용기의 각인
① W : 용기 질량
② V : 용기 내용적
③ FP : 최고 충전압력
④ TP : 내압시험압력

01. ③ 02. ① 03. ④

문제 04
직류 역극성을 사용하는 것은?
① 아크 에어 가우징　② 탄소 아크절단
③ 금속 아크절단　④ 산소 아크절단

해설 **직류 역극성 사용** : 아크 에어 가우징

문제 05
용접부의 잔류응력을 경감시키기 위해서 가스 불꽃으로 용접선 너비의 60~130mm에 걸쳐서 150~200℃ 정도로 가열 후 수냉시키는 잔류응력 경감법을 무엇이라 하는가?
① 노내풀림법　② 국부풀림법
③ 저온 응력 완화법　④ 기계적 응력 완화법

해설 **용접 잔류응력 제거법**
① 저온 응력 완화법 : 용접선 양측을 가스 불꽃으로 너비 약 60~130mm에 걸쳐서 150~200℃ 정도의 가열로 수냉시키는 방법
② 노내풀림법 : 제품 전체를 가열로 안에 넣고 적당한 온도에서 일정 시간 유지한 다음 노 내에서 서냉
③ 국부풀림법 : 제품이 커서 노 내에 넣을 수 없을 때 또는 설비, 용량 등으로 노내 풀림을 바라지 못할 경우에 용접부 근처만을 풀림
④ 기계적 응력 완화법 : 잔류응력이 있는 제품에 하중을 주어 용접부에 약간의 소성변형을 일으킨 다음 하중을 제거하는 방법
⑤ 피닝법 : 해머로써 용접부를 연속적으로 때려 용접 표면에 소성변형을 주는 방법

문제 06
금속산화물이 알루미늄에 의하여 산소를 빼앗기는 반응에 의해 생성되는 열을 이용하여 금속을 접합하는 용접 방법은?
① 일렉트로 슬래그 용접　② 테르밋 용접
③ 불활성 가스 금속 아크 용접　④ 저항 용접

해설 **테르밋 용접** : 금속산화물이 알루미늄에 의하여 산소를 빼앗기는 반응에 의해 생성되는 열을 이용하여 금속을 접합

문제 07
아크 용접에서 정극성과 비교한 역극성의 특징은?
① 모재의 용입이 깊다.　② 용접봉의 녹음이 빠르다.
③ 비드 폭이 좁다.　④ 후판 용접에 주로 사용된다.

해설 **역극성의 특징**
① 용접봉의 녹음이 빠르다.　② 모재의 용입이 얕다.
③ 비드 폭이 넓다.　④ 박판용접에 주로 사용한다.

04. ①　05. ③　06. ②　07. ②

문제 08
용해 아세틸렌의 장점 중 틀린 것은?
① 운반이 쉽고, 발생기 및 부속장치가 필요 없다.
② 용기를 뉘어서 사용해도 된다.
③ 순도가 높고 좋은 용접을 할 수 있다.
④ 아세틸렌의 손실이 대단히 적다.

해설 용해 아세틸렌의 장점
① 아세틸렌의 손실이 대단히 적다.
② 순도가 높고 좋은 용접을 할 수 있다.
③ 용기를 뉘어서 사용하면 안 된다.
④ 운반이 쉽고, 발생기 및 부속장치가 필요 없다.

문제 09
전기 저항열을 이용한 납땜 방법은?
① 가스 납땜　　② 유도가열 납땜
③ 노내 납땜　　④ 저항 납땜

해설 전기 저항열을 이용한 납땜 방법 : 저항 납땜

문제 10
서브머지드 아크 용접의 특징이 아닌 것은?
① 용접설비가 상당히 비싸다.
② 아크가 보이지 않으므로 용접부의 적부를 확인하기가 곤란하다.
③ 용접길이가 짧을 때 능률적이며 수평 및 위보기 자세 용접에 주로 이용된다.
④ 용입이 크므로 용접 층의 정밀도가 좋아야 한다.

해설 서브머지드 아크 용접의 특징
① 용입이 크므로 용접 층의 정밀도가 좋아야 한다.
② 아크가 보이지 않으므로 용접부의 적부를 확인하기가 곤란하다.
③ 용접설비가 상당히 비싸다.
④ 용융속도 및 용착속도가 빠르다.
⑤ 개선각을 적게 하여 용접 패스수를 줄일 수 있다.
⑥ 비드 외관이 아름답다.
⑦ 유해광선이 적게 발생되어 작업환경이 깨끗하다.

문제 11
연강용 아크 용접봉과 피복제 계통이 잘못 짝지어진 것은?
① E4316-저수소계　　② E4311-고셀룰로오스계
③ E4327-철분저수소계　　④ E4303-라임티탄계

08. ② 09. ④ 10. ③ 11. ③

해설 연강용 피복 아크 용접봉
① E4301(일미나이트계)
② E4303(라임티탄계)
③ E4311(고셀룰로오스계)
④ E4313(고산화티탄계)
⑤ E4316(저수소계)
⑥ E4324(철분산화티탄계)
⑦ E4326(철분저수소계)
⑧ E4327(철분산화철계)
⑨ E4340(특수계)

문제 12 피복 아크 용접에서 기공 발생의 원인이 되는 것은?
① 용접봉이 건조하였을 때
② 용접봉에 습기가 있었을 때
③ 용접봉이 굵었을 때
④ 용접봉이 가늘었을 때

해설 기공의 발생 원인
① 용접부가 급랭 시
② 아크길이 및 운봉법이 부적당 시
③ 용접봉 또는 용접부에 습기가 많을 경우
④ 이음부에 기름, 페인트, 녹 등이 부착해 있을 경우
⑤ 과대전류 사용 시
⑥ 수소, 산소, 일산화탄소가 너무 많을 때

문제 13 프랑스식 팁 100번은 몇 mm 연강판의 용접에 적당한가?
① 1~1.5
② 10~20
③ 5~7
④ 8~9

해설 프랑스식 팁 100번은 1~1.5mm 연강판의 용접에 사용

문제 14 프로판 가스 저장실의 통풍용 환기 구멍이 아래쪽에 위치하는 가장 큰 이유는?
① 가스를 조절하기 쉬우므로
② 공기보다 무거우므로
③ 구멍 뚫기가 쉬우므로
④ 물이 잘 빠지게 하기 위하여

해설 프로판 가스 저장실의 통풍용 환기 구멍이 아래쪽에 위치하는 가장 큰 이유
공기보다 1.52배 무거우므로
C_3H_8 ($12 \times 3 + 8 = 44g \div 29 = 1.52$배)

문제 15 피복제의 주된 역할로 틀린 것은?
① 아크를 안정하게 한다.
② 스패터링(spattering)을 많게 한다.
③ 모재 표면의 산화물을 제거한다.
④ 슬래그 제거를 쉽게 하고, 파형이 고운 비드를 만든다.

해답

12. ② 13. ① 14. ② 15. ②

해설 피복제의 역할
① 탈산정련작용
② 아크 안정
③ 용착금속의 효율을 높인다.
④ 합금원소 첨가
⑤ 스패터 발생을 적게 한다.
⑥ 공기중의 산화, 질화 방지
⑦ 전기절연작용
⑧ 슬래그 제거가 쉽다.
⑨ 용착금속의 냉각속도를 느리게 하여 급랭 방지

문제 16 가스 용접에서 전진법과 비교한 후진법(back hand method)의 특징 설명에 해당되지 않는 것은?
① 두꺼운 판의 용접에 적합하다.
② 용접속도가 빠르다.
③ 용접변형이 크다.
④ 소요 홈의 각도가 작다.

해설 후진법의 특징
① 용접변형이 적다.
② 홈의 각도가 적다.
③ 용접속도가 빠르다.
④ 두꺼운 판의 용접에 적합

문제 17 가스 용접에 사용되는 연료가스와 화학식이 잘못 연결된 것은?
① 아세틸렌-C_2H_2
② 프로판-C_3H_8
③ 메탄-C_4H_{10}
④ 수소-H_2

해설 화학식
① CH_4 : 메탄
② C_2H_2 : 아세틸렌
③ C_3H_8 : 프로판
④ H_2 : 수소
⑤ C_4H_{10} : 부탄

문제 18 가스 용접의 불꽃온도 중 가장 낮은 것은?
① 산소-아세틸렌 용접
② 산소-프로판 용접
③ 산소-수소 용접
④ 산소-메탄 용접

해설 가스 용접의 불꽃온도
① 산소-메탄 : 2700℃
② 산소-프로판 : 2820℃
③ 산소-수소 : 2900℃
④ 산소-아세틸렌 : 3430℃

문제 19 용접작업 시 전격 방지를 위한 주의사항 중 틀린 것은?
① 캡타이어 케이블의 피복상태, 용접기의 접지상태를 확실하게 점검할 것.
② 기름기가 묻었거나 젖은 보호구와 복장은 입지 말 것.
③ 좁은 장소의 작업에서는 신체를 노출시키지 말 것.
④ 개로 전압이 높은 교류 용접기를 사용할 것.

16. ③ 17. ③ 18. ④ 19. ④

해설 전격 방지를 위한 주의사항
① 개로 전압이 낮은 교류 용접기를 사용할 것.
② 좁은 장소의 작업에서는 신체를 노출시키지 말 것.
③ 기름기가 묻었거나 젖은 보호구와 복장은 입지 말 것.
④ 캡타이어 케이블의 피복상태, 용접기의 접지상태를 확실하게 점검할 것.

문제 20 용제(flux)가 필요한 용접은?
① MIG 용접
② TIG 용접
③ 원자 수소 용접
④ 서브머지드 용접

해설 서브머지드 용접 : 용제가 필요한 용접

문제 21 용접기에 AW 300이란 표시가 있다. 여기서 300은 무엇을 뜻하는가?
① 2차 최대 전류
② 최고 2차 무부하 전압
③ 정격 사용률
④ 정격 2차 전류

해설 용접기에 300이 뜻하는 것 : 정격 2차 전류

문제 22 용접의 일반적인 특징을 설명한 것 중 틀린 것은?
① 제품의 성능과 수명이 향상되며 이종재료도 용접이 가능하다.
② 재료의 두께에 제한이 없다.
③ 보수와 수리가 어렵고 제작비가 많이 든다.
④ 작업공정이 단축되며 경제적이다.

해설 용접의 특징
① 작업공정이 단축되며 경제적이다.
② 제품의 성능과 수명이 향상된다.
③ 수밀 및 기밀성이 좋다.
④ 재료의 두께에 제한이 없다.
⑤ 이종재료도 용접이 가능하다.
⑥ 이음효율이 높다.
⑦ 중량이 가벼워진다.
⑧ 보수와 수리가 용이
⑨ 품질검사가 곤란
⑩ 변형 및 수축 잔류응력이 발생
⑪ 취성이 생길 우려가 있다.

문제 23 피복 아크 용접봉의 용융속도는 어느 식으로 결정되는가?
① 아크전류×용접봉쪽 전압강하
② 아크전류×모재쪽 전압강하
③ 아크전압×용접봉쪽 전압강하
④ 아크전압×모재쪽 전압강하

해설 용접봉의 용융속도 : 아크전류×용접봉쪽 전압강하

20. ④ 21. ④ 22. ③ 23. ①

문제 24 용접금속의 구조상의 결함이 아닌 것은?

① 변형
② 기공
③ 언더컷
④ 균열

해설 구조상 결함 : 오버랩, 용입불량, 내부 기공, 슬래그 혼입, 언더컷, 균열, 은점

문제 25 모재의 홈 가공을 V형으로 했을 경우 엔드탭(end-tap)은 어떤 조건으로 하는 것이 가장 좋은가?

① I형 홈 가공으로 한다.
② V형 홈 가공으로 한다.
③ X형 홈 가공으로 한다.
④ 홈 가공이 필요 없다.

해설 엔드탭 : V형 홈 가공으로 한다.

문제 26 다음 용접법의 분류 중 압접에 해당하는 것은?

① 테르밋 용접
② 전자 빔 용접
③ 유도 가열 용접
④ 탄산가스 아크 용접

해설 압접
① 유도 가열 용접
② 초음파 용접
③ 단접
④ 가압 테르밋 용접
⑤ 마찰용접
⑥ 냉간압접
⑦ 저항용접
  ㉠ 겹치기 용접 : ⓐ 점 용접 ⓑ 심 용접 ⓒ 프로젝션 용접
  ㉡ 맞대기 용접 : ⓐ 업셋 맞대기 용접 ⓑ 방전충격용접 ⓒ 플래시 맞대기 용접

문제 27 납땜할 때 염산이 피부에 튀었을 경우의 조치로 옳은 것은?

① 빨리 물로 세척한다.
② 외상이 나타나지 않는 한 그대로 둔다.
③ 손으로 문질러 둔다.
④ 머큐로크롬을 바른다.

해설 염산이 피부에 튀었을 때는 빨리 물로 세척한다.

해답 24. ① 25. ② 26. ③ 27. ①

문제 28 강재 표면의 홈이나 개재물, 탈탄층 등을 제거하기 위하여 될 수 있는 대로 얇게, 그리고 타원형 모양으로 표면을 깎아내는 가공법은?

① 스카핑
② 가스 가우징
③ 선삭
④ 천공

해설
① **스카핑** : 강재 표면의 홈이나 개재물, 탈탄층 등을 제거하기 위하여 될 수 있는 대로 얇게, 그리고 타원형 모양으로 표면을 깎아내는 가공법
② **가스 가우징** : 용접부분의 뒷면을 따내든지 H형, U형의 용접홈을 가공하기 위해서 깊은 홈을 파내는 가공법
③ **아크 에어 가우징** : 탄소아크절단장치에다 압축공기 6~7kg/cm²을 병용하여서 아크열로 용융시킨 부분을 압축공기로 불어 날려서 홈을 파내는 작업

문제 29 피복 아크 용접에서 과대전류, 용접봉 운봉각도의 부적합, 용접속도가 부적당할 때, 아크길이가 길 때 일어나며, 모재와 비드 경계부분에 패인 홈으로 나타나는 표면결함은?

① 스패터
② 언더컷
③ 슬래그 섞임
④ 오버랩

해설 **언더컷**
① 용접전류가 높을 때
② 용접속도가 빠를 때
③ 아크길이가 길 때
④ 용접속도 부적합
⑤ 용접봉 운봉각도의 부적합

문제 30 마찰 용접의 장점이 아닌 것은?

① 용접작업시간이 짧아 작업능률이 높다.
② 이종금속의 접합이 가능하다.
③ 피용접물의 형상치수, 길이, 무게의 제한이 없다.
④ 치수의 정밀도가 높고, 재료가 절약된다.

해설 **마찰 용접의 장점**
① 치수의 정밀도가 높고, 재료가 절약된다.
② 이종금속의 접합이 가능하다.
③ 용접작업시간이 짧아 작업능률이 높다.

문제 31 아크 용접봉의 피복제 중에서 아크 안정 성분은?

① 산화티탄
② 붕사
③ 페로망간
④ 니켈

28. ① 29. ② 30. ③ 31. ①

해설 아크안정제
① 산화티탄 ② 석회석 ③ 규산칼륨
④ 규산나트륨 ⑤ 자철광 ⑥ 적철광

문제 32 용접 제품을 파괴치 않고 육안검사가 가능한 결함은?
① 라미네이션 ② 피트
③ 기공 ④ 은점

해설 용접 제품을 파괴치 않고 육안검사 가능 : 피트

문제 33 용접기의 아크 발생을 8분간하고 2분간 쉬었다면, 사용률은 몇 %인가?
① 25 ② 40
③ 65 ④ 80

해설 사용률 = $\dfrac{\text{아크시간}}{\text{아크시간} + \text{휴식시간}} \times 100 = \dfrac{8}{8+2} \times 100 = 80\%$

문제 34 다음 중 산소 용기 취급에 대한 설명이 잘못된 것은?
① 산소 용기 밸브, 조정기 등은 기름 천으로 잘 닦는다.
② 산소 용기 운반 시에는 충격을 주어서는 안 된다.
③ 산소 밸브의 개폐는 천천히 해야 한다.
④ 가스 누설의 점검을 수시로 한다.

해설 산소 용기 취급 시 주의사항
① 가스 누설의 점검을 수시로 한다.
② 산소 밸브의 개폐는 천천히 해야 한다.
③ 산소 용기 운반 시는 충격을 주어서는 안 된다.
④ 산소 용기 밸브 등은 기름으로 닦으면 발화의 위험이 있다.
⑤ 산소 가스 용기는 가연성 가스 용기와 구분하여 저장
⑥ 용기 밸브를 열 때는 천천히 열도록 한다.

문제 35 가스 절단에서 양호한 절단면을 얻기 위한 조건으로 틀린 것은?
① 드래그(drag)가 가능한 한 클 것. ② 경제적인 절단이 이루어질 것.
③ 슬래그 이탈이 양호할 것. ④ 절단면 표면의 각이 예리한 것

해설 가스 절단에서 양호한 절단면을 얻기 위한 조건
① 드래그가 가능한 한 작을 것. ② 경제적인 절단이 이루어질 것.
③ 슬래그 이탈이 양호할 것. ④ 절단면 표면의 각이 예리한 것

해답 32. ② 33. ④ 34. ① 35. ①

문제 36 Al-Mg계 합금이며 내식성 알루미늄 합금의 대표적인 것으로 강도와 인성이 좋은 재료는?

① Y합금
② 하이드로날륨
③ 두랄루민
④ 실루민

해설 합금
① 하이드로날륨 : Al+Mg
② Y합금 : Al+Cu+Mg+Ni
③ 두랄루민 : Al+Cu+Mg+Mn
④ 실루민 : Al+Si

문제 37 일반적으로 보통 주철은 어떤 형태의 주철인가?

① 칠드주철
② 가단주철
③ 합금주철
④ 회주철

해설 일반적인 보통 주철은 회주철이다.

문제 38 고장력강 용접 시 주의사항 중 틀린 것은?

① 용접봉은 저수소계를 사용할 것.
② 용접 개시 전에 이음부 내부 또는 용접부분을 청소할 것.
③ 아크 길이는 가능한 길게 유지할 것.
④ 위빙 폭을 크게 하지 말 것.

해설 고장력강 용접 시 주의사항
① 아크 길이는 가능한 짧게 할 것.
② 위빙 폭을 크게 하지 말 것.
③ 용접 개시 전에 이음부 내부 또는 용접부분을 청소할 것.
④ 용접봉은 저수소계를 사용할 것.

문제 39 오스테나이트계 스테인리스강의 성분은?

① Ni 18%+Cr 8%
② W 18%+Ni 8%
③ Cr 18%+Ni 8%
④ Ni 18%+W 8%

해설 오스테나이트계 스테인리스강의 성분 : Cr(18%)+Ni(8%)

문제 40 공석강의 탄소(C) 함량은 얼마인가?

① 0.02%
② 0.77%
③ 2.11%
④ 6.68%

36. ② 37. ④ 38. ③ 39. ③ 40. ②

해설 탄소 함유량
① 아공석강 : 0.0218~2.11%
② 공석강 : 0.85%
③ 과공석강 : 0.85~2.11% 이하

문제 41
주철 용접에 관한 설명으로 옳지 않은 것은?
① 주철 속에 기름, 흙, 모래 등이 있는 경우에 용착이 양호하고 모재와의 친화력이 좋다.
② 주철은 연강에 비하여 여리며, 수축이 많아 균열이 생기기 쉽다.
③ 주철은 급랭에 의한 백선화로 기계 가공이 곤란하다.
④ 일산화탄소 가스가 발생하여 용착금속에 기공이 생기기 쉽다.

해설 주철 용접에 관한 설명
① 주철은 연강에 비해 여리고, 수축이 많아 균열이 생기기 쉽다.
② 주철은 급랭에 의한 백선화로 기계 가공이 곤란하다.
③ 일산화탄소 가스가 발생하여 용착금속에 기공이 생기기 쉽다.

문제 42
알루미늄 합금 용접 시 청정작용이 잘 되는 것은?
① Ar 가스 사용, DCSP
② He 가스 사용, DCSP
③ Ar 가스 사용, ACHF
④ He 가스 사용, ACHF

해설 알루미늄 합금 용접 시 청정작용이 잘 되는 것 : Ar 가스 사용, ACHF

문제 43
다음 중 용접성이 가장 좋은 금속은?
① 주철
② 주강
③ 저탄소강
④ 고탄소강

해설 용접성이 가장 좋은 강 : 저탄소강

문제 44
일반구조용 강재의 용접응력 제거를 위해 노내 및 국부풀림의 유지온도로 적당한 것은?
① 825±25℃
② 625±25℃
③ 525±25℃
④ 325±25℃

해설 일반구조용 강재의 용접응력 제거를 위해 노내 및 국부풀림의 유지온도, 시간
625±25℃, 1~2시간

해답
41. ① 42. ③ 43. ③ 44. ②

문제 45 백동 또는 양은이라고도 하며 7 : 3황동에 10~20%의 Ni을 첨가한 것으로 전기 저항체, 밸브, 콕, 광학기계 부품 등에 사용되는 구리합금은?

① 양백
② 먼츠메탈
③ 동백
④ 쾌삭황동

해설 **양은** : 7 : 3황동 + Ni(10~20%)

문제 46 일반적으로 스테인리스강의 종류에 해당되는 것은?

① 비자성 스테인리스강
② 영구지석 스테인리스강
③ 페라이트계 스테인리스강
④ 플라티나이트 스테인리스강

해설 **스테인리스강의 종류**
① 페라이트계 스테인리스강
② 오스테나이트계 스테인리스강

문제 47 구리에 관한 설명으로 틀린 것은?

① 전기 및 열의 전도율이 높은 편이다.
② 전연성이 매우 크므로 상온가공이 용이하다.
③ 화학적 저항력이 적어서 부식이 쉽다.
④ 아름다운 광택과 귀금속적 성질이 우수하다.

해설 **구리에 관한 설명**
① 아름다운 광택과 귀금속적 성질이 우수하다.
② 전연성이 매우 크므로 상온 가공이 용이하다.
③ 전기 및 열의 전도율이 은 다음으로 높다.
④ 비중은 8.96, 용융점은 1083℃
⑤ 건조한 공기 중에서는 산화하지 않는다.
⑥ 황산, 염산에 용해되며, 해수, 탄소가스, 습기에 녹이 생긴다.

문제 48 용접금속에 수소가 잔류하면 헤어 크랙(hear crack)의 원인이 된다. 용접 시 수소의 흡수가 가장 많은 강은?

① 저탄소킬드강
② 세미킬드강
③ 고탄소림드강
④ 림드강

해설 **용접시 수소의 흡수가 가장 많은 강** : 저탄소킬드강

45. ① 46. ③ 47. ③ 48. ①

문제 49

다음 중 비중이 가장 높은 금속은?

① 크롬
② 바나듐
③ 망간
④ 구리

해설 금속의 비중
① 구리 : 8.96　② 크롬 : 7.19
③ 바나듐 : 6.16　④ 망간 : 7.43
⑤ 납 : 11.36　⑥ 텅스텐 : 19.1
⑦ 백금 : 21.45　⑧ 철 : 7.87
⑨ 티탄 : 4.5　⑩ 알루미늄 : 2.7
⑪ 마그네슘 : 1.74

문제 50

일반적으로 주철의 장점이 아닌 것은?

① 압축강도가 크다.
② 담금질성이 우수하다.
③ 내마모성이 우수하다.
④ 주조성이 우수하다.

해설 일반적인 주철의 장점
① 압축강도가 크다.
② 내마모성이 우수하다.
③ 주조성이 우수하다.

문제 51

큰 도면을 접을 때에 일반적으로 얼마의 크기로 접는 것을 원칙으로 하는가?

① A5
② A4
③ A3
④ A2

해설 큰 도면을 접을 때에 일반적으로 A4 크기로 접는다.

문제 52

용접부 비파괴 시험 기호 중 자분탐상시험 기호는?

① VT
② RT
③ JT
④ MT

해설 비파괴 시험
① 방사선시험(RT)　② 침투시험(PT)
③ 초음파시험(UT)　④ 자분탐상시험(MT)
⑤ 누설시험(LT)　⑥ 육안검사(VT)

49. ④　50. ②　51. ②　52. ④

2023년도 시행

문제 53 보기와 같은 제3각 정투상도에서 누락된 우측면도로 가장 적합한 것은?

문제 54 보기 입체도의 화살표 방향을 정면으로 할 때 우측면도로 적합한 투상은?

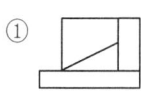

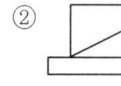

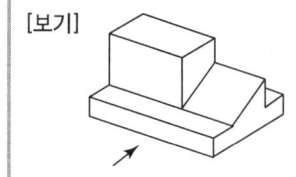

문제 55 도면에 2가지 이상이 같은 장소에 겹치어 나타내게 될 경우 다음 중에서 우선순위가 가장 높은 것은?

① 숨은선　　　　　　② 외형선
③ 절단선　　　　　　④ 중심선

해설 도면에서 2개 이상의 같은 장소에 겹칠 경우 우선순위가 가장 높은 것 : 외형선

문제 56 보기와 같은 KS 용접 기호의 해독으로 틀린 것은?

① 화살표 반대쪽 스폿 용접
② 스폿부의 지름 6mm
③ 용접부의 개수(용접 수) 5개
④ 스폿 용접한 간격은 100mm

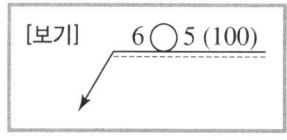

해설 KS 용접 기호
　① 화살표 쪽 용접 기호　　② 스폿부의 지름 6mm
　③ 용접부의 개수 5개　　　④ 스폿 용접한 간격 100mm

53. ② 54. ④ 55. ② 56. ①

문제 57 보기 입체도에서 화살표 쪽을 정면도로 한다면 평면도를 올바르게 나타낸 것은?
(단, 평면도상에서 상하, 좌우방향의 형상은 대칭이다.)

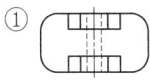 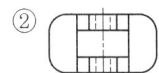
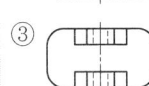 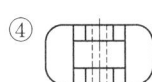

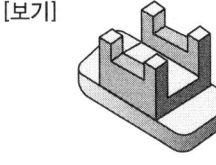
[보기]

문제 58 다음 중 호의 길이 치수 표시로 가장 적합한 것은?

① ② ③ ④

해설 호의 길이 : 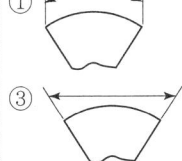   현의 길이 :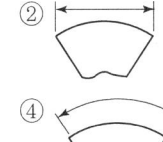

문제 59 용접부의 보조기호에서 제거 가능한 덮개판을 사용하는 경우의 표시 기호는?

① M   ② P
③ MR   ④ PR

해설 보조기호
① 평면 : ──────
② 볼록형 : ⌒
③ 오목형 : ⌣
④ 끝단부를 매끄럽게 함 :
⑤ 영구적인 덮개판을 사용 :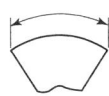
⑥ 제거 가능한 덮개판 사용 :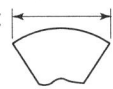

문제 60 다음 투상법 중 제1각법과 제3각법이 속하는 투상도법은?

① 정투상법   ② 등각 투상법
③ 사투상법   ④ 부등각 투상법

해설 투상도법 중 제1각법과 제3각법이 속하는 투상도법 : 정투상법

57. ② 58. ① 59. ③ 60. ①

2023년 6월 CBT 시행

문제 01 가스 용접봉의 채색 표시로 틀린 것은?

① GA46-적색
② GA43-청색
③ GB35-자색
④ GB43-녹색

해설 가스 용접봉의 채색 표시
① GA46 : 적색 ② GA43 : 청색 ③ GB35 : 자색

문제 02 가스 용접에서 전진법과 비교한 후진법의 설명으로 맞는 것은?

① 열 이용률이 나쁘다.
② 용접속도가 느리다.
③ 용접변형이 크다.
④ 두꺼운 판의 용접에 적합하다.

해설 전진법과 비교한 후진법의 특징
① 후판용접에 적당하다. ② 용접변형이 크다.
③ 용접속도가 빠르다. ④ 열 이용률이 좋다.

문제 03 아크 쏠림을 방지하는 방법 중 맞는 것은?

① 직류 전원을 사용한다.
② 용접봉의 끝을 아크 쏠림 반대방향으로 기울인다.
③ 아크길이를 길게 유지한다.
④ 긴 용접에는 전진법으로 융착한다.

해설 아크 쏠림 방지법
① 용접봉의 끝을 아크 쏠림 반대방향으로 한다.
② 긴 용접에는 후진법으로 융착한다.
③ 아크길이를 짧게 한다.
④ 직류전원을 사용한다.
⑤ 접지점을 용접부보다 멀리할 것.
⑥ 직류 용접보다 교류 용접을 한다.

문제 04 수동 아크 용접기가 갖추어야 할 용접기 특성은?

① 수하 특성과 상승 특성
② 정전류 특성과 상승 특성
③ 정전류 특성과 정전압 특성
④ 수하 특성과 정전류 특성

해설 수동 아크 용접기가 갖추어야 할 용접기 특성 : 수하 특성과 정전류 특성

01. ④ 02. ④ 03. ② 04. ④

문제 05 산소 용기의 각인에 포함되지 않는 사항은?

① 내압시험압력 ② 최고 충전압력
③ 내용적 ④ 용기의 도색 색체

해설 산소 용기의 각인
① 용기 질량(kg) ② 내용적(l)
③ 최고 충전압력(FP) ④ 내압시험압력(TP)
⑤ 내압시험년월 ⑥ 제조번호 및 제조업자의 기호

문제 06 아크 발생 초기에 용접봉과 모재가 냉각되어 있어 입열이 부족하면 아크가 불안정하기 때문에 아크 초기만 용접전류를 특별히 크게 해 주는 장치는?

① 전격방지장치 ② 원격제어장치
③ 핫 스타트 장치 ④ 고주파 발생장치

해설 ① **핫 스타트 장치** : 아크 발생 초기에 용접봉과 모재가 냉각되어 있어 입열이 부족하면 아크가 불안정하기 때문에 아크 초기만 용접전류를 특별히 크게 해 주는 장치
② **전격방지장치** : 무부하전압이 80~90V로 비교적 높은 교류 아크 용접기는 감전재해의 위험이 있기 때문에 무부하전압을 20~30V 이하로 유지하여 용접사 보호

문제 07 교류 용접기의 규격은 무엇으로 정하는가?

① 입력 정격 전압 ② 입력 소모 전압
③ 정격 1차 전류 ④ 정격 2차 전류

해설 **교류 용접기의 규격** : 정격 2차 전류

문제 08 다음 중 야금학적 접합법이 아닌 것은?

① 확관법 ② 용접
③ 압접 ④ 납땜

해설 **야금학적 접합법**
① 용접 ② 압접 ③ 납땜

문제 09 산소와 아세틸렌 가스의 불꽃의 종류가 아닌 것은?

① 탄화불꽃 ② 산화불꽃
③ 혼합불꽃 ④ 중성불꽃

해답 05. ④ 06. ③ 07. ④ 08. ① 09. ③

해설 **산소 아세틸렌 불꽃의 종류**
① 탄화불꽃 : ㉠ 아세틸렌 과잉불꽃   ㉡ 스테인리스, 모넬메탈, 스텔라이트
　　　　　 ㉢ 아세틸렌 페더가 있는 불꽃
② 산화불꽃 : ㉠ 산소 과잉불꽃   ㉡ 구리, 황동 용접에 사용
③ 중성불꽃 : ㉠ 표준불꽃이라고 한다.   ㉡ 산소와 아세틸렌의 비는 1 : 1이다.

문제 10 피복 아크 용접에서 직류 정극성(DCSP)을 사용하는 경우 모재와 용접봉의 열 분배율은?

① 모재 70%, 용접봉 30%　　② 모재 30%, 용접봉 70%
③ 모재 60%, 용접봉 40%　　④ 모재 40%, 용접봉 60%

해설 **용접기의 극성**
① 직류 정극성(DCSP)
　㉠ 모재(+) 70%, 용접봉(−) 30%　㉡ 용입이 깊다.
　㉢ 후판용접이 가능하다.　　　　　㉣ 비드 폭이 좁다.
　㉤ 용접봉의 녹음이 느리다.
② 직류 역극성(DCRT)
　㉠ 모재(−) 30%, 용접봉(+) 70%　㉡ 용입이 얕다.
　㉢ 용접봉의 녹음이 빠르다.　　　　㉣ 박판용접이 가능하다.
　㉤ 비드 폭이 넓다.

문제 11 아크 용접에서 피복제의 역할이 아닌 것은?

① 용적(globule)을 미세화하고, 용착효율을 높인다.
② 용착금속의 응고와 냉각속도를 빠르게 한다.
③ 많은 경우에 피복제는 전기절연작용을 한다.
④ 용착금속에 적당한 합금원소를 첨가한다.

해설 **피복제의 역할**
① 탈산정련작용　　　　　② 합금원소 첨가
③ 스패터 발생을 적게 한다.　④ 용착금속의 효율을 높인다.
⑤ 공기중의 산화, 질화 방지　⑥ 슬래그 제거가 쉽다.
⑦ 전기절연작용　　　　　⑧ 아크 안정시킨다.
⑨ 용착금속의 냉각속도를 느리게 한다.

문제 12 연강판 두께가 25.4mm일 때 표준 드래그 길이로 가장 적합한 것은?

① 2.4mm　　　　② 5.2mm
③ 10.2mm　　　 ④ 25.4mm

해설 드래그 길이 $= \dfrac{1}{5} = \dfrac{25.4}{5} = 5.08\text{mm}$

해답　10. ①　11. ②　12. ②

문제 13 프로판 가스의 성질 중 틀린 것은?

① 연소할 때 필요한 산소의 양은 1 : 1 정도다.
② 폭발한계가 좁아 안전도가 높고 관리가 쉽다.
③ 액화가 용이하여 용기에 충전이 쉽고 수송이 편리하다.
④ 상온에서 기체 상태이고 무색, 투명하며 약간의 냄새가 난다.

해설 프로판 가스의 성질
① 연소할 때 필요한 산소의 양은 1 : 5 정도이다.
② 폭발한계가 좁아 안전도가 높고 관리가 쉽다.
③ 액화가 용이하고 용기에 충전이 쉽고 수송이 편리하다.
④ 상온에서 기체 상태이고 무색 투명하며 약간의 냄새가 난다.
⑤ 연소 시 다량의 공기가 필요하다.
⑥ 발열량이 높다.
⑦ 비중은 공기보다 무겁다.

문제 14 수중 절단 시 가장 많이 사용되는 가스는?

① 아세틸렌   ② 프로판
③ 수소   ④ 벤젠

해설 수소 절단 시 많이 사용되는 가스 : 수소

문제 15 다음 아크 절단법 중 텅스텐 전극과 모재 사이에 아크를 발생시켜 모재를 용융하여 절단하는 방법으로 알루미늄, 마그네슘, 구리 및 구리합금, 스테인리스강 등의 금속재료의 절단에만 이용되는 절단법은?

① 티그 절단   ② 미그 절단
③ 플라스마 절단 ④ 금속아크 절단

해설 티그 절단 : 텅스텐 전극과 모재 사이에 아크를 발생시켜 모재를 용융하여 절단하는 방법으로 알루미늄, 마그네슘, 구리 및 구리합금, 스테인리스강 등의 금속재료의 절단

문제 16 보기와 같이 연강용 피복 아크 용접봉을 표시하였다. 설명으로 틀린 것은?

[보기] E 4 3 1 6

① E : 피복 아크 용접봉   ② 43 : 용착금속의 최저 인장강도
③ 16 : 피복제의 계통 표시   ④ E4316 : 일미나이트계

해설 E4316 : 저수소계

13. ① 14. ③ 15. ① 16. ④

문제 17
가변압식 토치의 팁번호가 400번을 사용하여 중성불꽃으로 1시간 동안 용접할 때, 아세틸렌가스의 소비량은 몇 리터인가?

① 400
② 800
③ 1600
④ 2400

해설 가변압식 팁번호 400번 : 1시간 동안의 아세틸렌 소비량이 400l이다.

문제 18
알루미늄은 공기 중에서 산화하나 내부로 침투하지 못한다. 그 이유는?

① 내부에 산화알루미늄이 생성되기 때문
② 내부에 산화철이 생성되기 때문
③ 표면에 산화알루미늄이 생성되기 때문
④ 표면에 산화철이 생성되기 때문

해설 내부로 침투하지 못하는 원인 : 표면에 산화알루미늄이 생성되기 때문에

문제 19
저융점 합금은 다음 중 어느 금속의 용융점보다 낮은 합금의 총칭인가?

① Cu
② Zn
③ Mg
④ Sn

해설 저융점 합금은 주석(Sn)보다 용융점이 낮은 합금(232℃)

문제 20
합금강에서 강에 티탄(Ti)을 약간 첨가하였을 때 얻는 효과로 가장 적합한 것은?

① 담금질 성질 개선
② 고온강도 개선
③ 결정입자 미세화
④ 경화능 향상

해설 특수 원소의 영향
① Ti(티탄) : 결정입자의 미세화
② Ni(니켈) : 인성 증가, 저온충격저항 증가
③ Mo(몰리브덴) : 뜨임취성 방지
④ Mn(망간) : 적열취성 방지
⑤ Cr(크롬) : 내식성, 내마모성 향상

문제 21
용접성이 가장 좋은 스테인리스강은?

① 마텐자이트계
② 오스테나이트계
③ 페라이트계
④ 시멘타이트계

해설 용접성이 가장 좋은 스테인리스강 : 오스테나이트계(18-8 스테인리스강)

17. ① 18. ③ 19. ④ 20. ③ 21. ②

문제 22
아크 용접 시 고탄소강의 용접 균열을 방지하는 방법이 아닌 것은?

① 용접전류를 낮춘다. ② 용접속도를 느리게 한다.
③ 예열 및 후열을 한다. ④ 급랭경화 처리를 한다.

해설 아크 용접 시 고탄소강의 용접 균열을 방지하는 방법
① 예열 및 후열을 한다.
② 용접속도를 느리게 한다.
③ 용접전류를 낮춘다.

문제 23
금속의 표면에 스텔라이트나 경합금 등을 융접 또는 압접으로 융착시키는 것은?

① 숏 피닝 ② 하드 페이싱
③ 샌드 블라스트 ④ 화염 경화법

해설 하드 페이싱 : 금속의 표면에 스텔라이트나 경합금 등을 융접 또는 압접으로 융착시킴.

문제 24
소재를 일정 온도(A_3)에 가열한 후 공랭시켜 표준화하는 열처리 방법은?

① 불림 ② 풀림
③ 담금질 ④ 뜨임

해설 열처리
① 불림
  ㉠ 강을 표준상태로 하기 위하여 가공조직의 균일화, 결정립의 미세화, 기계적 성질의 향상을 목적으로 실시
  ㉡ 소재를 일정 온도(A_3)에 가열한 후 공랭시켜 표준화하는 열처리
② 풀림 : 재질의 연화를 목적으로 일정 시간 가열 후 노 내에서 서냉 내부응력 및 잔류응력 제거
③ 뜨임 : 담금질된 강을 A_1변태점 이하의 일정 온도로 가열하여 인성 증가
④ 담금질 : 강을 A_3변태 및 A_1선 이상 30~50℃로 가열 후 물 또는 기름으로 급랭하는 방법으로 경도 및 강도 증가
⑤ 심랭처리(서브제로처리) : 담금질된 강의 경도를 증가시키고 시효변형을 방지하기 위한 목적으로 0℃ 이하의 온도에서 처리

문제 25
구리합금의 가스 용접 시 사용되는 용제로 가장 적합한 것은?

① 사용하지 않는다. ② 붕사, 중탄산나트륨
③ 붕사, 염화리튬 ④ 염화리튬, 염화칼륨

해설 용제
① 구리합금 : 붕사(75%) + 염화리튬(25%)
② 주철 : 중탄산나트륨(70%) + 붕사(15%) + 탄산나트륨(15%)

 해답

22. ④ 23. ② 24. ① 25. ③

③ 반경강 : 중탄산나트륨 + 탄산나트륨
④ 연강 : 사용하지 않는다.

참고 나트륨 = 소다

문제 26
다음 중에서 합금 주강에 해당되지 않는 것은?
① 니켈 주강
② 망간 주강
③ 크롬 주강
④ 납 주강

해설 합금 주강 : ① 크롬 주강 ② 망간 주강 ③ 니켈 주강

문제 27
용접 시 층간온도를 반드시 지켜야 할 용접재료는?
① 저탄소강
② 중탄소강
③ 고탄소강
④ 순철

해설 용접 시 층간온도를 반드시 지켜야 할 용접재료 : 고탄소강

문제 28
오스테나이트 스테인리스강 용접 시 유의해야 할 사항으로 틀린 것은?
① 짧은 아크 길이를 유지한다.
② 아크를 중단하기 전에 크레이터 처리를 한다.
③ 낮은 전류값으로 용접하여 용접입열을 억제한다.
④ 용접하기 전에 예열을 하여야 한다.

해설 오스테나이트계 스테인리스강 용접 시 주의사항
① 예열을 하지 말아야 한다.
② 층간온도가 320℃ 이상을 넘어서는 안 된다.
③ 짧은 아크길이를 유지한다.
④ 아크를 중단하기 전에 크레이터 처리를 한다.
⑤ 용접봉은 모재와 동일한 재료를 쓰며 가는 용접봉으로 사용
⑥ 낮은 전류값으로 용접하여 용접 입열을 억제한다.

문제 29
일명 유니언 멜트 용접법이라고도 불리며 아크가 용제 속에 잠겨 있어 밖에서는 보이지 않는 용접법은?
① 불활성 가스 텅스텐 아크 용접
② 일렉트로 슬래그 용접
③ 서브머지드 아크 용접
④ 이산화탄소 아크 용접

해설 서브머지드 아크 용접 : 일명 유니언 멜트 용접법이라고도 불리며 아크가 용제 속에 잠겨 있어 밖에서는 보이지 않는 용접법

26. ④ 27. ③ 28. ④ 29. ③

문제 30 TIG 용접의 전극봉에서 전극의 조건으로 잘못된 것은?

① 고용융점의 금속
② 전자 방출이 잘 되는 금속
③ 전기저항률이 높은 금속
④ 열전도성이 좋은 금속

해설 TIG 용접의 전극봉에서 전극의 조건
① 전기저항률이 낮은 금속
② 전자 방출이 잘 되는 금속
③ 고용융점의 금속
④ 열전도성이 좋은 금속

문제 31 공장 내에 안전표지판을 설치하는 가장 주된 이유는?

① 능동적인 작업을 위하여
② 통행을 통제하기 위하여
③ 사고 방지 및 안전을 위하여
④ 공장 내의 환경 정리를 위하여

해설 공장 내에 안전표지판을 설치하는 가장 주된 이유 : 사고 방지 및 안전을 위하여

문제 32 용접부의 시험 및 검사의 분류에서 수소시험은 무슨 시험에 속하는가?

① 기계적 시험
② 낙하 시험
③ 화학적 시험
④ 압력 시험

해설 ① 화학적 시험 : 수소시험
② 기계적 시험
  ㉠ 충격시험(샤르피식, 아이조드식) : V형, U형의 노치를 만들어 충격적인 하중을 주어서 시험편을 파괴시키는 방법
  ㉡ 피로시험 : 작은 힘을 수없이 반복하여 작용하면 파괴를 일으키는 방법
  ㉢ 굽힘시험 : 용접부터 연성결함 유무를 조사하기 위하여 사용하는 시험법
  ㉣ 인장시험 : 인장강도, 항복점, 단면수축률, 연신율 등을 측정

문제 33 TIG 용접에 사용하는 토륨 텅스텐 전극봉에는 몇 %의 토륨이 함유되어 있는가?

① 4~5%
② 1~2%
③ 0.3~0.8%
④ 6~7%

해설 TIG 용접에 사용하는 토륨 텅스텐 전극봉의 토륨 함유량은 1~2%이다.

문제 34 불활성 가스 금속 아크 용접에 관한 설명으로 틀린 것은?

① 박판용접(3mm 이하)에 적당하다.
② 피복 아크 용접에 비해 용착효율이 높아 고능률적이다.
③ TIG 용접에 비해 전류밀도가 높아 용융속도가 빠르다.
④ CO_2 용접에 비해 스패터 발생이 적어 비교적 아름답고 깨끗한 비드를 얻을 수 있다.

30. ③ 31. ③ 32. ③ 33. ② 34. ①

해설 **불활성 가스 금속 아크 용접**
① 후판용접에 적합하다.
② 피복 아크 용접에 비해 용착효율이 높아 고능률적이다.
③ CO_2 용접에 비해 스패터 발생이 적어 비교적 아름답고 깨끗한 비드를 얻음.
④ TIG 용접에 비해 용착효율이 높아 고능률적이다.

문제 35 전기 용접기의 설치장소로 가장 적당한 곳은?

① 진동이나 충격을 받는 장소
② 유해한 부식성 가스가 있는 장소
③ 먼지가 대단히 많은 장소
④ 주위온도가 12℃인 장소

해설 **전기 용접기의 설치장소**
① 주위온도가 12℃인 장소(40℃ 이하인 장소)
② 먼지가 없는 장소
③ 부식성 가스가 없는 장소
④ 진동이나 충격을 받지 않는 장소

문제 36 아크의 길이가 너무 길 때 발생하는 현상이 아닌 것은?

① 용융금속이 산화 및 질화되기 쉽다.
② 용입이 나빠진다.
③ 아크가 불안정하다.
④ 열량이 대단히 작아진다.

해설 **아크의 길이가 너무 길 때 발생하는 현상**
① 열량이 대단히 커진다.   ② 아크가 불안정하다.
③ 용입이 나빠진다.   ④ 용융금속이 산화 및 질화되기 쉽다.

문제 37 이산화탄소 아크 용접의 솔리드 와이어 용접봉에 대한 설명으로 YGA-50W-1.2-20에서 "50"이 뜻하는 것은?

① 용접봉의 무게
② 용착금속의 최소 인장강도
③ 용접 와이어
④ 가스 실드 아크 용접

문제 38 가연물의 자연발화를 방지하는 방법을 설명한 것 중 틀린 것은?

① 공기의 유통이 잘 되게 할 것.
② 가연물의 열 축적이 용이하지 않도록 할 것.
③ 공기와 접촉면적을 크게 할 것.
④ 저장실의 온도를 낮게 유지할 것.

35. ④ 36. ④ 37. ② 38. ③

해설 가연물의 자연발화를 방지하는 방법
① 공기와 접촉면적을 적게 할 것. ② 저장실의 온도를 낮게 유지할 것.
③ 가연물의 열 축적이 없도록 할 것. ④ 공기의 유통이 잘 되게 할 것.

문제 39 아크를 보호하고 집중시키기 위하여 도기로 만든 페룰이라는 기구를 사용하는 용접은?

① 스터드 용접   ② 테르밋 용접
③ 전자빔 용접   ④ 플라스마 용접

해설 스터드 용접 : 아크를 보호하고 집중시키기 위하여 도기로 만든 페룰이라는 기구를 사용하는 용접법
[특징] ① 용제를 채워 탈산 및 아크를 안정화함.
② 스터드 주변에 페룰(가이드)을 사용한다.
③ 페룰은 아크를 보호하고 아크 집중력을 높인다.
④ 대체로 급열, 급랭을 받기 때문에 저탄소강에 좋음.

문제 40 시험편의 노치부를 액체 질소로 냉각하고 반대쪽을 가스 불꽃으로 가열하여 거의 직선적인 온도구배를 주고, 시험편의 양 끝에 하중을 가한 상태로 노치부에 충격을 가하여 균열 상태를 알아보는 시험법은?

① 노치 충격 시험   ② T형 용접 균열 시험
③ 로버트슨 시험   ④ 슬릿형 용접 균열 시험

해설 로버트슨 시험 : 시험편의 노치부를 액체 질소로 냉각하고 반대쪽을 가스 불꽃으로 가열하여 거의 직선적인 온도구배를 주고, 시험편의 양 끝에 하중을 가한 상태로 노치부에 충격을 가하여 균열 상태를 알아보는 시험법

문제 41 모재를 용융하지 않고 모재보다는 낮은 융점을 가지는 금속의 첨가제를 용융시켜 접합하는 방법은?

① 융접   ② 압접
③ 납땜   ④ 단접

해설 납땜 : 모재를 용융하지 않고 모재보다는 낮은 융점을 가진 금속의 첨가제를 용융시켜 접합하는 방법

문제 42 용접 결함이 언더컷일 경우 그 보수 방법으로 가장 적당한 것은?

① 정지구멍을 뚫고 재용접한다.   ② 홈을 만들어 용접한다.
③ 가는 용접봉을 사용하여 보수한다. ④ 결함부분을 절단하여 재용접한다.

39. ① 40. ③ 41. ③ 42. ③

해설 **결함의 보수**
① 언더컷의 보수 : 지름이 작은 용접봉을 이용하여 보수
② 오버랩의 보수 : 일부분을 깎아내고 재용접한다.
③ 슬래그의 보수 : 깎아내고 재용접한다.
④ 균열의 보수 : 정지구멍을 뚫고 균열부분은 홈을 판 후 재용접

문제 43 기밀, 수밀을 필요로 하는 탱크의 용접이나 배관용 탄소강관의 관 제작 이음 용접에 가장 적합한 접합법은?
① 심 용접
② 스폿 용접
③ 업셋 용접
④ 플래시 용접

해설 **심 용접** : 기밀, 수밀을 필요로 하는 탱크의 용접이나 배관용 탄소강관의 관 이음 용접

문제 44 용접에서 X형 맞대기 이음을 나타내는 것은?

①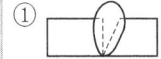
②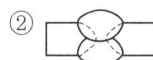
③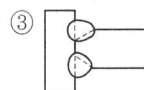
④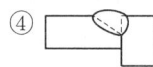

문제 45 용접 작업 전 예열을 하는 목적으로 틀린 것은?
① 금속중의 수소를 방출시켜 균열을 방지
② 용접부의 수축변형 및 잔류응력을 경감
③ 용접금속 및 열영향부의 연성 또는 인성을 향상
④ 고탄소강이나 합금강 열영향부의 경도를 높게 함.

해설 **예열을 하는 목적**
① 용접금속 및 열영향부의 연성 또는 인성을 향상
② 용접부의 수축변형 및 잔류응력을 경감
③ 금속중의 수소를 방출시켜 균열을 방지

문제 46 맞대기 용접 이음에서 최대 인장하중이 800kgf이고, 판 두께가 5mm, 용접선의 길이가 20cm 일 때, 용착금속의 인장강도는 얼마인가?
① $0.8 kgf/mm^2$
② $8 kgf/mm^2$
③ $8 \times 10^4 kgf/mm^2$
④ $8 \times 10^5 kgf/mm^2$

해설 인장강도 $= \dfrac{800}{20 \times 10 \times 5} = 0.8\,kg/mm^2$

43. ① 44. ② 45. ④ 46. ①

문제 47 아세틸렌, 수소 등의 가연성 가스와 산소를 혼합시켜 그 연소열을 이용하여 용접하는 것은?

① 탄산가스 아크 용접
② 가스 용접
③ 불활성 가스 아크 용접
④ 서브머지드 아크 용접

해설 가스 용접 : 아세틸렌, 수소 등의 가연성 가스와 산소를 혼합시켜 그 연소열을 이용하여 용접

문제 48 일렉트로 가스 아크 용접에 주로 사용하는 실드 가스는?

① 아르곤
② CO_2
③ 질소
④ 헬륨

해설 일렉트로 가스 아크 용접에 주로 사용하는 실드 가스 : CO_2

문제 49 가스 용접 작업의 안전사항으로 틀린 것은?

① 가연성 물질이 없는 안전한 장소를 선택한다.
② 기름이 묻어 있는 작업복을 착용해서는 안 된다.
③ 아세틸렌병은 세워서 사용하며 충격을 주면 안 된다.
④ 차광안경을 착용해서는 안 된다.

해설 차광안경을 착용해야 한다.

문제 50 다음 중 용착법의 설명으로 잘못된 것은?

① 한 부분에 대해 몇 층을 용접하다가 다음 부분의 층으로 연속시켜 용접하는 것이 스킵법이다.
② 잔류응력이 다소 적게 발생하고 용접진행 방향과 용착 방향이 서로 반대가 되는 방법이 후진법이다.
③ 각 층마다 전체의 길이를 용접하면서 다층용접을 하는 방식이 덧살올림법이다.
④ 한 개의 용접봉으로 살을 붙일만한 길이를 구분해서 홈을 한 부분씩 여러 층으로 쌓아 올린 다음 다른 부분으로 진행하는 용접방법이 전진블록법이다.

해설 용착법
① 캐스케이드법 : 각 층마다 전체 길이를 용접하면서 쌓아올리는 방법
② 전진법 : 용접진행 방향과 용착 방향이 서로 동일한 방법
③ 후진접 : 용접진행 방향과 용착 방향이 서로 반대가 되는 방법
④ 스킵법 : 이음전 길이에 대해서 뛰어 넘어서 용접하는 방법

47. ② 48. ② 49. ④ 50. ①

⑤ 빌드업법(덧살올림법) : 각 층마다 전체의 길이를 용접하면서 다층용접을 하는 방식

문제 51

제3각법에 의한 정투상도에서 배면도의 위치는?

① 정면도의 위 ② 좌측면도의 좌측
③ 정면도의 아래 ④ 우측면도의 우측

해설 투상도

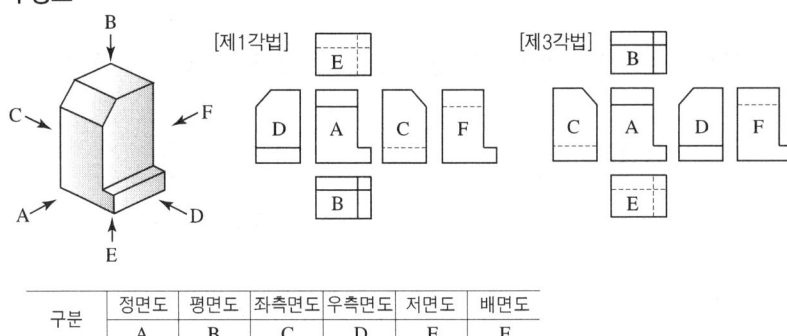

구분	정면도	평면도	좌측면도	우측면도	저면도	배면도
	A	B	C	D	E	F

문제 52

기계제도에서 표제란과 부품란이 있을 때 표제란에 기입할 사항들로만 묶인 것은?

① 도번, 도명, 척도, 투상법 ② 도명, 도번, 재질, 수량
③ 품번, 품명, 척도, 투상법 ④ 품번, 품명, 재질, 수량

해설 **표제란에 기입할 사항** : ① 도면번호 ② 도면명칭(도명) ③ 투상법
　　　　　　　　　　　　④ 소속단체명 ⑤ 척도 ⑥ 책임자성명
　　　　　　　　　　　　⑦ 작성 년, 월, 일
　부품란에 기입할 사항 : ① 수량 ② 무게 ③ 재질
　　　　　　　　　　　　④ 품명 ⑤ 품번

문제 53

보기 입체도의 각 3각법 정투상도로 가장 적합한 것은?

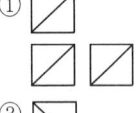

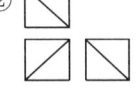
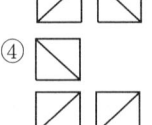
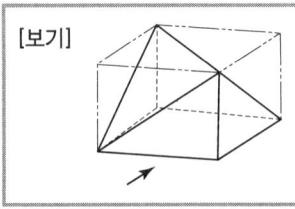

해답

51. ④ 52. ① 53. ②

문제 54

보기 도면의 드릴 가공 설명으로 올바른 것은?

① 지름 7mm 구멍이 12개
② 지름 12mm 구멍이 12개
③ 지름 12mm 깊이는 7mm
④ 지름 2mm의 구멍을 수평 중심점을 대칭으로 하여 3mm의 간격으로 가공

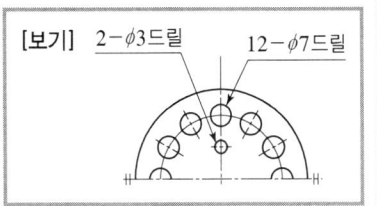

해설 12-φ7 드릴 : 지름 7mm 구멍이 12개

문제 55

기계제도에서 가상선의 용도가 아닌 것은?

① 인접부분을 참고로 표시하는 데 사용
② 도시된 단면의 앞쪽에 있는 부분을 표시하는 데 사용
③ 가동하는 부분을 이동한계의 위치로 표시하는 데 사용
④ 부분 단면도를 그릴 경우 절단위치를 표시하는 데 사용

해설 가상선의 용도
① 가동하는 부분을 이동한계의 위치로 표시하는 데 사용
② 도시된 단면의 앞쪽에 있는 부분을 표시하는 데 사용
③ 인접부분을 참고로 표시하는 데 사용

문제 56

보기와 같은 용접 기호 및 보조기호의 설명으로 올바른 것은?

① 필릿 용접으로 凸(볼록)형 다듬질
② V용접으로 凸(볼록)형 다듬질
③ 양면 V용접으로 凹(오목)형 다듬질
④ 필릿 용접으로 凹(오목)형 다듬질

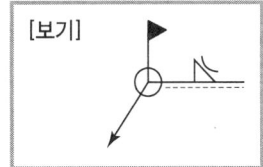

문제 57

보기 입체도를 화살표 방향을 정면으로 보고 제3각법으로 기본 3도면을 올바르게 정투상한 것은?

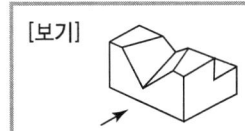

①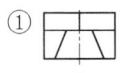
②
③
④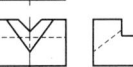

해답 54. ① 55. ④ 56. ④ 57. ②

문제 58 기계제도 도면에서 치수 기입 시 사용되는 기호가 잘못된 것은?

① $\phi 20$ ② R30
③ S$\phi 40$ ④ □$\phi 10$

해설 치수 기입 시 사용되는 기호

구 분	기 호	사용법	잘못된 표기법
지름(diameter)	ϕ	$\phi 20$	D20
반지름(radius)	R	R20	
구(sphere)의 지름	Sϕ	Sϕ 20	
구의 반지름	SR	SR10	
정사각형의 변	□	□10	⊠10
판의 두께(thickness)	t	t5	
45° 모따기	C	C3	
원호의 길이	⌒		
이론적으로 정확한 치수	123		
참고 치수	( )	(123)	

∴ 정사각형의 변 : □10

문제 59 보기 원추를 전개하였을 경우 전개면의 꼭지각이 180°가 되려면 ϕD의 치수는 얼마가 되어야 하는가?

① $\phi 100$
② $\phi 120$
③ $\phi 150$
④ $\phi 200$

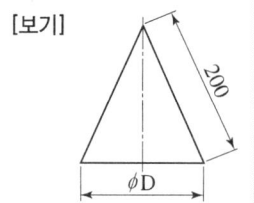
[보기]

해설 $\theta = 360 \times \dfrac{l}{r}$ ∴ $r = \dfrac{360 \times l}{\theta} = \dfrac{360 \times 200}{180} = 400\,\text{mm}$

∴ 200mm

문제 60 배관도에서 유체의 종류와 글자 기호를 나타내는 것 중에서 틀린 것은?

① 공기 : A   ② 가스 : G
③ 유류 : O   ④ 수증기 : V

해설 유체의 종류
① A(air) : 공기   ② G(Gas) : 가스
③ O(Oil) : 유류   ④ S(Steam) : 증기

58. ④ 59. ④ 60. ④

2023년 9월 CBT 시행

문제 01 용접기의 사용률이 40%인 경우 아크 시간과 휴식시간을 합한 전체시간은 10분을 기준으로 했을 때 아크 발생시간은 몇 분인가?
① 4
② 6
③ 8
④ 10

해설
사용률 = $\dfrac{\text{아크시간}}{\text{아크시간}+\text{휴식시간}} \times 100$

∴ $40 = \dfrac{x}{10} \times 100$ ∴ $x = \dfrac{40 \times 10}{100} = 4$분

문제 02 수중 절단작업에 주로 사용되는 가스는?
① 아세틸렌가스
② 프로판가스
③ 벤젠
④ 수소

해설 수중 절단작업에 주로 사용되는 가스 : 수소

문제 03 용접법을 크게 융접, 압접, 납땜으로 분류할 때, 압접에 해당되는 것은?
① 전자 빔 용접
② 초음파 용접
③ 원자수소 용접
④ 일렉트로 슬래그 용접

해설 압접
① 초음파 용접
② 마찰용접
③ 단접
④ 유도가열용접
⑤ 냉간압접
⑥ 저항용접
　㉠ 겹치기 용접 : ⓐ 점 용접 ⓑ 심 용접 ⓒ 프로젝션 용접
　㉡ 맞대기 용접 : ⓐ 업셋 맞대기 용접 ⓑ 방전충격용접 ⓒ 플래시 맞대기 용접

해답　01. ① 02. ④ 03. ②

문제 04 용접용 2차측 케이블의 유연성을 확보하기 위하여 주로 사용하는 캡타이어 전선에 대한 설명으로 옳은 것은?

① 가는 구리선을 여러 개로 꼬아 얇은 종이로 싸고 그 위에 니켈 피복을 한 것
② 가는 알미늄선을 여러 개로 꼬아 튼튼한 종이로 싸고 그 위에 니켈 피복을 한 것
③ 가는 구리선을 여러 개로 꼬아 튼튼한 종이로 싸고 그 위에 고무 피복을 한 것
④ 가는 알미늄선을 여러 개로 꼬아 얇은 종이로 싸고 그 위에 고무 피복을 한 것

해설 **캡타이어 전선** : 가는 구리선을 여러 개로 꼬아 튼튼한 종이로 싸고 그 위에 고무 피복을 한 것

문제 05 산소-아세틸렌 가스 불꽃의 종류 중 불꽃온도가 가장 높은 것은?

① 탄화 불꽃 ② 중성 불꽃
③ 산화 불꽃 ④ 환원 불꽃

해설 산소-아세틸렌 가스 불꽃의 종류 중 불꽃온도가 가장 높은 것 : 산화불꽃

문제 06 연강용 피복 아크 용접봉의 용접기호 E4327 중 "27"이 뜻하는 것은?

① 피복제의 계통 ② 용접모재
③ 용착금속의 최저 인장강도 ④ 전기용접봉의 뜻

해설 **연강용 피복 아크 용접봉의 기호**
E4327(철분산화철계)
① E : 전기 용접봉
② 43 : 용착금속의 최소 인장강도
③ 2 : 용접 자세(0 : 규정치 않음, 1 : 전 자세, 2 : 아래보기, 수평 필릿)
④ 7 : 피복제의 종류

문제 07 가스 용접이나 절단에 사용되는 가연성 가스의 구비조건 중 틀린 것은?

① 불꽃의 온도가 높을 것.
② 발열량이 클 것.
③ 연소속도가 느릴 것.
④ 용융금속과 화학반응이 일어나지 않을 것.

해설 **가연성 가스의 구비조건**
① 연소속도가 빠를 것. ② 불꽃의 온도가 높을 것.
③ 발열량이 클 것. ④ 용융금속과 화학반응이 일어나지 않을 것.

04. ③ 05. ③ 06. ① 07. ③

문제 08 절단용 산소 중의 불순물이 증가되면 나타나는 결과가 아닌 것은?

① 절단속도가 늦어진다.　　② 산소의 소비량이 적어진다.
③ 절단 개시시간이 길어진다.　　④ 절단 홈의 폭이 넓어진다.

해설 절단용 산소 중의 불순물이 증가하면 나타나는 현상
① 산소 소비량이 많아진다.　② 절단속도가 늦어진다.
③ 절단 개시시간이 길어진다.　④ 절단 홈의 폭이 넓어진다.

문제 09 직류 아크 용접에서 직류 정극성의 특징 중 옳게 설명한 것은?

① 비드 폭이 넓어진다.　　② 용접봉의 용융이 빠르다.
③ 모재의 용입이 깊다.　　④ 일반적으로 적게 사용된다.

해설 직류 역극성의 특징
① 박판용접 가능　　② 모재의 용입이 낮다.
③ 용접봉의 용융이 빠르다.　　④ 절단속도가 늦어진다.

문제 10 가스 용접에서 충전가스의 용기 도색으로 틀린 것은?

① 산소–녹색　　② 프로판–흰색
③ 탄산가스–청색　　④ 아세틸렌–황색

해설 용기 도색
청탄산 산록에서 황아체 안주삼아 수주잔 높이 들고 백암산 바라보니
　①　　②　　③　　　　　　　　　④　　　　　⑤
염소는 갈색으로 보이고 쥐들은 기타를 치더라.
　⑥　　　　　　　　　　⑦
① 탄산가스 : 청색　② 산소 : 녹색　③ 아세틸렌 : 황색
④ 수소 : 주황　⑤ 암모니아 : 백색　⑥ 염소 : 갈색
⑦ 기타 : 쥐색(회색) (프로판, 아르곤, 네온 등)

문제 11 연강용 가스 용접봉의 특성에서 응력을 제거한 것을 나타내는 기호는?

① GA　　② GB
③ SR　　④ NSR

해설 응력을 제거한 것 : SR
응력을 제거하지 않은 것 : NSR

08. ② 09. ③ 10. ② 11. ③

문제 12 가스 절단 토치 형식 중 절단 팁이 동심형에 해당하는 형식은?

① 영국식　　　　② 미국식
③ 독일식　　　　④ 프랑스식

해설
절단 팁이 동심형 : 프랑스식
절단 팁이 이심형 : 독일식

문제 13 연강을 가스 용접할 때 사용하는 용제는?

① 염화나트륨　　　　② 붕사
③ 중탄산소다+탄산소다　　④ 사용하지 않는다.

해설 용제
① 연강 : 사용하지 않는다.
② 반경강 : 중탄산나트륨+탄산나트륨
③ 주철 : 중탄산나트륨(70%)+붕사(15%)+탄산나트륨(15%)
④ 구리합금 : 붕사(75%)+염화리튬(25%)

문제 14 탄소 아크 절단에 압축공기를 병용한 방법은?

① 산소창 절단　　　② 아크 에어 가우징
③ 스카핑　　　　　④ 플라스마 절단

해설 탄소 아크 절단에 **압축공기**($6{\sim}7\text{kg/cm}^2$)**를 병용한 방법** : 아크 에어 가우징

문제 15 용접 구조물이 리벳 구조물에 비하여 나쁜 점이라고 할 수 없는 것은?

① 품질검사 곤란　　　② 작업공정의 단축
③ 열영향에 의한 재질 변화　④ 잔류응력의 발생

해설 용접의 단점
① 품질검사 곤란
② 열팽창에 의한 재질 변화
③ 잔류응력의 발생
④ 취성이 생길 우려가 있다.
⑤ 용접사의 기량에 따라 품질 좌우된다.

문제 16 피복 아크 용접봉에서 피복제의 역할로 틀린 것은?

① 아크를 안정시킴.　　② 전기절연작용을 함.
③ 슬래그 제거가 쉬움.　　④ 냉각속도를 빠르게 함.

해답

12. ④　13. ④　14. ②　15. ②　16. ④

해설 피복제의 역할
① 아크를 안정시킨다.   ② 전기절연작용
③ 슬래그 제거가 쉽다.   ④ 냉각속도를 느리게 함.
⑤ 합금원소 첨가   ⑥ 스패터 발생을 적게 한다.
⑦ 탈산정련작용   ⑧ 용착금속의 효율을 높인다.
⑨ 공기중의 산화, 질화 방지

문제 17 피복 아크 용접에서 아크길이에 대한 설명이다. 옳지 않은 것은?

① 아크전압은 아크길이에 비례한다.
② 일반적으로 아크길이는 보통 심선의 지름의 2배 정도인 6~8mm 정도이다.
③ 아크길이가 너무 길면 아크가 불안전하고 용입불량의 원인이 된다.
④ 양호한 용접을 하려면 가능한 한 짧은 아크(short arc)를 사용하여야 한다.

해설 아크길이
① 양호한 용접을 하려면 가능한 한 짧은 아크를 사용하여야 한다.
② 아크길이가 너무 길면 아크가 불안전하고 용입불량의 원인이 된다.
③ 아크전압은 아크길이에 비례한다.

문제 18 탄소의 함유량이 약 0.2~0.5% 정도인 주강은?

① 저탄소 주강   ② 중탄소 주강
③ 고탄소 주강   ④ 합금 주강

해설 탄소강
① 저탄소강 : 탄소함유량이 0.3% 이하
② 중탄소강 : 탄소함유량이 0.3~0.5% 이하
③ 고탄소강 : 탄소함유량이 0.5~2.0% 이하

문제 19 3~4% Ni, 1% Si를 첨가한 구리합금으로 강도와 전기 전도율이 좋은 것은?

① 켈밋(kelmet)   ② 암즈(arms) 청동
③ 네이벌(naval) 황동   ④ 코슨(corson) 합금

해설 코슨 합금 : Ni(3~4%)+Si(1%)를 첨가한 구리합금

문제 20 펄라이트 바탕에 흑연이 미세하고 고르게 분포되어 있으며 내마멸성이 요구되는 피스톤 링 등 자동차 부품에 많이 쓰이는 주철은?

① 미하나이트 주철   ② 구상 흑연 주철
③ 고합금 주철   ④ 가단주철

17. ② 18. ② 19. ④ 20. ①

해설 미하나이트 주철 : 펄라이트 바탕에 흑연이 미세하고 고르게 분포되어 있으며 내마멸성이 요구되는 피스톤 링 등 자동차 부품에 많이 사용

문제 21 18-8 스테인리스강에서 18-8이 의미하는 것은 무엇인가?

① 몰리브덴이 18%, 크롬이 8% 함유되어 있다.
② 크롬이 18%, 몰리브덴이 8% 함유되어 있다.
③ 크롬이 18%, 니켈이 8% 함유되어 있다.
④ 니켈이 18%, 크롬이 8% 함유되어 있다.

해설 18-8 스테인리스강 : 18%(크롬)+8%(니켈)

문제 22 강의 표면에 질소를 침투하여 확산시키는 질화법에 대한 설명으로 틀린 것은?

① 높은 표면경도를 얻을 수 있다. ② 처리시간이 길다.
③ 내식성이 저하된다. ④ 내마멸성이 커진다.

해설 질화법
① 내식성이 향상된다. ② 내마멸성이 커진다.
③ 처리시간이 길다. ④ 높은 표면강도를 얻을 수 있다.

문제 23 오스테나이트계 스테인리스강은 용접 시 냉각되면서 고온 균열이 발생하는데 그 원인이 아닌 것은?

① 크레이터 처리를 하지 않았을 때
② 아크 길이를 짧게 했을 때
③ 모재가 오염되어 있을 때
④ 구속력이 가해진 상태에서 용접할 때

해설 고온 균열이 발생하는 원인
① 아크길이를 길게 했을 때
② 크레이터 처리를 하지 않았을 때
③ 구속력이 가해진 상태에서 용접할 때
④ 모재가 오염되었을 때

문제 24 순철의 자기변태점은?

① A_1 ② A_2
③ A_3 ④ A_4

해설 순철의 자기변태점 : A_2

해답 21. ③ 22. ③ 23. ② 24. ②

문제 25

철강재료를 강화 및 경화시킬 목적으로 물 또는 기름 속에 급랭하는 방법은?

① 불림
② 풀림
③ 담금질
④ 뜨임

해설 열처리
① 담금질 : 강을 A_3변태 및 A_1선 이상 30~50℃로 가열한 후 물 또는 기름으로 급랭하는 방법으로 경도 및 강도 증가
② 뜨임 : 담금질된 강을 A_1변태점 이하의 일정 온도로 가열하여 인성 증가
③ 풀림 : 재질의 연화를 목적으로 일정 시간 가열 후 노 내에서 서냉 내부응력 및 잔류응력 제거
④ 불림 : 강을 표준상태로 하기 위하여 가공조직의 균일화, 결정립의 미세화, 기계적 성질의 향상 목적으로 실시

문제 26

비중이 2.7, 용융온도가 660℃이며 가볍고 내식성 및 가공성이 좋아 주물, 다이캐스팅, 전선 등에 쓰이는 비철 금속 재료는?

① 구리(Cu)
② 니켈(Ni)
③ 마그네슘(Mg)
④ 알루미늄(Al)

해설 알루미늄
① 비중이 2.7, 용융온도가 660℃이며 변태점이 없고 열 및 전기의 양도체
② 주물, 다이캐스팅, 전선 등에 쓰임.
③ 가볍고 내식성 및 가공성이 좋다.
④ 주조성이 용이하고 다른 금속과 잘 융합
⑤ 전·연성이 풍부하여 400~500℃에서 연신율이 최대이다.
⑥ 무기산 염류에 침식된다. 특히 염산 중에는 빠르게 침식된다.

문제 27

다음은 구리 및 구리합금의 용접성에 관한 설명이다. 틀린 것은?

① 용접 후 응고 수축 시 변형이 생기기 쉽다.
② 충분한 용입을 얻기 위해서는 예열을 해야 한다.
③ 구리는 연강에 비해 열전도도와 열팽창계수가 낮다.
④ 구리합금은 과열에 의한 아연 증발로 중독을 일으키기 쉽다.

해설 구리 및 구리합금의 용접성
① 구리합금은 과열에 의한 아연 증발로 중독을 일으키기 쉽다.
② 구리는 연강에 비해 열전도도와 열팽창계수가 크다.
③ 충분한 용입을 얻기 위해서는 예열을 한다.
④ 용접 후 응고 수축 시 변형이 생기기 쉽다.

25. ③ 26. ④ 27. ③

문제 28 일반적인 연강의 탄소 함유량은 얼마인가?

① 1.0%~1.4%
② 0.13%~0.2%
③ 1.5%~1.9%
④ 2.0%~3.0%

해설 연강의 탄소 함유량 : 0.13%~0.2%

문제 29 탄산가스 아크 용접의 특징 설명으로 틀린 것은?

① 용착금속의 기계적 성질이 우수하다.
② 가시 아크이므로 시공이 편리하다.
③ 아르곤 가스에 비하여 가스 가격이 저렴하다.
④ 용입이 얕고 전류밀도가 매우 낮다.

해설 탄산가스 아크 용접의 특징
① 용입이 깊고 전류밀도가 매우 높다.
② 아르곤 가스에 비해 가스 가격이 저렴하다.
③ 가시 아크이므로 시공이 편리하다.
④ 용착금속의 기계적 성질이 우수하다.
⑤ 아크시간을 길게 할 수 있다.
⑥ 용제를 사용하지 않아 슬래그 혼입이 없고, 용접 후 처리가 간단하다.

문제 30 보수용접에 관한 설명 중 잘못된 것은?

① 보수용접이란 마멸된 기계 부품에 덧살 올림 용접을 하고 재생, 수리하는 것을 말한다.
② 차축 등이 마멸되었을 때는 내마멸 용접을 하여 보수한다.
③ 덧살 올림의 경우에 용접봉을 사용하지 않고, 용융된 금속을 고속기류에 의해 불어 붙이는 용사 용접이 사용되기도 한다.
④ 서브머지드 아크 용접에서는 덧살 올림 용접이 전혀 이용되지 않는다.

해설 보수용접
① 보수용접이란 마멸된 기계 부품에 덧살 올림 용접을 하고 재생, 수리하는 것
② 차축 등이 마멸되었을 때는 내마멸 용접을 하여 보수한다.
③ 덧살 올림의 경우에 용접봉을 사용하지 않고, 용융된 금속을 고속기류에 의해 불어 붙이는 용사 용접이 사용되기도 한다.

문제 31 TIG 용접에서 청정작용이 가장 잘 발생하는 용접전원은?

① 직류 역극성일 때
② 직류 정극성일 때
③ 교류 정극성일 때
④ 극성에 관계없음

해설 TIG 용접에서 청정작용이 가장 잘 발생하는 용접전원 : 직류 역극성일 때

해답

28. ② 29. ④ 30. ④ 31. ①

문제 32
하중의 방향에 따른 필릿 용접 이음의 구분이 아닌 것은?

① 전면 필릿 용접
② 측면 필릿 용접
③ 경사 필릿 용접
④ 슬롯 필릿 용접

해설 하중의 방향에 따른 필릿 용접 이음의 구분
① 전면 필릿 용접
② 측면 필릿 용접
③ 경사 필릿 용접

문제 33
용접작업 시 주의사항을 설명한 것으로 틀린 것은?

① 화재를 진화하기 위하여 방화설비를 설치할 것.
② 용접작업 부근에 점화원을 두지 않도록 할 것.
③ 배관 및 기기에서 가스 누출이 되지 않도록 할 것.
④ 가연성 가스는 항상 옆으로 뉘어서 보관할 것.

해설 용접작업 시 주의사항
① 가연성 가스는 항상 세워서 보관할 것.
② 배관 및 기기에서 가스 누출이 되지 않도록 할 것.
③ 용접작업 부근에 점화원을 두지 않도록 할 것.
④ 화재를 진화하기 위하여 방화설비를 설치할 것.

문제 34
논가스 아크 용접(non gas arc welding)의 장점에 대한 설명으로 틀린 것은?

① 아크의 빛과 열이 강렬하다.
② 용접장치가 간단하며 운반이 편리하다.
③ 바람이 있는 옥외에서도 작업이 가능하다.
④ 피복 가스 용접봉의 저수소계와 같이 수소의 발생이 적다.

해설 논가스 아크 용접의 장점
① 용접장치가 간단하여 운반이 편리하다.
② 바람이 있는 옥외에서도 작업이 가능하다.
③ 피복 가스 용접봉의 저수소계와 같이 수소의 발생이 적다.
④ 용접 비드가 아름답고 슬래그의 박리성이 좋다.
⑤ 전원으로는 직류 또는 교류를 모두 사용할 수 있으며 전 자세 용접 가능
⑥ 보호가스나 용제를 필요로 하지 않는다.
⑦ 일반 피복아크 용접보다 용착속도가 약 4배 빠름.

32. ④ 33. ④ 34. ①

문제 35 가스 용접 시 주의사항으로 틀린 것은?

① 반드시 보호안경을 착용한다.
② 산소 호스와 아세틸렌 호스는 색깔 구분 없이 사용한다.
③ 불필요한 긴 호스를 사용하지 말아야 한다.
④ 용기 가까운 곳에서는 인화물질의 사용을 금한다.

해설 가스 용접 시 주의사항
① 반드시 보호안경을 착용한다.
② 산소 호스는 녹색, 아세틸렌 호스는 적색으로 구분하여 사용
③ 불필요한 것 호스를 사용하지 말아야 한다.
④ 용기 가까운 곳에서는 인화물질의 사용을 금한다.

문제 36 전기용접 작업 시 전격에 관한 주의사항으로 틀린 것은?

① 무부하 전압이 필요 이상으로 높은 용접기는 사용하지 않는다.
② 낮은 전압에서는 주의하지 않아도 되며, 피부에 적은 습기는 용접하는 데 지장이 없다.
③ 작업 종료 시 또는 장시간 작업을 중지할 때는 반드시 용접기의 스위치를 끄도록 한다.
④ 전격을 받은 사람을 발견했을 때는 즉시 스위치를 꺼야 한다.

해설 전격에 관한 주의사항
① 낮은 전압에서도 주의해야 하며, 피부에 적은 습기도 감전의 위험이 있으므로 주의
② 무부하 전압이 필요 이상으로 높은 용접기는 사용하지 않는다.
③ 전격을 받은 사람을 발견했을 때는 즉시 스위치를 꺼야 한다.
④ 작업 종료 시 또는 장시간 작업을 중지할 때는 반드시 용접기의 스위치를 끈다.

문제 37 용접부를 예열하는 목적의 설명으로 틀린 것은?

① 용접작업에 의한 수축 변형을 증가시킨다.
② 용접부의 냉각속도를 느리게 하여 결함을 방지한다.
③ 열영향부의 균열을 방지한다.
④ 용접 작업성을 개선한다.

해설 용접부를 예열하는 목적
① 용접 열영향부의 연성 또는 인성을 향상
② 용접부의 수축변형 및 잔류응력을 경감
③ 금속 중의 수소를 방출시켜 균열을 방지
④ 용접의 작업성 개선
⑤ 열영향부의 균열을 방지
⑥ 용접부의 냉각속도를 느리게 하여 결함 방지

35. ② 36. ② 37. ①

문제 38 은, 구리, 아연이 주성분으로 된 합금이며 인장강도, 전연성 등의 성질이 우수하여 구리, 구리합금, 철강, 스테인리스강 등에 사용되는 납은?

① 마그네슘납　　② 인동납
③ 은납　　　　　④ 알루미늄납

문제 39 부식 시험은 어느 시험법에 속하는가?

① 금속학적 시험　　② 화학적 시험
③ 기계적 시험　　　④ 야금학적 시험

> **해설** 화학적 시험
> ① 화학시험
> ② 부식시험 : 습부식, 건부식, 응력부식시험
> ③ 수소시험 : 응고 직후부터 일정 시간 사이에 발생하는 수소의 양

문제 40 이음 홈 형상 중에서 동일한 판두께에 대하여 가장 변형이 적게 설계된 형상은?

① I형　　② V형
③ U형　　④ X형

> **해설** 이음 홈 형상 중 동일한 판두께에 대하여 가장 변형이 적게 설계된 형상 : X형

문제 41 TIG 용접 토치의 형태에 따른 종류가 아닌 것은?

① T형 토치　　　② Y형 토치
③ 직선형 토치　　④ 플렉시블형 토치

> **해설** TIG 용접 토치의 형태
> ① T형 토치　② 직선형 토치　③ 플렉시블형 토치

문제 42 금속의 비파괴 검사 방법이 아닌 것은?

① 방사선 투과 시험　　② 초음파 시험
③ 로크웰 경도 시험　　④ 음향 시험

> **해설** 비파괴시험법
> ① 방사선투과시험(RT)　　② 초음파시험(UT)
> ③ 자분시험(MT)　　　　　④ 침투시험(PT)
> ⑤ 누설시험(LT)　　　　　⑥ 육안시험(VT)
> ⑦ 음향시험

38. ③　39. ②　40. ④　41. ②　42. ③

문제 43
용입불량의 방지대책으로 틀린 것은?
① 용접봉의 선택을 잘한다.
② 적정 용접전류를 선택한다.
③ 용접속도를 빠르지 않게 한다.
④ 루트 간격 및 홈 각도를 적게 한다.

해설 용입불량의 방지대책
① 루트 간격 및 홈 각도를 적당히 한다.
② 용접속도를 빠르지 않게 한다.
③ 적정 용접전류를 선택한다.
④ 용접봉의 선택을 잘 한다.

문제 44
미그(MIG) 용접 제어장치의 기능으로 아크가 처음 발생되기 전 보호가스를 흐르게 하여 아크를 안정되게 하고 결함 발생을 방지하기 위한 것은?
① 스타트 시간
② 가스지연 유출시간
③ 번백 시간
④ 예비가스 유출시간

해설 예비가스 유출시간 : 아크가 처음 발생되기 전 보호가스를 흐르게 하여 아크를 안정되게 하고 결함 발생을 방지하기 위한 것

문제 45
플래시 버트 용접 과정의 3단계는?
① 예열, 플래시, 업셋
② 업셋, 플래시, 후열
③ 예열, 검사, 플래시
④ 업셋, 예열, 후열

해설 플래시 버트 용접 과정 3단계
① 예열 ② 플래시 ③ 업셋

문제 46
아크열이 아닌 와이어와 용융슬래그 사이에 통전된 전류의 저항열을 이용하여 용접하는 방법은?
① 저항용접
② 테르밋 용접
③ 서브머지드 아크 용접
④ 일렉트로 슬래그 용접

해설 일렉트로 슬래그 용접 : 아크열이 아닌 와이어와 용융슬래그 사이에 통전된 전류의 저항열을 이용하여 용접하는 방법

문제 47
방화 금지, 정지, 고도의 위험을 표시하는 안전색은?
① 적색
② 녹색
③ 청색
④ 백색

43. ④ 44. ④ 45. ① 46. ④ 47. ①

해설 **안전색채**
① 적색 : 방화 금지, 정지, 고도의 위험
② 녹색 : 진행 유도, 안전
③ 청색 : 지시, 조심
④ 백색 : 정리정돈, 통로
⑤ 보라 : 방사능

문제 48 이산화탄소 아크 용접에서 용접전류는 용입을 결정하는 가장 큰 요인이다. 아크 전압은 무엇을 결정하는 가장 중요한 요인인가?
① 용착금속량
② 비드 형상
③ 용입
④ 용접 결함

해설 **아크 전압** : 비드 형상 결정
용접전류 : 용입을 결정

문제 49 아크 길이가 길 때, 발생하는 현상이 아닌 것은?
① 스패터의 발생이 많다.
② 용착금속의 재질이 불량해진다.
③ 오버랩이 생긴다.
④ 비드의 외관이 불량해진다.

해설 **아크 길이가 길 때 나타나는 현상**
① 비드의 외관이 불량해진다.
② 용착금속의 재질이 불량해진다.
③ 스패터의 발생이 많다.

문제 50 서브머지드 아크 용접의 기공 발생 원인으로 맞는 것은?
① 용접속도 과대
② 적정전압 유지
③ 용제의 양호한 건조
④ 가용접부의 표면, 이면 슬래그 제거

해설 **기공 발생 원인**
① 용접속도가 빠를 때
② 과대전류 사용 시
③ 수소, 산소, 일산화탄소가 너무 많을 때
④ 이음부에 기름, 페인트, 녹 등이 부착해 있을 때
⑤ 용접부가 급랭 시
⑥ 아크길이 및 운봉법이 부적당 시
⑦ 용접봉 또는 용접부에 습기가 많을 경우

48. ② 49. ③ 50. ①

문제 51
보기와 같은 단면도의 명칭으로 가장 적합한 것은?

① 가상 단면도
② 회전도시 단면도
③ 보조투상 단면도
④ 곡면 단면도

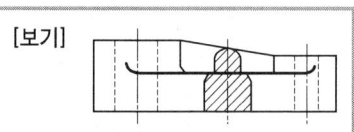
[보기]

문제 52
도면에서 표제란의 투상법란에 보기와 같은 투상법 기호로 표시되는 경우는 몇 각법 기호인가?

① 1각법
② 2각법
③ 3각법
④ 4각법

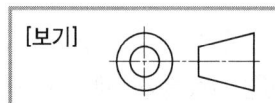
[보기]

문제 53
보기와 같은 판금 제품인 원통을 정면에서 진원인 구멍 1개를 제작하려고 한다. 전개한 현도 판의 진원 구멍부분 형상으로 가장 적합한 것은?

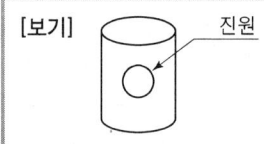
[보기] 진원

문제 54
다음 그림에서 현의 치수 기입이 올바르게 된 것은?

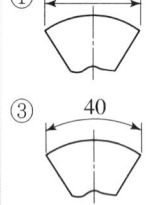

해설
현의 치수 기입법 :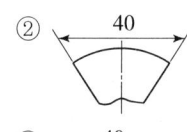

호의 치수 기입법 :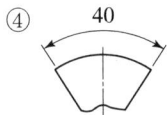

해답

51. ② 52. ③ 53. ④ 54. ①

문제 55 보기와 같은 제3각법의 정투상도에 가장 적합한 입체도는?

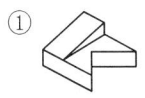 ①    ②

③   ④

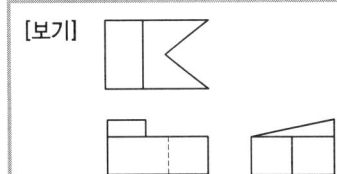
[보기]

문제 56 보기의 용접 도시 기호를 올바르게 해독한 것은?

① V형 용접
② 용접 피치 50mm
③ 용접 목두께 5mm
④ 용접길이 100mm

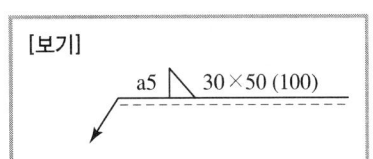
[보기]

해설 용접 도시 기호
① 용접 목두께 : 5mm   ② 너비 : 30mm
③ 길이 : 50mm   ④ 간격 : 100mm

문제 57 배관설비도의 계기 표시 기호 중에서 유량계를 나타내는 글자 기호는?

① T   ② P
③ F   ④ V

해설 계기 표시 기호
① T : 온도   ② P : 압력
④ F : 유량계   ④ V : 속도, 체적 진공

문제 58 용도에 의한 명칭에서 선의 굵기가 모두 가는 실선인 것은?

① 치수선, 치수보조선, 지시선   ② 중심선, 지시선, 숨은선
③ 외형선, 치수보조선, 해칭선   ④ 기준선, 피치선, 수준면선

해설 가는 실선 : 치수선, 치수보조선, 지시선, 파단선, 해칭선

55. ①   56. ③   57. ③   58. ①

문제 59 보기와 같은 입체도를 화살표 방향에서 본 투상도로 올바르게 도시된 것은?

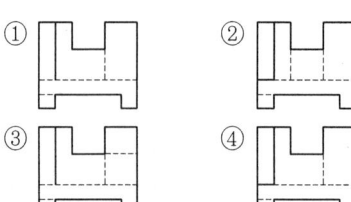
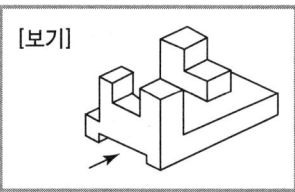

문제 60 구멍의 표시방법에서 동일 치수 리벳 구멍 치수 기입이 "13-20 드릴"로 표시되었을 때 올바른 해독은?

① 리벳의 피치는 20mm
② 드릴 구멍의 총수는 13개
③ 드릴 구멍의 피치는 20mm
④ 드릴 구멍의 피치 길이의 합은 23×24mm

59. ④ 60. ②

단기완성
이산화탄소가스아크용접기능사
필기

이산화탄소가스아크용접기능사 기출문제

2024

2024년 1월 CBT 시행

문제 01 다음 중 연강 용접봉에 비해 고장력강 용접봉의 장점이 아닌 것은?

① 재료의 취급이 간단하고 가공이 용이하다.
② 동일한 강도에서 판의 두께를 얇게 할 수 있다.
③ 소요 강재의 중량을 상당히 무겁게 할 수 있다.
④ 구조물의 하중을 경감시킬 수 있어 그 기초공사가 단단해진다.

해설 **고장력강 용접봉의 장점**
① 소요 강재의 중량을 상당히 가볍게 할 수 있다.
② 구조물의 하중을 경감시킬 수 있어 그 기초공사가 단단해진다.
③ 동일한 강도에서 판의 두께를 얇게 할 수 있다.
④ 재료의 취급이 간단하고 가공이 용이하다.

문제 02 다음 중 아크 에어 가우징 시 압축공기의 압력으로 가장 적합한 것은?

① $1\sim3\,kgf/cm^2$
② $5\sim7\,kgf/cm^2$
③ $9\sim15\,kgf/cm^2$
④ $11\sim20\,kgf/cm^2$

해설 **아크 에어 가우징** : 탄소아크절단장치에다 압축공기 $5\sim7\,kg/cm^2$를 병용하여서 아크열로 용융시킨 부분을 압축공기로 불어 날려서 홈을 파내는 작업
장점 : ① 응용범위가 넓고 경비가 저렴
② 용융금속을 순간적으로 불어내어 모재에 악영향을 주지 않음.
③ 조작 방법이 간단
④ 작업 능률이 2~3배 높다.
⑤ 용접 결함부의 발견이 쉽다.

문제 03 다음 중 고속분출을 얻는 데 적합하고, 보통의 팁에 비하여 산소의 소비량이 같을 때 절단속도를 20~25% 증가시킬 수 있는 절단 팁은?

① 직선형 팁
② 산소-LP형 팁
③ 보통형 팁
④ 다이버전트형 팁

해설 **다이버전트형 팁** : 고속분출을 얻는 데 적합하고, 보통의 팁에 비하여 산소의 소비량이 같을 때 절단속도를 20~25% 증가시킬 수 있는 절단 팁

해답 01. ③ 02. ② 03. ④

문제 04
다음 중 직류 아크 용접의 극성에 관한 설명으로 틀린 것은?

① 전자의 충격을 받는 양극이 음극보다 발열량이 작다.
② 정극성일 때는 용접봉의 용융이 늦고 모재의 용입은 깊다.
③ 역극성일 때는 용접봉의 용융속도는 빠르고 모재의 용입이 얕다.
④ 얇은 판의 용접에는 용락(burn through)을 피하기 위해 역극성을 사용하는 것이 좋다.

해설 전자의 충격을 받는 양극이 음극보다 발열량이 높다.

문제 05
다음 중 정격 2차 전류가 200A, 정격사용률이 40%의 아크 용접기로 150A의 용접전류를 사용하여 용접하는 경우 허용사용률은 약 몇 %인가?

① 33% ② 40%
③ 50% ④ 71%

해설
$$\text{허용사용률} = \frac{(\text{정격 2차 전류})^2}{(\text{실제 용접전류})^2} \times \text{정격사용률}$$
$$= \frac{200^2}{150^2} \times 40 = 71.11\%$$

문제 06
다음은 수중 절단(underwater cutting)에 관한 설명으로 틀린 것은?

① 일반적으로 수중 절단은 수심 45m 정도까지 작업이 가능하다.
② 수중 작업 시 절단산소의 압력은 공기 중에서의 1.5~2배로 한다.
③ 수중 작업 시 예열가스의 양은 공기 중에서의 4~8배 정도로 한다.
④ 연료가스로는 수소, 아세틸렌, 프로판, 벤젠 등이 사용되나 그 중 아세틸렌이 가장 많이 사용된다.

해설 수중 절단
① 연료가스로는 수소가스가 가장 많이 사용된다.
② 수중절단의 수심은 45m 정도까지 작업이 가능하다.
③ 수중작업 시 절단산소의 압력은 1.5~2배이다.
④ 수중작업 시 예열가스의 양은 공기 중에서의 4~8배 정도로 한다.

문제 07
다음 중 원판상의 롤러 전극 사이에 용접할 2장의 판을 두고 가압·통전하여 전극을 회전시키며 연속적으로 점 용접을 반복하는 용접법은?

① 심 용접 ② 프로젝션 용접
③ 전자 빔 용접 ④ 테르밋 용접

해답

04. ① 05. ④ 06. ④ 07. ①

해설 심 용접 : 원판상의 롤러 전극 사이에 용접할 2장의 판을 두고 가압 통전하여 전극을 회전시키며 연속적으로 점 용접을 반복하는 용접법

문제 08 다음 중 가스 불꽃의 온도가 가장 높은 것은?

① 산소-메탄 불꽃
② 산소-프로판 불꽃
③ 산소-수소 불꽃
④ 산소-아세틸렌 불꽃

해설 가스 불꽃 온도(아부수프메)
① 산소-아세틸렌 : 3430℃
② 산소-부탄 : 2926℃
③ 산소-수소 : 2900℃
④ 산소-프로판 : 2820℃
⑤ 산소-메탄 : 2700℃

문제 09 다음 중 가연성 가스가 가져야 할 성질과 가장 거리가 먼 것은?

① 발열량이 클 것.
② 연소속도가 느릴 것.
③ 불꽃의 온도가 높을 것.
④ 용융금속과 화학반응을 일으키지 않을 것.

해설 가연성 가스가 가져야 할 성질
① 연소속도가 빠를 것.
② 용융금속과 화학반응을 일으키지 않을 것.
③ 불꽃의 온도가 높을 것.
④ 발열량이 클 것.

문제 10 강재의 가스 절단 시 팁 끝과 연강판 사이의 거리는 백심에서 1.5~2.0mm 정도 떨어지게 하며, 절단부를 예열하여 약 몇 ℃ 정도가 되었을 때 고압산소를 이용하여 절단을 시작하는 것이 좋은가?

① 300~450℃
② 500~600℃
③ 650~750℃
④ 800~900℃

해설 절단온도(동연강)
① 동관 : 600~700℃
② 연관 : 700~800℃
③ 강관(강재) : 800~900℃

문제 11 다음 중 정전압 특성에 관한 설명으로 옳은 것은?

① 부하 전압이 변화하면 단자 전압이 변하는 특성
② 부하 전류가 증가하면 단자 전압이 저하하는 특성
③ 부하 전압이 변화하여도 단자 전압이 변하지 않는 특성
④ 부하 전류가 변화하지 않아도 단자 전압이 변하는 특성

해답 08. ④ 09. ② 10. ④ 11. ③

해설 **정전압 특성** : 부하 전압이 변하여도 단자 전압이 변화지 않는 특성
수하 특성 : 부하 전류가 증가하면 단자 전압이 낮아지는 특성

문제 12 피복 아크 용접에서 용접속도(welding speed)에 영향을 미치지 않는 것은?

① 모재의 재질 ② 이음 모양
③ 전류값 ④ 전압값

해설 ① 전류값 ② 이음 모양 ③ 모재의 재질

문제 13 다음 중 연강용 피복 아크 용접봉 피복제의 역할과 가장 거리가 먼 것은?

① 아크를 안정하게 한다.
② 전기를 잘 통하게 한다.
③ 용착금속의 급랭을 방지한다.
④ 용착금속의 탈산 및 정련작용을 한다.

해설 **피복제의 역할**
① 전기 절연 작용   ② 아크 안정
③ 탈산 정련 작용   ④ 용착금속의 급랭 방지
⑤ 스패터 발생을 방지한다. ⑥ 합금원소 첨가
⑦ 공기중 산화, 질화 방지 ⑧ 용착금속의 효율을 높인다.

문제 14 다음 중 피복 아크 용접에 있어 위빙 운봉 폭은 용접봉 심선 지름의 얼마로 하는 것이 가장 적절한가?

① 1배 이하 ② 약 2~3배
③ 약 4~5배 ④ 약 6~7배

해설 피복 아크 용접에 있어 위빙 운봉 폭은 용접봉 심선 지름의 약 2~3배 이하로 하는 것이 가장 적합.
[예] $\phi 3.2$: 6.4~9.6mm

문제 15 다음 중 전기 용접에 있어 전격방지기가 기능하지 않을 경우 2차 무부하 전압은 어느 정도가 가장 적합한가?

① 20~30V ② 40~50V
③ 60~70V ④ 90~100V

해설 **1차 무부하 전압** : 80~90V
2차 무부하 전압 : 20~30V

12. ④ 13. ② 14. ② 15. ①

문제 16 다음 중 산소-아세틸렌 가스 용접에서 주철에 사용하는 용제에 해당하지 않는 것은?

① 붕사
② 탄산나트륨
③ 염화나트륨
④ 중탄산나트륨

해설 용제
① 연강 : 사용하지 않는다. (연사)
② 주철 : 중탄산소다+붕사+탄산소다 (주중붕탄)
③ 구리 : 붕사+염화리튬 (구붕염)
④ 반경강 : 중탄산소다+탄산소다 (반중탄)

문제 17 내용적이 40L, 충전압력이 150kgf/cm²인 산소용기의 압력이 50kgf/cm²까지 내려갔다면 소비한 산소의 양은 몇 L인가?

① 2,000L
② 3,000L
③ 4,000L
④ 5,000L

해설 산소의 소비량 $= (150-50) \times 40 = 4,000 l$

문제 18 다음 중 저융점 합금에 대하여 설명한 것 중 틀린 것은?

① 납(Pb : 용융점 327℃)보다 낮은 융점을 가진 합금을 말한다.
② 가용합금이라 한다.
③ 2원 또는 다원계의 공정합금이다.
④ 전기 퓨즈, 화재경보기, 저온 땜납 등에 이용된다.

해설 **저용융점 합금** : 주석(232℃)보다 낮은 용융점을 가진 금속

문제 19 금속의 공통적 특성이 아닌 것은?

① 상온에서 고체이며 결정체이다.(단, Hg은 제외.)
② 열과 전기의 양도체이다.
③ 비중이 크고 금속적 광택을 갖는다.
④ 소성변형이 없어 가공하기 쉽다.

해설 **금속의 공통적 성질**(이상열소비)
① 상온에서 고체이다.(단, 수은은 제외.)
② 열과 전기의 양도체이다.
③ 비중이 크고 금속적 광택을 갖는다.
④ 이온화하면 (+) 양이온이 된다.
⑤ 소성변형이 있어 가공하기 쉽다.

16. ③ 17. ③ 18. ① 19. ④

문제 20 다음 중 대표적인 주조경질 합금은?

① HSS ② 스텔라이트
③ 콘스탄탄 ④ 켈밋

해설 대표적인 주조경질 합금 : 스텔라이트

문제 21 고 Ni의 초고장력강이며 1370~2060Mpa의 인장강도와 높은 인성을 가진 석출경화형 스테인리스강의 일종은?

① 마르에이징(maraging)강
② Cr18%-Ni8%의 스테인리스강
③ 13%Cr강의 마텐자이트계 스테인리스강
④ Cr12-17%, C0.2%의 페라이트계 스테인리스강

해설 마르에이징강 : 고 니켈의 초고장력강이며 1370~2060MPa의 인장강도와 높은 인성을 가진 석출경화용 스테인리스강의 일종이다.

문제 22 열처리 방법에 따른 효과로 옳지 않은 것은?

① 불림-미세하고 균일한 표준조직 ② 풀림-탄소강의 경화
③ 담금질-내마멸성 향상 ④ 뜨임-인성 개선

해설 풀림 : 가공응력 및 내부응력 제거

문제 23 침탄법을 침탄제의 종류에 따라 분류할 때 해당되지 않는 것은?

① 고체 침탄법 ② 액체 침탄법
③ 가스 침탄법 ④ 화염 침탄법

해설 침탄제의 종류에 따른 분류 *(액고가)*
① 액체 침탄법 ② 고체 침탄법 ③ 가스 침탄법

문제 24 구리는 비철재료 중에 비중을 크게 차지한 재료이다. 다른 금속재료와의 비교 설명 중 틀린 것은?

① 철에 비해 용융점이 높아 전기제품에 많이 사용한다.
② 아름다운 광택과 귀금속적 성질이 우수하다.
③ 전기 및 열의 전도도가 우수하다.
④ 전연성이 좋아 가공이 용이하다.

해설 철의 용융점 : 1539℃   구리의 용융점 : 1083℃

20. ② 21. ① 22. ② 23. ④ 24. ①

문제 25
크롬강의 특징을 잘못 설명한 것은?

① 크롬강은 담금질이 용이하고 경화층이 깊다.
② 탄화물이 형성되어 내마모성이 크다.
③ 내식 및 내열강으로 사용한다.
④ 구조용은 W, V, Co를 첨가하고 공구용은 Ni, Mn, Mo을 첨가한다.

해설 구조용 강은 Ni, Mn, Mo을 첨가하고 공구용 강은 W, V, Co을 첨가한다.

문제 26
비자성이고 상온에서 오스테나이트 조직인 스테인리스강은? (단, 숫자는 %를 의미한다.)

① 18Cr-8Ni 스테인리스강
② 13Cr 스테인리스강
③ Cr계 스테인리스강
④ 13Cr-Al 스테인리스강

해설 비자성체이고 상온에서 오스테나이트 조직인 스테인리스강
18Cr-8Ni 스테인리스강

문제 27
담금질 가능한 스테인리스강으로 용접 후 경도가 증가하는 것은?

① STS 316
② STS 304
③ STS 202
④ STS 410

해설 담금질 가능한 스테인리스강으로 용접 후 경도가 증가하는 것 : STS 410

문제 28
청동은 다음 중 어느 합금을 의미하는가?

① Cu-Zn
② Fe-Al
③ Cu-Sn
④ Zn-Sn

해설 황동=Cu+Zn(구아)
청동=Cu+Sn(구주)

문제 29
티그 용접의 전원 특성 및 사용법에 대한 설명이 틀린 것은?

① 역극성을 사용하면 전극의 소모가 많아진다.
② 알루미늄 용접 시 교류를 사용하면 용접이 잘된다.
③ 정극성은 연강, 스테인리스강 용접에 적당하다.
④ 정극성을 사용할 때 전극은 둥글게 가공하여 사용하는 것이 아크가 안정된다.

해답
25. ④ 26. ① 27. ④ 28. ③ 29. ④

해설 **티그 용접의 전원 특성**
① 정극성을 사용할 때 전극을 뾰족하게 가공하여 사용하는 것이 아크가 안정된다.
② 정극성은 연강, 스테인리스강 용접에 적당하다.
③ 알루미늄 용접 시 교류를 사용하면 용접이 잘된다.
④ 역극성을 사용하면 전극의 소모가 많아진다.

문제 30

용접 결함 방지를 위한 관리기법에 속하지 않는 것은?
① 설계도면에 따른 용접 시공 조건의 검토와 작업 순서를 정하여 시공한다.
② 용접 구조물의 재질과 형상에 맞는 용접 장비를 사용한다.
③ 작업 중인 시공 상황을 수시로 확인하고 올바르게 시공할 수 있게 관리한다.
④ 작업 후에 시공 상황을 확인하고 올바르게 시공할 수 있게 관리한다.

해설 작업 전에 시공상황을 확인하고 올바르게 시공할 수 있게 관리한다.

문제 31

파장이 같은 빛을 렌즈로 집광하면 매우 작은 점으로 집중이 가능하고 높은 에너지로 집속하면 높은 열을 얻을 수 있다. 이것을 열원으로 하여 용접하는 방법은?
① 레이저 용접
② 일렉트로 슬래그 용접
③ 테르밋 용접
④ 플라스마 아크 용접

해설 **레이저 용접** : 파장이 같은 빛을 렌즈로 집광하면 매우 작은 점으로 집중이 가능하고 높은 에너지로 집속하면 높은 열을 얻을 수 있다.
테르밋 용접 : 산화철 분말과 알루미늄 분말 (1 : 3)의 중량비로 혼합한 테르밋제에 과산화바륨과 마그네슘 분말을 혼합한 점화촉진제를 넣어 연소시켜 용접
일렉트로 슬래그 용접 : 아크열이 아닌 와이어와 용융 슬래그 사이에 통전된 전류의 저항열을 이용하여 용접

문제 32

보통 화재와 기름 화재의 소화기로는 적합하나 전기 화재의 소화기로는 부적합한 것은?
① 포말 소화기
② 분말 소화기
③ CO_2 소화기
④ 물 소화기

해설 **화재의 분류**
① A급 화재(일반화재 = 보통화재) : 목재, 플라스틱 등, 물, 강화액 등
② B급 화재 : 유류 및 가스, CO_2, 분말, 포말
③ C급 화재 : 전기화재, CO_2, 분말
④ D급 화재 : 금속화재, 건조사, 팽창질석, 팽창진주암

30. ④ 31. ① 32. ①

문제 33
서브머지드 아크 용접에 사용되는 용융형 용제에 대한 특징 설명 중 틀린 것은?

① 흡습성이 거의 없으므로 재건조가 불필요하다.
② 미용융 용제는 다시 사용이 가능하다.
③ 고속 용접성이 양호하다.
④ 합금 원소의 첨가가 용이하다.

해설 서브머지드 아크 용접에 사용되는 용융형 용제에 대한 특징
① 합금 원소의 첨가가 용이하지 않음.
② 고속 용접성이 양호하다.
③ 미용융 용제는 다시 사용이 가능하다.
④ 흡습성이 거의 없으므로 재건조가 불필요하다.

문제 34
이산화탄소 가스 아크 용접에서 아크 전압이 높을 때 비드 형상으로 맞는 것은?

① 비드가 넓어지고 납작해진다.
② 비드가 좁아지고 납작해진다.
③ 비드가 넓어지고 볼록해진다.
④ 비드가 좁아지고 볼록해진다.

해설 이산화탄소 가스 아크 용접에서 아크 전압이 높을 때 비드 형상 비드가 넓어지고 납작해진다.

문제 35
다음 중 테르밋 용접의 점화제가 아닌 것은?

① 과산화바륨
② 망간
③ 알루미늄
④ 마그네슘

해설 테르밋 용접의 점화제 (산알마과)
① 산화철 분말 ② 알루미늄 분말 ③ 마그네슘 ④ 과산화바륨

문제 36
불활성 가스 금속 아크 용접의 용접 토치 구성 부품 중 와이어가 송출되면서 전류를 통전시키는 역할을 하는 것은?

① 가스 분출기(gas diffuser)
② 팁(tip)
③ 인슐레이터(insulator)
④ 플렉시블 콘딧(flexible conduit)

해설 팁 : 와이어가 송출되면서 전류를 통전시키는 역할

문제 37
경압용 용제의 특징으로 틀린 것은?

① 모재와 친화력이 있어야 한다.
② 용융점이 모재보다 낮아야 한다.
③ 모재와의 전위차가 가능한 한 커야 한다.
④ 모재와 야금적 반응이 좋아야 한다.

해답
33. ④ 34. ① 35. ② 36. ② 37. ③

해설 **경압용 용제의 특징**
① 모재와 야금적 반응이 좋아야 한다.
② 모재와의 전위차가 가능한 한 커야 한다.
③ 용융점이 모재보다 낮아야 한다.
④ 모재와 친화력이 있어야 한다.

문제 38 다음 중 용접성 시험이 아닌 것은?
① 노치 취성 시험
② 용접 연성 시험
③ 파면 시험
④ 용접 균열 시험

해설 **용접성 시험**
① 노치 취성 시험 ② 용접 연성 시험 ③ 용접 균열 시험

문제 39 용접부의 표면이 좋고 나쁨을 검사하는 것으로 가장 많이 사용하며 간편하고 경제적인 검사방법은?
① 자분검사
② 외관검사
③ 초음파검사
④ 침투검사

해설 **외관검사** : 용접부의 표면이 좋고 나쁨을 검사하는 것으로 가장 많이 사용하며 간편하고 경제적임.

문제 40 이산화탄소 아크 용접에서 일반적인 용접작업(약 200A 미만)에서의 팁과 모재 간 거리는 몇 mm 정도가 가장 적합한가?
① 0~5mm
② 10~15mm
③ 40~50mm
④ 30~40mm

해설 이산화탄소 아크 용접에서 일반적인 용접작업에서의 팁과 모재간 거리는 10~15mm 정도가 적합

문제 41 아크 용접 작업에 관한 안전사항으로서 올바르지 않은 것은?
① 용접기는 항상 환기가 잘되는 곳에 설치할 것.
② 전류는 아크를 발생하면서 조절할 것.
③ 용접기는 항상 건조되어 있을 것.
④ 항상 정격에 맞는 전류로 조절할 것.

해설 전류는 아크를 발생시키기 전에 조절할 것.

38. ③ 39. ② 40. ② 41. ②

문제 42 점용접 조건의 3대 요소가 아닌 것은?

① 고유저항 ② 가압력
③ 전류의 세기 ④ 통전시간

해설 점용접 조건의 3대 요소 (통통가)
① 통전시간 ② 통전전류(전류의 세기) ③ 가압력

문제 43 화재 및 폭발의 방지 조치사항으로 틀린 것은?

① 용접작업 부근에 점화원을 두지 않는다.
② 인화성 액체의 반응 또는 취급은 폭발한계범위 이내의 농도로 한다.
③ 아세틸렌이나 LP가스 용접 시에는 가연성 가스가 누설되지 않도록 한다.
④ 대기 중에 가연성 가스를 누설 또는 방출시키지 않는다.

해설 인화성 액체의 반응 또는 취급은 폭발범위 이내의 농도로 한다.

문제 44 다음 중 용접부에 언더컷이 발생했을 경우 결함 보수 방법으로 가장 적당한 것은?

① 드릴로 정지구멍을 뚫고 다듬질한다.
② 절단작업을 한 다음 재용접한다.
③ 가는 용접봉을 사용하여 보수용접한다.
④ 일부분을 깎아내고 재용접한다.

해설 결함의 보수
① 균열 : 가는 용접봉을 사용하여 용접
② 오버랩 : 깎아내고 재용접한다.
③ 슬래그 : 깎아내고 재용접한다.
④ 균열 : 정지구멍을 뚫어 균열부분을 홈을 판 후 재용접

문제 45 액체 이산화탄소 25kg 용기는 대기 중에서 가스량이 대략 12700L이다. 20L/min의 유량으로 연속 사용할 경우 사용 가능한 시간(hour)은 약 얼마인가?

① 60시간 ② 6시간
③ 10시간 ④ 1시간

해설 사용 가능한 시간

$1\min = 20l$

$x = 12700l$ $x = \dfrac{1\min \times 12700l}{20l} = 635\min$

$\therefore 1\text{hr} = 60\min$

$x = 635\min$ $x = \dfrac{1\text{hr} \times 635\min}{60\min} = 10.58\text{hr}$

42. ① 43. ② 44. ③ 45. ③

문제 46 가스 용접 작업 시 주의사항으로 틀린 것은?

① 반드시 보호안경을 착용한다.
② 산소 호스와 아세틸렌 호스는 색깔 구분 없이 사용한다.
③ 불필요한 긴 호스를 사용하지 말아야 한다.
④ 용기 가까운 곳에서는 인화물질의 사용을 금한다.

해설 산소 호스 : 녹색   아세틸렌 호스 : 적색

문제 47 플러그 용접에서 전단강도는 일반적으로 구멍의 면적당 전 용착금속 인장강도의 몇 % 정도로 하는가?

① 20~30%   ② 40~50%
③ 60~70%   ④ 80~90%

해설 플러그 용접에서 전단강도는 일반적으로 구멍의 면적당 전 용착금속 인장강도의 60~70% 정도

문제 48 용접부의 인장응력을 완화하기 위하여 특수해머로 연속적으로 용접부 표면층을 소성변형 주는 방법은?

① 피닝법   ② 저온응력 완화법
③ 응력제거 어닐링법   ④ 국부가열 어닐링법

해설 **피닝법** : 용접부의 인장응력을 완화하기 위하여 특수해머로 연속적으로 용접부 표면층을 소성변형 주는 방법
저온응력 완화법 : 용접선 양측을 가스 불꽃에 의하여 너비 약 150mm를 150~200℃ 정도의 비교적 낮은 온도로 가열한 다음 곧 수냉하는 방법

문제 49 용접에서 변형 교정 방법이 아닌 것은?

① 얇은 판에 대한 점 수축법   ② 롤러에 거는 방법
③ 형재에 대한 직선 수축법   ④ 노내풀림법

해설 **변형 교정 방법** (박형후가소외)
① 박판에 대한 점 수축법 : 열응력을 이용 소성변형을 일으켜 변형 교정
② 형재에 대한 직선 가열 수축법 : 가열하여 발생하는 열응력으로 소성변형을 일으키게 하여 변형 교정
③ 후판에 대하여는 가열 후 압력을 걸고 수냉하는 방법
④ 가열 후 해머로 두드리는 방법
⑤ 소성변형시켜서 교정하는 방법
⑥ 외력을 이용한 소성법
⑦ 롤러에 거는 법

---

46. ② 47. ③ 48. ① 49. ④

문제 50 용접재 예열의 목적으로 옳지 않은 것은?

① 변형 방지
② 잔류응력 감소
③ 균열 발생 방지
④ 수소 이탈 방지

해설 용접의 예열 목적
① 변형 방지 ② 잔류응력 감소 ③ 균열 발생 방지

문제 51 다음 중 도면의 일반적인 구비조건으로 거리가 먼 것은?

① 대상물의 크기, 모양, 자세, 위치의 정보가 있어야 한다.
② 대상물을 명확하고 이해하기 쉬운 방법으로 표현해야 한다.
③ 도면의 보존, 검색 이용이 확실히 되도록 내용과 양식을 구비해야 한다.
④ 무역과 기술의 국제 교류가 활발하므로 대상물의 특징을 알 수 없도록 보안성을 유지해야 한다.

해설 도면의 일반적인 구비조건
① 도면의 보존, 검색 이용이 확실히 되도록 내용과 양식을 구비해야 한다.
② 대상물을 명확하고 이해하기 쉬운 방법으로 표현해야 한다.
③ 대상물의 크기, 모양, 자세, 위치의 정보가 있어야 한다.

문제 52 일반적으로 표면의 결 도시 기호에서 표시하지 않는 것은?

① 표면 재료 종류
② 줄무늬 방향의 기호
③ 표면의 파상도
④ 컷오프값, 평가 길이

해설 표면의 결 도시 기호에서 표시
① 표면의 파상도
② 컷오프값, 평가 길이
③ 줄무늬 방향의 기호

문제 53 다음 중 일반구조용 압연강재의 KS 재료 기호는?

① SS 490
② SSW 41
③ SBC 1
④ SM 400A

해설 일반구조용 압연강재 : SS 490

해답 50. ④ 51. ④ 52. ① 53. ①

문제 54

그림과 같은 용접 기호에서 a7이 의미하는 뜻으로 알맞은 것은?

① 용접부 목 길이가 7mm이다.
② 용접 간격이 7mm이다.
③ 용접 모재의 두께가 7mm이다.
④ 용접부 목 두께가 7mm이다.

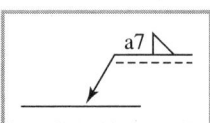

해설  : 필릿 용접부 목 두께가 7mm이다.

문제 55

그림과 같은 도면에서 지름 3mm 구멍의 수는 모두 몇 개인가?

① 24
② 38
③ 48
④ 60

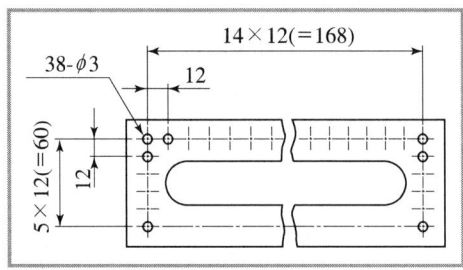

해설 38-φ3 : 3mm 구멍이 38개이다.

문제 56

다음 중 직원뿔 전개도의 형태로 가장 적합한 형상은?

① △   ② (부채꼴)
③ □   ④ (사다리꼴)

해설 직원뿔 전개도 :

문제 57

배관의 접합 기호 중 플랜지 연결을 나타내는 것은?

① ─┼─   ② ─┼┼─
③ ─╫─   ④ ─⊃─

해설 배관의 이음
① ─┼┼─ : 플랜지 이음   ② ─┼┼┼─ : 유니온 이음
③ ─┼─ : 나사 이음   ④ ─✕─ : 용접 이음

54. ④ 55. ② 56. ② 57. ②

문제 58

그림에서 '6.3' 선이 나타내는 선의 명칭으로 옳은 것은?

① 가상선
② 절단선
③ 중심선
④ 무게 중심선

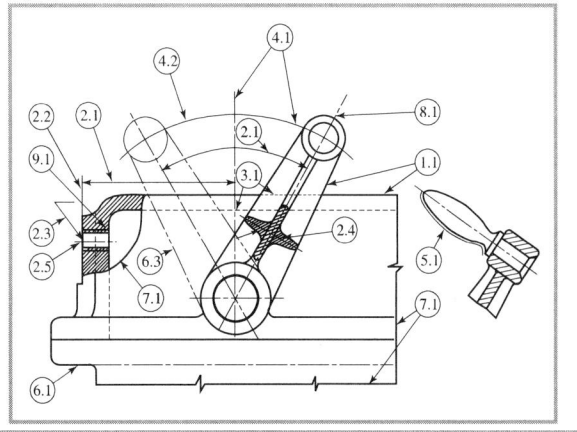

문제 59

그림과 같은 입체도에서 화살표 방향을 정면으로 할 때 제3각법으로 올바르게 정투상한 것은?

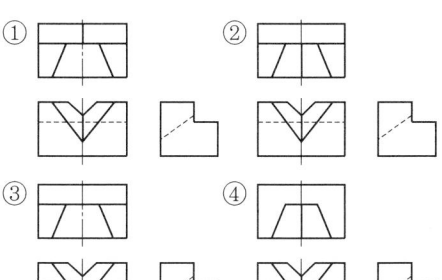

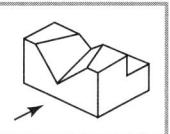

문제 60

치수 숫자와 함께 사용되는 기호가 바르게 연결된 것은?

① 지름 : P
② 정사각형 : □
③ 구면의 지름 : ∅
④ 구면의 반지름 : C

해설 치수의 표시 방법
① 지름 : ∅
② 반지름 : R
③ 구의 지름 : S∅
④ 구의 반지름 : SR
⑤ 정사각형변 : □
⑥ 판의 두께 : t
⑦ 45°모따기 : C
⑧ 이론적으로 정확한 치수 : $\boxed{123}$
⑨ 참고치수 : ( )

58. ① 59. ② 60. ②

2024년 4월 CBT 시행

문제 01 다음 중 가스 압접의 특징으로 틀린 것은?
① 이음부의 탈탄층이 전혀 없다.
② 작업이 거의 기계적이어서 숙련이 필요하다.
③ 용가재 및 용제가 불필요하고 용접시간이 빠르다.
④ 장치가 간단하여 설비비, 보수비가 싸고 전력이 불필요하다.

해설 가스 압접의 특징
① 장치가 간단하여 설비비, 보수비가 싸고 전력이 불필요하다.
② 이음부의 탈탄층이 전혀 없다.
③ 용가재 및 용제가 불필요하고 용접시간이 빠르다.
④ 작업이 거의 기계적이어서 숙련이 불필요하다.

문제 02 절단용 산소 중의 불순물이 증가되면 나타나는 결과가 아닌 것은?
① 절단속도가 늦어진다. ② 산소의 소비량이 적어진다.
③ 절단개시시간이 길어진다. ④ 절단 홈의 폭이 넓어진다.

해설 절단용 산소 중의 불순물이 증가되면 나타나는 결과
① 산소의 소비량이 많아진다.
② 절단 홈의 폭이 넓어진다.
③ 절단개시시간이 길어진다.
④ 절단속도가 늦어진다.

문제 03 피복 아크 용접봉에서 피복 배합제인 아교의 역할은?
① 고착제 ② 합금제
③ 탈산제 ④ 아크 안정제

해설 피복 배합제인 아교의 역할 : 고착제

문제 04 가스 절단에 영향을 미치는 인자가 아닌 것은?
① 후열 불꽃 ② 예열 불꽃
③ 절단 속도 ④ 절단 조건

해설 가스 절단에 영향을 미치는 인자
① 예열 불꽃 ② 절단 속도 ③ 절단 조건

01. ② 02. ② 03. ① 04. ①

문제 05

직류 아크 용접의 극성에 관한 설명으로 옳은 것은?

① 직류 정극성에서는 용접봉의 녹음속도가 빠르다.
② 직류 역극성에서는 용접봉에 30%의 열 분해가 되기 때문에 용입이 깊다.
③ 직류 정극성에서는 용접봉에 70%의 열 분해가 되기 때문에 모재의 용입이 얕다.
④ 직류 역극성은 박판, 주철, 고탄소강, 비철금속의 용접에 주로 사용된다.

해설 직류 정극성
① 후판용접 적합　　　　② 비드 폭이 좁다.
③ 용입이 깊다.　　　　　④ 용접봉의 속도가 느리다.
⑤ 모재(+) 70%열, 용접봉(－) 30%열

직류 역극성
① 박판용접, 주철, 고탄소강, 주철 용접에 적합
② 비드 폭이 넓다.　　　③ 용입이 얕다.
④ 용접봉의 속도가 빠르다.　⑤ 모재(+) 30%열, 용접봉(－) 70%열

문제 06

직류 용접기와 비교하여, 교류 용접기의 특징을 틀리게 설명한 것은?

① 유지가 쉽다.　　　　　② 아크가 불안정하다.
③ 감전의 위험이 적다.　　④ 고장이 적고, 값이 싸다.

해설 교류 아크 용접기의 특징

비교	교류	직류
아크 안정	불가능	가능
극성 변화	불가능	가능
무부하전압	70~80V	40~60V
구조	간단	복잡
고장	적다	많다
역률	떨어짐	우수
가격	저가	고가

문제 07

피복 아크 용접에서 아크열에 의해 모재가 녹아 들어간 깊이는?

① 용적　　　　　　　　② 용입
③ 용락　　　　　　　　④ 용착금속

해설 용접 용어
① 용입 : 모재가 녹은 깊이
② 용융지 : 모재 일부가 녹은 쇳물부분
③ 용착 : 용접봉이 용융지에 녹아 들어가는 것
④ 은점 : 용착금속의 파단면에 나타나는 은백색을 한 고기눈 모양의 결함부
⑤ 노치 취성 : 홈이 없을 때는 연성을 나타내는 재료라도 홈이 있으면 파괴되는 것
⑥ 스패터 : 아크 용접이나 가스 용접 시 비산하는 슬래그

해답 05. ④　06. ③　07. ②

⑦ 용가제 : 용착부를 만들기 위하여 녹여서 첨가하는 것
⑧ 용제 : 용접 시 산화물 기타 해로운 물질을 용융하여 금속에서 제거

문제 08 탄소 아크 절단에 압축공기를 병용하여 전극 홀더의 구멍에서 탄소 전극봉에 나란히 분출하는 고속의 공기를 분출시켜 용융금속을 불어내어 홈을 파는 방법은?
① 금속 아크 절단
② 아크 에어 가우징
③ 플라스마 아크 절단
④ 불활성 가스 아크 절단

해설 아크 에어 가우징
① 원리 : 탄소아크절단장치에다 압축공기($5\sim7kg/cm^2$)를 병용하여 아크열로 용융시킨 부분을 압축공기로 불어날려서 홈을 파내는 작업
② 장점 : ㉠ 용접 결함부의 발견이 쉽다.
㉡ 용융금속을 순간적으로 불어내어 모재에 악영향을 주지 않음.
㉢ 응용범위가 넓고 경비가 저렴

문제 09 서브머지드 아크 용접법에서 다전극 방식의 종류에 해당되지 않는 것은?
① 탠덤식 방식
② 횡 병렬식 방식
③ 횡 직렬식 방식
④ 종 직렬식 방식

해설 서브머지드 아크 용접법에서 다전극 방식의 종류
① 탠덤식 방식   ② 횡 병렬식 방식   ③ 횡 직렬식 방식

문제 10 교류 아크 용접기 부속장치 중 용접봉 홀더의 종류(KS)가 아닌 것은?
① 100호
② 200호
③ 300호
④ 400호

해설 교류 아크 용접기 부속장치 중 용접봉 홀더의 종류
① 200호   ② 300호   ③ 400호

문제 11 피복 아크 용접작업에서 아크 길이에 대한 설명 중 틀린 것은?
① 아크 길이는 일반적으로 3mm 정도가 적당하다.
② 아크 전압은 아크 길이에 반비례한다.
③ 아크 길이가 너무 길면 아크가 불안정하게 된다.
④ 양호한 용접은 짧은 아크(short arc)를 사용한다.

해설 피복 아크 용접작업에서 아크 길이
① 아크 전압은 아크 길이에 비례한다.
② 양호한 용접은 짧은 아크를 사용한다.
③ 아크 길이가 너무 길면 아크가 불안정하게 된다.
④ 아크 길이는 일반적으로 3mm 정도가 적당하다.

08. ② 09. ④ 10. ① 11. ②

문제 12
균열에 대한 감수성이 좋아 구속도가 큰 구조물의 용접이나 탄소가 많은 고탄소강 및 황의 함유량이 많은 쾌삭강 등의 용접에 사용되는 용접봉의 계통은?

① 고산화티탄계　　　　② 일미나이트계
③ 라임티탄계　　　　　④ 저수소계

해설 저수소계 : 균열에 대한 감수성이 좋아 구속도가 큰 구조물의 용접이나 탄소가 많은 고탄소강 및 황의 함유량이 많은 쾌삭강 등의 용접에 사용되는 용접봉의 계통

문제 13
가스 절단 시 예열 불꽃이 약할 때 나타나는 현상으로 틀린 것은?

① 절단속도가 늦어진다.　　② 역화 발생이 감소한다.
③ 드래그가 증가한다.　　　④ 절단이 중단되기 쉽다.

해설 가스 절단 시 예열 불꽃이 약할 때 나타나는 현상
① 역화 발생이 증가한다.　　② 절단속도가 늦어진다.
③ 드래그가 증가한다.　　　④ 절단이 중단되기 쉽다.

문제 14
가스 용접 시 전진법과 후진법을 비교 설명한 것 중 틀린 것은?

① 전진법은 용접속도가 느리다.　　② 후진법은 열 이용률이 좋다.
③ 후진법은 용접변형이 크다.　　　④ 전진법은 개선 홈의 각도가 크다.

해설 후진법의 특징
① 용접 변형이 적다.　　　② 홈의 각도가 적다.
③ 열 이용률이 좋다.　　　④ 용접속도가 빠르다.
⑤ 두꺼운 판의 용접에 적합　⑥ 산화 정도가 심하다.
⑦ 비드 표면이 매끈하지 못하다.　⑧ 용착금속조직이 미세하다.
⑨ 용착금속의 냉각도 서냉

문제 15
오스테나이트계 스테인리스강은 용접 시 냉각되면서 고온균열이 발생되는데 주 원인이 아닌 것은?

① 아크 길이가 짧을 때　　　② 모재가 오염되어 있을 때
③ 크레이터 처리를 하지 않을 때　④ 구속력이 가해진 상태에서 용접할 때

해설 고온균열이 발생되는 주 원인
① 구속력이 가해진 상태에서 용접 시
② 모재가 오염되었을 때
③ 아크 길이가 길 때
④ 크레이터 처리를 하지 않았을 때

해답　12. ④　13. ②　14. ③　15. ①

문제 16 아세틸렌 가스의 성질에 대한 설명으로 옳은 것은?

① 수소와 산소가 화합된 매우 안정된 기체이다.
② 1리터의 무게는 1기압 15℃에서 117g이다.
③ 가스 용접용 가스이며, 카바이드로부터 제조된다.
④ 공기를 1로 했을 때의 비중은 1.91이다.

해설 아세틸렌 가스의 성질
① 비중은 0.906이며 15℃ $1kg/cm^2$에서의 아세틸렌 $1l$의 무게는 1.176g이다.
② 여러 가지 액체에 잘 용해된다.(석유 2배, 벤젠 4배, 알코올 6배, 아세톤 25배)
③ $CaC_2 + 2H_2O \rightarrow Ca(OH)_2 + C_2H_2$
④ 액체 아세틸렌보다 고체 아세틸렌이 안전하다.
⑤ 흡열화합물이므로 압축하면 분해폭발의 위험이 있다.
⑥ Cu, Ag, Hg 등의 금속과 화합 시 폭발성 물질이 아세틸라이드 생성
⑦ 온도 406~408℃에서 자연발화, 505~515℃에서 폭발

문제 17 금속의 접합법 중 야금학적 접합법이 아닌 것은?

① 융접　　　　　　　　② 압접
③ 납땜　　　　　　　　④ 볼트 이음

해설 야금학적 접합법
① 융접　② 압접　③ 납땜

문제 18 다음의 열처리 중 항온 열처리 방법에 해당되지 않는 것은?

① 마퀜칭　　　　　　　② 마템퍼링
③ 오스템퍼링　　　　　④ 인상 담금질

해설 항온 열처리 방법
① 마템퍼링　② 오스템퍼링　③ 마퀜칭

문제 19 탄소강의 담금질 중 고온의 오스테나이트 영역에서 소재를 냉각하면 냉각속도의 차에 따라 마텐자이트, 페라이트, 펄라이트, 소르바이트 등의 조직으로 변태되는데 이들 조직 중에서 강도와 경도가 가장 높은 것은?

① 마텐자이트　　　　　② 페라이트
③ 펄라이트　　　　　　④ 소르바이트

해설 경도 순서
마텐자이트 > 트루스타이트 > 솔라이트 > 펄라이트 > 오스테나이트

16. ③　17. ④　18. ④　19. ①

문제 20
주철에서 탄소와 규소의 함유량에 의해 분류한 조직의 분포를 나타낸 것은?

① T.T.T 곡선
② Fe-C 상태도
③ 공정반응 조직도
④ 마우러(Maurer) 조직도

해설 마우러 조직도 : 주철에서 탄소와 규소의 함유량에 의해 분류한 조직의 분포를 나타냄.

문제 21
구리(Cu)와 그 합금에 대한 설명 중 틀린 것은?

① 가공하기 쉽다.
② 전연성이 우수하다.
③ 아름다운 색을 가지고 있다.
④ 비중이 약 2.7인 경금속이다.

해설 구리의 비중은 8.96이며 중금속이다.

문제 22
베어링에 사용되는 대표적인 구리합금으로 70%Cu – 30%Pb 합금은?

① 켈밋(Kelmet)
② 톰백(tombac)
③ 다우메탈(Dow metal)
④ 배빗메탈(Babbit metal)

해설 켈밋 : 구리 70% + 납 30%, 베어링에 사용.

문제 23
라우탈(Lautal) 합금의 주성분은?

① Al-Cu-Si
② Al-Si-Ni
③ Al-Cu-Mn
④ Al-Si-Mn

해설 합금
① 라우탈 : Al+Cu+Si (알구소)
② Y합금 : Al+Cu+Mg+Ni (알구마니)
③ 두랄루민 : Al+Cu+Mg+Mn (알구마망)
④ 하이드로날륨 : Al+Mg (알마)
⑤ 일렉트론 : Al+Zn+Mg (알아마)
⑥ 로엑스 : Al+Cu+Mg+Ni+Si (알구마니소)

문제 24
Mg-Al에 소량의 Zn과 Mn을 첨가한 합금은?

① 엘린바(elinvar)
② 일렉트론(elektron)
③ 퍼멀로이(permalloy)
④ 모넬메탈(monel metal)

해설 ② 일렉트론 : Al+Zn+Mg
① 엘린바 : Ni 36%, Cr 13%의 합금. 고급시계, 정밀저울의 스프링, 정밀기계의 재료.

해답 20. ④ 21. ④ 22. ① 23. ① 24. ②

③ 퍼멀로이 : Ni 75~80%, Co 0.5%. 약한 자장으로 큰 투자율을 가지므로 해저전선의 장하코일용으로 사용.
④ 모넬메탈 : N(60~70%) + Fe

문제 25 주강에 대한 설명으로 틀린 것은?
① 주조조직 개선과 재질 균일화를 위해 풀림 처리를 한다.
② 주철에 비해 기계적 성질이 우수하고, 용접에 의한 보수가 용이하다.
③ 주철에 비해 강도는 작으나 용융점이 낮고 유동성이 커서 주조성이 좋다.
④ 탄소함유량에 따라 저탄소 주강, 중탄소 주강, 고탄소 주강으로 분류한다.

해설 주철에 비해 강도가 크고 용융점이 높다.

문제 26 산소-아세틸렌 가스를 사용하여 담금질성이 있는 강재의 표면만을 경화시키는 방법은?
① 질화법
② 가스 침탄법
③ 화염 경화법
④ 고주파 경화법

해설 화염 경화법 : 산소-아세틸렌 가스를 사용하여 담금질성이 있는 강재의 표면만을 경화시키는 방법

문제 27 금속의 공통적 특성에 대한 설명으로 틀린 것은?
① 열과 전기의 부도체이다.
② 금속 특유의 광택을 갖는다.
③ 소성변형이 있어 가공이 가능하다.
④ 수은을 제외하고 상온에서 고체이며, 결정체이다.

해설 금속의 공통적 특성
① 열과 전기의 전도체이다.
② 금속 특유의 광택을 갖는다.
③ 소성변형이 있어 가공이 가능하다.
④ 수은을 제외하고 상온에서 고체이며, 결정체이다.

문제 28 스테인리스강을 용접하면 용접부가 입계부식을 일으켜 내식성을 저하시키는 원인으로 가장 적합한 것은?
① 자경성 때문이다.
② 적열취성 때문이다.
③ 탄화물의 석출 때문이다.
④ 산화에 의한 취성 때문이다.

해답

25. ③ 26. ③ 27. ① 28. ③

해설 스테인리스강을 용접하면 용접부가 입계부식을 일으켜 내식성을 저하시키는 원인 : 탄화물의 석출 때문에

문제 29 반자동 CO_2 가스 아크 편면(one side) 용접 시 뒷댐 재료로 가장 많이 사용되는 것은?

① 세라믹 제품 ② CO_2 가스
③ 테프론 테이프 ④ 알루미늄 판재

해설 반자동 CO_2 가스 아크 편면 용접 시 뒷댐 재료로 가장 많이 사용되는 것 : 세라믹 제품

문제 30 공랭식 MIG 용접 토치의 구성요소가 아닌 것은?

① 와이어 ② 공기 호스
③ 보호가스 호스 ④ 스위치 케이블

해설 공랭식 미그 용접 토치의 구성요소
① 스위치 케이블 ② 보호가스 호스 ③ 와이어

문제 31 서브머지드 아크 용접용 재료 중 와이어의 표면에 구리를 도금한 이유에 해당되지 않는 것은?

① 콘택트 팁과의 전기적 접촉을 좋게 한다.
② 와이어에 녹이 발생하는 것을 방지한다.
③ 전류의 통전 효과를 높게 한다.
④ 용착금속의 강도를 높게 한다.

해설 서브머지드 아크 용접용 재료 중 와이어의 표면에 구리를 도금한 이유
① 전류의 통전 효과를 높게 한다.
② 와이어에 녹이 발생하는 것을 방지한다.
③ 콘택트 팁과의 전기적 접촉을 좋게 한다.

문제 32 화상에 의한 응급조치로서 적절하지 않은 것은?

① 냉찜질을 한다. ② 붕산수에 찜질한다.
③ 전문의의 치료를 받는다. ④ 물집을 터트리고 수건으로 감싼다.

해설 화상에 대한 응급조치
① 전문의의 치료를 받는다.
② 붕산수에 찜질한다.
③ 냉찜질을 한다.

29. ① 30. ② 31. ④ 32. ④

문제 33. 언더컷의 원인이 아닌 것은?

① 전류가 높을 때 ② 전류가 낮을 때
③ 빠른 용접속도 ④ 운봉각도의 부적합

해설 언더컷의 원인
① 전류가 너무 높을 때 ② 용접속도가 빠를 때
③ 운봉각도가 부적합 시 ④ 부적당한 용접봉 사용

문제 34. 연강용 피복 용접봉에서 피복제의 역할이 아닌 것은?

① 아크를 안정시킨다. ② 스패터(spatter)를 많게 한다.
③ 파형이 고운 비드를 만든다. ④ 용착금속의 탈산정련 작용을 한다.

해설 피복제의 역할
① 스패터를 적게 한다. ② 아크 안정
③ 용착금속의 탈산정련 작용 ④ 파형이 고운 비드를 만든다.
⑤ 합금원소 첨가 ⑥ 공기 중 산화, 질화 방지
⑦ 용착금속의 냉각속도를 느리게 한다. ⑧ 전기절연작용
⑨ 슬래그 제거를 쉽게 한다. ⑩ 용착효율을 높인다.

문제 35. 전기저항 점용접 작업 시 용접기 조작에 대한 3대 요소가 아닌 것은?

① 가압력 ② 통전시간
③ 전극봉 ④ 전류세기

해설 용접기 조작에 대한 3대 요소
① 가압력 ② 통전시간 ③ 전류세기

문제 36. 솔리드 이산화탄소 아크 용접의 특징에 대한 설명으로 틀린 것은?

① 바람의 영향을 전혀 받지 않는다.
② 용제를 사용하지 않아 슬래그의 혼입이 없다.
③ 용접금속의 기계적, 야금적 성질이 우수하다.
④ 전류밀도가 높아 용입이 깊고 용융속도가 빠르다.

해설 솔리드 이산화탄소 아크 용접의 특징
① 바람의 영향을 받는다.
② 용제를 사용하지 않아 슬래그의 혼입이 없다.
③ 용접금속의 기계적, 야금적 성질이 우수하다.
④ 전류밀도가 높아 용입이 깊고 용융속도가 빠르다.
⑤ 가시아크이므로 시공이 편리하다.
⑥ 박판용접은(0.8mm 이하까지) 단락이행용접법에 의해 가능하며 전 자세 용접도 가능하다.

33. ② 34. ② 35. ③ 36. ①

문제 37 용접부의 내부 결함으로써 슬래그 섞임을 방지하는 것은?

① 용접전류를 최대한 낮게 한다.
② 루트 간격을 최대한 좁게 한다.
③ 전층의 슬래그는 제거하지 않고 용접한다.
④ 슬래그가 앞지르지 않도록 운봉속도를 유지한다.

해설 **슬래그 섞임 방지** : 슬래그가 앞지르지 않도록 운봉속도를 유지한다.

문제 38 전격에 의한 사고를 입을 위험이 있는 경우와 거리가 가장 먼 것은?

① 옷이 습기에 젖어 있을 때
② 케이블의 일부가 노출되어 있을 때
③ 홀더의 통전부분이 절연되어 있을 때
④ 용접 중 용접봉 끝에 몸이 닿았을 때

해설 **전격에 의한 사고를 입을 위험이 있는 경우**
① 용접 중 용접봉 끝에 몸이 닿았을 때
② 케이블의 일부가 노출되었을 때
③ 옷이 습기에 젖어 있을 때
④ 홀더의 통전부분이 절연되지 않았을 때

문제 39 서브머지드 아크 용접에 사용되는 용접용 용제 중 용융형 용제에 대한 설명으로 옳은 것은?

① 화학적 균일성이 양호하다.
② 미용융 용제는 다시 사용이 불가능하다.
③ 흡습성이 있어 재건조가 필요하다.
④ 용융 시 분해되거나 산화되는 원소를 첨가할 수 있다.

해설 **서브머지드 아크 용접에 사용되는 용융형 용제**
① 화학적 균일성이 양호하다.
② 미용융 용제는 다시 사용이 가능하다.
③ 흡수성이 없어 재건조가 불필요하다.

문제 40 수냉 동판을 용접부의 양면에 부착하고 용융된 슬래그 속에서 전극 와이어를 연속적으로 송급하여 용융 슬래그 내를 흐르는 저항열에 의하여 전극 와이어 및 모재를 용융 접합시키는 용접법은?

① 초음파 용접
② 플라스마 제트 용접
③ 일렉트로 가스 용접
④ 일렉트로 슬래그 용접

해답   37. ④ 38. ③ 39. ① 40. ④

해설 **일렉트로 슬래그 용접** : 수냉 동판을 용접부의 양면에 부착하고 용융된 슬래그 속에서 전극 와이어를 연속적으로 송급하여 용융슬래그 내를 흐르는 저항열에 의하여 전극 와이어 및 모재를 용융 접합시키는 용접법

문제 41 아크 발생 시간이 3분, 아크 발생 정지 시간이 7분일 경우 사용률(%)은?
① 100%
② 70%
③ 50%
④ 30%

해설 **사용률** $= \dfrac{\text{아크시간}}{\text{아크시간}+\text{휴식시간}} \times 100 = \dfrac{3}{3+7} \times 100 = 30\%$

문제 42 논가스 아크 용접(non gas arc welding)의 장점에 대한 설명으로 틀린 것은?
① 바람이 있는 옥외에서도 작업이 가능하다.
② 용접장치가 간단하며 운반이 편리하다.
③ 용착금속의 기계적 성질은 다른 용접법에 비해 우수하다.
④ 피복 아크 용접봉의 저수소계와 같이 수소의 발생이 적다.

해설 **논가스 아크 용접의 장점**
① 용착금속의 기계적 성질은 다른 용접법에 비해 우수하지 않다.
② 피복 아크 용접봉의 저수소계와 같이 수소의 발생이 적다.
③ 용접장치가 간단하며 운반이 편리하다.
④ 바람이 있는 옥외에서도 작업이 가능하다.

문제 43 전기 누전에 의한 화재의 예방대책으로 틀린 것은?
① 금속관 내에는 접속점이 없도록 해야 한다.
② 금속관의 끝에는 캡이나 절연 부싱을 하여야 한다.
③ 전선 공사 시 전선피복의 손상이 없는지를 점검한다.
④ 전기기구의 분해조립을 쉽게 하기 위하여 나사의 조임을 헐겁게 해 놓는다.

해설 나사의 조임을 꽉 조여 놓는다.

문제 44 납땜 시 사용하는 용제가 갖추어야 할 조건이 아닌 것은?
① 사용재료의 산화를 방지할 것.
② 전기저항 납땜에는 부도체를 사용할 것.
③ 모재와의 친화력을 좋게 할 것.
④ 산화피막 등의 불순물을 제거하고 유동성이 좋을 것.

해답

41. ④ 42. ③ 43. ④ 44. ②

해설 납땜 시 사용하는 용제가 갖추어야 할 조건
① 전기저항 납땜에는 전도체를 사용할 것.
② 산화피막 등의 불순물을 제거하고 유동성이 좋을 것.
③ 모재와의 친화력을 좋게 할 것.
④ 사용재료의 산화를 방지할 것.

문제 45
용접 후 잔류응력이 있는 제품에 하중을 주어 용접부에 약간의 소성변형을 일으키게 한 다음 하중을 제거하는 잔류응력 경감 방법은?
① 노내 풀림법
② 국부 풀림법
③ 기계적 응력 완화법
④ 저온 응력 완화법

해설 용접 후 처리
① 기계적 응력 완화법 : 잔류응력이 있는 제품에 하중을 주어 용접부에 약간의 소성변형을 일으킨 다음 하중을 제거하는 방법
② 저온 응력 완화법 : 용접선 양측을 가스 불꽃에 의하여 너비 약 150mm를 150~200℃ 정도의 비교적 낮은 온도로 가열한 다음 곧 수냉하는 방법
③ 피닝법 : 해머로써 용접부를 연속적으로 때려 용접 표면에 소성변형을 주는 방법
④ 국부풀림법
⑤ 노내풀림법

문제 46
용접부의 결함 검사법에서 초음파 탐상법의 종류에 해당되지 않는 것은?
① 공진법
② 투과법
③ 스테레오법
④ 펄스 반사법

해설 초음파 탐상법의 종류
① 투과법 ② 공진법 ③ 펄스 반사법

문제 47
불활성 가스 텅스텐 아크 용접의 장점으로 틀린 것은?
① 용제가 불필요하다.
② 용접품질이 우수하다.
③ 전 자세 용접이 가능하다.
④ 후판용접에 능률적이다.

해설 불활성 가스 텅스텐 아크 용접의 장점
① 박판용접에 적합하다.
② 전 자세 용접이 가능하다.
③ 용접품질이 우수하다.
④ 용제가 불필요하다.

해답 45. ③ 46. ③ 47. ④

문제 48 시험재료의 전성, 연성 및 균열의 유무 등 용접부위를 시험하는 시험법은?

① 굴곡시험 ② 경도시험
③ 압축시험 ④ 조직시험

해설 **굴곡시험** : 시험재료의 전성, 연성 및 균열의 유무 등 용접부위를 시험하는 시험방법

문제 49 제품을 제작하기 위한 조립 순서에 대한 설명으로 틀린 것은?

① 대칭으로 용접하여 변형을 예방한다.
② 리벳 작업과 용접을 같이 할 때는 리벳 작업을 먼저 한다.
③ 동일 평면 내에 많은 이음이 있을 때는 수축은 가능한 자유단으로 보낸다.
④ 용접선의 직각 단면 중심축에 대하여 용접의 수축력의 합이 0(zeor)이 되도록 용접 순서를 취한다.

해설 리벳 작업과 용접을 같이 할 때는 리벳 작업을 먼저 한다.

문제 50 서브머지드 아크 용접에서 맞대기 용접 이음 시 받침쇠가 없을 경우 루트 간격은 몇 mm 이하가 가장 적합한가?

① 0.8mm ② 1.5mm
③ 2.0mm ④ 2.5mm

해설 서브머지드 아크 용접에서 맞대기 용접 이음 시 받침쇠가 없을 경우 루트 간격은 0.8mm 이하로 한다.

문제 51 미터나사의 호칭지름은 수나사의 바깥지름을 기준으로 정한다. 이에 결합되는 암나사의 호칭지름은 무엇이 되는가?

① 암나사의 골지름 ② 암나사의 안지름
③ 암나사의 유효지름 ④ 암나사의 바깥지름

해설 **암나사의 호칭지름** : 암나사의 골지름

문제 52 그림과 같은 입체도에서 화살표 방향이 정면일 경우 좌측면도로 가장 적합한 것은?

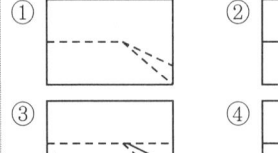
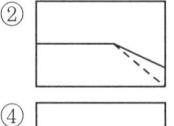
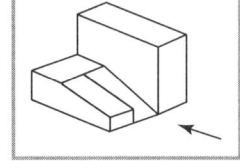

48. ① 49. ② 50. ① 51. ① 52. ②

문제 53
도면의 마이크로필름 촬영, 복사할 때 등의 편의를 위해 만든 것은?

① 중심마크 ② 비교눈금
③ 도면구역 ④ 재단마크

해설 **중심마크** : 도면의 마이크로필름 촬영, 복사할 때 등의 편의를 위하여 만든 것

문제 54
원호의 길이 치수 기입에서 원호를 명확히 하기 위해서 치수에 사용되는 치수 보조 기호는?

① (20) ② C20
③ 20 ④ ⌒20

해설 **치수의 표시 방법**
① 지름 : ϕ ② 반지름 : R
③ 구의 지름 : Sϕ ④ 구의 반지름 : SR
⑤ 정사각형변 : □ ⑥ 판의 두께 : t
⑦ 45°모따기 : C ⑧ 원호의 길이 : ⌒
⑨ 이론적으로 정확한 치수 : 123 ⑩ 참고치수 : ( )

문제 55
그림과 같은 입체를 제3각법으로 나타낼 때 가장 적합한 투상도는? (단, 화살표 방향을 정면으로 한다.)

① 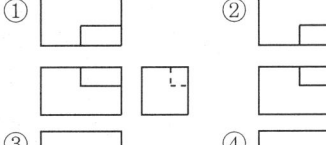 ②
③   ④

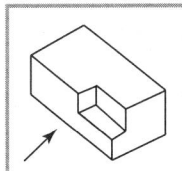

문제 56
바퀴의 암(arm), 림(rim), 축(shaft), 훅(hook) 등을 나타낼 때 주로 사용하는 단면도로서, 단면의 일부를 90° 회전하여 나타낸 단면도는?

① 부분 단면도 ② 회전도시 단면도
③ 계단 단면도 ④ 곡면 단면도

해설 **회전도시 단면도** : 바퀴의 암, 림, 축, 훅 등을 나타낼 때 주로 사용하는 단면도로서, 단면의 일부를 90° 회전하여 나타낸 단면도

53. ① 54. ④ 55. ④ 56. ②

문제 57 용기 모양의 대상물 표면에서 아주 굵은 실선을 외형선으로 표시하고 치수 표시가 φint34로 표시된 경우 가장 올바르게 해독한 것은?

① 도면에서 int로 표시된 부분의 두께 치수
② 화살표로 지시된 부분의 폭방향 치수가 φ34mm
③ 화살표로 지시된 부분의 안쪽 치수가 φ34mm
④ 도면에서 int로 표시된 부분만 인치단위 치수

해설 지수표시가 φint34 : 화살표로 지시된 부분의 안쪽 치수가 φ34mm

문제 58 배관의 간략도시방법 중 환기계 및 배수계의 끝부분 장치 도시방법의 평면도에서 그림과 같이 도시된 것의 명칭은?

① 회전식 환기삿갓
② 고정식 환기삿갓
③ 벽붙이 환기삿갓
④ 콕이 붙은 배수구

문제 59 용접부의 도시기호가 "a4△3×25(7)"일 때의 설명으로 틀린 것은?

① △ – 필릿 용접
② 3 – 용접부의 폭
③ 25 – 용접부의 길이
④ 7 – 인접한 용접부의 간격

해설 a4 : 용접부 지름
3 : 용접부 개수
25 : 용접부 길이
7 : 인접한 용접부의 간격

문제 60 냉간 압연 강판 및 강대에서 일반용으로 사용되는 종류의 KS 재료 기호는?

① SPSC
② SPHC
③ SSPC
④ SPCC

해설 냉간 압연 강판 및 강대에서 일반적으로 사용되는 종류 : SPCC

57. ③ 58. ④ 59. ② 60. ④

2024년 6월 CBT 시행

문제 01 아크 용접에서 피복제의 작용을 설명한 것 중 틀린 것은?
① 전기절연 작용을 한다. ② 아크(arc)를 안정하게 한다.
③ 스패터링(spattering)을 많게 한다. ④ 용착금속의 탈산정련 작용을 한다.

해설 피복제의 작용(전공아슬탈합용)
① 전기절연 작용 ② 공기 중 산화, 질화 방지
③ 아크 안정 ④ 슬래그 제거를 쉽게 한다.
⑤ 탈산정련 작용 ⑥ 합금원소 첨가
⑦ 용착효율을 높인다. ⑧ 용착금속의 냉각속도를 느리게 한다.

문제 02 강의 인성을 증가시키며, 특히 노치 인성을 증가시켜 강의 고온 가공을 쉽게 할 수 있도록 하는 원소는?
① P
② Si
③ Pb
④ Mn

해설 특수원소의 영향
① P : 상온취성, 청열취성(200~300℃)
② Si : 용융금속의 유동성 증가, 결정립 조대화, 충격 저하, 연신율 감소
③ Ni(니켈) : 인성 증가, 저온충격저항 증가, 질화 촉진, 주철의 흑연화 촉진
④ Cr(크롬) : 내식성, 내마모성 향상, 흑연화를 안정, 탄화물 안정, 담금질 효과 증대
⑤ Mo(몰리브덴) : 뜨임취성 방지, 고온강도 개선, 저온취성 방지
⑥ Ti(티탄) : 탄화물 생성 용이, 결정입자의 미세화

문제 03 플라스마 아크 절단법에 관한 설명이 틀린 것은?
① 알루미늄 등의 경금속에는 작동가스로 아르곤과 수소의 혼합가스가 사용된다.
② 가스절단과 같은 화학반응은 이용하지 않고, 고속의 플라스마를 사용한다.
③ 텅스텐 전극과 수냉 노즐 사이에 아크를 발생시키는 것을 비이행형 절단법이라 한다.
④ 기체의 원자가 저온에서 음(-)이온으로 분리된 것을 플라스마라 한다.

해설 플라스마 아크 절단법
① 텅스텐 전극과 수냉 노즐 사이에 아크를 발생시키는 것을 비이행형 절단법이라 한다.

해답 01. ③ 02. ④ 03. ④

② 텅스텐 전극과 모재 사이에서 아크를 발생시키는 것을 이행형 절단법이라 한다.
③ 가스절단과 같은 화학반응은 이용하지 않고, 고속의 플라스마를 사용.
④ 알루미늄 등의 경금속에는 작동가스로 아르곤과 수소의 혼합가스 사용.

문제 04
AW 220, 무부하전압 80V, 아크전압이 30V인 용접기의 효율은? (단, 내부손실은 2.5kW이다.)

① 71.5% ② 72.5%
③ 73.5% ④ 74.5%

해설 효율 = $\dfrac{\text{아크전력}}{\text{소비전력}} \times 100 = \dfrac{6.6}{9.1} \times 100 = 72.52\%$

아크전력 = 아크전압 × 정격2차전류 = 30 × 220 = 6600 = 6.6kW
소비전력 = 내부손실 + 아크전력 = 2.5 + 6.6 = 9.1

문제 05
예열용 연소가스로는 주로 수소가스를 이용하며, 침몰선의 해체, 교량의 교각 개조 등에 사용되는 절단법은?

① 스카핑 ② 산소창 절단
③ 분말절단 ④ 수중절단

해설 ④ 수중절단 : 예열용 연소가스로는 주로 수소가스를 이용하며, 침몰선의 해체, 교량의 교각 개조 등에 사용되는 절단법
① 스카핑 : 강괴, 강편, 슬래그, 주름, 탈탄층, 표면균열 등의 표면결함을 불꽃가공에 의해 제거하는 방법으로 얇은 홈 가공 시 사용.
② 산소창 절단 : 두꺼운 판, 주강의 슬래그 덩어리, 암석의 천공 등의 절단에 사용.
③ 분말절단 : 스테인리스강, 비철금속, 주철 등은 가스절단이 용이하지 않으므로 철분 또는 연속적으로 절단용 산소에 혼합 공급함으로써 그 산화열 또는 용제의 화학작용을 이용 절단.

문제 06
피복 아크 용접봉의 보관과 건조 방법으로 틀린 것은?

① 건조하고 진동이 없는 곳에 보관한다.
② 저소수계는 100~150℃에서 30분 건조한다.
③ 피복제의 계통에 따라 건조 조건이 다르다.
④ 일미나이트계는 70~100℃에서 30~60분 건조한다.

해설 **피복 아크 용접봉의 보관과 건조 방법**
① 저소수계는 300~350℃에서 1~2시간 건조한다.
② 일미나이트계는 70~100℃에서 30~60분 건조한다.
③ 피복제의 계통에 따라 건조 조건이 다르다.
④ 건조하고 진동이 없는 곳에 보관한다.

해답 04. ② 05. ④ 06. ②

문제 07
가스절단 작업을 할 때 양호한 절단면을 얻기 위하여 예열 후 절단을 실시하는데 예열불꽃이 강할 경우 미치는 영향 중 잘못 표현된 것은?

① 절단면이 거칠어진다.
② 절단면이 매우 양호하다.
③ 모서리가 용융되어 둥글게 된다.
④ 슬래그 중의 철 성분의 박리가 어려워진다.

해설 가스절단 시 예열불꽃이 강할 경우 미치는 영향
① 절단면이 거칠어진다.
② 모서리가 용융되어 둥글게 된다.
③ 슬래그 중의 철 성분의 박리가 어려워진다.
④ 절단면이 매우 불량하다.

문제 08
아크 용접기에 사용하는 변압기는 어느 것이 가장 적합한가?

① 누설 변압기
② 단권 변압기
③ 계기용 변압기
④ 전압 조정용 변압기

해설 아크 용접기에 사용하는 변압기 : 누설 변압기

문제 09
가스 용접에서 전진법과 비교한 후진법의 설명으로 맞는 것은?

① 열 이용률이 나쁘다.
② 용접속도가 느리다.
③ 용접변형이 크다.
④ 두꺼운 판의 용접에 적합하다.

해설 후진법의 특징(두뚱용열홈비 산)
① 두꺼운 판 용접에 적합하다.
② 용접속도가 빠르다.
③ 용접변형이 적다.
④ 열 이용률이 좋다.
⑤ 홈의 각도가 적다.
⑥ 비드 표면이 매끈하지 못하다.
⑦ 산화 정도가 약하다.
⑧ 용착금속의 조직이 미세하다.
⑨ 용착금속의 냉각도 서냉

문제 10
산소에 대한 설명으로 틀린 것은?

① 가연성 가스이다.
② 무색, 무취, 무미이다.
③ 물의 전기분해로도 제조한다.
④ 액체 산소는 보통 연한 청색을 띤다.

해설 조연성 가스(공불염이 산)
① 공기 ② 불소 ③ 염소 ④ 이산화탄소 ⑤ 산소

해답 07. ② 08. ① 09. ④ 10. ①

문제 11. 피복 아크 용접 시 용접회로의 구성 순서가 바르게 연결된 것은?

① 용접기 → 접지 케이블 → 용접봉 홀더 → 용접봉 → 아크 → 모재 → 헬멧
② 용접기 → 전극 케이블 → 용접봉 홀더 → 용접봉 → 아크 → 접지 케이블 → 모재
③ 용접기 → 접지 케이블 → 용접봉 홀더 → 용접봉 → 아크 → 전극 케이블 → 모재
④ 용접기 → 전극 케이블 → 용접봉 홀더 → 용접봉 → 아크 → 모재 → 접지 케이블

해설 피복 아크 용접 시 용접회로의 구성 순서
용접기 → 전극 케이블 → 용접봉 홀더 → 용접봉 → 아크 → 모재 → 접지 케이블

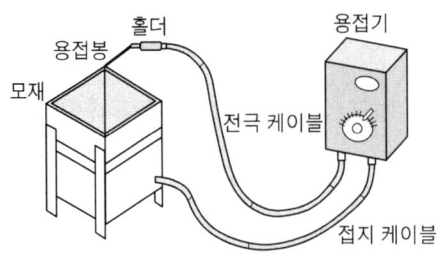

[용접 회로]

또는 모재 → 접지 케이블 → 용접기 → 전극 케이블 → 홀더 → 용접봉 → 아크
(**모접용극홀용아**)

문제 12. 정류기형 직류 아크 용접기의 특성에 관한 설명으로 틀린 것은?

① 보수와 점검이 어렵다.
② 취급이 간단하고 가격이 싸다.
③ 고장이 적고, 소음이 나지 않는다.
④ 교류를 정류하므로 완전한 직류를 얻지 못한다.

해설 정류기형 직류 아크 용접기의 특성
① 보수와 점검이 쉽다.
② 취급이 간단하고 가격이 싸다.
③ 고장이 적고, 소음이 나지 않는다.
④ 교류를 정류하므로 완전한 직류를 얻지 못한다.

문제 13. 동일한 용접 조건에서 피복 아크 용접할 경우 용입이 가장 깊게 나타나는 것은?

① 교류(AC)
② 직류 역극성(DCRP)
③ 직류 정극성(DCSP)
④ 고주파 교류(ACHF)

11. ④ 12. ① 13. ③

해설 **직류 정극성**(후비용용모)
① 후판용접 가능
② 비드 폭이 좁다.
③ 용입이 깊다.
④ 용접봉의 녹음이 느리다.
⑤ 모재(+) 70%, 용접봉(-) 30%

문제 14 탄소강의 종류 중 탄소 함유량이 0.3~0.5%이고 탄소량이 증가함에 따라서 용접부에서 저온 균열이 발생될 위험성이 커지기 때문에 150~250℃로 예열을 실시할 필요가 있는 탄소강은?

① 저탄소강
② 중탄소강
③ 고탄소강
④ 대탄소강

해설 **탄소 함유량**
① 저탄소강 : 0.3% 이하
② 중탄소강 : 0.3~0.5% 이하
③ 고탄소강 : 0.5~2.0% 이하

문제 15 가스 용접봉의 성분 중에서 인(P)이 모재에 미치는 영향을 올바르게 설명한 것은?

① 기공을 막을 수 있으나 강도가 떨어지게 된다.
② 강의 강도를 증가시키나 연신율, 굽힘성 등이 감소된다.
③ 용접부의 저항력을 감소시키고, 기공 발생의 원인이 된다.
④ 강에 취성을 주며 가연성을 잃게 하는데 특히 암적색으로 가열한 경우는 대단히 심하다.

해설 **가스 용접봉의 성분 중에서 인(P)이 모재에 미치는 영향**
강에 취성을 주며[상온취성, 청열취성(200~300℃)] 가연성을 잃게 하는데 특히 암적색으로 가열한 경우는 대단히 심하다.

문제 16 아크전류가 일정할 때 아크전압이 높아지면 용접봉의 용융속도가 늦어지고, 아크전압이 낮아지면 용융속도가 빨라지는 특성은?

① 부저항 특성
② 전압회복 특성
③ 절연회복 특성
④ 아크길이 자기제어 특성

해설 **아크길이 자기제어 특성** : 아크전류가 일정할 때 아크전압이 높아지면 용접봉의 용융속도가 늦어지고, 아크전압이 낮아지면 용융속도가 빨라지는 특성

해답   14. ② 15. ④ 16. ④

문제 17 일반적으로 피복 아크 용접 시 운봉 폭은 심선 지름의 몇 배인가?

① 1~2배   ② 2~3배
③ 5~6배   ④ 7~8배

해설 일반적으로 피복 아크 용접 시 운봉 폭은 심선 지름의 2~3배이다.

문제 18 시중에서 시판되는 구리 제품의 종류가 아닌 것은?

① 전기동   ② 산화동
③ 정련동   ④ 무산소동

해설 시중에서 시판되는 구리 제품의 종류
① 전기동   ② 정련동   ③ 무산소동

문제 19 암모니아(NH_3) 가스 중에서 500℃ 정도로 장시간 가열하여 강 제품의 표면을 경화시키는 열처리는?

① 침탄 처리   ② 질화 처리
③ 화염 경화처리   ④ 고주파 경화처리

해설 **질화 처리** : 암모니아 가스 중에서 500℃로 장시간 가열하여 강 제품의 표면을 경화시키는 열처리
화염경화법 : 탄소강 표면에 산소-아세틸렌 화염으로 표면만을 가열하여 오스테나이트를 만든 다음 급랭하여 표면층만 담금질
하드페이싱 : 금속의 표면에 스텔라이트나 경합금 등을 용접 또는 압접으로 용착
쇼피닝 : 강이나 주철제의 작은 봉을 고속으로 분사하는 방식으로 표면층만 가공 경화

문제 20 냉간가공을 받은 금속의 재결정에 대한 일반적인 설명으로 틀린 것은?

① 가공도가 낮을수록 재결정온도는 낮아진다.
② 가공시간이 길수록 재결정온도는 낮아진다.
③ 철의 재결정온도는 330~450℃ 정도이다.
④ 재결정입자의 크기는 가공도가 낮을수록 커진다.

해설 가공온도가 낮을수록 재결정온도는 높아진다.

문제 21 황동의 화학적 성질에 해당되지 않는 것은?

① 질량 효과   ② 자연 균열
③ 탈아연 부식   ④ 고온 탈아연

17. ②   18. ②   19. ②   20. ①   21. ①

해설 황동의 화학적 성질
① 자연 균열 ② 탈아연 부식 ③ 고온 탈아연

참고 질량효과 : 재료의 내·외부에 열처리 차이가 나는 현상

문제 22
18%Cr - 18%Ni계 스테인리스강의 조직은?
① 페라이트계
② 마텐자이트계
③ 오스테나이트계
④ 시멘타이트계

해설 오스테나이트계 스테인리스강 = 18 - 8 스테인리스강
　　　　　　　　　　　　　　　　　　　Cr 　Ni

문제 23
주강 제품에는 기포, 기공 등이 생기기 쉬우므로 제강작업 시에 쓰이는 탈산제는?
① P, S
② Fe-Mn
③ SO_2
④ Fe_2O_3

해설 주강 제품에는 기포, 기공 등이 생기기 쉬우므로 제강작업 시에 쓰이는 탈산제 : Fe-Mn(철-망간)

문제 24
Fe-C 상태도에서 아공석강의 탄소함량으로 옳은 것은?
① 0.025~0.80%C
② 0.80~2.0%C
③ 2.0~4.3%C
④ 4.3~6.67%C

해설 Fe-C 상태도에서 탄소함유량
① 순철 : 0.0218% 이하. 조직 : 페라이트
② 아공석강 : 0.0218~0.85% 이하. 조직 : 펄라이트+페라이트
③ 강 : 0.0218~2.11% 이하
④ 공석강 : 0.85% 이하. 조직 : 펄라이트
⑤ 과공석강 : 0.85~2.11% 이하. 조직 : 펄라이트+시멘타이트
⑥ 아공정주철 : 2.11~4.3% 이하
⑦ 공정주철 : 4.3% 이하. 조직 : 레데뷰라이트
⑧ 주철 : 2.11~6.67%
⑨ 과공정주철 : 4.3~6.67% 이하. 조직 : 레데뷰라이트+시멘타이트

문제 25
저온 메짐을 일으키는 원소는?
① 인(P)
② 황(S)
③ 망간(Mn)
④ 니켈(Ni)

해설 **인** : 상온취성, 청열취성(메짐)
황 : 적열취성(메짐)
망간 : 적열취성 방지, 황의 해를 제거, 고온에서 결정립 성장 억제.

22. ③　23. ②　24. ①　25. ①

문제 26
오스테나이트계 스테인리스강을 용접 시 냉각과정에서 고온균열이 발생하게 되는 원인으로 틀린 것은?

① 아크의 길이가 너무 길 때
② 모재가 오염되어 있을 때
③ 크레이터 처리를 하였을 때
④ 구속력이 가해진 상태에서 용접할 때

해설 오스테나이트계 스테인리스강을 용접 시 냉각과정에서 고온균열이 발생하게 되는 원인
① 구속력이 가해진 상태에서 용접할 때
② 모재가 오염되었을 때
③ 아크 길이가 너무 길 때
④ 크레이터 처리를 하지 않았을 때

문제 27
텅스텐(W)의 용융점은 약 몇 ℃인가?

① 1538℃
② 2610℃
③ 3410℃
④ 4310℃

해설 용융점
① 주석 : 232℃ (주이삼이)
② 납 : 327℃ (납삼이칠)
③ 마그네슘 : 650℃ (마육오)
④ 알루미늄 : 660℃ (알육육)
⑤ 니켈 : 1453℃ (니일사오삼)
⑥ 코발트 : 1495℃ (코일사구오)
⑦ 철 : 1539℃ (철일오삼구)
⑧ 구리 : 1083℃ (구일공팔삼)
⑨ 백금 : 1769℃ (백일칠육구)
⑩ 금 : 1063℃ (금일공육삼)
⑪ 몰리브덴 : 2025℃ (몰이공이오)
⑫ 텅스텐 : 3410℃ (텅삼사일공)

문제 28
저온뜨임의 목적이 아닌 것은?

① 치수의 경년변화 방지
② 담금질 응력 제거
③ 내마모성의 향상
④ 기공의 방지

해설 저온뜨임의 목적
① 내마모성의 향상
② 담금질 응력 제거
③ 치수의 경년변화 방지

문제 29
현미경 시험용 부식제 중 알루미늄 및 그 합금용에 사용되는 것은?

① 초산 알코올 용액
② 피크린산 용액
③ 왕수
④ 수산화나트륨 용액

해설 현미경 시험용 부식제 중 알루미늄 및 그 합금용에 사용되는 것 : 수산화나트륨 용액

해답
26. ③ 27. ③ 28. ④ 29. ④

문제 30 전기에 감전되었을 때 체내에 흐르는 전류가 몇 mA일 때 근육 수축이 일어나는가?

① 5mA
② 20mA
③ 50mA
④ 100mA

해설 전기에 감전되었을 때 체내에 흐르는 전류가 20mA일 때 근육 수축이 일어남.

문제 31 금속산화물이 알루미늄에 의하여 산소를 빼앗기는 반응에 의해 생성되는 열을 이용하여 금속을 접합하는 용접 방법은?

① 일렉트로 슬래그 용접
② 테르밋 용접
③ 불활성 가스 금속 아크 용접
④ 스폿 용접

해설 **테르밋 용접**
① 금속 산화물이 알루미늄에 의하여 산소를 빼앗기는 반응에 의해 생성되는 열을 이용하여 금속을 접합
② 산화철 분말과 알루미늄 분말을 (1 : 3)의 중량비로 혼합한 테르밋제에 과산화바륨과 마그네슘 분말을 혼합한 점화촉진제를 넣어 연소시켜 용접. 주로 철도 레일, 차축, 선박 프레임 용접에 사용.
[특징] ① 전력이 불필요하다.
② 작업장소의 이동이 용이
③ 용접작업이 단순하고 용접결과의 재현성이 높다.
④ 용접하는 시간이 비교적 짧다.
⑤ 용접작업 후 변형이 적다.

문제 32 맞대기 용접에서 판 두께가 대략 6mm 이하의 경우에 사용되는 홈의 형상은?

① I형
② X형
③ U형
④ H형

해설 **맞대기 용접에서 적용하는 개선 홈 형식**
① I : 판 두께 6mm까지 적용
② V : 판 두께 6~20mm 정도까지 적용
③ X : 판 두께 10~40mm 정도까지 적용
④ U : 판 두께 16~50mm 미만까지 적용
⑤ H형 : 판 두께 50mm 이상 적용

문제 33 TIG 용접에서 청정작용이 가장 잘 발생하는 용접전원은?

① 직류 역극성일 때
② 직류 정극성일 때
③ 교류 정극성일 때
④ 극성에 관계없음

해설 **TIG 용접에서 청정작용이 가장 잘 발생하는 용접전원** : 직류 역극성

해답 30. ② 31. ② 32. ① 33. ①

문제 34 다음 중 서브머지드 아크 용접에서 기공의 발생 원인과 거리가 가장 먼 것은?

① 용제의 건조불량 ② 용접속도의 과대
③ 용접부의 구속이 심할 때 ④ 용제 중에 불순물의 혼입

해설 서브머지드 아크 용접에서 기공 발생 원인
① 용제 중에 불순물 혼입
② 용접속도의 과대
③ 용제의 건조불량

문제 35 안전모의 일반구조에 대한 설명으로 틀린 것은?

① 안전모는 모체, 착장체 및 턱끈을 가질 것.
② 착장체의 구조는 착용자의 머리 부위에 균등한 힘이 분배되도록 할 것.
③ 안전모의 내부 수직거리는 25mm 이상 50mm 미만일 것.
④ 착장체의 머리고정대는 착용자의 머리 부위에 고정하도록 조절할 수 없을 것.

해설 착장체의 머리고정대는 착용자의 머리 부위에 고정하도록 조절할 수 있을 것.

문제 36 매크로 조직 시험에서 철강재의 부식에 사용되지 않는 것은?

① 염산 1 : 물 1의 액 ② 염산 3.8 : 황산 1.2 : 물 5.0의 액
③ 소금 1 : 물 1.5의 액 ④ 초산 1 : 물 3의 액

해설 매크로 조직 시험에서 철강재의 부식에 사용되는 것
① 염산 1 : 물 1의 액
② 초산 1 : 물 3의 액
③ 염산 3.8 : 황산 1.2 : 물 5.0의 액

문제 37 서브머지드 아크 용접의 용제에서 광물성 원료를 고온(1300℃ 이상)으로 용융한 후 분쇄하여 적합한 입도로 만드는 용제는?

① 용융형 용제 ② 소결형 용제
③ 첨가형 용제 ④ 혼성형 용제

해설 용융형 용제 : 서브머지드 아크 용접의 용제에서 광물성 원료를 고온(1300℃ 이상)으로 용융한 후 분쇄하여 적합한 입도로 만드는 용제

해답 34. ③ 35. ④ 36. ③ 37. ①

문제 38 용접 결함과 그 원인을 조합한 것으로 틀린 것은?

① 선상조직 – 용착금속의 냉각속도가 빠를 때
② 오버랩 – 전류가 너무 낮을 때
③ 용입불량 – 전류가 너무 높을 때
④ 슬래그 섞임 – 전층의 슬래그 제거가 불완전할 때

해설 용입불량 : 전류가 너무 낮을 때

문제 39 용접작업을 할 때 발생한 변형을 가열하여 소성변형을 시켜서 교정하는 방법으로 틀린 것은?

① 박판에 대한 점 수축법
② 형재에 대한 직선 수축법
③ 가열 후 해머질하는 법
④ 피닝법

해설 **소성변형시켜서 교정하는 방법**(박형후가소외)
① 박판에 대한 점 수축법
② 형재에 대한 직선가열 수축법
③ 후판에 대하여는 가열 후 압력을 걸고 수냉하는 방법
④ 가열 후 해머로 두드리는 방법
⑤ 소성변형시켜서 교정하는 방법
⑥ 외력을 이용한 소성변형법

문제 40 다음 중 CO_2가스 아크 용접에 적용되는 금속으로 맞는 것은?

① 알루미늄
② 황동
③ 연강
④ 마그네슘

해설 CO_2가스 아크 용접 : 연강
TIG(아르곤 용접) : 연강, 스텐
MIG(미그 용접) : 알루미늄

문제 41 모재의 열 변형이 거의 없으며, 이종금속의 용접이 가능하고 정밀한 용접을 할 수 있으며, 비접촉식 방식으로 모재에 손상을 주지 않는 용접은?

① 레이저 용접
② 테르밋 용접
③ 스터드 용접
④ 플라스마 제트 아크 용접

해설 **레이저 용접** : 모재의 열 변형이 거의 없으며, 이종금속의 용접이 가능하고 정밀한 용접을 할 수 있으며, 비접촉식 방식으로 모재에 손상을 주지 않는 용접.
스터드 용접 : 볼트나 환봉 등을 피스톤형 홀더에 끼우고 모재와 환봉 사이에서 순간적으로 아크를 발생시켜 용접.

해답 38. ③ 39. ④ 40. ③ 41. ①

문제 42
납땜에 관한 설명 중 맞는 것은?

① 경납땜은 주로 납과 주석의 합금용제를 많이 사용한다.
② 연납땜은 450℃ 이상에서 하는 작업이다.
③ 납땜은 금속 사이에 융점이 낮은 별개의 금속을 용융 첨가하여 접합한다.
④ 은납의 주성분은 은, 납, 탄소 등의 합금이다.

해설 납땜
① 은납땜의 주성분은 은, 구리, 아연이다.
② 연납땜은 450℃ 이하, 경납땜은 450℃ 이상
③ 양은납 : 동, 아연, 니켈   인동납 : 구리, 소량의 인, 은
   황동납 : 구리와 아연   알루미늄납 : 규소, 구리, 아연

문제 43
용접부의 비파괴 시험에 속하는 것은?

① 인장시험   ② 화학분석시험
③ 침투시험   ④ 용접균열시험

해설 용접부의 비파괴 시험
① RT(방사선검사)   ② MT(자분검사)   ③ UT(초음파검사)
④ PT(침투검사)   ⑤ LT(누설검사)   ⑥ VT(육안검사)
⑦ ET(와류검사)

문제 44
용접 시 발생되는 아크 광선에 대한 재해 원인이 아닌 것은?

① 차광도가 낮은 차광유리를 사용했을 때
② 사이드에 아크 빛이 들어왔을 때
③ 아크 빛을 직접 눈으로 보았을 때
④ 차광도가 높은 차광유리를 사용했을 때

해설 아크 광선의 재해 원인
① 아크 빛을 직접 눈으로 보았을 때
② 사이드에 아크 빛이 들어왔을 때
③ 차광도가 낮은 차광유리를 사용했을 때

문제 45
용접 전의 일반적인 준비사항이 아닌 것은?

① 용접재료 확인   ② 용접사 선정
③ 용접봉의 선택   ④ 후열과 풀림

해설 용접 전 일반적인 준비사항
① 용접사 선정 ② 용접봉의 선택 ③ 용접재료 확인

해답
42. ③ 43. ③ 44. ④ 45. ④

문제 46

TIG 용접에서 보호가스로 주로 사용하는 가스는?

① Ar, He
② CO, Ar
③ He, CO_2
④ CO, He

해설 TIG 용접에서 보호가스로 주로 사용되는 것 : 아르곤(Ar), 헬륨(He)

문제 47

이산화탄소 아크 용접의 시공법에 대한 설명으로 맞는 것은?

① 와이어의 돌출길이가 길수록 비드가 아름답다.
② 와이어의 용융속도는 아크전류에 정비례하여 증가한다.
③ 와이어의 돌출길이가 길수록 늦게 용융된다.
④ 와이어의 돌출길이가 길수록 아크가 안정된다.

해설 이산화탄소 아크 용접의 시공법 : 와이어의 용융속도는 아크 전류에 정비례하여 증가한다.

문제 48

서브머지드 아크 용접에서 루트 간격이 0.8mm보다 넓을 때 누설 방지 비드를 배치하는 가장 큰 이유로 맞는 것은?

① 기공을 방지하기 위하여
② 크랙을 방지하기 위하여
③ 용접변형을 방지하기 위하여
④ 용락을 방지하기 위하여

해설 서브머지드 아크 용접에서 루트 간격이 0.8mm보다 넓을 때 누설 방지 비드를 배치하는 가장 큰 이유 : 용락을 방지하기 위하여

문제 49

MIG 용접 시 와이어 송급 방식의 종류가 아닌 것은?

① 풀 방식
② 푸시 방식
③ 푸시 풀 방식
④ 푸시 언더 방식

해설 MIG 용접 시 와이어 송급 방식
① 푸시 방식   ② 풀 방식   ③ 푸시 풀 방식

문제 50

다음 중 심 용접의 종류가 아닌 것은?

① 맞대기 심 용접
② 슬롯 심 용접
③ 매시 심 용접
④ 포일 심 용접

해설 심 용접의 종류
① 맞대기 심 용접   ② 매시 심 용접   ③ 포일 심 용접

46. ①   47. ②   48. ④   49. ④   50. ②

문제 51 다음 중 기계제도 분야에서 가장 많이 사용되며, 제3각법에 의하여 그리므로 모양을 엄밀, 정확하게 표시할 수 있는 도면은?

① 캐비닛도
② 등각투상도
③ 투시도
④ 정투상도

해설 **정투상도** : 기계제도 분야에서 가장 많이 사용되며, 제3각법에 의하여 그리므로 모양을 엄밀, 정확하게 표시할 수 있는 단면도
등각투상도 : 3축(x, y, z)가 등각이 되도록 입체도로 투상한 것

문제 52 그림과 같은 도면에서 ⓐ판의 두께는 얼마인가?

① 6mm
② 12mm
③ 15mm
④ 16mm

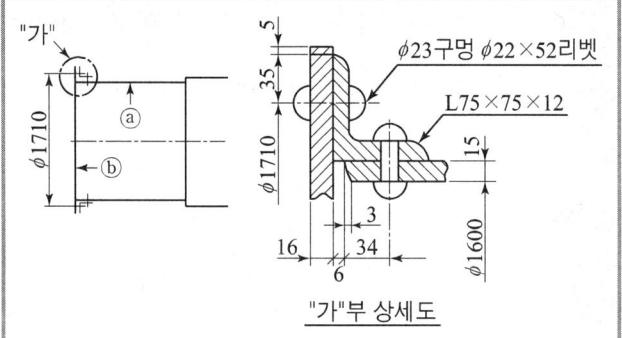

해설 ⓐ판의 두께 : 15mm
ⓑ판의 두께 : 12mm

문제 53 배관 도시 기호 중 체크밸브를 나타내는 것은?

해설 배관 도시 기호
① 게이트 밸브
② 볼 밸브 닫혀 있는 것
③ 전동밸브
④ 체크 밸브
⑤ 앵글 밸브
⑥ 안전밸브

51. ④ 52. ③ 53. ④

문제 54

다음 중 단독형체로 적용되는 기하공차로만 짝지어진 것은?

① 평면도, 진원도
② 진직도, 직각도
③ 평행도, 경사도
④ 위치도, 대칭도

해설 단독형체로 적용되는 기하공차 : 평면도, 진원도

문제 55

기계제도에서 도면의 크기 및 양식에 대한 설명 중 틀린 것은?

① 도면용지는 A열 사이즈를 사용할 수 있으며, 연장하는 경우에는 연장사이즈를 사용한다.
② A4~A0 도면용지는 반드시 긴 쪽을 좌우 방향으로 놓고서 사용해야 한다.
③ 도면에는 반드시 윤곽선 및 중심마크를 그린다.
④ 복사한 도면을 접을 때 그 크기는 원칙적으로 A4 크기로 한다.

해설 A4~A0 도면용지는 반드시 짧은 쪽을 좌우 방향으로 놓고서 사용한다.

문제 56

물체의 정면도를 기준으로 하여 뒤쪽에서 본 투상도는?

① 정면도
② 평면도
③ 저면도
④ 배면도

해설
물체의 정면도를 기준으로 하여 뒤쪽에서 본 투상도 : 배면도
물체의 정면도를 기준으로 하여 위쪽에서 본 투상도 : 평면도
물체의 정면도를 기준으로 하여 우측에서 본 투상도 : 우측면도
물체의 정면도를 기준으로 하여 좌측에서 본 투상도 : 좌측면도
물체의 정면도를 기준으로 하여 밑에서 본 투상도 : 저면도

문제 57

그림과 같은 용접 이음을 용접 기호로 옳게 표시한 것은?

①
②
③
④

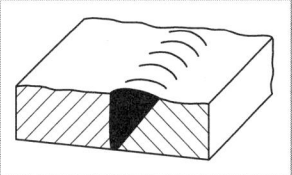

문제 58

다음 중 치수 보조 기호를 적용할 수 없는 것은?

① 구의 지름 치수
② 단면이 정사각형인 면
③ 단면이 정삼각형인 면
④ 판재의 두께 치수

54. ① 55. ② 56. ④ 57. ② 58. ③

해설 치수 보조 기호
① 지름 : φ   ② 반지름 : R
③ 구의 지름 : Sφ   ④ 구의 반지름 : SR
⑤ 정사각형변 : □   ⑥ 판의 두께 : t
⑦ 45°모따기 : C   ⑧ 이론적으로 정확한 치수 : $\boxed{123}$
⑨ 참고치수 : ( )

문제 59 다음 중 용접 구조용 압연 강재의 KS 기호는?

① SS 400   ② SCW 450
③ SM 400 C   ④ SCM 415 M

해설 용접 구조용 압연 강재 : SM 400 C

문제 60 다음 그림에서 축 끝에 도시된 센터 구멍 기호가 뜻하는 것은?

① 센터 구멍이 남아 있어도 좋다.
② 센터 구멍이 필요하지 않다.
③ 센터 구멍을 반드시 남겨둔다.
④ 센터 구멍이 필요하다.

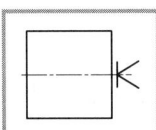

해설 센터 구멍이 필요하지 않다.

59. ③ 60. ②

2024년 9월 CBT 시행

문제 01 직류 아크 용접의 정극성과 역극성의 특징에 대한 설명으로 옳은 것은?

① 정극성은 용접봉의 용융이 느리고 모재의 용입이 깊다.
② 역극성은 용접봉의 용융이 빠르고 모재의 용입이 깊다.
③ 모재에 음극(-), 용접봉에 양극(+)을 연결하는 것을 정극성이라 한다.
④ 역극성은 일반적으로 비드 폭이 좁고 두꺼운 모재의 용접에 적당하다.

해설 직류 정극성(DCSP)
① 후판용접에 적합 ② 비드 폭이 좁다.
③ 용입이 깊다. ④ 용접봉의 용융속도가 느리다.
⑤ 모재(+) 70%열, 용접봉(-) 30%열

직류 역극성(DCRP)
① 박판용접에 적합 ② 비드 폭이 넓다.
③ 용입이 얕다. ④ 용접봉의 용융속도가 빠르다.
⑤ 용접봉(+) 70%열, 모재(-) 30%열

문제 02 아크 용접에서 부하전류가 증가하면 단자전압이 저하하는 특성을 무엇이라 하는가?

① 상승 특성 ② 수하 특성
③ 정전류 특성 ④ 정전압 특성

해설 용접기 특성
① 수하 특성 : 부하전류가 증가하면 단자전압이 낮아지는 특성
② 정전압 특성 : 부하전류가 변하여도 단자전압은 거의 변화하지 않는 특성
③ 정전류 특성 : 부하전압이 변하여도 단자전류는 거의 변화하지 않는 특성
④ 상승 특성 : 전류의 증가에 따라서 전압이 약간 높아지는 특성

문제 03 아크 에어 가우징법으로 절단을 할 때 사용되어지는 장치가 아닌 것은?

① 가우징 봉 ② 컴프레셔
③ 가우징 토치 ④ 냉각장치

해설 아크 에어 가우징법으로 절단 시 사용되어지는 장치
① 가우징 토치 ② 컴프레셔 ③ 가우징 봉

 01. ① 02. ② 03. ④

문제 04 연강용 피복아크 용접봉 심선의 4가지 화학성분 원소는?

① C, Si, P, S
② C, Si, Fe, S
③ C, Si, Ca, P
④ Al, Fe, Ca, P

해설 심선 5가지 화학성분(탄망인황규)
① 탄소 ② 망간 ③ 인 ④ 황 ⑤ 규소

문제 05 산소용기의 내용적이 33.7리터인 용기에 120kgf/cm²이 충전되어 있을 때, 대기압 환산용적은 몇 리터인가?

① 2803
② 4044
③ 28030
④ 40440

해설 $M = P \times V = 120 \times 33.7 = 4044 \, l$

문제 06 피복 아크 용접에서 아크 안정제에 속하는 피복 배합제는?

① 산화티탄
② 탄산마그네슘
③ 페로망간
④ 알루미늄

해설 아크 안정제(산석규규격탄)
① 산화티탄 ② 석회석 ③ 규산나트륨 ④ 규산칼륨
⑤ 자철광 ⑥ 적철광 ⑦ 탄산소다

슬래그 생성제(이산형석일알장규)
① 이산화망간 ② 산화티탄 ③ 형석 ④ 석회석
⑤ 일미나이트 ⑥ 알루미나 ⑦ 장석 ⑧ 규사

문제 07 용접전류에 의한 아크 주위에 발생하는 자장이 용접봉에 비해서 비대칭으로 나타나는 현상을 방지하기 위한 방법 중 옳은 것은?

① 직류 용접에서 극성을 바꿔 연결한다.
② 접지점을 될 수 있는 대로 용접부에서 가까이 한다.
③ 용접봉 끝을 아크가 쏠리는 방향으로 기울인다.
④ 피복제가 모재에 접촉할 정도로 짧은 아크를 사용한다.

해설 용접전류에 의한 아크 주위에 발생하는 자장이 용접봉에 비해서 비대칭으로 나타나는 현상을 방지하기 위한 방법 : 피복제가 모재에 접촉할 정도로 짧은 아크를 사용한다.

해답

04. ① 05. ② 06. ① 07. ④

문제 08
일반적으로 가스 용접봉의 지름이 2.6mm일 때 강판의 두께는 몇 mm 정도가 적당한가?

① 1.6mm ② 4.2mm
③ 4.5mm ④ 6.0mm

해설 $D = \dfrac{t}{2}+1$, $\dfrac{2.6}{1}=\dfrac{t}{2}+1$, $5.2=t+1$
∴ $t=5.2-1=4.2$

문제 09
피복 아크 용접봉의 용융금속 이행 형태에 따른 분류가 아닌 것은?

① 스프레이형 ② 글로뷸러형
③ 슬래그형   ④ 단락형

해설 피복 아크 용접봉의 용융금속 이행 형태에 따른 분류
① 스프레이형 : 미세한 용적이 스프레이와 같이 날려보내어 옮겨가서 융착
② 단락형 : 표면장력의 작용으로 모재로 옮겨가서 융착
③ 글로뷸러형 : 서브머지드 용접과 같이 대전류 사용 시

문제 10
산소 용기에 각인되어 있는 TP와 FP는 무엇을 의미하는가?

① TP : 내압시험압력, FP : 최고충전압력
② TP : 최고충전압력, FP : 내압시험압력
③ TP : 내용적(실측), FP : 용기중량
④ TP : 용기중량, FP : 내용적(실측)

해설 산소 용기의 각인
① TP : 내압시험압력 ② FP : 최고충전압력
③ W : 용기질량   ④ V : 용기 내용적
⑤ AP : 기밀시험압력

문제 11
가스 실드계의 대표적인 용접봉으로 유기물을 20~30% 정도 포함하고 있는 용접봉은?

① E4303 ② E4311
③ E4313 ④ E4324

해설 연강용 피복아크 용접봉의 특징
① E4311(고셀룰로오스계) : 가스 실드계의 대표적인 용접봉으로 유기물을 20~30% 정도 포함하고 있는 용접봉

08. ② 09. ③ 10. ① 11. ②

② E4303(라임티탄계) : 산화티탄을 약 30% 함유한 용접봉. 비드의 외관이 아름답고 언더컷이 발생되지 않음.
③ E4313(고산화티탄계) : 산화티탄이 35% 이상 함유. 비드 표면이 고우며 작업성이 우수. 고온크랙 일으키기 쉬움.
④ E4316(저수소계) : 석회석, 형석을 주성분으로 한 것으로 기계적 성질, 내균열성이 우수. 가열온도 300~350℃에서 1~2시간

문제 12
다음 중 용접 작업에 영향을 주는 요소가 아닌 것은?
① 용접봉 각도   ② 아크 길이
③ 용접 속도   ④ 용접 비드

해설 용접 작업에 영향을 주는 요소
① 용접 속도 ② 아크 길이 ③ 용접봉 각도

문제 13
아세틸렌은 각종 액체에 잘 용해된다. 그러면 1기압 아세톤 $2l$에는 몇 l의 아세틸렌이 용해되는가?
① 2   ② 10
③ 25   ④ 50

해설 1기압 15℃에서 25배 용해
2기압 x
$x = 50$배

참고 석유 : 2배 용해 벤젠 : 4배 용해 알코올 : 6배 용해 아세톤 : 25배 용해

문제 14
아크가 발생하는 초기에 용접봉과 모재가 냉각되어 있어 용접 입열이 부족하여 아크가 불안정하기 때문에 아크 초기에만 용접전류를 특별히 크게 해 주는 장치는?
① 전격방지장치   ② 원격제어장치
③ 핫 스타트 장치   ④ 고주파 발생장치

해설 교류 아크 용접기 부속장치
① 핫 스타트 장치 : 아크가 발생하는 초기에 용접봉과 모재가 냉각되어 있어 용접 입열이 부족하여 아크가 불안정하기 때문에 아크 초기에만 용접전류를 특별히 크게 해 주는 장치.
② 전격방지장치 : 무부하 전압이 85~95V로 비교적 높은 교류 아크 용접기는 감전재해의 위험이 있기 때문에 무부하전압을 20~30V 이하로 유지하여 용접사 보호.

해답 12. ④ 13. ④ 14. ③

문제 15
수중절단에 주로 사용되는 가스는?
① 부탄가스 ② 아세틸렌가스
③ LPG   ④ 수소가스

해설 수중절단에 주로 사용하는 가스 : 수소가스

문제 16
가스절단에서 절단하고자 하는 판의 두께가 25.4mm일 때, 표준 드래그의 길이는?
① 2.4mm ② 5.2mm
③ 6.4mm ④ 7.2mm

해설 드래그 길이 $=$ 판 두께 $\times \dfrac{1}{5} = \dfrac{25.4}{5} = 5.08$

문제 17
교류 아크 용접기의 규격 AW-300에서 300이 의미하는 것은?
① 정격 사용률   ② 정격 2차 전류
③ 무부하 전압   ④ 정격 부하 전압

해설 교류 아크 용접기의 규격 AW-300에서 300의 의미 : 정격 2차 전류

문제 18
열처리된 탄소강의 현미경 조직에서 경도가 가장 높은 것은?
① 소르바이트   ② 오스테나이트
③ 마텐자이트   ④ 트루스타이트

해설 경도가 높은 순서
마텐자이트 > 트루스타이트 > 소르바이트 > 펄라이트 > 오스테나이트

문제 19
알루미늄 합금 재료가 가공된 후 시간의 경과에 따라 합금이 경화하는 현상은?
① 재결정   ② 시효경화
③ 가공경화 ④ 인공시효

해설 **시효경화** : 알루미늄 합금 재료가 가공된 후 시간의 경과에 따라 합금이 경화되는 현상

15. ④ 16. ② 17. ② 18. ③ 19. ②

문제 20 용접 부품에서 일어나기 쉬운 잔류응력을 감소시키기 위한 열처리 방법은?

① 완전풀림(full annealing)
② 연화풀림(softening annealing)
③ 확산풀림(diffusion annealing)
④ 응력제거 풀림(stress relief annealing)

해설 **응력제거 풀림** : 용접 부품에서 일어나기 쉬운 잔류응력을 감소시키기 위한 열처리 방법

문제 21 인장강도가 98~196MPa 정도이며, 기계 가공성이 좋아 공작기계의 베드, 일반 기계 부품, 수도관 등에 사용되는 주철은?

① 백주철
② 회주철
③ 반주철
④ 흑주철

해설 **회주철** : 인장강도가 98~196MPa 정도이며, 기계 가공성이 좋아 공작기계의 베드, 일반기계 부품, 수도관 등에 사용

문제 22 구리에 40~50% Ni을 첨가한 합금으로서 전기저항이 크고 온도계수가 일정하므로 통신기자재, 저항선, 전열선 등에 사용하는 니켈합금은?

① 인바
② 엘린바
③ 모넬메탈
④ 콘스탄탄

해설 **합금**
① 콘스탄탄 : 구리(55%) + 니켈(45%). 전기저항이 크고 온도계수 일정. 통신기자재, 저항선, 전열선에 사용
② 인바 : Ni(35~36%) + Mn(0.4%) + Fe. 시계의 추에 사용
③ 엘린바 : Ni(35%) + Mn(0.4%) + Fe. 고급시계부품에 사용
④ 모넬메탈 : Ni(65~70%) + Fe(1~3%). 터빈 날개, 펌프 임펠러 등에 사용
⑤ 플래티나이트 : Ni(40~50%) + Fe. 진공관이나 전구의 도입선으로 사용
⑥ 인코넬 : Ni(70~80%) + Cr(12~14%). 열전쌍보호관, 진공관 필라멘트에 사용

문제 23 합금강의 분류에서 특수용도용으로 게이지, 시계추 등에 사용되는 것은?

① 불변강
② 쾌삭강
③ 규소강
④ 스프링강

해설 **합금강의 분류에서 특수용도용으로 게이지, 시계추 등에 사용되는 것** : 불변강

참고 **불변강** : 인바, 초인바, 엘린바, 코엘린바, 플래티나이트, 퍼멀로이

20. ④ 21. ② 22. ④ 23. ①

문제 24
강의 표면에 질소를 침투시켜 경화시키는 표면경화법은?

① 침탄법
② 질화법
③ 세러다이징
④ 고주파담금질

해설 **질화법** : 강 표면에 질소를 침투시켜 경화하는 방법으로 가스질화법, 연질화법, 액체질화법 등이 있다.
침탄법
① 가스침탄법 : 침탄온도는 900~950℃에서 메탄가스와 같은 탄화수소가스를 사용하여 침탄하는 방법
② 액체침탄법 : 시안화나트륨, 시안화칼리를 주성분으로 한 염을 사용하여 침탄온도 750~950℃에서 30~60분 침탄시키는 방법
③ 고체침탄법 : 고체침탄제를 사용하여 강 표면에 침탄탄소를 확산침투시켜 표면을 경화시키는 방법

문제 25
경금속(light metal) 중에서 가장 가벼운 금속은?

① 리튬(Li)
② 베릴륨(Be)
③ 마그네슘(Mg)
④ 티타늄(Ti)

해설 **비중**
① 리튬 : 0.53
② 베릴륨 : 1.84
③ 마그네슘 : 1.74
④ 티타늄 : 4.54

문제 26
스테인리스강의 금속 조직학상 분류에 해당하지 않는 것은?

① 마텐자이트계
② 페라이트계
③ 시멘타이트계
④ 오스테나이트계

해설 **스테인리스강의 금속 조직학상 분류**
① 마텐자이트계
② 페라이트계
③ 오스테나이트계

문제 27
합금공구강을 나타내는 한국산업표준(KS)의 기호는?

① SKH 2
② SCr 2
③ STS 11
④ SNCM

해설 **합금공구강을 나타내는 한국산업표준 기호** : STS 11

24. ② 25. ① 26. ③ 27. ③

문제 28

정련된 용강을 노 내에서 Fe-Mn, Fe-Si, Al 등으로 완전탈산시킨 강은?

① 킬드강
② 캡드강
③ 림드강
④ 세미킬드강

해설 강괴
① 킬드강 : 정련된 용강을 노 내에서 Fe-Mn, Fe-Si, Al 등으로 완전탈산시킨 강
② 세미킬드강 : 탈산의 정도를 킬드강과 림드강의 중간 정도로 한 약탈산강을 말한다. 용도는 일반구조용 강, 두꺼운 판 등의 소재로 쓰인다.
③ 림드강 : 전로에서 용해한 강을 망간철(Fe-Mn)로 가볍게 탈산시킨 상태에서 주형에 주입한 것으로, 불완전탈산강이라 한다.

문제 29

다음 중 화재 및 폭발의 방지조치가 아닌 것은?

① 가연성 가스는 대기 중에 방출시킨다.
② 용접작업 부근에 점화원을 두지 않도록 한다.
③ 가스용접 시에는 가연성 가스가 누설되지 않도록 한다.
④ 배관 또는 기기에서 가연성 가스의 누출 여부를 철저히 점검한다.

해설 가연성 가스는 대기 중에 방출하면 안 된다.

문제 30

CO_2 가스 아크 용접에서 복합 와이어의 구조에 해당하지 않는 것은?

① C관상 와이어
② 아코스 와이어
③ S관상 와이어
④ NCG 와이어

해설 CO_2 가스 아크 용접에서 복합 와이어의 구조
① 아코스 와이어 ② NCG 와이어 ③ S관상 와이어

문제 31

초음파 탐상법의 특징 설명으로 틀린 것은?

① 초음파의 투과 능력이 작아 얇은 판의 검사에 적합하다.
② 결함의 위치와 크기를 비교적 정확히 알 수 있다.
③ 검사 시험체의 한 면에서도 검사가 가능하다.
④ 감도가 높으므로 미세한 결함을 검출할 수 있다.

해설 초음파 탐상법의 특징
① 감도가 높으므로 미세한 결함을 검출할 수 있다.
② 검사 시험체의 한 면에서도 검사가 가능하다.
③ 결함의 위치와 크기를 비교적 정확히 알 수 있다.
④ 고압장치의 판 두께 측정
⑤ 검사비용이 싸고 결과가 신속
⑥ 결과의 보존성이 없다.

28. ① 29. ① 30. ① 31. ①

문제 32
연납과 경납을 구분하는 용융점은 몇 ℃인가?

① 200℃   ② 300℃
③ 450℃   ④ 500℃

해설
연납 : 450℃ 이하
경납 : 450℃ 초과

문제 33
교류 아크 용접기의 종류가 아닌 것은?

① 가동 철심형   ② 가동 코일형
③ 가포화 리액터형   ④ 정류기형

해설 교류 아크 용접기의 종류
① 가동 코일형 ② 가동 철심형 ③ 가포화 리액터형 ④ 탭 전환용

문제 34
용접부에 은점을 일으키는 주요 원소는?

① 수소   ② 인
③ 산소   ④ 탄소

해설 수소
① 은점을 일으킴.   ② 헤어 크랙을 일으킴.
③ 수소취성을 일으킴.   ④ 수중절단 시 사용.

문제 35
일렉트로 슬래그 아크 용접에 대한 설명 중 맞지 않는 것은?

① 일렉트로 슬래그 용접은 단층 수직 상진 용접을 하는 방법이다.
② 일렉트로 슬래그 용접은 아크를 발생시키지 않고 와이어와 용융 슬래그 그리고 모재 내에 흐르는 전기 저항열에 의하여 용접한다.
③ 일렉트로 슬래그 용접의 홈 형상은 I형 그대로 사용한다.
④ 일렉트로 슬래그 용접 전원으로는 정전류형의 직류가 적합하고, 용융금속의 용착량은 90% 정도이다.

해설 일렉트로 슬래그 용접
① 일렉트로 슬래그 용접의 홈 형상은 I형 그대로 사용한다.
② 일렉트로 슬래그 용접은 단층 수직, 상진 용접을 하는 방법이다.
③ 일렉트로 슬래그 용접은 아크를 발생시키지 않고 와이어와 용융 슬래그 그리고 모재 내에 흐르는 전기 저항열에 의하여 용접한다.
④ 아크가 눈에 보이지 않고 아크 불꽃이 없다.
⑤ 최소한의 변형과 최단시간 용접법이다.
⑥ 박판용접에는 적용 불가능
⑦ 장비 설치가 복잡하며 냉각장치가 필요하다.

해답
32. ③ 33. ④ 34. ① 35. ④

문제 36
TIG 용접 시 텅스텐 전극의 수명을 연장시키기 위하여 아크를 끊은 후 전극의 온도가 얼마일 때까지 불활성 가스를 흐르게 하는가?
① 100℃   ② 300℃
③ 500℃   ④ 700℃

해설 TIG 용접 시 텅스텐 전극의 수명을 연장시키기 위하여 아크를 끊은 후 전극의 온도가 300℃일 때까지 불활성 가스를 흐르게 한다.

문제 37
다음 중 비파괴 시험이 아닌 것은?
① 초음파 시험   ② 피로 시험
③ 침투 시험   ④ 누설 시험

해설 비파괴 시험법
① RT(방사선검사) ② UT(초음파검사) ③ MT(자분검사)
④ PT(침투검사)   ⑤ VT(육안검사)   ⑥ LT(누설검사)
⑦ 음향검사

문제 38
본용접의 용착법 중 각 층마다 전체 길이를 용접하면서 쌓아올리는 방법으로 용접하는 것은?
① 전진 블록법   ② 캐스케이드법
③ 빌드업법   ④ 스킵법

해설 용착법
① 빌드업법 : 각 층마다 전체 길이를 용접하면서 쌓아올리는 방법

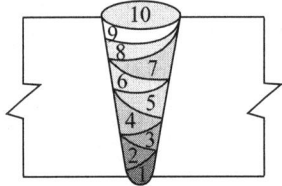

② 스킵법 : 이음전길이에 대해서 뛰어넘어서 용접하는 방법

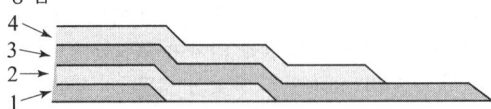

③ 캐스케이드법 : 한 부분에 대해 몇 층을 용접하다가 다음 부분의 층으로 연속시켜 용접

④ 전진 블록법 : 짧은 용접길이로 표면까지 용착하는 방법. 첫 층에 균열이 발생하기 쉬울 때 사용.

36. ② 37. ② 38. ③

문제 39
피복 아크 용접기를 설치해도 되는 장소는?

① 먼지가 매우 많고 옥외의 비바람이 치는 곳
② 수증기 또는 습도가 높은 곳
③ 폭발성 가스가 존재하지 않는 곳
④ 진동이나 충격을 받는 곳

해설 **피복 아크 용접기를 설치해도 되는 장소**
① 먼지가 없고 옥내에 설치할 것.
② 수증기 또는 습도가 낮은 곳
③ 폭발성 가스가 존재하지 않는 곳
④ 진동이나 충격을 받지 않는 곳

문제 40
그림과 같이 용접선의 방향과 하중의 방향이 직교한 필릿 용접은?

① 측면 필릿 용접
② 경사 필릿 용접
③ 전면 필릿 용접
④ T형 필릿 용접

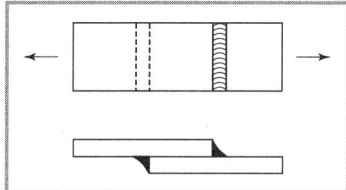

문제 41
불활성 가스 금속 아크(MIG) 용접의 특징 설명으로 옳은 것은?

① 바람의 영향을 받지 않아 방풍대책이 필요 없다.
② TIG 용접에 비해 전류밀도가 높아 용융속도가 빠르고 후판용접에 적합하다.
③ 각종 금속용접이 불가능하다.
④ TIG 용접에 비해 전류밀도가 낮아 용접속도가 느리다.

해설 **불활성 가스 금속 아크 용접의 특징**
① TIG 용접에 비해 전류밀도가 높아 용융속도가 빠르고 후판용접에 적합하다.
② CO_2 용접에 비해 스패터 발생이 적다.
③ 수동 피복 아크 용접에 비해 용착효율이 높아 고능률적이다.
④ 각종 금속용접에 다양하게 적용할 수 있어 응용범위가 넓다.
⑤ 보호가스의 가격이 비싸서 연강용접에는 다소 부적당하다.
⑥ 바람의 영향을 크게 받으므로 방풍대책이 필요하다.

39. ③ 40. ③ 41. ②

문제 42 가스 절단 작업 시 주의사항이 아닌 것은?

① 가스 누설의 점검은 수시로 해야 하며 간단히 라이터로 할 수 있다.
② 가스 호스가 꼬여 있거나 막혀 있는지를 확인한다.
③ 가스 호스가 용융 금속이나 산화물의 비산으로 인해 손상되지 않도록 한다.
④ 절단 진행 중에 시선은 절단면을 떠나서는 안 된다.

해설 가스 누설 점검은 비눗물로 한다.

문제 43 다음 중 용제와 와이어가 분리되어 공급되고 아크가 용제 속에서 일어나며 잠호 용접이라 불리는 용접은?

① MIG 용접   ② 심 용접
③ 서브머지드 아크 용접   ④ 일렉트로 슬래그 용접

해설 **서브머지드 아크 용접** : 용제와 와이어가 분리되어 공급되고 아크가 용제 속에서 일어나며 잠호용접이라고도 한다.
일렉트로 슬래그 용접 : 아크열이 아닌 와이어와 용융 슬래그 사이에 통전된 전류의 저항열을 이용하여 용접.
스터드 용접 : 볼트나 환봉 등을 피스톤형 홀더에 끼우고 모재와 환봉 사이에서 순간적으로 아크를 발생시켜 용접

문제 44 안전 보호구의 구비요건 중 틀린 것은?

① 착용이 간편할 것.
② 재료의 품질이 양호할 것.
③ 구조와 끝마무리가 양호할 것.
④ 위험, 유해요소에 대한 방호 성능이 나쁠 것.

해설 위험, 유해요소에 대한 방호 성능이 좋을 것.

문제 45 아크 플라스마는 고전류가 되면 방전전류에 의하여 생기는 자장과 전류의 작용으로 아크의 단면이 수축된다. 그 결과 아크 단면이 수축하여 가늘게 되고 전류밀도가 증가한다. 이와 같은 성질을 무엇이라고 하는가?

① 열적 핀치 효과   ② 자기적 핀치 효과
③ 플라스마 핀치 효과   ④ 동적 핀치 효과

해설 **자기적 핀치 효과** : 아크 플라스마는 고전류가 되면 방전전류에 의하여 생기는 자장과 전류의 작용으로 아크 단면이 수축된다. 그 결과 아크 단면이 수축하여 가늘게 되고 전류밀도 증가.
열적 핀치 효과 : 아크 단면은 수축하고 전류밀도는 증가하여 아크 전압이 높아지므로 대단히 높은 온도의 아크 플라스마가 얻어지는 성질.

 해답

42. ① 43. ③ 44. ④ 45. ②

문제 46
용접 결함 종류가 아닌 것은?

① 기공
② 언더컷
③ 균열
④ 용착금속

해설 **용접 결함의 종류** (오용내슬언선은균)
① 오버랩 ② 용입 불량 ③ 내부 기공 ④ 슬래그 혼입
⑤ 언더컷 ⑥ 선상조직 ⑦ 은점 ⑧ 균열
⑨ 기공

문제 47
TIG 용접에서 전극봉의 마모가 심하지 않으면서 청정작용이 있고 알루미늄이나 마그네슘 용접에 가장 적합한 전원 형태는?

① 직류 정극성(DCSP)
② 직류 역극성(DCRP)
③ 고주파 교류(ACHF)
④ 일반 교류(AC)

해설 **고주파 교류** : TIG 용접에서 전극봉의 마모가 심하지 않으면서 청정작용이 있고 알루미늄이나 마그네슘 용접에 적합

문제 48
용접전압이 25V, 용접전류가 350A, 용접속도가 40cm/min인 경우 용접 입열량은 몇 J/cm인가?

① 10500 J/cm
② 11500 J/cm
③ 12125 J/cm
④ 13125 J/cm

해설 용접입열 $= \dfrac{60EI}{V} = \dfrac{60 \times 25 \times 350}{40} = 13125\,\text{J/cm}$

문제 49
용접 후 변형을 교정하는 방법이 아닌 것은?

① 박판에 대한 점 수축법
② 형재(形材)에 대한 직선 수축법
③ 가스 하우징법
④ 롤러에 거는 방법

해설 **용접 후 변형을 교정하는 방법**
① 박판에 대한 점 수축법
② 형재에 대한 직선 수축법
③ 롤러에 거는 법
④ 가열 후 해머로 두드리는 방법
⑤ 소성변형시켜서 교정하는 방법
⑥ 후판에 대하여는 가열 후 압력을 걸고 수행하는 방법
⑦ 외력을 이용한 소성 변형법

해답 46. ④ 47. ③ 48. ④ 49. ③

문제 **50** 용접 이음 준비 중 홈 가공에 대한 설명으로 틀린 것은?

① 홈 가공의 정밀 또는 용접 능률과 이음의 성능에 큰 영향을 준다.
② 홈 모양은 용접방법과 조건에 따라 다르다.
③ 용접 균열은 루트 간격이 넓을수록 적게 발생한다.
④ 피복 아크 용접에서는 54~70° 정도의 홈 각도가 적합하다.

해설 용접 균열은 루트 간격이 넓을수록 많이 발생한다.

문제 **51** 다음 그림과 같은 양면 용접부 조합기호의 명칭으로 옳은 것은?

① 양면 V형 맞대기 용접
② 넓은 루트면이 있는 양면 V형 용접
③ 넓은 루트면이 있는 K형 맞대기 용접
④ 양면 U형 맞대기 용접

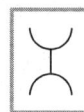

문제 **52** 아래 그림은 원뿔을 경사지게 자른 경우이다. 잘린 원뿔의 전개 형태로 가장 올바른 것은?

 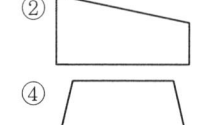 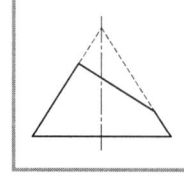

문제 **53** 회전도시 단면도에 대한 설명으로 틀린 것은?

① 절단할 곳의 전·후를 끊어서 그 사이에 그린다.
② 절단선의 연장선 위에 그린다.
③ 도형 내의 절단한 곳에 겹쳐서 도시할 경우 굵은 실선을 사용하여 그린다.
④ 절단면은 90° 회전하여 표시한다.

해설 **회전도시 단면도**
① 도형 내의 절단한 곳에 겹쳐서 도시할 경우 가는 일점쇄선을 사용하여 그린다.
② 절단면은 90° 회전하여 그린다.
③ 절단선의 연장선 위에 그린다.
④ 절단할 곳의 전·후를 끊어서 그 사이에 그린다.

해답

50. ③ 51. ④ 52. ① 53. ③

문제 54

기계제도의 치수 보조기호 중에서 Sφ는 무엇을 나타내는 기호인가?

① 구의 지름 ② 원통의 지름
③ 판의 두께 ④ 원호의 길이

해설 치수 표시 방법
① 지름 : φ ② 반지름 : R
③ 구의 지름 : Sφ ④ 구의 반지름 : SR
⑤ 정사각형변 : □ ⑥ 판의 두께 : t
⑦ 45°모따기 : C ⑧ 참고치수 : ( )
⑨ 이론적으로 정확한 치수 : $\boxed{123}$

문제 55

재료 기호가 "SM400C"로 표시되어 있을 때 이는 무슨 재료인가?

① 일반 구조용 압연 강재 ② 용접 구조용 압연 강재
③ 스프링 강재 ④ 탄소 공구강 강재

문제 56

3각법으로 정투상한 아래 도면에서 정면도와 우측면도에 가장 적합한 평면도는?

① 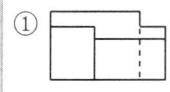   ②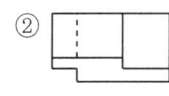

③ 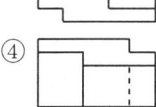   ④

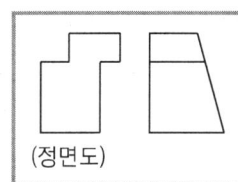

(정면도)

문제 57

그림과 같은 관 표시 기호의 종류는?

① 크로스
② 리듀서
③ 디스트리뷰터
④ 휨 관 조인트

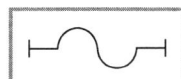

해설 배관 도시 기호

① 크로스 :   ② 플랜지 :   ③ 리듀서 :

④ 엘보 :   ⑤ 부싱 :   ⑥ 캡 :

⑦ 유니온 :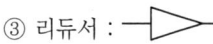

54. ① 55. ② 56. ① 57. ④

문제 **58** 대상물의 보이는 부분의 모양을 표시하는 데 사용하는 선은?
① 치수선　　　　　　② 외형선
③ 숨은선　　　　　　④ 기준선

해설 **외형선** : 대상물의 보이는 부분의 모양을 표시하는 데 사용

문제 **59** 도면에 그려진 길이가 실제 대상물의 길이보다 큰 경우 사용한 척도의 종류인 것은?
① 현척　　　　　　② 실척
③ 배척　　　　　　④ 축척

해설 **척도의 종류**
① 현척 : 도형을 실물과 같게 제도 (1 : 1)
② 축척 : 도형을 실물보다 작게 제도 (1 : 2, 1 : 5, 1 : 10, …)
③ 배척 : 도형을 실물보다 크게 제도 (2 : 1, 5 : 1, 10 : 1, …)
④ N.S(Non Scale) : 비례척이 아님.

문제 **60** 다음 그림은 경유 서비스탱크 지지철물의 정면도와 측면도이다. 모두 동일한 ㄱ형강일 경우 중량은 약 몇 kg인가? [단, ㄱ형강(L-50×50×6)의 단위 m당 중량은 4.43kg/m이고, 정면도와 측면도에서 좌우 대칭이다.]

① 44.3
② 53.1
③ 55.4
④ 76.1

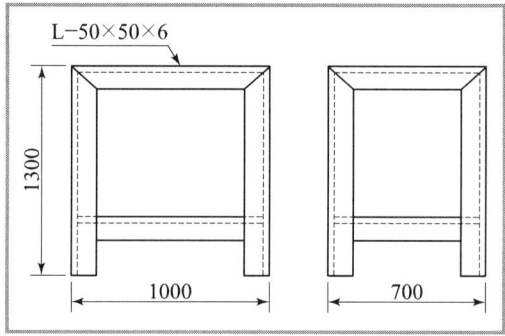

해설
$1300 \times 4 = 5200$
$1000 \times 4 = 4000$ $12000 \div 1000$
$700 \times 4 = 2800$
$= 12m \times 4.43kg/m$
$= 53.16kg$

58. ② 59. ③ 60. ②

단기완성

이산화탄소가스아크용접기능사

필기

이산화탄소가스아크용접기능사 기출문제

2025

2025년 1월 CBT 시행

문제 01 저온균열이 일어나기 쉬운 재료에 용접 전에 균열을 방지할 목적으로 피용접물의 전체 또는 이음부 부근의 온도를 올리는 것을 무엇이라고 하는가?

① 잠열
② 예열
③ 후열
④ 발열

해설 예열 : 저온균열이 일어나기 쉬운 재료에 용접 전에 균열을 방지할 목적으로 피용접물의 전체 또는 이음부 부근의 온도를 올리는 것

문제 02 다음 용접법 중 압접에 해당되는 것은?

① MIG 용접
② 서브머지드 아크 용접
③ 점용접
④ TIG 용접

해설
융접 : 아크 용접 ─ 서브머지드 아크 용접(TIG MIG)
(서스탄) ├ 스터드 용접
         └ 탄산가스 아크 용접
가스 용접 ─ 산소-아세틸렌 용접
(산공산) ├ 산소-수소 용접
         └ 공기-아세틸렌 용접
특수 용접 ─ 일렉트로 슬래그 용접
(일테전) ├ 테르밋 용접
         └ 전자빔 용접

압접 : 유도가열용접, 단접, 초음파용접, 가압테르밋용접, 마찰용접, 냉간압접, 저항용접

납땜 : 노내납땜, 유도가열납땜, 담금납땜, 가스납땜, 인두납땜, 저항납땜

문제 03 아크 타임을 설명한 것 중 옳은 것은?

① 단위기간 내의 작업여유 시간이다.
② 단위시간 내의 용도여유 시간이다.
③ 단위시간 내의 아크 발생 시간을 백분율로 나타낸 것이다.
④ 단위시간 내의 시공한 용접길이를 백분율로 나타낸 것이다.

해설 아크 타임 : 단위시간 내의 아크 발생 시간을 백분율로 나타낸 것

해답 01. ② 02. ③ 03. ③

문제 04 용접 자동화 방법에서 정성적 자동제어의 종류가 아닌 것은?
① 피드백 제어
② 유접점 시퀀스 제어
③ 무접점 시퀀스 제어
④ PLC 제어

해설 용접 자동화 방법에서 정성적 자동제어의 종류
① 무접점 시퀀스 제어 ② 유접점 시퀀스 제어 ③ PLC 제어

문제 05 용접부에 오버랩의 결함이 발생했을 때, 가장 올바른 보수방법은?
① 작은 지름의 용접봉을 사용하여 용접한다.
② 결함부분을 깎아내고 재용접한다.
③ 드릴로 정지구멍을 뚫고 재용접한다.
④ 결함부분을 절단한 후 덧붙임 용접을 한다.

해설 결함 보수 방법
① 오버랩의 결함 : 결함부분을 깎아내고 재용접한다.
② 언더컷의 결함 : 가는 용접봉을 사용하여 용접한다.
③ 균열의 결함 : 드릴로 정지구멍을 뚫고 재용접한다.

문제 06 용접균열에서 저온균열은 일반적으로 몇 ℃ 이하에서 발생하는 균열을 말하는가?
① 200~300℃ 이하
② 301~400℃ 이하
③ 401~500℃ 이하
④ 501~600℃ 이하

해설 저온균열은 일반적으로 200~300℃ 이하에서 발생하는 균열이다.

문제 07 용접선 양측을 일정 속도로 이동하는 가스 불꽃에 의하여 너비 약 150mm를 150~200℃로 가열한 다음 곧 수냉하는 방법으로서 주로 용접선 방향의 응력을 완화시키는 잔류응력 제거법은?
① 저온 응력 완화법
② 기계적 응력 완화법
③ 노 내 풀림법
④ 국부 풀림법

해설 용접 잔류응력 제거법
① 저온 응력 완화법 : 용접선 양측을 가스 불꽃에 의하여 너비 약 150mm를 150~200℃ 정도의 비교적 낮은 온도로 가열한 다음 곧 수냉하는 방법
② 기계적 응력 완화법 : 잔류응력이 있는 제품에 하중을 주어 용접부에 약간의 소성변형을 일으킨 다음 하중을 제거하는 방법
③ 피닝법 : 해머로써 용접부를 연속적으로 때려 용접 표면에 소성변형을 주는 방법
④ 노내풀림법 : 제품 전체를 가열로 안에 넣고 적당한 온도에서 일정 시간 유지한 다음 노 내에서 서냉

해답

04. ① 05. ② 06. ① 07. ①

⑤ 국부풀림법 : 제품이 커서 노 내에 넣을 수 없을 때, 또는 설비용량 등으로 노내 풀림을 바라지 못할 경우에 용접부 근처만을 풀림

문제 08

TIG 용접에 사용되는 전극의 재질은?

① 탄소
② 망간
③ 몰리브덴
④ 텅스텐

해설 TIG 용접에 사용되는 전극의 재질 : 텅스텐
① 순 텅스텐 전극봉 : 녹색
② 지르코늄 텅스텐 전극봉 : 갈색
③ 토륨 1% 함유한 텅스텐 전극봉 : 황색
④ 토륨 2% 함유한 텅스텐 전극봉 : 적색

문제 09

납땜을 연납땜과 경납땜으로 구분할 때 구분 온도는?

① 350℃
② 450℃
③ 550℃
④ 650℃

해설 경납땜과 연납땜을 구분할 때의 온도 : 450℃
• 450℃ 미만 : 연납땜
• 450℃ 이상 : 경납땜

문제 10

전기저항 용접의 특징에 대한 설명으로 틀린 것은?

① 산화 및 변질 부분이 적다.
② 다른 금속간의 접합이 쉽다.
③ 용제나 용접봉이 필요 없다.
④ 접합강도가 비교적 크다.

해설 전기저항 용접의 특징
① 다른 금속간의 접합이 어렵다.
② 접합강도가 비교적 크다.
③ 용제나 용접봉이 필요없다.
④ 산화 및 변질 부분이 적다.

문제 11

이산화탄소 아크 용접의 솔리드 와이어 용접봉의 종류 표시는 YGA-50W-1.2-20 형식이다. 이 때 Y가 뜻하는 것은?

① 가스 실드 아크 용접
② 와이어 화학성분
③ 용접 와이어
④ 내후성 강용

해설 YGA-50W-1.2-20
① Y : 용접 와이어
② G : 가스 실드 아크 용접
③ A : 내후성 강용
④ 50 : 용착금속의 최소 인장강도
⑤ W : 와이어의 화학성분
⑥ 1.2 : 지름
⑦ 20 : 무게

 08. ④ 09. ② 10. ② 11. ③

문제 12 일반적으로 사람의 몸에 얼마 이상의 전류가 흐르면 순간적으로 사망할 위험이 있는가?

① 5 [mA] ② 15 [mA]
③ 25 [mA] ④ 50 [mA]

해설

허용전류 [mA]	인체에 미치는 영향
1	반응을 느낀다.
8	위험을 수반하지 않는다.
8~15	고통을 수반한 쇼크를 느낀다.
15~20	고통을 느끼고 가까운 근육이 저려서 움직이지 않는다.
20~50	고통을 느끼고 강한 근육수축이 일어나며 호흡 곤란
50~100	순간적으로 사망할 위험이 있다.
100~200	순간적으로 확실히 사망한다.(즉사)

문제 13 피복 아크 용접 시 일반적으로 언더컷을 발생시키는 원인으로 가장 거리가 먼 것은?

① 용접전류가 너무 높을 때 ② 아크 길이가 너무 길 때
③ 부적당한 용접봉을 사용했을 때 ④ 홈 각도 및 루트 간격이 좁을 때

해설 **언더컷의 원인**
① 용접전류가 너무 높을 때
② 용접속도가 빠를 때
③ 부적당한 용접봉 사용 시
④ 아크 길이가 너무 길 때

문제 14 〈보기〉에서 용극식 용접 방법을 모두 고른 것은?

〈보기〉 ㉠ 서브머지드 아크 용접
㉡ 불활성 가스 금속 아크 용접
㉢ 불활성 가스 텅스텐 아크 용접
㉣ 솔리드 와이어 이산화탄소 아크 용접

① ㉠, ㉡ ② ㉢, ㉣
③ ㉠, ㉡, ㉢ ④ ㉠, ㉡, ㉣

해설 **용극식 용접 방법**: ① 서브머지드 아크 용접
② 불활성 가스 금속 아크 용접
③ 솔리드 와이어 이산화탄소 아크 용접
④ 피복 아크 용접
비용극식 용접: 불활성 가스 텅스텐 아크 용접

해답 12. ④ 13. ④ 14. ④

문제 15 지름 13[mm], 표점거리 150[mm]인 연강재 시험편을 인장시험한 후의 거리가 154[mm]가 되었다면 연신율은?

① 3.89 [%]   ② 4.56 [%]
③ 2.67 [%]   ④ 8.45 [%]

연신율 = $\dfrac{154-150}{150} \times 100 = 2.597$

문제 16 용접 설계상의 주의점으로 틀린 것은?

① 용접하기 쉽도록 설계할 것.
② 결함이 생기기 쉬운 용접 방법은 피할 것.
③ 용접이음이 한 곳으로 집중되도록 할 것.
④ 강도가 약한 필릿 용접은 가급적 피할 것.

용접이음이 한 곳으로 집중되지 않도록 할 것.

문제 17 로크웰 경도시험에서 C스케일의 다이아몬드의 압입자 꼭지각 각도는?

① 100°   ② 115°
③ 120°   ④ 150°

로크웰 경도시험에서 C스케일의 다이아몬드의 압입자 꼭지각 각도 : 120°

문제 18 용접봉에서 모재로 용융금속이 옮겨가는 용적 이행 상태가 아닌 것은?

① 글로뷸러형   ② 스프레이형
③ 단락형   ④ 핀치효과형

용적 이행 형태
① 스프레이형 : 미세한 용적이 스프레이와 같이 날려보내어 옮겨가서 융착
② 글로뷸러형 : ㉠ 비교적 큰 용적이 단락되지 않고 옮겨가서 융착
   ㉡ 일명 핀치 효과형
   ㉢ 서브머지드 용접과 같이 대전류 사용 시 사용
③ 단락형 : 표면장력의 작용으로 모재로 옮겨가서 융착

문제 19 직류 정극성(DCSP)에 대한 설명으로 옳은 것은?

① 모재의 용입이 얕다.   ② 비드 폭이 넓다.
③ 용접봉의 녹음이 느리다.   ④ 용접봉에 (+)극을 연결한다.

해설 **직류 정극성**

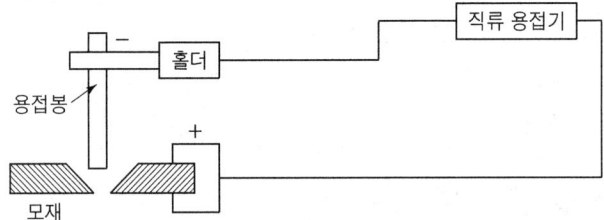

정극성의 경우 전자가 (-)극인 용접봉에서 (+)극인 모재 쪽으로 이동하여 충돌하므로 용접봉의 열량보다 모재의 열량이 월등히 높다.
① 후판 용접에 사용한다.
② 비드 폭이 좁다.
③ 용접봉의 용융속도가 느리다.
④ 용입이 깊다.
⑤ 모재(+) 70%열, 용접봉(-) 30%열

문제 20

피복 아크 용접 작업 시 전격에 대한 주의사항으로 틀린 것은?

① 무부하 전압이 필요 이상으로 높은 용접기는 사용하지 않는다.
② 전격을 받은 사람을 발견했을 때는 즉시 스위치를 꺼야 한다.
③ 작업 종료 시 또는 장시간 작업을 중지할 때는 반드시 용접기의 스위치를 끄도록 한다.
④ 낮은 전압에서는 주의하지 않아도 되며, 습기찬 구두는 착용해도 된다.

해설 낮은 전압에서도 주의해야 되고, 습기찬 구두는 절대 착용해서는 안 된다.

문제 21

용접의 장점으로 틀린 것은?

① 작업공정이 단축되며 경제적이다.
② 기밀, 수밀, 유밀성이 우수하며 이음 효율이 높다.
③ 용접사의 기량에 따라 용접부의 품질이 좌우된다.
④ 재료의 두께에 제한이 없다.

해설 **용접의 장점**
① 이음 효율이 높다.
② 중량이 가벼워진다.
③ 재료의 두께에 제한이 없다.
④ 이종재료도 접합 가능하다.
⑤ 보수와 수리가 용이하고 작업 공정이 단축되며 경제적이다.
⑥ 제품의 성능과 수명이 향상된다.
⑦ 수밀 및 기밀성이 좋다.

해답 20. ④ 21. ③

문제 22 스테인리스강을 TIG 용접할 시 적합한 극성은?

① DCSP ② DCRP
③ AC   ④ ACRP

해설 스테인리스강을 TIG 용접할 시 적합한 극성 : DCSP(직류 정극성)

문제 23 용접기의 2차 무부하 전압을 20~30V로 유지하고, 용접 중 전격 재해를 방지하기 위해 설치하는 용접기의 부속장치는?

① 과부하방지장치   ② 전격방지장치
③ 원격제어장치   ④ 고주파 발생장치

해설 전격방지장치 : 용접기의 2차 무부하 전압을 20~30V로 유지하고, 용접 중 전격의 재해를 방지하기 위해 설치.(1차 무부하 전압 85~95V)

문제 24 피복 아크 용접에서 용접봉의 용융속도와 관련이 가장 큰 것은?

① 아크 전압   ② 용접봉 지름
③ 용접기의 종류   ④ 용접봉 쪽 전압강하

해설 피복 아크 용접에서 용접봉의 용융속도와 관련이 가장 큰 것은 용접봉 쪽 전압강하

문제 25 다음 가연성 가스 중 산소와 혼합하여 연소할 때 불꽃온도가 가장 높은 가스는?

① 수소   ② 메탄
③ 프로판 ④ 아세틸렌

해설 가스의 발열량과 온도

가스의 종류	발열량 [kcal/m³]	최고 불꽃온도
아세틸렌	12690	3430℃
부탄	26691	2926℃
수소	2420	2900℃
프로판	20780	2820℃
메탄	8080	2700℃

최고 불꽃온도 : 아, 부, 수, 프, 메

문제 26 가스 가우징이나 치핑에 비교한 아크 에어 가우징의 장점이 아닌 것은?

① 작업능률이 2~3배 높다.   ② 장비 조작이 용이하다.
③ 소음이 심하다.   ④ 활용범위가 넓다.

22. ① 23. ② 24. ④ 25. ④ 26. ③

해설 **아크 에어 가우징의 장점** (조용오작응)
① 조작 방법이 간단하다.
② 용융금속을 순간적으로 불어내어 모재에 악영향을 주지 않음.
③ 용접 결함부의 발견이 쉽다.
④ 작업능률이 2~3배 높다.
⑤ 응용범위가 넓고 경비가 저렴하다.

문제 27 용접기의 명판에 사용률이 40%로 표시되어 있을 때, 다음 설명으로 옳은 것은?
① 아크 발생 시간이 40%이다.　　② 휴지 시간이 40%이다.
③ 아크 발생 시간이 60%이다.　　④ 휴지 시간이 4분이다.

해설 **용접기의 명판에 사용률이 40%로 표시되었을 때**
아크 발생 시간이 40%이다.

문제 28 가스 용접의 특징에 대한 설명으로 틀린 것은?
① 가열 시 열량 조절이 비교적 자유롭다.
② 피복금속 아크 용접에 비해 후판 용접에 적당하다.
③ 전원 설비가 없는 곳에서도 쉽게 설치할 수 있다.
④ 피복금속 아크 용접에 비해 유해광선의 발생이 적다.

해설 **가스 용접의 특징**
① 박판 용접에 적합하다.
② 가열 조절이 비교적 자유롭다.
③ 응용범위가 넓다.
④ 전원설비가 필요없다.
⑤ 아크 용접에 비해 유해광선의 발생이 적다.
⑥ 열량 조절이 자유롭다.
⑦ 전기 용접에 비해 싸다.
⑧ 폭발 및 화재의 위험이 크다.
⑨ 용접 후의 변형이 쉽게 온다.
⑩ 열의 집중성이 나빠 효율적인 용접이 어렵다.
⑪ 가열시간이 오래 걸린다.

문제 29 피복 아크 용접봉의 심선의 재질로서 적당한 것은?
① 고탄소 림드강　　② 고속도강
③ 저탄소 림드강　　④ 반 연강

해설 **피복 아크 용접봉의 심선의 재질** : 저탄소 림드강

27. ①　28. ②　29. ③

문제 30 피복 아크 용접봉의 간접 작업성에 해당되는 것은?

① 부착 슬래그의 박리성 ② 용접봉 용융 상태
③ 아크 상태 ④ 스패터

해설 피복 아크 용접봉의 간접 작업성 : 부착 슬래그의 박리성

문제 31 다음 중 수중 절단에 가장 적합한 가스로 짝지어진 것은?

① 산소 – 수소 가스 ② 산소 – 이산화탄소 가스
③ 산소 – 암모니아 가스 ④ 산소 – 헬륨 가스

해설 수중 절단에 가장 적합한 가스 : 산소-수소가스(45m 이하)

문제 32 피복 아크 용접봉 중에서 피복제 중에 석회석이나 형석을 주성분으로 하고, 피복제에서 발생하는 수소량이 적어 인성이 좋은 용착금속을 얻을 수 있는 용접봉은?

① 일미나이트계(E4301) ② 고셀룰로오스계(E4311)
③ 고산화티탄계(E4313) ④ 저수소계(E4316)

해설 저수소계(E4316)
① 주성분 : 석회석, 형석 ② 내균열성 우수
③ 기계적 성질 우수 ④ 수소량이 적어 인성이 좋다.
⑤ 가열시간은 1~2시간, 온도는 300~350℃

문제 33 부하 전류가 변화하여도 단자 전압은 거의 변하지 않는 특성은?

① 수하 특성 ② 정전류 특성
③ 정전압 특성 ④ 전기저항 특성

해설 용접기 특성
① 정전압 특성
  ㉠ 부하전류가 변하여도 단자전압은 거의 변화하지 않는 특성
  ㉡ MIG 용접 또는 CO_2 용접에 적합한 특성으로, 일명 CP 특성이라고도 한다.
② 정전류 특성 : 부하전압이 변하여도 단자전류는 거의 변화하지 않는 특성
③ 상승 특성 : 전류의 증가에 따라서 전압이 약간 높아지는 특성
④ 수하 특성 : 부하전류가 증가하면 단자전압이 낮아지는 특성

문제 34 피복 아크 용접봉의 피복제의 작용에 대한 설명으로 틀린 것은?

① 산화 및 질화를 방지한다. ② 스패터가 많이 발생한다.
③ 탈산 정련작용을 한다. ④ 합금원소를 첨가한다.

30. ① 31. ① 32. ④ 33. ③ 34. ②

해설 피복제 작용(역할) *(전공아솔탈함용)*
① 전기절연작용
② 공기중 산화, 질화 방지
③ 아크 안정
④ 슬래그 제거를 쉽게 한다.
⑤ 탈산정련작용
⑥ 합금원소 첨가
⑦ 용착효율을 높인다.
⑧ 용착금속의 냉각속도를 느리게 한다.

문제 35

피복 아크 용접기로서 구비해야 할 조건 중 잘못된 것은?

① 구조 및 취급이 간편해야 한다.
② 전류 조정이 용이하고 일정하게 전류가 흘러야 한다.
③ 아크 발생과 유지가 용이하고 아크가 안정되어야 한다.
④ 용접기가 빨리 가열되어 아크 안정을 유지해야 한다.

해설 용접기가 빨리 가열되면 안 됨.

문제 36

직류 아크 용접의 설명 중 옳은 것은?

① 용접봉을 양극, 모재를 음극에 연결하는 경우를 정극성이라고 한다.
② 역극성은 용입이 깊다.
③ 역극성은 두꺼운 판의 용접에 적합하다.
④ 정극성은 용접 비드의 폭이 좁다.

해설 **직류 정극성**
① 후판 용접에 적합하다.
② 비드 폭이 좁다.
③ 용입이 깊다.
④ 용접봉의 용융속도가 느리다.
⑤ 모재(+) 70%열, 용접봉(-) 30%열

문제 37

가스 절단에서 양호한 절단면을 얻기 위한 조건으로 틀린 것은?

① 드래그(drag)가 가능한 한 클 것.
② 드래그(drag)의 홈이 낮고 노치가 없을 것.
③ 슬래그 이탈이 양호할 것.
④ 절단면 표면의 각이 예리할 것.

해설 **가스 절단에서 양호한 절단면을 얻기 위한 조건**
① 드래그가 가능한 한 적을 것.
② 슬래그 이탈이 양호할 것.
③ 절단면 표면의 각이 예리할 것.
④ 드래그의 홈이 낮고 노치가 없을 것.

35. ④ 36. ④ 37. ①

문제 38 피복 아크 용접에서 아크전압이 30V, 아크전류가 150A, 용접속도가 20cm/min일 때, 용접입열은 몇 Joule/cm인가?

① 27000
② 22500
③ 15000
④ 13500

해설 용접입열 $= \dfrac{60EI}{V} = \dfrac{60 \times 30 \times 150}{20} = 13500 \, \text{J/cm}$

문제 39 다음 중 재결정 온도가 가장 낮은 금속은?

① Al
② Cu
③ Ni
④ Zn

해설 재결정 온도

① Al : 150~240℃
② Cu : 200~300℃
③ Ni : 530~660℃
④ Zn : 5~25℃
⑤ Au : 200℃
⑥ Fe : 350~450℃
⑦ Ag : 200℃
⑧ W : 1000℃
⑨ Sn : -7~25℃
⑩ Pb : -3℃
⑪ Pt : 450℃
⑫ Mg : 150℃

문제 40 Ni-Fe 합금으로서 불변강이라 불리우는 합금이 아닌 것은?

① 인바
② 모넬메탈
③ 엘린바
④ 슈퍼인바

해설 불변강(고Ni강) (인초엘코플퍼)
① 인바 : ㉠ Ni 36%, Mn 0.4%, C 0.2%의 합금
　　　　㉡ 시계의 진자, 줄자, 계측기의 부품
② 초인바 : Ni 32%, Co 4~6%의 합금
③ 엘린바 : ㉠ Ni 36%, Cr 13%의 합금
　　　　㉡ 고급시계, 정밀저울의 스프링, 정밀기계의 재료
④ 코엘린바 : ㉠ Ni 10~16%, Cr 10~11%, Co 2.6~5.8의 합금
　　　　㉡ 스프링, 태엽, 기상관측용 기구의 부품
⑤ 플래티나이트 : ㉠ Ni 40~50%의 니켈-첫합금
　　　　㉡ 전구나 진공관의 도입선
⑥ 퍼멀로이 : ㉠ Ni 70~80%, Co 0.5%, C 0.5%
　　　　㉡ 해저 전선의 장하 코일용

 38. ④ 39. ④ 40. ②

문제 41
다음 중 Fe-C 평형상태도에 대한 설명으로 옳은 것은?

① 공정점의 온도는 약 723℃이다.
② 포정점은 약 4.30%C를 함유한 점이다.
③ 공석점은 약 0.80%C를 함유한 점이다.
④ 순철의 자기변태 온도는 210℃이다.

해설
① 공석점은 약 0.8%C를 함유한 것이다.
② 공정점 온도 : 1147℃
③ 포정점 온도 : 1490℃, 0.18%C

문제 42
연질 자성 재료에 해당하는 것은?

① 페라이트 자석
② 알니코 자석
③ 네오디뮴 자석
④ 퍼멀로이

해설 연질 자성 재료 : 퍼멀로이

문제 43
다음 중 황동과 청동의 주성분으로 옳은 것은?

① 황동 : Cu+Pb, 청동 : Cu+Sb
② 황동 : Cu+Sn, 청동 : Cu+Zn
③ 황동 : Cu+Sb, 청동 : Cu+Pb
④ 황동 : Cu+Zn, 청동 : Cu+Sn

해설 황동과 청동의 주성분
① 황동 = 구리 + 아연   ② 청동 = 구리 + 주석

문제 44
다음 중 완전탈산시켜 제조한 강은?

① 킬드강
② 림드강
③ 고망간강
④ 세미킬드강

해설 완전탈산시켜 제조한 강 : 킬드강

문제 45
Al-Cu-Si 합금으로 실리콘(Si)을 넣어 주조성을 개선하고 Cu를 첨가하여 절삭성을 좋게 한 알루미늄 합금으로 시효 경화성이 있는 합금은?

① Y합금
② 라우탈
③ 코비탈륨
④ 로-엑스 합금

해설 합금
① 라우탈 : Al+Cu+Si (알구소)
② Y합금 : Al+Cu+Mg+Ni (알구마니)

해답

41. ③ 42. ④ 43. ④ 44. ① 45. ②

③ 로엑스 : Al＋Cu＋Mg＋Ni＋Si *(알구마니소)*
④ 일렉트론 : Al＋Zn＋Mg *(알아마)*
⑤ 두랄루민 : Al＋Cu＋Mg＋Mn *(알구마망)*
⑥ 실루민 : Al＋Si *(알소)*

문제 46

주철 중 구상 흑연과 편상 흑연의 중간 형태의 흑연으로 형성된 조직을 갖는 주철은?

① CV 주철
② 에시큘라 주철
③ 니크로 실라 주철
④ 미해나이트 주철

해설 **CV 주철** : 구상 흑연과 편상 흑연의 중간 형태의 흑연으로 형성된 조직

문제 47

다음 중 상온에서 구리(Cu)의 결정격자 형태는?

① HCT
② BCC
③ FCC
④ CPH

해설 **결정격자**
① 체심입방격자(BCC) : V, Mo, W, Cr, K, Na, Ba, Ta *(바몰텅크칼나바탈)*
② 면심입방격자(FCC) : Ag, Cu, Au, Al, Pb, Ni, Pt, Ce *(은구금알납니백세)*
③ 조밀육방격자(HCP) : Ti, Mg, Zn, Co, Zr, Be *(티마아코지베)*

참고 Ba : 바륨, Ce : 세슘, Be : 베릴륨, Ta : 탈륨, Zr : 지르코늄

문제 48

포금의 주성분에 대한 설명으로 옳은 것은?

① 구리에 8~12% Zn을 함유한 합금이다.
② 구리에 8~12% Sn을 함유한 합금이다.
③ 6-4황동에 1% Pb을 함유한 합금이다.
④ 7-3황동에 1% Mg을 함유한 합금이다.

해설 **포금의 주성분** : 구리에 8~12% Sn을 함유한 합금

문제 49

다음 중 담금질에 의해 나타난 조직 중에서 경도와 강도가 가장 높은 것은?

① 오스테나이트
② 소르바이트
③ 마텐자이트
④ 트루스타이트

해설 **담금질에 의해 나타난 조직 중에서 경도와 강도가 가장 높은 것** : 마텐자이트
마텐자이트＞트루스타이트＞소르바이트＞펄라이트＞오스테나이트

46. ① 47. ③ 48. ② 49. ③

문제 50 고주파 담금질의 특징을 설명한 것 중 옳은 것은?

① 직접 가열하므로 열효율이 높다.
② 열처리 불량은 적으나 변형 보정이 항상 필요하다.
③ 열처리 후의 연삭 과정을 생략 또는 단축시킬 수 없다.
④ 간접 부분 담금질법으로 원하는 깊이만큼 경화하기 힘들다.

해설 고주파 담금질의 특징
① 직접 가열하므로 열효율이 높다.
② 간접 부분 담금질법으로 원하는 깊이만큼 경화하기 쉽다.
③ 열처리 후의 연삭 과정을 생략 또는 단축시킬 수 있다.
④ 열처리 불량은 적으나 변형 보정이 항상 필요한 것은 아니다.

문제 51 다음 치수 표현 중에서 참고 치수를 의미하는 것은?

① Sϕ24　　　② $t=24$
③ (24)　　　④ □24

해설 치수의 표시 방법
① 참고 치수 : ( )　　② 이론적으로 정확한 치수 : $\boxed{123}$
③ 정사각형변 : □　　④ 판의 두께 : t
⑤ 지름 : ϕ　　⑥ 반지름 : R
⑦ 구의 지름 : Sϕ　　⑧ 구의 반지름 : SR

문제 52 도면을 용도에 따른 분류와 내용에 따른 분류로 구분할 때, 다음 중 내용에 따라 분류한 도면인 것은?

① 제작도　　　② 주문도
③ 견적도　　　④ 부품도

해설 도면의 분류
① 내용에 따른 분류 (장기조배부)
　㉠ 장치도 ㉡ 기초도 ㉢ 조립도 ㉣ 배치도 ㉤ 배근도 ㉥ 부품도
② 용도에 따른 분류 (제주승계설)
　㉠ 제작도 ㉡ 주문도 ㉢ 승인도 ㉣ 계획도 ㉤ 설명도

문제 53 대상물의 일부를 떼어낸 경계를 표시하는 데 사용하는 선의 굵기는?

① 굵은 실선　　　② 가는 실선
③ 아주 굵은 실선　　　④ 아주 가는 실선

해설 대상물의 일부를 떼어낸 경계를 표시하는 데 사용하는 선의 굵기 : 가는 실선

해답 50. ① 51. ③ 52. ④ 53. ②

문제 **54** 그림과 같은 배관 도시기호가 있는 관에는 어떤 종류의 유체가 흐르는가?

① 온수
② 냉수
③ 냉온수
④ 증기

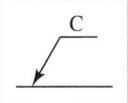

해설 C(쿨러) : 냉수

문제 **55** 다음 그림과 같은 용접방법 표시로 맞는 것은?

① 삼각 용접
② 현장 용접
③ 공장 용접
④ 수직 용접

해설 현장 용접 :    스폿 용접 : ◯

온둘레 현장 용접 :   심 용접 : ⊖

문제 **56** 다음 밸브 기호는 어떤 밸브를 나타내는가?

① 풋 밸브
② 볼 밸브
③ 체크 밸브
④ 버터플라이 밸브

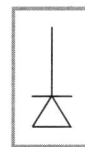

해설 체크 밸브 :    게이트 밸브 :

앵글 밸브 :   글로브 밸브 :

안전밸브 :

문제 **57** 다음 중 리벳용 원형강의 KS 기호는?

① SV   ② SC
③ SB   ④ PW

해설 리벳용 원형강의 KS 기호 : SV

문제 58 다음 입체도의 화살표 방향 투상도로 가장 적합한 것은?

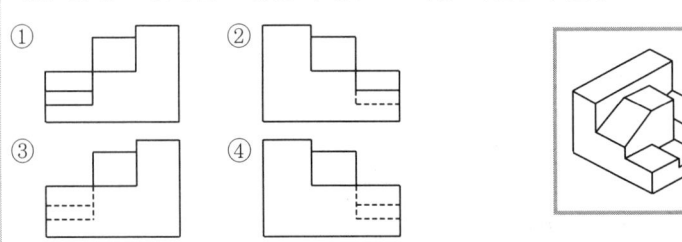

문제 59 구멍에 끼워 맞추기 위한 구멍, 볼트, 리벳의 기호 표시에서 현장에서 드릴가공 및 끼워맞춤을 하고 양쪽면에 카운터 싱크가 있는 기호는?

문제 60 제3각법에 대하여 설명한 것으로 틀린 것은?

① 저면도는 정면도 밑에 도시한다.
② 평면도는 정면도의 상부에 도시한다.
③ 좌측면도는 정면도의 좌측에 도시한다.
④ 우측면도는 평면도의 우측에 도시한다.

해설 우측면도는 정면도의 우측에 위치한다.

58. ③ 59. ④ 60. ④

2025년 4월 CBT 시행

문제 01 피복아크 용접 후 실시하는 비파괴 시험방법이 아닌 것은?

① 자분 탐상법
② 피로 시험법
③ 침투 탐상법
④ 방사선 투과 검사법

해설 비파괴 검사법
① 자분탐상법 ② 침투탐상법 ③ 방사선투과법 ④ 초음파탐상법
⑤ 육안검사법 ⑥ 누설검사법 ⑦ 와류검사법 ⑧ 설파프린트법

문제 02 다음 중 용접이음에 대한 설명으로 틀린 것은?

① 필릿 용접에서는 형상이 일정하고, 미용착부가 없어 응력분포상태가 단순하다.
② 맞대기 용접이음에서 시점과 크레이터 부분에서는 비드가 급랭하여 결함을 일으키기 쉽다.
③ 전면 필릿 용접이란 용접선의 방향이 하중의 방향과 거의 직각인 필릿 용접을 말한다.
④ 겹치기 필릿 용접에서는 루트부에 응력이 집중되기 때문에 보통 맞대기 이음에 비하여 피로강도가 낮다.

해설 용접이음
① 겹치기 필릿 용접에서는 루트부에 응력이 집중되기 때문에 보통 맞대기 이음에 비하여 피로강도가 낮다.
② 전면 필릿 용접이란 용접선의 방향이 하중의 방향과 거의 직각인 필릿 용접을 말한다.
③ 맞대기 용접 이음에서 시점과 크레이터 부분에서는 비드가 급랭하여 결함을 일으키기 쉽다.
④ 필릿 용접에서는 형상은 일정하나 미용착부가 있고 응력분포상태가 복잡하다.

문제 03 변형과 잔류응력을 최소로 해야 할 경우 사용되는 용착법으로 가장 적합한 것은?

① 후진법
② 전진법
③ 스킵법
④ 덧살올림법

해설 **스킵법** : 변형과 잔류응력을 최소로 해야 할 경우 사용되는 용착법

해답 01. ② 02. ① 03. ③

문제 04
이산화탄소 용접에 사용되는 복합 와이어(flux cored wire)의 구조에 따른 종류가 아닌 것은?

① 아코스 와이어 ② T관상 와이어
③ Y관상 와이어 ④ S관상 와이어

해설 이산화탄소 용접에 사용되는 복합 와이어의 구조
① Y관상 와이어 ② S관상 와이어 ③ 아코스 와이어

문제 05
불활성 가스 아크 용접에 주로 사용되는 가스는?

① CO_2 ② CH_4
③ Ar ④ C_2H_2

해설 불활성 가스 아크 용접에 주로 사용되는 가스는 Ar(아르곤) 가스이다.

참고 불활성 가스 : 헬륨, 네온, 아르곤, 크립톤, 크세논, 라돈

문제 06
다음 중 용접 결함에서 구조상 결함에 속하는 것은?

① 기공 ② 인장강도의 부족
③ 변형 ④ 화학적 성질 부족

해설 구조상 결함 : 오버랩, 용입 불량, 내부 기공, 슬래그 혼입, 언더컷 선상조직, 은점, 균열, 기공

문제 07
다음 TIG 용접에 대한 설명 중 틀린 것은?

① 박판 용접에 적합한 용접법이다.
② 교류나 직류가 사용된다.
③ 비소모식 불활성 가스 아크 용접법이다.
④ 전극봉은 연강봉이다.

해설 전극봉은 텅스텐봉이다.

문제 08
아르곤(Ar) 가스는 1기압 하에서 6,500(L) 용기에 몇 기압으로 충전하는가?

① 100기압 ② 120기압
③ 140기압 ④ 160기압

해설 아르곤 가스는 1기압 6,500l 용기에 140기압으로 충전

참고 아르곤 가스 용기 내 용적 46.7l × 140 = 6,538l

04. ② 05. ③ 06. ① 07. ④ 08. ③

문제 09 불활성 가스 텅스텐(TIG) 아크 용접에서 용착금속의 용락을 방지하고 용착부 뒷면의 용착금속을 보호하는 것은?

① 포지셔너(positioner)
② 지그(zig)
③ 뒷받침(backing)
④ 엔드탭(end tap)

해설 불활성 가스 텅스텐 아크 용접에서 용착금속의 용락을 방지하고 용착부 뒷면의 용착금속을 보호하는 것 : 뒷받침

문제 10 구리 합금 용접 시험편을 현미경 시험할 경우 시험용 부식재로 주로 사용되는 것은?

① 왕수
② 피크린산
③ 수산화나트륨
④ 연화철액

해설 구리 합금 용접 시험편을 시험할 경우 시험용 부식재 : 왕수

문제 11 용접 결함 중 치수상의 결함에 대한 방지 대책과 가장 거리가 먼 것은?

① 역변형법 적용이나 지그를 사용한다.
② 습기, 이물질 제거 등 용접부를 깨끗이 한다.
③ 용접 전이나 시공 중에 올바른 시공법을 적용한다.
④ 용접조건과 자세, 운봉법을 적정하게 한다.

해설 치수상의 결함에 대한 방지 대책
① 용접 전이나 시공중에 올바른 시공법을 적용한다.
② 용접조건과 자세, 운봉법을 적정하게 한다.
③ 역변형법 적용이나 지그를 사용한다.

문제 12 TIG 용접에 사용되는 전극봉의 조건으로 틀린 것은?

① 고용융점의 금속
② 전자 방출이 잘 되는 금속
③ 전기 저항률이 많은 금속
④ 열 전도성이 좋은 금속

해설 TIG 용접에 사용되는 전극봉의 조건
① 전기 저항률이 적은 금속
② 열 전도성이 적은 금속
③ 전자 방출이 잘 되는 금속
④ 고용융점의 금속

해답 09. ③ 10. 모두 답 11. ② 12. ③

문제 13 철도 레일 이음 용접에 적합한 용접법은?

① 테르밋 용접
② 서브머지드 용접
③ 스터드 용접
④ 그래비티 및 오토콘 용접

해설 철도 레일 이음 용접에 적합한 용접법 : 테르밋 용접

문제 14 통행과 운반 관련 안전조치로 가장 거리가 먼 것은?

① 뛰지 말 것이며 한눈을 팔거나 주머니에 손을 넣고 걷지 말 것.
② 기계와 다른 시설물과의 사이의 통행로 폭은 30cm 이상으로 할 것.
③ 운반차는 규정속도를 지키고 운반 시 시야를 가리지 않게 할 것.
④ 통행로와 운반차, 기타 시설물에는 안전표지색을 이용한 안전표지를 할 것.

해설 기계와 다른 시설물과의 사이의 통행로 폭은 1m 이상으로 할 것.

문제 15 플라즈마 아크의 종류 중 모재가 전도성 물질이어야 하며, 열효율이 높은 아크는?

① 이행형 아크
② 비이행형 아크
③ 중간형 아크
④ 피복 아크

해설 **이행형 아크** : 모재가 전도성 물질이어야 하며 열효율이 높음. 금속에만 사용.
비이행형 아크 절단 : 텅스텐 전극과 수냉노즐 사이에 접촉시켜 아크 발생. 금속, 비금속에도 사용.

문제 16 TIG 용접에서 전극봉은 세라믹 노즐의 끝에서부터 몇 mm 정도 돌출시키는 것이 가장 적당한가?

① 1~2mm
② 3~6mm
③ 7~9mm
④ 10~12mm

해설 TIG 용접에서 전극봉은 세라믹 노즐의 끝에서부터 3~6mm 정도 돌출시킴.

문제 17 다음 파괴시험 방법 중 충격시험 방법은?

① 전단시험
② 샤르피 시험
③ 크리프 시험
④ 응력부식 균열시험

해설 파괴시험 방법 중 충격시험 방법 : 샤르피 시험, 아이조드 시험

13. ① 14. ② 15. ① 16. ② 17. ②

문제 18
초음파 탐상 검사 방법이 아닌 것은?

① 공진법 ② 투과법
③ 극간법 ④ 펄스 반사법

해설 초음파 탐상 검사 방법
① 펄스 반사법 ② 투과법 ③ 공진법

문제 19
레이저 빔 용접에 사용되는 레이저의 종류가 아닌 것은?

① 고체 레이저 ② 액체 레이저
③ 극간법 ④ 펄스 반사법

해설 레이저 빔 용접에 사용되는 레이저의 종류
① 액체 레이저 ② 고체 레이저 ③ 극간법

문제 20
다음 중 저탄소강의 용접에 관한 설명으로 틀린 것은?

① 용접균열의 발생 위험이 크기 때문에 용접이 비교적 어렵고, 용접법의 적용에 제한이 있다.
② 피복아크 용접의 경우 피복아크 용접봉은 모재와 강도 수준이 비슷한 것을 선정하는 것이 바람직하다.
③ 판의 두께가 두껍고 구속이 큰 경우에는 저수소계 계통의 용접봉이 사용된다.
④ 두께가 두꺼운 강재일 경우 적절한 예열을 할 필요가 있다.

해설 용접균열의 발생 위험이 적고 용접이 비교적 쉽고, 용접법의 적용에 제한이 없다.

문제 21
15℃, 1kgf/cm² 하에서 사용 전 용해 아세틸렌병의 무게가 50kgf이고, 사용 후 무게가 47kgf일 때 사용한 아세틸렌의 양은 몇 리터(L)인가?

① 2,915 ② 2,815
③ 3,815 ④ 2,715

해설 $C = 905(A-B) = 905(50-47) = 2,715 l$

문제 22
다음 용착법 중 다층 쌓기 방법인 것은?

① 전진법 ② 대칭법
③ 스킵법 ④ 캐스케이드법

해설 다층 쌓기 방법
① 캐스케이드법 ② 전진블록법

18. ③ 19. ④ 20. ① 21. ④ 22. ④

문제 23 다음 중 두께 20mm인 강판을 가스 절단하였을 때 드래그(drag)의 길이가 5mm 이었다면 드래그 양은 몇 %인가?

① 5
② 20
③ 25
④ 100

해설 드래그(%) = $\dfrac{\text{드래그 길이}}{\text{판두께}} \times 100 = \dfrac{5}{20} \times 100 = 25\%$

참고 표준 드래그 길이 = 판두께 × $\dfrac{1}{5}$

문제 24 가스 용접에 사용되는 용접용 가스 중 불꽃 온도가 가장 높은 가연성 가스는?

① 아세틸렌
② 메탄
③ 부탄
④ 천연가스

해설 불꽃 온도 높은 순서
① 아세틸렌 : 3,430℃
② 부탄 : 2,926℃
③ 수소 : 2,900℃
④ 프로판 : 2,820℃
⑤ 메탄 : 2,700℃

문제 25 가스 용접에서 전진법과 후진법을 비교하여 설명한 것으로 옳은 것은/

① 용착금속의 냉각도는 후진법이 서냉된다.
② 용접변형은 후진법이 크다.
③ 산화의 정도가 심한 것은 후진법이다.
④ 용접속도는 후진법보다 전진법이 더 빠르다.

해설 후진법의 특징
① 두꺼운 판 용접에 적합
② 용접속도가 빠르다.
③ 용접변형이 적다.
④ 열이용률이 좋다.
⑤ 홈의 각도가 적다.
⑥ 비드 표면이 매끄럽지 못하다.
⑦ 산화 정도가 약하다.
⑧ 용착금속의 냉각속도가 느리다.

문제 26 가스 절단 시 절단면에 일정한 간격의 곡선이 진행방향으로 나타나는데 이것을 무엇이라 하는가?

① 슬래그(slag)
② 태핑(tapping)
③ 드래그(drag)
④ 가우징(gouging)

해설 드래그 : 가스 절단 시 절단면에 일정한 간격의 곡선이 진행방향으로 나타나는 것

23. ③ 24. ① 25. ① 26. ③

문제 27 피복금속 아크 용접봉의 피복제가 연소한 후 생성된 물질이 용접부를 보호하는 방식이 아닌 것은?

① 가스 발생식
② 슬래그 생성식
③ 스프레이 발생식
④ 반가스 발생식

해설 용접부를 보호하는 방식
① 가스 발생식 ② 반가스 발생식 ③ 슬래그 생성식

문제 28 용해 아세틸렌 용기 취급 시 주의사항으로 틀린 것은?

① 아세틸렌 충전구가 동결 시는 50℃ 이상의 온수로 녹여야 한다.
② 저장장소는 통풍이 잘 되어야 한다.
③ 용기는 반드시 캡을 씌워 보관한다.
④ 용기는 진동이나 충격을 가하지 말고 신중히 취급해야 한다.

해설 아세틸렌 충전구가 동결 시에는 50℃ 이하의 온수로 녹여야 한다.

문제 29 AW300, 정격사용률이 40%인 교류아크 용접기를 사용하여 실제 150A의 전류 용접을 한다면 허용 사용률은?

① 80%
② 120%
③ 140%
④ 160%

해설 허용 사용률 = $\dfrac{(정격2차전류)^2}{(실제용접전류)^2} \times 정격사용률 = \dfrac{300^2}{150^2} \times 40 = 160\%$

문제 30 용접 용어와 그 설명이 잘못 연결된 것은?

① 모재 : 용접 또는 절단되는 금속
② 용융풀 : 아크열에 의해 용융된 쇳물 부분
③ 슬래그 : 용접봉이 용융지에 녹아 들어가는 것
④ 용입 : 모재가 녹은 깊이

해설 용접 용어
① 용착 : 용접봉이 용융지에 녹아 들어가는 것
② 모재 : 용접 또는 절단되는 금속
③ 용융풀 : 아크열에 의해 용융된 쇳물 부분
④ 용입 : 모재가 녹은 깊이
⑤ 은점 : 용착금속의 파단면에 나타나는 은백색을 한 고기눈 모양의 결함부
⑥ 스패터 : 아크 용접이나 가스 용접 시 비산하는 슬래그
⑦ 용가재 : 용착부를 만들기 위하여 녹여서 첨가하는 것
⑧ 노치 취성 : 홈이 없을 때는 연성을 나타내는 재료라도 홈이 있으면 파괴되는 것

해답 27. ③ 28. ① 29. ④ 30. ③

문제 31 직류아크 용접에서 용접봉을 용접기의 음(-)극에, 모재를 양(+)극에 연결한 경우의 극성은?

① 직류 정극성
② 직류 역극성
③ 용극성
④ 비용극성

해설 **직류 정극성의 특징**
① 후판 용접에 적합
② 비드 폭이 좁다.
③ 용입이 깊다.
④ 용접봉의 용융속도가 느리다.
⑤ 모재(+) 70%열, 용접봉(-) 30%열

문제 32 강제 표면의 흠이나 개재물, 탈탄층 등을 제거하기 위하여 얇고 타원형 모양으로 표면을 깎아내는 가공법은?

① 산소창 절단
② 스카핑
③ 탄소아크 절단
④ 가우징

해설 **스카핑** : 강제 표면의 흠이나 개재물, 탈탄층 등을 제거하기 위하여 얇고 타원형 모양으로 표면을 깎아내는 가공법
산소창 절단 : 두꺼운 판, 주강의 슬랙 덩어리, 암석의 천공 등의 절단에 사용.
가우징 : 용접부분의 뒷면을 따내든지 H형, U형의 용접홈을 가공하기 위해 깊은 홈을 파내는 방법
산소아크 절단 : 중공(가운데가 빈)의 피복 용접봉과 모재 사이에 아크를 발생시키고 중심에서 산소를 분출시키며 절단.
탄소아크 절단 : 탄소 또는 흑연 전극과 모재 사이에 아크를 일으켜 절단하는 방법

문제 33 가동 철심형 용접기를 설명한 것으로 틀린 것은?

① 교류 아크 용접기의 종류에 해당한다.
② 미세한 전류 조정이 가능하다.
③ 용접작업 중 가동철심의 진동으로 소음이 발생할 수 있다.
④ 코일의 감긴 수에 따라 전류를 조정한다.

해설 **가동 철심형 용접기**
① 현재 가장 많이 사용.
② 교류 아크 용접기에 해당한다.
③ 용접작업 중 가동철심의 진동으로 소음이 발생할 수 있다.
④ 미세한 전류 조정이 가능.
⑤ 가동철심으로 누설자속을 가감하여 전류 조정
⑥ 광범위한 전류 조정이 어렵다.

31. ① 32. ② 33. ④

문제 34
용접 중 전류를 측정할 때 전류계(클램프 미터)의 측정위치로 적합한 것은?

① 1차측 접지선　　　② 피복 아크 용접봉
③ 1차측 케이블　　　④ 2차측 케이블

해설 용접 전류 측정 시 전류계의 측정위치 : 2차측 케이블

문제 35
저수소계 용접봉은 용접 시점에서 기공이 생기기 쉬운데 해결 방법으로 가장 적당한 것은?

① 후진법 사용　　　② 용접봉 끝에 페인트 도색
③ 아크 길이를 길게 사용　　　④ 접지점을 용접부에 가깝게 물림

해설 기공 발생 해결 방법 : 후진법 사용

문제 36
다음 중 가스 용접의 특징으로 틀린 것은?

① 전기가 필요 없다.　　　② 응용범위가 넓다.
③ 박판 용접에 적당하다.　　　④ 폭발의 위험이 없다.

해설 가스 용접의 특징
① 전기 용접에 비해 싸다.　　② 열량 조절이 쉽다.
③ 전원설비가 필요없다.　　④ 아크 용접에 비해 유해광선의 발생이 적다.
⑤ 응용범위가 넓다.　　⑥ 가열 조절이 비교적 자유롭다.
⑦ 박판 용접에 적합하다.　　⑧ 폭발 및 화재의 위험이 크다.
⑨ 용접 후의 변형이 크다.　　⑩ 아크에 비해 불꽃온도가 낮다.
⑪ 금속이 산화, 탄화될 우려가 있다.
⑫ 열의 집중성이 나빠 효율적인 용접이 어렵다.

문제 37
다음 중 피복 아크 용접에 있어 용접봉에서 모재로 용융 금속이 옮겨가는 상태를 분류한 것이 아닌 것은?

① 폭발형　　　② 스프레이형
③ 글로뷸러형　　　④ 단락형

해설 아크 용접에서 용접봉에서 모재로 용융 금속이 옮겨가는 상태 분류
① 스프레이형 : ㉠ 비교적 작은 용적이 스프레이와 같이 날려보내어 옮겨가서 용착
　　　　　　　㉡ 일미나이게 피복아크 용접봉
② 글로뷸러형 : ㉠ 비교적 큰 용적이 옮겨가서 용착
　　　　　　　㉡ 서브머지드 아크 용접과 같이 대전류 사용 시
　　　　　　　㉢ 일명 핀치 효과형
③ 단락형 : ㉠ 저수소계 피복아크 용접봉
　　　　　㉡ 표면장력으로 모재로 옮겨가서 용착

해답 34. ④　35. ①　36. ④　37. ①

문제 38 주철의 용접 시 예열 및 후열 온도는 얼마 정도가 가장 적당한가?
① 100~200℃ ② 300~400℃
③ 500~600℃ ④ 700~800℃

해설 주철 용접 시 예열 및 후열 온도는 500~600℃

문제 39 융점이 높은 코발트(Co) 분말과 1~5m 정도의 세라믹, 탄화텅스텐 등의 입자들을 배합하여 확산과 소결 공정을 거쳐서 분말 야금법으로 입자강화 금속 복합재료를 제조한 것은?
① FRP ② FRS
③ 서멧(cermet) ④ 진공청정구리(OFHC)

해설 **서멧** : 융점이 높은 코발트(Co) 분말과 1~5m 정도의 세라믹 탄화 텅스텐 등의 입자들을 배합하여 확산과 소결 공정을 거쳐서 분말 야금법으로 입자강화 금속 복합재료

문제 40 황동에 납(Pb)을 첨가하여 절삭성을 좋게 한 황동으로 스크류, 시계용 기어 등의 정밀가공에 사용되는 합금은?
① 리드 브라스(lead brass) ② 문츠메탈(munts metal)
③ 틴 브라스(tin brass) ④ 실루민(silumin)

해설 **리드 브라스** : 황동+납, 절삭성을 좋게 함. 스크루, 시계용 기어 등의 정밀가공에 사용.
문츠메탈 : 구리(60%)+아연(40%). 열교환기, 열간단조품, 판피 등에 사용.
실루민 : 알루미늄+규소

문제 41 탄소강에 함유된 원소 중에서 고온 메짐(hot shortness)의 원인이 되는 것은?
① Si ② Mn
③ P ④ S

해설 고온 메짐(적열 취성)의 원인 : 황(S) 800~900℃
저온 메짐(청열 취성)의 원인 : 인(P) 200~300℃

38. ③ 39. ③ 40. ① 41. ④

문제 42
알루미늄의 표면 방식법이 아닌 것은?

① 수산법 ② 염산법
③ 황산법 ④ 크롬산법

해설 알루미늄의 표면 방식법
① 황산법 ② 수산법 ③ 크롬산법

문제 43
재료 표면상에 일정한 높이로부터 낙하시킨 추가 반발하여 튀어 오르는 높이로부터 경도값을 구하는 경도기는?

① 쇼어 경도기 ② 로크웰 경도기
③ 비커즈 경도기 ④ 브리넬 경도기

해설 경도 시험
① 쇼어 경도 : 재료 표면상에 일정한 높이로부터 낙하시킨 추가 반발하여 튀어 오르는 높이로부터 경도값을 구하는 경도기

$$H_s = \frac{10,000}{65} \times \frac{h}{h_o}$$ (여기서, h_o : 낙하 물체의 높이(25cm),
h : 낙하 물체의 튀어 오른 높이)

② 비커스 경도 : 꼭지각이 136°인 다이아몬드 4각추의 입자를 1~120kgf의 하중으로 시험편에 압입한 후 생긴 오목자국의 대각선을 측정

$$H_v = 1.8544 \times \frac{P}{D^2}$$

③ 브리넬 경도 : 특수강구를 일정한 하중(500, 750, 1000, 3000kgf)로 시험편의 표면적을 압입한 후 이때 생긴 오목자국의 표면적을 측정하여 나타낸 값

$$H_B : \frac{P}{\pi Dt}$$

④ 로크웰 경도 : B스케일과 C스케일을 이용 측정

문제 44
Fe-C 평형 상태도에서 나타날 수 없는 반응은?

① 포정반응 ② 편정반응
③ 공석반응 ④ 공정반응

해설 Fe-C 평형 상태도에서 나타낼 수 없는 반응
① 포정반응 : 1,492℃
② 공석반응 : 723℃
③ 공정반응 : 1,130℃

해답 42. ② 43. ① 44. ②

문제 45 강의 담금질 깊이를 깊게 하고 크리프 저항과 내식성을 증가시키며 뜨임 메짐을 방지하는 데 효과가 있는 합금 원소는?

① Mo
② Ni
③ Cr
④ Si

해설 특수원소의 영향
① Mo(몰리브덴) : 크리프 저항과 내식성 증가, 뜨임 메짐 방지, 저온 취성 방지, 고온강도 개선
② Ni(니켈) : 인성 증가, 저온충격저항 증가, 질화 촉진, 주철의 흑연화 촉진
③ Cr(크롬) : 내식성, 내마모성 향상, 흑연화 안정, 탄화물 안정
④ Si(규소) : 강의 고온가공성을 좋게 한다. 충격저항 감소, 연신율 감소

문제 46 2~10% Sn, 0.6% P 이하의 합금이 사용되며 탄성률이 높아 스프링 재료로 가장 적합한 청동은?

① 알루미늄 청동
② 망간 청동
③ 니켈 청동
④ 인청동

해설 **인청동** : Sn 2~10%, P 0.6% 이하의 합금이 사용되며, 탄성률이 높아 스프링 재료로 가장 적합.
납청동 : Pb은 Cu와 합금을 만들지 않고 윤활작용을 하므로 베어링용으로 적합.
베어링용 청동 : Cu+Sn(10~14%). 차축, 베어링 등의 마모가 심한 곳에 사용.
알루미늄 청동 : 약 12%의 Al을 함유하는 수리합금. 선박, 항공기, 자동차의 부품

문제 47 알루미늄 합금 중 대표적인 단련용 Al합금으로 주요 성분이 Al-Cu-Mg-Mn인 것은?

① 알민
② 알드레리
③ 두랄루민
④ 하이드로날륨

문제 48 인장시험에서 표점거리가 50mm의 시험편을 시험 후 절단된 표점거리를 측정하였더니 65mm가 되었다. 이 시험편의 연신율은 얼마인가?

① 20%
② 23%
③ 30%
④ 33%

해설 연신율 $= \dfrac{65-50}{50} \times 100 = 30\%$

45. ① 46. ④ 47. ③ 48. ③

문제 49
면심입방격자 구조를 갖는 금속은?

① Cr ② Cu
③ Fe ④ Mo

해설 체심입방격자 (바.몰.텅.크.칼.나.바.탈) BCC
V, Mo, W, Cr, K, Na, Ba, Ta
면심입방격자 (은.구.금.알.납.니.백.세) FCC
Ag, Cu, Au, Al, Pb, Ni, Pt, Ce
조밀육방격자 (티.마.아.코.지.베) HCP
Ti, Mg, Zn, Co, Zr, Be

문제 50
노멀라이징(normalizing) 열처리의 목적으로 옳은 것은?

① 연화를 목적으로 한다.
② 경도 향상을 목적으로 한다.
③ 인성 부여를 목적으로 한다.
④ 재료의 표준화를 목적으로 한다.

해설 열처리
① 담금질 : 경도 및 강도 증가
② 뜨임 : 인성 증가
③ 풀림 : 가공응력 및 내부응력 제거
④ 불림 : 재료의 표준화를 목적, 가공조직의 균일화

문제 51
물체를 수직단면으로 절단하여 그림과 같이 조합하여 그릴 수 있는데, 이러한 단면도를 무슨 단면도라고 하는가?

① 온 단면도
② 한쪽 단면도
③ 부분 단면도
④ 회전도시 단면도

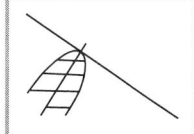

문제 52
일면 개선형 맞대기 용접의 기호로 맞는 것은?

①   ②
③   ④

49. ② 50. ④ 51. ④ 52. ②

해설
- 개선형 맞대기 용접 : ∨
- 양면 V형 : ✕
- 심 용접 : ⊖
- 스폿 용접 : ○ 
- 부분용입 한쪽면 V형 : Y
- 평면형 평형 맞대기 이음 : ||
- 플러그 용접 : ⊔

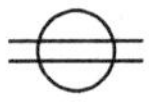

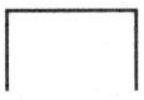

문제 53 다음 배관 도면에 없는 배관 요소는?
① 티 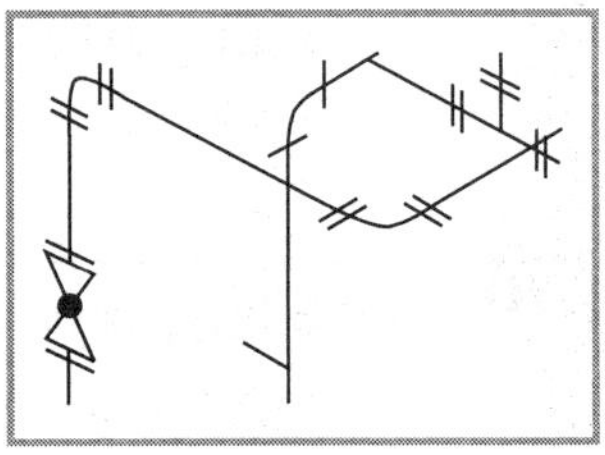
② 엘보
③ 플랜지 이음
④ 나비 밸브

해설 배관 요소
① 엘보 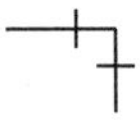
② 티 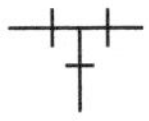
③ 플랜지 이음 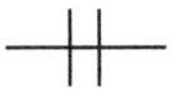
④ 볼밸브 막힘

문제 54 치수선상에서 인출선을 표시하는 방법으로 옳은 것은?

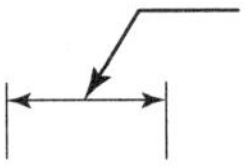

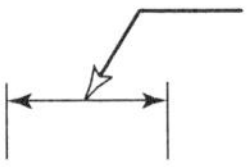

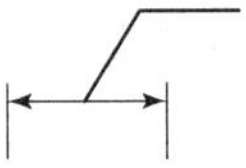

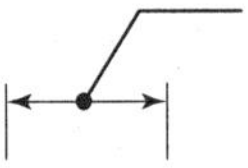

문제 55 KS 재료기호 "SM10C"에서 10C는 무엇을 뜻하는가?
① 일련번호
② 항복점
③ 탄소함유량
④ 최저인장강도

문제 56 그림과 같이 정투상도의 제3각법으로 나타낸 정면도와 우측면도를 보고 평면도를 올바르게 도시한 것은?

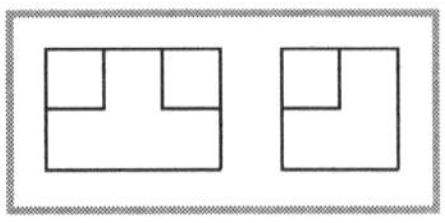

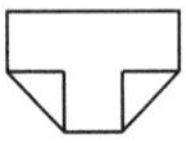

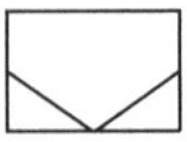

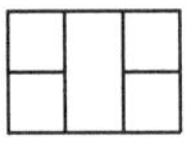

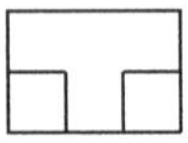

해답 53. ④ 54. ③ 55. ③ 56. ④

문제 57 도면을 축소 또는 확대했을 경우, 그 정도를 알기 위해서 설정하는 것은?

① 중심 마크
② 비교 눈금
③ 도면의 구역
④ 재단 마크

해설 비교눈금 : 도면을 축소 또는 확대했을 때 그 정도를 알기 위하여 설정하는 것

문제 58 다음 중 선의 종류와 용도에 의한 명칭 연결이 틀린 것은?

① 가는 1점 쇄선 : 무게 중심선
② 굵은 1점 쇄선 : 특수지정선
③ 가는 실선 : 중심선
④ 아주 굵은 실선 : 특수한 용도의 선

해설 용도에 따른 선의 종류
① 가는일점쇄선 : ㉠ 기준선(위치결정의 근거가 된다는 것을 명시)
　　　　　　　　㉡ 피치선(되풀이하는 도형의 피치를 취하는 기준)
　　　　　　　　㉢ 중심선
　　　　　　　　㉣ 절단선(절단위치를 대응하는 그림에 표시)
② 가는이점쇄선 : 가상선 : 인접부분 참고 표시
　　　　　　　　　　　　 공구위치 참고 표시
　　　　　　　　　　　　 가공 전·후 표시
③ 굵은일점쇄선 : 특수지정선 : 특수가공을 하는 부분
④ 아주굵은실선 : 특수한 용도의 선 : 얇은 부분의 단면 도시를 명시
⑤ 가는실선 : ㉠ 파단선 : 대상물의 일부를 파단한 경계
　　　　　　 ㉡ 해칭선 : 도형의 한정된 특정부분을 다른 부분과 구별
　　　　　　 ㉢ 치수보조선 : 치수 기입하기 위해 도형으로부터 끌어내는 선
　　　　　　 ㉣ 치수선 : 치수를 기입하기 위해
⑥ 굵은실선 : 외형선 : 대상물이 보이는 부분의 모양을 표시

문제 59 다음 중 원기둥의 전개에 가장 적합한 전개도법은?

① 평행선 전개도법
② 방사선 전개도법
③ 삼각형 전개도법
④ 타출 전개도법

해설 원기둥의 전개에 가장 적합한 전개도법 : 평행선 전개도법

문제 60 나사의 단면도에서 수나사와 암나사의 골밑(골지름)을 도시하는 데 적합한 선은?

① 가는 실선
② 굵은 실선
③ 가는 파선
④ 가는 1점 쇄선

해설 가는 실선 : 나사의 단면도에서 수나사와 암나사의 골 밑을 도시하는 데 적합한 선

57. ② 58. ① 59. ① 60. ①

2025년 6월 CBT 시행

문제 01 맴돌이 전류를 이용하여 용접부를 비파괴 검사하는 방법으로 옳은 것은?

① 자분 탐상 검사
② 와류 탐상 검사
③ 침투 탐상 검사
④ 초음파 탐상 검사

해설 **와류 탐상 검사** : 맴돌이 전류를 이용하여 용접부를 비파괴 검사하는 방법

문제 02 레이저 용접의 특징으로 틀린 것은?

① 루비 레이저와 가스 레이저의 두 종류가 있다.
② 광선이 용접의 열원이다.
③ 열 영향 범위가 넓다.
④ 가스 레이저로는 주로 CO_2가스 레이저가 사용된다.

해설 **레이저 용접의 특징**
① 가스 레이저로는 주로 CO_2가스 레이저가 사용된다.
② 열 영향 범위가 좁다.
③ 광선이 용접의 일원이다.
④ 루비 레이저와 가스 레이저의 두 종류가 있다.

문제 03 다음 용접 이음부 중에서 냉각속도가 가장 빠른 이음은?

① 맞대기 이음
② 변두리 이음
③ 모서리 이음
④ 필릿 이음

해설 용접 이음부에서 냉각속도가 가장 빠른 것 : 필릿 이음

문제 04 점용접에서 용접점이 앵글재와 같이 용접위치가 나쁠 때, 보통 팁으로는 용접이 어려운 경우에 사용하는 전극의 종류는?

① P형 팁
② E형 팁
③ R형 팁
④ F형 팁

해설 점용접에서 용접점이 앵글재와 같이 용접위치가 나쁠 때, 보통 팁으로는 용접이 어려운 경우에 사용하는 전극 : E형 팁

01. ② 02. ③ 03. ④ 04. ②

문제 05
용접부의 균열 발생의 원인 중 틀린 것은?

① 이음의 강성이 큰 경우 ② 부적당한 용접봉 사용 시
③ 용접부의 서냉 ④ 용접전류 및 속도 과대

해설 용접부의 균열 발생 원인
① 용접부의 급랭 ② 용접전류 및 속도 과대
③ 부적당한 용접봉 사용 시 ④ 이음의 강성이 큰 경우

문제 06
다음 중 연납땜(Sn + Pb)의 최저 용융온도는 몇 ℃인가?

① 327℃ ② 250℃
③ 232℃ ④ 183℃

해설 연납땜의 최저 용융온도 : 183℃

문제 07
공기보다 약간 무거우며 무색, 무미, 무취의 독성이 없는 불활성가스로 용접부의 보호능력이 우수한 가스는?

① 아르곤 ② 질소
③ 산소 ④ 수소

해설 아르곤 가스 : 공기보다 약간 무거우며 무색, 무미, 무취의 독성이 없는 불활성가스로 용접부의 보호능력이 우수한 가스. 충전압력은 140기압, 용기 도색은 회색.

문제 08
용융 슬래그와 용융금속이 용접부로부터 유출되지 않게 모재의 양측에 수랭식 동판을 대어 용융 슬래그 속에서 전극 와이어를 연속적으로 공급하여 주로 용융 슬래그의 저항열로 와이어와 모재 용접부를 용융시키는 것으로 연속 주조형식의 단층용접법은?

① 일렉트로 슬래그 용접 ② 논가스 아크 용접
③ 그래비트 용접 ④ 테르밋 용접

해설 일렉트로 슬래그 용접 : 용융 슬래그와 용융금속이 용접부로부터 유출되지 않게 모재의 양측에 수냉식 동판을 대어 용융 슬래그 속에서 전극 와이어를 연속적으로 공급하여 주로 용융 슬래그의 저항열로 와이어와 모재 용접부를 용융시키는 것
논가스 아크 용접 : 보호가스의 공급 없이 와이어 자체에서 발생하는 가스에 의해 아크 분위기를 보호하는 용접 방법
테르밋 용접 : 산화철 분말과 알루미늄 분말(1 : 3)의 중량비로 혼합한 테르밋제에 과산화바륨과 마그네슘 분말을 혼합한 점화 촉진제를 넣어 연소시켜 용접 2,800℃ 이상

해답 05. ③ 06. ④ 07. ① 08. ①

문제 09 다음 중 플라즈마 아크 용접의 장점이 아닌 것은?

① 용접속도가 빠르다.
② 1층으로 용접할 수 있으므로 능률적이다.
③ 무부하 전압이 높다.
④ 각종 재료의 용접이 가능하다.

해설 **플라즈마 아크 용접의 장점**
① 1층으로 용접할 수 있으므로 능률적이다.
② 수동용접도 쉽게 할 수 있다.
③ 각종 재료의 용접이 가능
④ 용접부의 기계적, 금속학적 성질이 좋으며 변형도 적다.
⑤ 전류밀도가 크므로 용입이 깊다.
⑥ 비드 폭이 좁다.
⑦ 용접속도가 빠르다.

참고 : 단점 : ① 무부하전압이 높다.
② 설비비가 많이 든다.
③ 용접속도가 크므로 가스의 보호가 불충분

문제 10 인장강도가 750MPa인 용접 구조물의 안전율은? (단, 허용응력은 250MPa이다.)

① 3 ② 5
③ 8 ④ 12

해설 안전율 = $\dfrac{\text{인장강도}}{\text{허용응력}} = \dfrac{750}{250} = 3$

문제 11 비소모성 전극봉을 사용하는 용접법은?

① MIG 용접 ② TIG 용접
③ 피복아크 용접 ④ 서브머지드 아크 용접

해설 비소모성을 사용하는 용접봉 : TIG 용접

문제 12 CO_2 용접 시 저전류 영역에서의 가스유량으로 가장 적당한 것은?

① 5~10 l/min ② 10~15 l/min
③ 15~20 l/min ④ 20~25 l/min

09. ③ 10. ① 11. ② 12. ②

문제 13
MIG 용접 시 와이어 송급방식의 종류가 아닌 것은?

① 풀(pull) 방식 ② 푸시(push) 방식
③ 푸시언더(push-under) 방식 ④ 푸시풀(push-pull) 방식

해설 MIG 용접 시 와이어의 송급방식
① 푸시 방식 ② 풀 방식 ③ 푸시풀 방식

문제 14
연납땜의 용제가 아닌 것은?

① 붕산 ② 염화아연
③ 인산 ④ 염화암모늄

해설 연납땜의 용제
① 인산 ② 염산 ③ 염화아연 ④ 염화암모늄

참고 경납땜의 용제
① 붕사 ② 붕산 ③ 염화나트륨 ④ 염화리튬 ⑤ 산화제1구리 ⑥ 빙정석

문제 15
화재 및 폭발의 방지 조치로 틀린 것은?

① 대기 중에 가연성 가스를 방출시키지 말 것.
② 필요한 곳에 화재 진화를 위한 방화설비를 설치할 것.
③ 배관에서 가연성 증기의 누출 여부를 철저히 점검할 것.
④ 용접작업 부근에 점화원을 둘 것.

해설 용접작업 부근에는 점화원은 절대 두지 말 것.

문제 16
CO_2 용접에서 발생되는 일산화탄소와 산소 등의 가스를 제거하기 위해 사용되는 탈산제는?

① Mn ② Ni
③ W ④ Cu

해설 CO_2 용접에서 발생되는 일산화탄소와 산소 등의 가스를 제거하기 위해 사용되는 탈산제 : Mn

문제 17
용접부의 연성 결함을 조사하기 위하여 사용되는 시험은?

① 인장시험 ② 경도시험
③ 피로시험 ④ 굽힘시험

해설 굽힘시험 : 용접부의 연성 결함을 조사하기 위해 사용되는 시험

13. ③ 14. ① 15. ④ 16. ① 17. ④

문제 18 다음 중 표준 홈 용접에 있어 한쪽에서 용접으로 완전 용입을 얻고자 할 때 V형 홈이음의 판 두께로 가장 적합한 것은?

① 1~10mm   ② 5~15mm
③ 20~30mm   ④ 35~50mm

해설 맞대기 용접에서 적용하는 개선 홈 형식
① I형 : 판두께 6mm 정도까지 적용
② V형 : 판두께 6~20mm
③ X형 : 판두께 10~40mm
④ U형 : 판두께 16mm 이상 40mm 미만
⑤ H형 : 50mm 이상

문제 19 예열 방법 중 국부 예열의 가열 범위는 용접선 양쪽에 몇 mm 정도로 하는 것이 가장 적합한가?

① 0~50mm   ② 50~100mm
③ 100~150mm   ④ 150~200mm

해설 국부 예열의 가열 범위는 용접선 양쪽에 50~100mm 정도로 하는 것이 가장 적당.

문제 20 용접작업의 경비를 절감시키기 위한 유의사항으로 틀린 것은?

① 용접봉의 적절한 선정
② 용접사의 작업 능률의 향상
③ 용접지그를 사용하여 위보기 자세의 시공
④ 고정구를 사용하여 능률 향상

해설 용접작업의 경비를 절감시키기 위한 유의사항
① 고정구를 사용하여 능률 향상   ② 용접사의 작업 능률의 향상
③ 용접봉의 적절한 선정   ④ 용접 지그를 사용하여 아래보기 자세로 시공

문제 21 용접부의 결함은 치수상 결함, 구조상 결함, 성질상 결함으로 구분된다. 구조상 결함들로만 구성된 것은?

① 기공, 변형, 치수불량   ② 기공, 용입불량, 용접균열
③ 언더컷, 연성부족, 표면결함   ④ 표면결함, 내식성 불량, 융합불량

해설 구조상 결함 (오용내슬언선은균기)
① 오버랩   ② 용입 불량   ③ 내부 기공   ④ 슬래그 혼입
⑤ 언더컷   ⑥ 선상조직   ⑦ 은점   ⑧ 균열   ⑨ 기공

해답 18. ② 19. ② 20. ③ 21. ②

문제 22
용접부 비파괴 검사법인 초음파 탐상법의 종류가 아닌 것은?

① 투과법
② 펄스 반사법
③ 형광 탐상법
④ 공진법

해설 초음파 탐상법의 종류 *(투공펄)*
① 투과법   ② 공진법   ③ 펄스 반사법

문제 23
다음 중 가스 절단 시 예열 불꽃이 강할 때 생기는 현상이 아닌 것은?

① 드래그가 증가한다.
② 절단면이 거칠어진다.
③ 모서리가 용융되어 둥글게 된다.
④ 슬래그 중의 철 성분의 박리가 어려워진다.

해설 가스 절단 시 예열 불꽃이 강할 때 생기는 현상
① 드래그가 감소한다.
② 절단면이 거칠어진다.
③ 모서리가 용융되어 둥글게 된다.
④ 슬래그의 철 성분의 박리가 어려워진다.

문제 24
수중절단 작업 시 절단 산소의 압력은 공기 중에서의 몇 배 정도로 하는가?

① 1.5~2배
② 3~4배
③ 5~6배
④ 8~10배

해설 수중절단 작업 시 절단 산소의 압력은 공기 중에서 1.5~2배 정도.
예열가스의 양은 4~8배.

문제 25
다음 중 피복제의 역할이 아닌 것은?

① 스패터의 발생을 많게 한다.
② 중성 또는 환원성 분위기를 만들어 질화, 산화 등의 해를 방지한다.
③ 용착금속의 탈산 정련 작용을 한다.
④ 아크를 안정하게 한다.

해설 피복제의 역할 *(전공아슬탈합용패)*
① 전기절연작용   ② 공기중 산화, 질화 방지
③ 슬래그 제거를 쉽게 한다.   ④ 탈산정련작용
⑤ 합금원소 첨가   ⑥ 용착효율을 높인다.
⑦ 용착금속의 냉각속도를 느리게 한다.   ⑧ 스패터 발생을 적게 한다.

22. ③ 23. ① 24. ① 25. ①

문제 26
가스 용접 토치 취급상 주의사항이 아닌 것은?

① 토치를 망치나 갈고리 대용으로 사용하여서는 안 된다.
② 점화되어 있는 토치를 아무 곳에나 함부로 방치하지 않는다.
③ 팁 및 토치를 작업장 바닥이나 흙 속에 함부로 방치하지 않는다.
④ 작업 중 역류나 역화 발생 시 산소의 압력을 높여서 예방한다.

해설 작업 중 역류나 역화 발생 시에는 밸브를 닫는다.

문제 27
피복아크 용접에서 아크 쏠림 방지 대책이 아닌 것은?

① 접지점을 될 수 있는 대로 용접부에서 멀리 할 것.
② 용접봉 끝을 아크 쏠림 방향으로 기울일 것.
③ 접지점 2개를 연결할 것.
④ 직류 용접으로 하지 말고 교류 용접으로 할 것.

해설 **아크 쏠림 방지 대책**
① 짧은 아크를 사용할 것.
② 직류 용접을 하지 말고 교류 용접을 할 것.
③ 후진법을 사용할 것.
④ 접지점을 될 수 있는 대로 용접부에서 멀리 할 것.
⑤ 접지점을 2개 연결할 것.

문제 28
산소병의 내용적이 40.7리터인 용기에 압력이 100kgf/cm^{2}로 충전되어 있다면 프랑스식 팁 100번을 사용하여 표준불꽃으로 약 몇 시간까지 용접이 가능한가?

① 16시간   ② 22시간
③ 31시간   ④ 41시간

해설 $M = P \times V = 100 \times 40.7 = 407 l$
∴ $\dfrac{407}{100} = 40.7$시간 ≒ 41시간

문제 29
교류 아크 용접기 종류 중 코일의 감긴 수에 따라 전류를 조정하는 것은?

① 탭전환형   ② 가동철심형
③ 가동코일형   ④ 가포화 리액터형

해설 **탭전환형** : ① 코일의 감긴 수에 따라 전류 조정
② 무부하전압이 높아 전격의 위험이 있다.
가포화 리액터형 : 원격제어가 용이하고 가변저항의 변화로 용접전류 조정

26. ④ 27. ② 28. ④ 29. ①

문제 30
다음 중 가스 용접에서 용제를 사용하는 주된 이유로 적합하지 않은 것은?

① 재료 표면의 산화물을 제거한다.
② 용융금속의 산화, 질화를 감소하게 한다.
③ 청정작용으로 용착을 돕는다.
④ 용접봉 심선의 유해성분을 제거한다.

해설 가스 용접에서 용제를 사용하는 주된 이유
 ① 청정작용으로 용착을 돕는다.
 ② 용융금속의 산화, 질화를 감소하게 한다.
 ③ 재료 표면의 산화물을 제거한다.

문제 31
용접봉을 여러 가지 방법으로 움직여 비드를 형성하는 것을 운봉법이라 하는데, 위빙 비드 운봉 폭은 심선지름의 몇 배가 적당한가?

① 0.5~1.5배
② 2~3배
③ 4~5배
④ 6~7배

해설 위빙 비드 운봉 폭은 심선지름의 2~3배이다.

문제 32
직류 아크 용접에서 정극성(DCSP)에 대한 설명으로 옳은 것은?

① 용접봉의 녹음이 느리다.
② 용입이 얕다.
③ 비드 폭이 넓다.
④ 모재를 음극(-)에, 용접봉을 양극(+)에 연결한다.

해설 직류 정극성(DCSP)
 ① 후판 용접에 적합   ② 비드 폭이 좁다.
 ③ 용입이 깊다.   ④ 용접봉의 용융속도가 느리다.
 ⑤ 모재(+) 70%열, 용접봉(-) 30%열

문제 33
용접기의 특성 중 부하전류가 증가하면 단자전압이 저하되는 특성은?

① 수하 특성
② 동전류 특성
③ 정전압 특성
④ 상승 특성

해설 용접기 특성
 ① 수하 특성 : 부하전류가 증가하면 단자전압이 낮아지는 특성
 ② 정전압 특성
  ㉠ 부하전류가 변하여도 단자전압은 거의 변화하지 않는 특성
  ㉡ MIG 또는 CO_2 용접 등에 적합한 특성으로 일명 CP 특성이라고도 함.
 ③ 정전류 특성 : 부하전압이 변하여도 단자전류는 거의 변화하지 않는 특성
 ④ 상승 특성 : 전류의 증가에 따라서 전압이 약간 높아지는 특성

해답 30. ④ 31. ② 32. ① 33. ①

문제 34

프로판(C_3H_8)의 성질을 설명한 것으로 틀린 것은?

① 상온에서는 기체 상태이다.
② 쉽게 기화하며 발열량이 높다.
③ 액화하기 쉽고 용기에 넣어 수송이 편리하다.
④ 온도 변화에 따른 팽창률이 작다.

해설 프로판의 성질
① 증발잠열이 크다.(101.8kcal/kg)
② 쉽게 기화하여 발열량이 높다.
③ 온도 변화에 따른 팽창률이 크다.
④ 상온에서는 기체 상태이다.
⑤ 액화하기 쉽고 용기에 넣어 수송이 편리하다.
⑥ 공기보다 무겁다.
⑦ 비중은 0.52
⑧ 발화온도가 높다.(460~520℃)
⑨ 용해성이 있다.
⑩ 기화하면 체적이 250배 정도 늘어난다.
⑪ 연소 시 다량의 공기가 필요하다.
⑫ 연소한계가 좁다.

문제 35

용접기의 사용률이 40%일 때, 아크 발생시간과 휴식시간의 합이 10분이면 아크 발생시간은?

① 2분 ② 4분
③ 6분 ④ 8분

해설 용접기의 사용률 = $\dfrac{아크시간}{아크시간 + 휴식시간} \times 100$

아크시간 × 100 = 40 × 10

∴ 아크시간 = $\dfrac{40\% \times 10분}{100\%}$ = 4분

문제 36

보기와 같이 연강용 피복아크 용접봉을 표시하였다. 설명으로 틀린 것은?

〈보기〉 E 4 3 1 6

① E : 전기 용접봉
② 43 : 용착 금속의 최저 인장강도
③ 16 : 피복제의 계통 표시
④ E4316 : 일미나이트계

해설 E4316(저수소계) : 주성분은 석회석, 형석. 내균열성이 우수. 기계적 성질도 우수. 300~350℃에서 1~2시간 건조.

해답 34. ④ 35. ② 36. ④

문제 37
가스 절단에서 고속 분출을 얻는 데 가장 적합한 다이버전트 노즐은 보통의 팁에 비하여 산소 소비량이 같을 때 절단속도를 몇 % 정도 증가시킬 수 있는가?

① 5~10%
② 10~15%
③ 20~25%
④ 30~35%

해설 아크 절단에서 고속 분출을 얻는 데 가장 적합한 다이버전트 노즐은 보통의 팁에 비하여 산소 소비량이 같을 때 절단속도를 20~25% 정도 증가시킬 수 있다.

문제 38
다음 중 용접기의 특성에 있어 수하 특성의 역할로 가장 적합한 것은?

① 열량의 증가
② 아크의 안정
③ 아크전압의 상승
④ 개로전압의 증가

해설 **수하 특성의 역할** : 아크의 안정

문제 39
물과 얼음의 상태도에서 자유도가 "0(zero)"일 경우 몇 개의 상이 공존하는가?

① 0
② 1
③ 2
④ 3

해설 물과 얼음의 상태도에서 자유도가 "0"일 때 몇 개의 상이 공존하는가 : 액체, 기체, 고체(3개)

문제 40
강의 표면 경화 방법 중 화학적 방법이 아닌 것은?

① 침탄법
② 질화법
③ 침탄 질화법
④ 화염 경화법

해설 **표면 경화법**
① 금속침투법 : 내식, 내산, 내마멸을 목적으로 금속을 침투시키는 열처리
  ㉠ Al : 칼로라이징 ㉡ Cr : 크로마이징 ㉢ Zn : 세라다이징
  ㉣ Si : 실리코나이징 ㉤ B : 브로나이징
② 질화법 : 강 표면에 질소를 침투시켜 경화하는 방법. 가스질화법, 연질화법, 액체질화법
③ 침탄법
  ㉠ 가스침탄법 : 메탄가스와 같은 탄화수소가스를 800~900℃에서 침탄하는 방법
  ㉡ 액체침탄법 : 시안화나트륨, 시안화칼리를 주성분으로 한 염을 사용하여 침탄온도 750~950℃에서 30~60분 침탄시키는 방법
  ㉢ 고체침탄법

37. ③ 38. ② 39. ④ 40. ④

문제 41
다음 중 비중이 가장 작은 것은?
① 청동
② 주철
③ 탄소강
④ 알루미늄

문제 42
Mg-희토류계 합금에서 희토류 원소를 첨가할 때 미시메탈(Misch-metal)의 형태로 첨가한다. 미시메탈에서 세륨(Ce)을 제외한 합금 원소를 첨가한 합금의 명칭은?
① 탈타뮴
② 디디뮴
③ 오스뮴
④ 갈바늄

[해설] 디디뮴 : Mg-희토류계 합금에서 희토류 원소를 첨가할 때 미시메탈의 형태로 첨가하는데 미시메탈에서 세륨(Ce)을 제외한 합금 원소를 첨가한 합금

문제 43
강에 인(P)이 많이 함유되면 나타나는 결함은?
① 적열메짐
② 연화메짐
③ 저온메짐
④ 고온메짐

[해설] 황 : 적열메짐(800~900℃)
인 : 상온메짐, 청열메짐(200~300℃)

문제 44
냉간가공 후 재료의 기계적 성질을 설명한 것 중 옳은 것은?
① 항복강도가 감소한다.
② 인장강도가 감소한다.
③ 경도가 감소한다.
④ 연신율이 감소한다.

[해설] 냉간가공 후 재료의 기계적 성질
① 항복강도가 증가한다.
② 인장강도가 증가한다.
③ 경도가 증가한다.
④ 연신율이 감소한다.
⑤ 단면수축률 감소
⑥ 인성 감소

문제 45
게이지용 강이 갖추어야 할 성질에 대한 설명 중 틀린 것은?
① HRC 55 이하의 경도를 가져야 한다.
② 팽창계수가 보통강보다 작아야 한다.
③ 시간이 지남에 따라 치수변화가 없어야 한다.
④ 담금질에 의하여 변형이나 담금질 균열이 없어야 한다.

해설 게이지용 강이 갖추어야 할 성질
① 담금질에 의하여 변형이나 담금질 균열이 없어야 한다.
② 시간이 지남에 따라 치수변화가 없어야 한다.
③ 팽창계수가 보통강보다 작아야 한다.

문제 46

인장 시험에서 변형량을 원표점 거리에 대한 백분율로 표시한 것은?

① 연신율
② 항복점
③ 인장강도
④ 단면 수축률

해설 연신율 : 변형량을 원표점 거리에 대한 백분율로 표시한 것

문제 47

변태 초소성의 조건과 원칙에 대한 설명 중 틀린 것은?

① 재료에 변태가 있어야 한다.
② 변태 진행 중에 작은 하중에도 변태 초소성이 된다.
③ 감도지수(m)의 값은 거의 0(zero)의 값을 갖는다.
④ 한 번의 열사이클로 상당한 초소성 변형이 발생한다.

해설 변태 초소성의 조건
① 한 번의 사이클로 상당한 초소성 변형이 발생한다.
② 변태 진행 중에 작은 하중에도 변태 초소성이 된다.
③ 재료에 변태가 있어야 한다.
④ 감도지수의 값은 거의 0의 값을 갖지 않는다.

문제 48

알루미늄에 대한 설명으로 옳지 않은 것은?

① 비중이 2.7로 낮다.
② 용융점은 1,067℃이다.
③ 전기 및 열전도율이 우수하다.
④ 고강도 합금으로 두랄루민이 있다.

해설 알루미늄
① 비중은 2.7이다.
② 용융점은 660℃이다.
③ 전기 및 열전도율이 우수하다.
④ 고강도 합금으로 알루미늄이 있다.
⑤ 광석의 보크사이트로부터 제조한다.
⑥ 알루미늄의 인공시효온도는 160℃이다.

46. ① 47. ③ 48. ②

문제 49
금속간 화합물에 대한 설명으로 옳은 것은?
① 자유도가 5인 상태의 물질이다.
② 금속과 비금속 사이의 혼합물질이다.
③ 금속이 공기 중의 산소와 화합하여 부식이 일어난 물질이다.
④ 두 가지 이상의 금속원소가 간단한 원자비로 결합되어 있으며, 원래 원소와는 전혀 다른 성질을 갖는 물질이다.

해설 금속간 화합물 : 두 가지 이상의 금속원소가 간단한 원자비로 결합되어 있으며, 원래 원소와는 전혀 다른 성질을 갖는 물질

문제 50
황동 합금 중에서 강도는 낮으나 전연성이 좋고 금색에 가까워 모조금이나 판 및 선에 사용되는 합금은?
① 톰백(tombac)
② 7-3 황동(cartridge brass)
③ 6-4 황동(muntz metal)
④ 주석 황동(tin brass)

해설 톰백 : 구리(80%) + 아연(20%). 강도는 낮으나 전연성이 좋고 금색에 가까워 모조금이나 판 및 선에 사용.

문제 51
그림과 같이 상하면의 절단된 경사각이 서로 다른 원통의 전개도 형상으로 가장 적합한 것은?

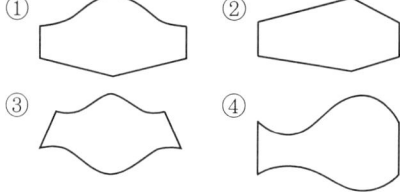
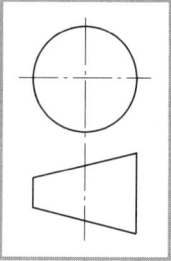

문제 52
도면에서 2종류 이상의 선이 겹쳤을 때, 우선하는 순위를 바르게 나타낸 것은?
① 숨은선 〉 절단선 〉 중심선
② 중심선 〉 숨은선 〉 절단선
③ 절단선 〉 중심선 〉 숨은선
④ 무게중심선 〉 숨은선 〉 절단선

해설 도면에서 두 종류 이상의 선이 겹쳤을 때 우선하는 순위
숨은선 〉 절단선 〉 중심선

해답
49. ④ 50. ① 51. ④ 52. ①

문제 53 화살표가 가리키는 용접부의 반대쪽 이음의 위치로 옳은 것은?

① A
② B
③ C
④ D

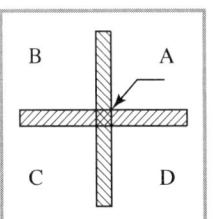

문제 54 보기 입체도의 화살표 방향이 정면일 때 평면도로 적합한 것은?

① 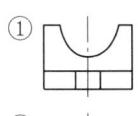 ②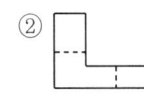
③ 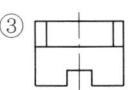 ④

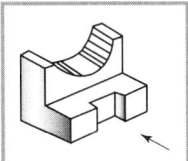

문제 55 현의 치수 기입 방법으로 옳은 것은?

① 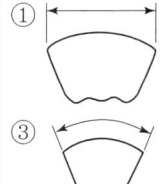   ②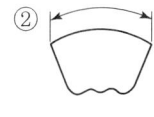

③    ④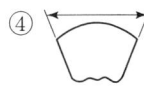

해설 ① 현의 치수기입법   ② 호의 치수기입법

문제 56 기계나 장치 등의 실체를 보고 프리핸드(freehand)로 그린 도면은?

① 배치도   ② 기초도
③ 조립도   ④ 스케치도

해설 **스케치도** : 기계나 장치 등의 실체를 보고 프리핸드로 그린 도면

문제 57 용접부의 보조기호에서 제거 가능한 이면 판재를 사용하는 경우의 표시 기호는?

① M   ② P
③ MR   ④ PR

해답

53. ② 54. ③ 55. ① 56. ④ 57. ③

문제 58 재료기호에 대한 설명 중 틀린 것은?

① SS 400은 일반 구조용 압연 강재이다.
② SS 400의 400은 최고 인장 강도를 의미한다.
③ SM 45C는 기계 구조용 탄소 강재이다.
④ SM 45C의 45C는 탄소 함유량을 의미한다.

해설 SS 400은 일반 구조용 탄소 강재

문제 59 보조 투상도의 설명으로 가장 적합한 것은?

① 물체의 경사면을 실제 모양으로 나타낸 것
② 특수한 부분을 부분적으로 나타낸 것
③ 물체를 가상해서 나타낸 것
④ 물체를 90° 회전시켜서 나타낸 것

해설 보조 투상도 : 물체의 경사면을 실제 모양으로 나타낸 것

문제 60 관용 테이퍼 나사 중 평행 암나사를 표시하는 기호는? (단, ISO 표준에 있는 기호로 한다.)

① G　　　　　　　　　　② R
③ Rc　　　　　　　　　　④ Rp

해답 58. ② 59. ① 60. ④

2025년 9월 CBT 시행

문제 01 아크 용접에서 피닝을 하는 목적으로 가장 알맞은 것은?

① 용접부의 잔류응력을 완화시킨다.
② 모재의 재질을 검사하는 수단이다.
③ 응력을 강하게 하고 변형을 유발시킨다.
④ 모재 표면의 이물질을 제거한다.

해설 아크 용접에서 피닝을 하는 목적 : 용접부의 잔류응력을 완화시킨다.

문제 02 다음 중 연납의 특성에 관한 설명으로 틀린 것은?

① 연납땜에 사용하는 용가제를 말한다.
② 주석-납계 합금이 가장 많이 사용된다.
③ 기계적 강도가 낮으므로 강도를 필요로 하는 부분에는 적당하지 않다.
④ 은납, 황동납 등이 이에 속하고 물리적 강도가 크게 요구될 때 사용된다.

해설 연납의 특징
① 기계적 강도가 낮으므로 강도를 필요로 하는 부분에는 적당하지 않다.
② 주석-납계 합금이 가장 많이 사용된다.
③ 연납땜에 사용하는 용가제를 말한다.

문제 03 다음 각종 용접에서 전격방지 대책으로 틀린 것은?

① 홀더나 용접봉은 맨손으로 취급하지 않는다.
② 어두운 곳이나 밀폐된 구조물에서 작업 시 보조자와 함께 작업한다.
③ CO_2용접이나 MIG용접 작업 도중에 와이어를 2명이 교대로 교체할 때는 전원은 차단하지 않아도 된다.
④ 용접작업을 하지 않을 때에는 TIG전극봉은 제거하거나 노즐 뒤쪽에 밀어 넣는다.

해설 CO_2용접이나 MIG용접 작업 도중에 와이어를 교체할 때는 전원은 차단하고 교체한다.

해답   01. ① 02. ④ 03. ③

문제 04 심(seam) 용접법에서 용접전류의 통전방법이 아닌 것은?
① 직 · 병렬 통전법
② 단속 통전법
③ 연속 통전법
④ 맥동 통전법

해설 심 용접에서 용접전류 통전방법
① 연속 통전법 ② 단속 통전법 ③ 맥동 통전법

문제 05 플라즈마 아크의 종류가 아닌 것은?
① 이행형 아크
② 비이행형 아크
③ 중간형 아크
④ 텐덤형 아크

해설 플라즈마 아크의 종류
① 이행형 아크 ② 비이행형 아크 ③ 중간형 아크

문제 06 피복 아크 용접 결함 중 용착금속의 냉각속도가 빠르거나, 모재의 재질이 불량할 때 일어나기 쉬운 결함으로 가장 적당한 것은?
① 용입 불량
② 언더컷
③ 오버랩
④ 선상조직

해설 선상조직(필릿 용접부 파단면에 나타나는 서리 모양의 조직)
용착금속의 냉각속도가 빠르거나 모재의 재질이 불량할 때 일어나는 결함

문제 07 용접기의 점검 및 보수 시 지켜야 할 사항으로 옳은 것은?
① 정격사용률 이상으로 사용한다.
② 탭전환은 반드시 아크 발생을 하면서 시행한다.
③ 2차측 단자의 한쪽과 용접기 케이스는 반드시 어스(earth)하지 않는다.
④ 2차측 케이블이 길어지면 전압강하가 일어나므로 가능한 한 지름이 큰 케이블을 사용한다.

해설 용접기 점검 및 보수 시 지켜야 할 사항
① 2차측 케이블이 길어지면 전압강하가 일어나므로 가능한 한 지름이 큰 케이블을 사용한다.
② 2차측 단자의 한쪽과 용접기 케이스는 반드시 어스한다.
③ 탭전환은 반드시 아크 발생하기 전에 시행한다.
④ 정격사용률 이하로 사용한다.

해답 04. ① 05. ④ 06. ④ 07. ④

문제 08

용접입열이 일정할 경우에는 열전도율이 큰 것일수록 냉각속도가 빠른데 다음 금속 중 열전도율이 가장 높은 것은?

① 구리
② 납
③ 연강
④ 스테인리스강

해설 열전도율이 큰 순서
은 〉 구리 〉 금 〉 알루미늄 등

문제 09

로봇용접의 분류 중 동작 기구로부터의 분류 방식이 아닌 것은?

① PTB 좌표 로봇
② 직각 좌표 로봇
③ 극좌표 로봇
④ 관절 로봇

해설 로봇용접의 분류 중 동작 기구로부터의 분류 방식
① 관절 로봇 ② 직각 좌표 로봇 ③ PTB 좌표 로봇

문제 10

CO_2 용접작업 중 가스의 유량은 낮은 전류에서 얼마가 적당한가?

① 10~15 l/min
② 20~25 l/min
③ 30~35 l/min
④ 40~45 l/min

해설 CO_2 용접작업 중 가스 유량 : 10~15 l/min

문제 11

용접부의 균열 중 모재의 재질 결함으로써 강괴일 때 기포가 압연되어 생기는 것으로 설퍼 밴드와 같은 층상으로 편재해 있어 강재 내부에 노치를 형성하는 균열은?

① 라미네이션(lamination) 균열
② 루트(root) 균열
③ 응력 제거 풀림(stress relief) 균열
④ 크레이터(crater) 균열

해설 **라미네이션 균열** : 모재의 결함에 기인하는 것으로, 모재 내에 기포가 압연되어 발생하는 유황밴드와 같이 층상으로 편재해 강재의 내부적 노치 취성
비드 밑 균열 : 용접 비드나 바로 밑에서 용접선에 아주 가까이 거의 평행하게 모재 열 영향부에 생기는 균열
라멜라티어 균열 : T이음, 모서리 이음 등에서 강의 내부에 평행하게 층상으로 발생되는 균열
루트 균열 : 맞대기 용접의 가접, 첫층용접의 루트 근방의 열영향부에 발생하는 균열
토우 균열 : 맞대기이음, 필릿 이음 등의 경우에 비드 표면과 모재의 경계부에서 발생
힐 균열 : 필릿 시 루트 부분에 발생하는 저온균열이며 모재의 수축·팽창에 의한 뒤틀림이 주요 원인

해답 08. ① 09. ④ 10. ① 11. ①

문제 12 다음 중 용접열원을 외부로부터 가하는 것이 아니라 금속분말의 화학반응에 의한 열을 사용하여 용접하는 방식은?

① 테르밋 용접 ② 전기저항 용접
③ 잠호 용접 ④ 플라즈마 용접

해설 테르밋 용접
① 용접열원을 외부로부터 가하는 것이 아니라 금속분말의 화학반응에 의한 열을 사용하여 용접
② 미세한 산화철 분말과 알루미늄 분말을 1 : 3의 중량비로 혼합한 테르밋제에 과산화바륨과 마그네슘 분말을 혼합한 점화촉진제를 넣어 화학반응에 의해 2,800℃ 이상의 고온에 달함. 주로 철도 레일, 차축, 선박 프레임에 사용.

문제 13 각종 금속의 용접부 예열온도에 대한 설명으로 틀린 것은?

① 고장력강, 저합금강, 주철의 경우 용접 홈을 50~350℃로 예열한다.
② 연강을 0℃ 이하에서 용접할 경우 이음의 양쪽 폭 100mm 정도를 40~75℃로 예열한다.
③ 열전도가 좋은 구리합금은 200~400℃의 예열이 필요하다.
④ 알루미늄합금은 500~600℃ 정도의 예열온도가 적당하다.

해설 금속부의 용접부 예열온도
① 알루미늄합금은 500~600℃ 정도의 예열온도가 적당하다.
② 열전도가 좋은 구리합금은 200~400℃의 예열이 필요하다.
③ 연강을 0℃ 이하에서 용접할 경우 이음의 양쪽 폭 100mm 정도를 40~75℃로 예열한다.

문제 14 논가스 아크 용접의 설명으로 틀린 것은?

① 보호가스나 용제를 필요로 한다.
② 바람이 있는 옥외에서 작업이 가능하다.
③ 용접장치가 간단하며 운반이 편리하다.
④ 용접 비드가 아름답고 슬래그 박리성이 좋다.

해설 논가스 아크 용접
① 바람이 있는 옥외에서 작업이 가능하다.
② 용접장치가 간단하여 운반이 편리하다.
③ 용접 비드가 아름답고 슬래그 박리성이 좋다.
④ 보호가스나 용제가 필요없다.
⑤ 피복가스 용접봉의 저수소계와 같이 수소의 발생이 적다.
⑥ 전원으로 직류 또는 교류를 모두 사용할 수 있고 전 자세 용접 가능.
⑦ 일반 피복아크 용접보다 4배 빠르므로 용착비용이 50~75% 절감된다.

해답 12. ① 13. ① 14. ①

문제 15 용접부의 결함이 오버랩일 경우 보수 방법은?

① 가는 용접봉을 사용하여 보수한다.
② 일부분을 깎아내고 재용접한다.
③ 양단에 드릴로 정지구멍을 뚫고 깎아내고 재용접한다.
④ 그 위에 다시 재용접한다.

해설 **용접부 결함 보수 방법**
① 일부분을 깎아내고 재용접한다. : 오버랩, 슬래그의 보수
② 가는 용접봉을 사용하여 보수 : 언더컷
③ 양단에 드릴로 정지구멍을 뚫고 깎아내고 재용접 : 균열의 보수

문제 16 다음 중 초음파 탐상법의 종류에 해당하지 않는 것은?

① 투과법 ② 펄스 반사법
③ 관통법 ④ 공진법

해설 **초음파 탐상법의 종류**
① 투과법 ② 공진법 ③ 펄스 반사법

문제 17 피복아크 용접 작업의 안전사항 중 전격방지 대책이 아닌 것은?

① 용접기 내부는 수시로 분해·수리하고 청소를 하여야 한다.
② 절연 홀더의 절연부분이 노출되거나 파손되면 교체한다.
③ 장시간 작업을 하지 않을 시는 반드시 전기 스위치를 차단한다.
④ 젖은 작업복이나 장갑, 신발 등을 착용하지 않는다.

해설 용접기 내부는 6개월 1회 이상 청소를 한다.

문제 18 전자렌즈에 의해 에너지를 집중시킬 수 있고, 고용융 재료의 용접이 가능한 용접법은?

① 레이저 용접 ② 피복아크 용접
③ 전자 빔 용접 ④ 초음파 용접

해설 **전자 빔 용접** : 전자렌즈에 의해 에너지를 집중시킬 수 있고, 고용융 재료(텅스텐, 몰리브덴) 용접에 사용.

15. ② 16. ③ 17. ① 18. ③

문제 19
일렉트로 슬래그 용접에서 사용되는 수냉식 판의 재료는?

① 연강 ② 동
③ 알루미늄 ④ 주철

해설 일렉트로 슬래그 용접에서 사용되는 수냉식 판의 재료 : 동

문제 20
맞대기용접 이음에서 모재의 인장강도는 40kgf/mm²이며, 용접 시험편의 인장강도가 45kgf/mm²일 때 이음효율은 몇 %인가?

① 88.9 ② 104.4
③ 112.5 ④ 125.0

해설 이음효율 = $\dfrac{\text{시험편의 인장강도}}{\text{모재의 인장강도}} \times 100 = \dfrac{45}{40} \times 100 = 112.5$

문제 21
납땜에서 경납용 용제가 아닌 것은?

① 붕사 ② 붕산
③ 염산 ④ 알칼리

해설 **연납용 용제** : 인산, 염산, 염화아연, 염화암모늄
경납용 용제 : 붕사, 붕산, 염화나트륨, 염화리튬, 산화제1구리, 빙정석

문제 22
서브머지드 아크 용접에서 동일한 전류 전압의 조건에서 사용되는 와이어 지름의 영향 설명 중 옳은 것은?

① 와이어의 지름이 크면 용입이 깊다.
② 와이어의 지름이 작으면 용입이 깊다.
③ 와이어의 지름과 상관이 없이 같다.
④ 와이어의 지름이 커지면 비드 폭이 좁아진다.

해설 와이어의 지름이 작으면 용입이 깊다.
와이어의 지름이 커지면 비드 폭이 넓어진다.

문제 23
피복 아크 용접봉에서 피복제의 주된 역할로 틀린 것은?

① 전기 절연 작용을 하고 아크를 안정시킨다.
② 스패터의 발생을 적게 하고 용착금속에 필요한 합금원소를 첨가시킨다.
③ 용착 금속의 탈산 정련 작용을 하며 용융점이 높고, 높은 점성의 무거운 슬래그를 만든다.
④ 모재 표면의 산화물을 제거하고, 양호한 용접부를 만든다.

해답
19. ② 20. ③ 21. ③ 22. ② 23. ③

해설 피복제의 역할
① 전기절연작용　　　② 공기중 산화, 질화 방지
③ 아크 안정　　　　　④ 슬래그 제거를 쉽게 한다.
⑤ 탈산정련작용　　　⑥ 합금원소 첨가
⑦ 용착효율을 높인다.　⑧ 용착금속의 냉각속도를 느리게 한다.

문제 24
다음 중 부하전류가 변하여도 단자 전압은 거의 변화하지 않는 용접기의 특성은?

① 수하 특성　　　　　② 하향 특성
③ 정전압 특성　　　　④ 정전류 특성

해설 용접기 특성
① 정전압 특성
　㉠ 무한전류가 변하여도 단자전압은 거의 변화하지 않는 특성
　㉡ MIG 또는 CO_2 용접 중에 적합한 특성으로 일명 CP 특성이라 함.
② 정전류 특성 : 부하전압이 변하여도 단자전류는 거의 변화하지 않는 특성
③ 상승 특성 : 전류의 증가에 따라서 전압이 약간 높아지는 특성
④ 수하 특성 : 부하전류가 증가하면 단자전압이 낮아지는 특성(전류와 전압의 특성)

문제 25
아크가 보이지 않는 상태에서 용접이 진행된다고 하여 일명 잠호용접이라 부르기도 하는 용접법은?

① 스터드 용접　　　　② 레이저 용접
③ 서브머지드 아크 용접　④ 플라즈마 용접

해설 서브머지드 아크 용접 : 아크가 보이지 않는 상태에서 용접이 진행된다고 하여 일명 잠호용접, 링컨 용접, 유니언 멜트 용접이라고도 함.
[특징] ① 유해광선이 적게 발생되어 작업환경이 깨끗하다.
　　　② 비드 외관이 아름답다.
　　　③ 기계적 성질이우수하다.
　　　④ 개선각을 적게 하여 용접패스수를 줄일 수 있다.
　　　⑤ 패킹제 미사용 시 루트간격 0.8mm 이하
　　　⑥ 용입이 깊다.
　　　⑦ 용융속도 및 용착속도가 빠르다.
　　　⑧ 저항열이 적게 발생되어 고전류 사용이 가능.
　　　⑨ 장비 가격이 고가이다.
　　　⑩ 용접자세에 적용을 받는다.
　　　⑪ 용접 진행의 양·부를 육안 식별이 불가능하다.

문제 26
가스 절단면의 표준 드래그(drag) 길이는 판 두께의 몇 % 정도가 가장 적당한가?

① 10%　　　　　　　② 20%
③ 30%　　　　　　　④ 40%

해답 24. ③　25. ③　26. ②

해설 표준 드래그 길이 = 판 두께 × $\frac{1}{5}$ (20%)

문제 27 피복아크용접에서 홀더로 잡을 수 있는 용접봉 지름[mm]이 5.0~8.0일 경우 사용하는 용접봉 홀더의 종류로 옳은 것은?
① 125호
② 160호
③ 300호
④ 400호

해설 피복아크용접에서 홀더로 잡을 수 있는 용접봉 지름[mm]이 5.0~8.0일 경우 사용하는 용접봉 홀더의 종류 : 400호

문제 28 다음 중 용접봉의 내균열성이 가장 좋은 것은?
① 셀룰로오스계
② 티탄계
③ 일미나이트계
④ 저수소계

해설 **저수소계**(E 4316)
① 주성분 : 석회석, 형석
② 내균열성 및 기계적 성질이 좋다.
③ 용접봉의 건조온도와 시간은 300~350℃에서 1~2시이다.

문제 29 아크 길이가 길 때 일어나는 현상이 아닌 것은?
① 아크가 불안정해진다.
② 용융금속의 산화 및 질화가 쉽다.
③ 열 집중력이 양호하다.
④ 전압이 높고 스패터가 많다.

해설 **아크 길이가 길 때 나타나는 현상**
① 전압이 높고 스패터가 많다.
② 용융금속의 산화 및 질화가 쉽다.
③ 아크가 불안정하다.
④ 스패터가 많다.

문제 30 직류용접기 사용 시 역극성(DCRP)과 비교한, 정극성(DCSP)의 일반적인 특징으로 옳은 것은?
① 용접봉의 용융속도가 빠르다.
② 비드 폭이 넓다.
③ 모재의 용입이 깊다.
④ 박판, 주철, 합금강 비철금속의 접합에 쓰인다.

해답   27. ④ 28. ④ 29. ③ 30. ③

해설 직류 정극성의 특징
① 후판 용접에 적합   ② 비드 폭이 좁다.
③ 용입이 깊다.   ④ 용접봉의 용융속도가 느리다.
⑤ 모재(+) 70%열, 용접봉(−) 30%열

문제 31 가변압식의 팁 번호가 200일 때 10시간 동안 표준 불꽃으로 용접할 경우 아세틸렌가스의 소비량은 몇 리터인가?
① 20
② 200
③ 2,000
④ 20,000

해설 가변압식 : 표준불꽃으로 용접할 경우 1시간 동안의 아세틸렌가스의 소비량을 리터로 나타낸 것
∴ $200 \times 10 = 2,000 l$

문제 32 정격 2차 전류가 200A, 아크출력 60kW인 교류용접기를 사용할 때 소비전력은 얼마인가? (단, 내부손실이 4kW이다.)
① 64 kW
② 104 kW
③ 264 kW
④ 804 kW

해설 소비전력 = 아크전력 + 내부손실 = 60kW + 4kW = 64kW

문제 33 수중절단 작업을 할 때 가장 많이 사용하는 가스로 기포 발생이 적은 연료가스는?
① 아르곤
② 수소
③ 프로판
④ 아세틸렌

해설 수소 : 수중절단, 은점, 선상조직, 헤어크랙

문제 34 용접기의 규격 AW 500의 설명 중 옳은 것은?
① AW은 직류 아크 용접기라는 뜻이다.
② 500은 정격2차전류의 값이다.
③ AW은 용접기의 사용률을 말한다.
④ 500은 용접기의 무부하 전압 값이다.

해설 AW 500 : 정격2차전류가 500이다.

해답 31. ③ 32. ① 33. ② 34. ②

문제 35
가스용접에서 토치를 오른손에, 용접봉을 왼손에 잡고 오른쪽에서 왼쪽으로 용접을 해나가는 용접법은?

① 전진법
② 후진법
③ 상진법
④ 병진법

해설 **전진법** : 가스용접에서 토치를 오른손에, 용접봉을 왼손에 잡고 오른쪽에서 왼쪽으로 용접을 해나가는 용접법.

문제 36
용접기와 멀리 떨어진 곳에서 용접전류 또는 전압을 조절할 수 있는 장치는?

① 원격제어장치
② 핫 스타트 장치
③ 고주파 발생 장치
④ 수동전류조정장치

해설 **원격제어장치** : 용접기와 멀리 떨어진 곳에서 용접전류 또는 전압을 조절
핫 스타트 장치 : 아크 발생을 쉽게 하고, 비드 모양을 개선하고, 아크가 발생하는 초기에 용접봉과 모재가 냉각되어 있어 입열이 부족하여 아크가 불안정하기 때문에 아크 초기만 용접전류를 크게 하기 위해

문제 37
아크에어 가우징법의 작업능률은 가스 가우징법보다 몇 배 정도 높은가?

① 2~3배
② 4~5배
③ 6~7배
④ 8~9배

해설 아크에어 가우징법의 작업능률은 가스 가우징법보다 2~3배 정도 높다.

문제 38
가스 용접에서 프로판 가스의 성질 중 틀린 것은?

① 증발잠열이 작고, 연소할 때 필요한 산소의 양은 1 : 1 정도이다.
② 폭발한계가 좁아 다른 가스에 비해 안전도가 높고 관리가 쉽다.
③ 액화가 용이하여 용기에 충전이 쉽고 수송이 편리하다.
④ 상온에서 기체 상태이고 무색, 투명하며 약간의 냄새가 난다.

해설 증발잠열(101.8kcal/kg)이 크고 연소할 때 산소의 양은 1 : 4.5이다.

문제 39
면심입방격자의 어떤 성질이 가공성을 좋게 하는가?

① 취성
② 내식성
③ 전연성
④ 전기전도성

해설 **면심입방격자**(FCC) (은, 구, 금, 알, 납, 니, 백, 세)
면심입방격자의 전연성이 가공성을 좋게 한다.

해답

35. ① 36. ① 37. ① 38. ① 39. ③

문제 40

알루미늄과 알루미늄 가루를 압축 성형하고 약 500~600℃로 소결하여 압출 가공한 분산 강화형 합금의 기호에 해당하는 것은?

① DAP
② ACD
③ SAP
④ AMP

해설 SAP : 알루미늄과 알루미늄 가루를 압축 성형하고 약 500~600℃로 소결하여 압출 가공한 분산 강화형 합금의 기호

문제 41

스테인리스강 중 내식성이 제일 우수하고 비자성이나 염산, 황산, 염소가스 등에 약하고 결정입계 부식이 발생하기 쉬운 것은?

① 석출경화계 스테인리스강
② 페라이트계 스테인리스강
③ 마텐자이트계 스테인리스강
④ 오스테나이트계 스테인리스강

해설 오스테나이트계 스테인리스강 : 내식성이 제일 우수하고 비자성이나 염산, 황산, 염소가스 등에 약하고 결정입계 부식이 발생

문제 42

라우탈은 Al-Cu-Si 합금이다. 이 중 3~8%Si를 첨가하여 향상되는 성질은?

① 주조성
② 내열성
③ 피삭성
④ 내식성

해설 라우탈은 Al-Cu-Si 합금이다. 이 중 3~8%Si를 첨가하여 향상되는 성질은 주조성이다.

문제 43

금속의 조직검사로서 측정이 불가능한 것은?

① 결함
② 결정입도
③ 내부응력
④ 비금속개재물

해설 금속의 조직검사로 측정이 가능한 것
① 비금속 개재물 ② 결정입도 ③ 결함

문제 44

탄소 함량 3.4%, 규소 함량 2.4% 및 인 함량 0.6%인 주철의 탄소당량(CE)은?

① 4.0
② 4.2
③ 4.4
④ 4.6

해설 주철의 탄소당량 $= (3.4 + 2.4 + 0.6 - 2) = 4.4$

40. ③ 41. ④ 42. ① 43. ③ 44. ③

문제 45
자기변태가 일어나는 점을 자기변태점이라 하며, 이 온도를 무엇이라고 하는가?

① 상점 ② 이슬점
③ 퀴리점 ④ 동소점

해설 **퀴리점** : 자기변태가 일어나는 점을 자기변태점이라 하며, 이 온도를 말한다.

문제 46
다음 중 경질 자성 재료가 아닌 것은?

① 센더스트 ② 알니코 자석
③ 페라이트 자석 ④ 네오디뮴 자석

해설 **경질 자성 재료**
① 페라이트 자석 ② 알니코 자석 ③ 네오디뮴 자석

문제 47
문쯔메탈(muntz metal)에 대한 설명으로 옳은 것은?

① 90%Cu-10%Zn 합금으로 톰백의 대표적인 것이다.
② 70%Cu-30%Zn 합금으로 가공용 황동의 대표적인 것이다.
③ 70%Cu-30%Zn 황동에 주석(Sn)을 1% 함유한 것이다.
④ 60%Cu-40%Zn 합금으로 황동 중 아연 함유량이 가장 높은 것이다.

해설 **문쯔메탈** : Cu(60%)-Zn(40%) 합금으로 황동 중 아연의 함유량이 가장 높은 것. 열교환기, 열간단조품, 탄피 등에 사용.

문제 48
다음의 조직 중 경도 값이 가장 낮은 것은?

① 마텐자이트 ② 베이나이트
③ 소르바이트 ④ 오스테나이트

해설 **경도 값이 제일 높은 것** : 마텐자이트
경도 값이 제일 낮은 것 : 페라이트
마텐자이트 > 트루스타이트 > 솔라이트 > 펄라이트 > 오스테나이트 > 페라이트

문제 49
열처리의 종류 중 항온열처리 방법이 아닌 것은?

① 마퀜칭 ② 어닐링
③ 마템퍼링 ④ 오스템퍼링

해설 **항온 열처리 방법**
① 마퀜칭 : 오스테나이트 구역에서 Ar″점보다 약간 높은 온도에서 염욕에 담금질 하여 항온을 유지한 후 급랭. 오스테나이트가 항온변태를 일으키기 전에 공냉으로 Ar″ 변태가 진행되어 마텐자이트 조직을 얻는 방법.
용도 : 고속도강, 고탄소강, 기어, 베어링, 게이지 등에 적합

45. ③ 46. ① 47. ④ 48. ④ 49. ②

② 마템퍼링 : Ar" 구역 중에서 Ms와 Mf 간의 염욕 중에서 항온변태 후 공냉하여 마텐자이트와 베이나이트화에 의한 균열 및 변형이 없으며 메짐성도 제거된다.
③ 오스템퍼링 : r고용체를 Ar'와 A" 중간의 염용 중에서 항온변태 후 상온까지 냉각하여 강인한 하부 베이나이트 조직을 얻는 방법

문제 50

컬러 텔레비전의 전자총에서 나온 광선의 영향을 받아 섀도 마스크가 열팽창하면 엉뚱한 색이 나오게 된다. 이를 방지하기 위해 섀도 마스크의 제작에 사용되는 불변강은?

① 인바
② Ni-Cr 강
③ 스테인리스강
④ 플라티나이트

해설 인바 : 컬러 텔레비전의 전자총에서 나온 광선의 영향을 받아 섀도 마스크가 열팽창하면 엉뚱한 색이 나오게 된다. 이를 방지하기 위해 사용.
용도 : Ni(35~36%)+Mn(0.4%)+Co(1~3%)+Fe
열팽창계수가 0에 가까워 정밀기기류의 시계에 사용. 시계추에 사용.

문제 51

다음 단면도에 대한 설명으로 틀린 것은?

① 부분 단면도는 일부분을 잘라내고 필요한 내부 모양을 그리기 위한 방법이다.
② 조합에 의한 단면도는 축, 핀, 볼트, 너트류의 절단면의 이해를 위해 표시한 것이다.
③ 한쪽 단면도는 대칭형 대상물의 외형 절반과 온 단면도의 절반을 조합하여 표시한 것이다.
④ 회전도시 단면도는 핸들이나 바퀴 등의 암, 림, 훅, 구조물 등의 절단면을 90도 회전시켜서 표시한 것이다.

해설 단면도
① 회전도시 단면도는 핸들이나 바퀴 등의 암, 림, 훅, 구조물 등의 절단면을 90° 회전시켜서 표시.
② 한쪽 단면도는 대칭형 대상물의 외형 절반과 온단면도의 절반을 조합하여 표시
③ 부분 단면도는 일부분을 잘라내고 필요한 내부 모양을 그리기 위한 방법

문제 52

나사의 감김 방향의 지시 방법 중 틀린 것은?

① 오른나사는 일반적으로 감김 방향을 지시하지 않는다.
② 왼나사는 나사의 호칭 방법에 약호 "LH"를 추가하여 표시한다.
③ 동일 부품에 오른나사와 왼나사가 있을 때는 왼나사에만 약호 "LH"를 추가한다.
④ 오른나사는 필요하면 나사의 호칭 방법에 약호 "RH"를 추가하여 표시할 수 있다.

해설 **나사의 감김 방향의 지시 방법**
① 동일 부품에 오른나사와 왼나사가 있을 때는 왼나사에만 약호 "LH"를 추가한다.
② 왼나사는 나사의 호칭 방법에 약호 "LH"를 추가하여 표시할 수 없다.
③ 오른나사는 일반적으로 감김 방향을 지시하지 않는다.
④ 오른나사는 나사의 호칭방법에 약호 "RH"를 추가하여 표시할 수 있다.

문제 53 그림과 같은 도면의 해독으로 잘못된 것은?

① 구멍 사이의 피치는 50mm
② 구멍의 지름은 10mm
③ 전체 길이는 600mm
④ 구멍의 수는 11개

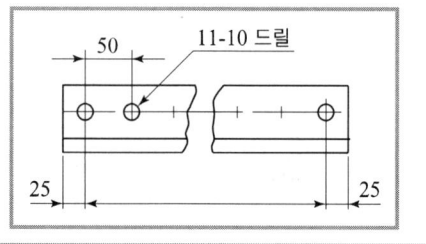

해설 **도면 해독**
① 구멍 사이의 피치는 50mm
② 구멍의 지름은 10mm
③ 전체 길이는 : 드릴 구멍까지의 거리(11×50 = 550mm)
　　　　　　　　끝부분까지의 거리(11×50 + 2×25 = 600mm)

문제 54 그림과 같이 제3각법으로 정투상한 도면에 적합한 입체도는?

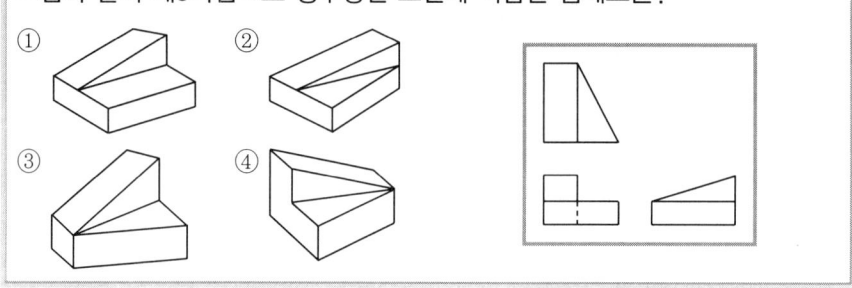

문제 55 동일 장소에서 선이 겹칠 경우 나타내야 할 선의 우선순위를 옳게 나타낸 것은?

① 외형선 〉 중심선 〉 숨은선 〉 치수보조선
② 외형선 〉 치수보조선 〉 중심선 〉 숨은선
③ 외형선 〉 숨은선 〉 중심선 〉 치수보조선
④ 외형선 〉 중심선 〉 치수보조선 〉 숨은선

해설 **동일 장소에서 선이 겹칠 경우 나타내야 할 선의 우선순위**
외형선 〉 숨은선 〉 중심선 〉 치수보조선

53. ③　54. ②　55. ③

문제 56
일반적인 판금 전개도의 전개법이 아닌 것은?
① 다각전개법 ② 평행선법
③ 방사선법   ④ 삼각형법

해설 일반적인 판금 전개도의 전개법
① 평행선법 ② 방사선법 ③ 삼각형법

문제 57
다음 냉동 장치의 배관 도면에서 팽창 밸브는?
① ⓐ
② ⓑ
③ ⓒ
④ ⓓ

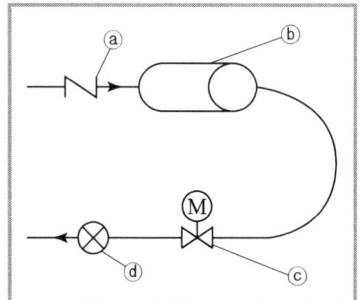

해설
체크밸브 : ─▷│─   유니언 : ─┤├─
전동밸브 : (M 기호)   플랜지 : ─┤├─
팽창밸브 : ⊗   캡 : ─┤
앵글밸브 : (기호)   게이트 밸브 : ─▷◁─
안전밸브 : (기호)   버터플라이 밸브 : ─│╲│─
스프링식 안전밸브 : (기호) 솔레노이드 밸브 : (S 기호)

문제 58
다음 중 치수 보조기호로 사용되지 않는 것은?
① π   ② Sφ
③ R   ④ □

해설
① Sφ : 구의 지름   ② R : 반지름
③ □ : 정사각형변   ④ ( ) : 참고치수
⑤ 이론적으로 정확한 치수 : $\boxed{123}$ ⑥ 판의 두께 : t

해답 56. ① 57. ④ 58. ①

문제 59 3각법으로 그린 투상도 중 잘못된 투상이 있는 것은?

① ② ③ ④

문제 60 다음 중 열간 압연 강판 및 강대에 해당하는 재료 기호는?

① SPCC ② SPHC
③ STS   ④ SPB

해설 **열간 압연 강판 및 강대** : SPHC

59. ④ 60. ②

단기완성
이산화탄소가스아크용접기능사 필기

초판 발행	2024년 1월 10일
개정2판 발행	2025년 1월 10일
개정3판 발행	2026년 1월 10일

지은이 ▪ 최갑규
펴낸이 ▪ 홍세진
펴낸곳 ▪ 세진북스

우수회원인증

닉네임	
신청일	

필히 (**파랑, 빨강**)볼펜 사용, **화이트** 사용 금지

주소 ▪ (우)10207 경기도 고양시 일산서구 산율길 56(구산동 145)
전화 ▪ 031-924-3092
팩스 ▪ 031-924-3093
홈페이지 ▪ http://www.sejinbooks.kr

출판등록 ▪ 제 315-2008-042호(2008.12.9)
ISBN ▪ 979-11-5745-762-5 13580

값 ▪ 25,000원

- 이 책의 출판권은 도서출판 세진북스가 가지고 있습니다.
- 이 책의 일부 또는 전체에 대한 무단 복제와 전재를 금합니다.

세진북스에는 당신과 나
그리고 우리의 미래가 있습니다.